KB044278

노래하는 뇌

THE WORLD IN SIX SONGS

Copyright © 2008, Daniel Levitin
All rights reserved.

This Korean translation published by arrangement with Daniel J. Levitin c/o
The Wylie Agency (UK) Ltd.

이 책의 한국어판 저작권은 The Wylie Agency (UK) Ltd.와의 독점계약으로 ㈜미래엔에 있습니다.
저작권법에 의하여 한국 내에서 보호를 받는 저작물이므로 무단전재와 무단복제를 금합니다.

인간이
음악과 함께
진화해온 방식

노래하는 뇌

대니얼 J. 레비틴 지음

김성훈 옮김

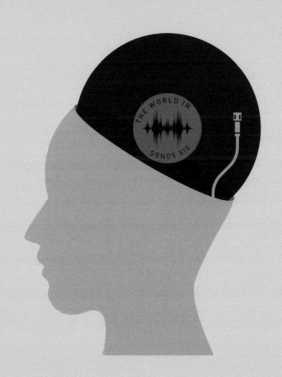

와이즈베리
WISEBERRY

THE WORLD IN SIX SONGS

차례

Taking It
from
the Top

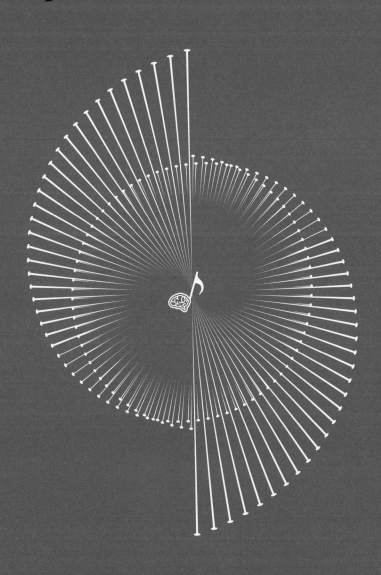

지금 내 책상 위에는 음악 시디들이 쌓여 있다. 시디들이 달라도 어쩜 이렇게 다를까 싶다. 선혈이 낭자한 구체적 수술 장면을 가사에 담은 마랭 마레 Marin Marais의 17세기 오페라, 북아프리카의 한 음유 시인griot이 동냥이라도 얻어볼까 싶어 지나가던 사업가에게 불러주었던 노래, 185년 전에 작곡되어 제대로 연주하려면 120명의 연주자가 필요하고, 연주자 각자가 한 장의 악보에서 서로 침범할 수 없는 특유의 파트를 읽어내야 하는 곡(베토벤 교향곡 9번). 이 시디 더미 안에는 태평양에서 혹등고래가 40분 동안 내던 노랫소리, 전자 기타와 드럼머신이 함께 연주한 북인도 라가raga(인도 음악의 전통적 선율 양식-옮긴이), 물병 만드는 법에 관한 페루 안데스산맥의 합창 같은 것도 들어 있다. 당신은 입 안 가득 맛있는 즐거움을 안겨주는 집에서 기른 토마토에 바치는 찬가가 있다는 사실을 믿을 수 있겠는가?

　봄에 심어서 여름에 먹어요
　이것 없이 보내는 겨울은 입이 너무 심심해

밖에 나가 알 굵은 것으로 하나 딸 때면
땀 흘려 밭 일구던 수고는 모두 잊어버려요

집에서 기른 토마토, 집에서 기른 토마토
집에서 기른 토마토가 없다면 어쩌 살까요?
돈으로 살 수 없는 것이 딱 두 가지 있죠
바로 진정한 사랑과 집에서 기른 토마토

- 가이 클락(Guy Clark), '집에서 기른 토마토(home grown tomatoes)'

어떤 사람은 이 모두를 당연히 음악이라 생각하겠지만, 어떤 사람에게는 이것이 논란거리가 될 수도 있다. 우리가 심취해 음악을 듣고 있으면 부모님이나 할머니, 할아버지 혹은 자녀가 그건 음악이 아니라 잡음이라고 깎아내리는 경우가 있다. 정의에 따르면 잡음이란 무작위적이고, 혼란스럽고, 해석 불가능한 일련의 소리를 말한다. 만약 우리가 잡음의 내부 구조와 짜임새를 이해할 수만 있다면 모든 소리를 잠재적 음악이라 말할 수 있을까? 이것이 바로 작곡가 에드가르 바레즈Edgar Varèse가 음악은 '조직화된 소리organized sound'라는 유명한 정의를 내릴 때 의도했던 부분이다. 이것은 누군가의 모차르트가 다른 사람의 마돈나이고, 누군가의 프린스가 다른 사람의 퍼셀Purcell, 파튼Parton, 파커Parker일 수 있다는 개념이다.

음악학자 데이비드 휴런David Huron이 지적한 대로 음악의 특징은 어디에나 있고, 또 아주 머나먼 과거부터 있었다. 현재를 보나 과거의 어느 때를 보나 지금까지 알려진 문화 중에서 음악이 없는 문화는 없었다. 그리고 유적지에서 발견된, 인간이 만든 가장 오래된 유물 중에는 악기도 있다. 음악은 전 세계 대부분 사람의 일상에서 대단히 중요하고, 인류의 역사를 통틀어서도 그랬다. 인간의 본성, 뇌와 문화 사이의 상호작용, 진화와 사회 사이의 상호작용을 이해하고 싶은 사람이라면 음악이 인간의 삶에서 맡아온 역할, 그리고 음악과 인간이 함께 진화해온 방식을 자세히 들여다보아야 할 것이다. 음악학자, 고고학자, 심리학자는 이 주제를 두고 활발한 연구를 벌였지만, 아직은 그 누구도 이 모든 학문 분야를 한데 엮어 음악이 우리 사회의 역사적 전개에 어떤 영향을 미쳤는지 일관성 있는 설명을 이끌어내지 못했다. 이 책은 족보를 만드는 것과 아주 비슷한 일을 한다. 우리 선조들의 삶을 빚어낸 음악적 테마에 관한 족보다. 이 책은 그들이 일하던 낮 시간과 잠 못 이루던 밤 시간을 채워주었던 문명의 사운드트랙에 관한 이야기다.

인류학자, 고고학자, 생물학자, 심리학자 모두 인간의 기원을 연구하지만 음악의 기원에 대해서는 상대적으로 관심이 적었다. 내가 보기엔 참 이상한 일이다. 미국인은 처방약이나 섹스에 들어가는 돈보다 더 많은 돈을 음악에 쓰고,[1] 평균적으로 하루에 다섯 시간 넘게 음악 소리를 듣는다.[2] 지금은 음악이 기분과 뇌의 화학에 영향을 미칠 수 있음이 알려져 있다. 일상 수준에서 보면 음악과 인류의 공통 역사를 이해하면 우리가 어떤 음악을 선택하며, 우리가 좋아하는 음악과 싫어하는 음악은 무엇인지 더욱 잘 이해할 수 있고, 음악의 힘을 이용해 기분을 조절하는 데도 도움이 될 수 있다. 하지만 그보다 훨씬 큰 그림이 존재한다. 음악과 인류 공통 역사를 이해하면 음악이 어떻게 변화의 원동력으로 작용했는지, 그리고 음악이 어떻게 인간 본성의 발달을 안내하는 길잡이 역할을 했는지 이해하는 데 도움이 될 것이다.

《노래하는 뇌》는 수만 년에 걸쳐 인류가 거주하는 여섯 개 대륙 곳곳에서 일어났던 음악과 뇌의 진화에 대해 부분적으로나마 설명한다. 나는 음악이 그저 기분 전환거리나 취미가 아니라, 인류라는 종으로서의 정체성을 빚어낸 핵심 요소라 주장한다. 음악은 언어, 대규모 협동 작업, 한 세대에서 다음 세대로 이어지는 중요한 정보의 전달 등 훨씬 복잡한 행동으로 나갈 수 있는 길을 닦아준 활동이었다. 이 책은 내가 어떻게 일부 사람의 눈에는 급진적으로 비칠 수도 있는 결론에 도달하게 되었는지 설명하고 있다. 내가 내린 결론은 기본적으로 여섯 가지 노래가 이 모든 것을 해내고 있으며, 그 여섯 가지는 바로 우정, 기쁨, 위로, 지식, 종교, 사랑의 노래라는 것이다.

인류의 진화와 그 속에서 음악이 맡은 역할에 대해 이해하려 할 때는 어떤 유형의 음악이라도 너무 성급히 배제하지 않고 열린 마음(그리고 열린 귀)으로 시작하는 것이 현명할 것이다. 하지만 마음과 음악의 진화를 따라가려면 가사가 있는 음악을 추적하는 편이 제일 쉽다. 가사가 있으면 음악적 표현에 담긴 의미를 파악할 때 논란의 여지가 적기 때문이다. 가사에 음이 달려 있으면(아니, 음에 가사가 달려 있는 것인가?) 그 의미에 대해 더 쉽게 유용한 대화를 나눌 수 있다. 약 100년 전까지만 해도 음악을 녹음하지 않았고, 심지어 몇백 년 전까지만 해도 정확한 악보 기록조차 이루어지지 않았기 때문에 역사적 기록으로 남아 있는 음악은 주로 가사들이다. 이런 이유로 이 책에서는 가사가 있는 음악에 초점을 맞추겠다.

이제 세상의 음악 중 상당 부분은 시디 음반 혹은 급속도로 음반을 대체하고 있는 매체, 즉 컴퓨터에 저장된 디지털 음향 파일(좀 부정확한 용어지만 일반적으로는 MP3라고 부른다)의 형태로 구할 수 있다. 우리는 전례 없이 음악에 자유롭게 접근할 수 있는 시대에 살고 있다. 역사적으로 녹음된 적이 있는 곡이라면 사실상 어떤 것이든 인터넷 어딘가에서 구할 수 있다. 그것도 공짜로. 녹음된 음악은 사람들이 부르고, 연구하고, 들었던 모든 음악 중 아주 적은 일부에 불과하지만 지금까지 녹음된 음악이 천만 곡 이상으로 추정될 정도로 많기 때문에 녹음된 음악은 세상의 음악에 대한 이야기를 시작할 출발점으로는 그 어느 것 못지않게 훌륭하다. 용감무쌍한 음악학자와 인류학자들 덕분에 산업화 이전의 진귀한 토착 음악들도 이제는 구할 수 있다. 산업화와 서구의 영향으로부터 단절되어 있던 문화권은 자신의 음악을 원형에 가까이 보존해왔으며, 그들의 설명에 따르면 수 세기를 거치는 동안에도 변하지 않았다고 한다. 그럼 이런 음악은 선조들의 음악을 엿볼 수 있는 창문을 제공해줄 수 있다. 이런 음악들, 그리고 내가 새로 접하는 서구 예술가들의 음악에 귀를 기울일수록 나는 음악이 얼마나 큰 것이고, 또 아직 모르고 있는 음악이 얼마나 많은지 깨닫게 된다.

우리의 음악적 유산은 엄청나게 다양해서 그 안에는 '나쁜, 정말 나쁜 레로이 브라운Bad, Bad Leroy Brown'이나 '크루엘라 드 빌Cruella de vil'처럼 사람에 관해 이야기하는 노래도 있고, 자신의 재판에서 판사를 죽인 사이코패스 살인마에 관해 노래한 귀에 쏙 들어오는 노래도 있고,[3] 저 고기 말고 이 고기를 사라고 권하는 노래도 있고('아머 핫도그 대 오스카 마이어 소시지Armour hotdogs versus Oscar Mayer wieners'), 약속을 지키겠다고 약속하는 노래도 있고,[4] 돌아가신 부모님을 애도하는 노래도 있고,[5] 천 년은 된 것 같은 악기로 연주한 음악과 이번 주에 갓 발명한 악기로 연주한 음악도 있고, 전동공구로 연주한 음악도 있고, 개구리가 부르는 크리스마스 캐럴 앨범도 있고, 사회적·정치적 변화를 이끌어내기 위해 부른 노래도 있고, 영화 속 허구의 캐릭터 보랏Borat이 역시나 허구의 카자흐스탄 국가를 부르며 자기네 나라의 광업에 대해 자랑하는 노래도 있다.

세계에서 가장 위대한 나라 카자흐스탄

다른 나라들은 계집애들이 다스리지

1등 칼륨 수출국 카자흐스탄

다른 나라의 칼륨은 질이 떨어져

— 샤샤 바론-코헨(Sasha Baron-Cohen)

그리고 교외의 소음 공해에 관한 노래도 있다.

여기 산악 오토바이가 오네

산악 오토바이를 조심해

머리를 세뇌하는 산악 오토바이

땅을 뒤흔드는 산악 오토바이

머리를 돌게 하는 산악 오토바이

정신 차려

영혼을 박살 내는 산악 오토바이

— 데이 마이트 비 자이언츠(They Might Be Giants)

이 모든 다양성에도 불구하고 나는 세상에 기본적으로 여섯 종류의 노래, 우리가 삶 속에서 음악을 이용하는 여섯 가지 방식, 음악의 여섯 가지 큰 범주가 있다고 믿게 됐다. 더도 덜도 말고 딱 여섯 가지다.

나는 내 삶의 대부분을 음악을 만들고 연구하며 보냈다. 나는 여러 해 동안 팝과 록 음반을 제작했으며, 지금은 음악, 진화, 뇌를 연구하는 연구실을 맡고 있다. 하지만 나는 이 프로젝트를 시작하면서 혹시 내가 편협한 시각에 빠져 있지는 않은지 걱정됐다. 나중에 알고 보니 내가 자기중심적 혹은 자민족중심적인 사고방식에 빠져 있더라는 사실을 알고 싶지는 않았다. 나는 암암리에 문화적 편견에 빠져 있는 것도 싫고, 성, 장르, 세대에 대한 편견, 심지어 음정이나 리듬에 대한 편견에 사로잡히는 것도 싫었다. 그래서 나는 몇몇 음악가 친구와 과학자 친구에게 모든 음악의 공통점이 무엇이라 생각하는지 물어보았다.

나는 스탠퍼드대학교를 찾아가 내 오랜 친구 짐 퍼거슨Jim Ferguson을 만나보았다. 그는 거기서 인류학과 학과장을 맡고 있다. 우리는 같은 고등학교 친구로 35년 동안 아주 친한 친구로 지내왔다. 인류학자는 문화와 문화가 우리생각, 개념, 세계관에 미치는 영향을 연구한다. 그래서 나는 짐이라면 내가 빠질까 봐 두려워하는 온갖 함정과 편견을 피하게 도와줄 수 있으리라 생각했다. 짐과 나는 음악이 전 세계 사람들의 일상생활에서 많은 역할을 하게 되었으며, 오랜 세월 동안 음악이 너무도 많은 방식으로 사용되어왔기 때문에 그 방식들을 모두 열거하는 것은 꿈도 못 꿀 일이라는 이야기를 나누었다.

노동요, 피의 노래, 육욕과 사랑의 노래는 어디에나 있었다. 신이 얼마나 위대한지 말하는 노래, 우리 신이 너희 신보다 얼마나 더 나은지 말하는 노래, 어디 가야 물을 찾을 수 있는지 혹은 카누를 어떻게 만드는지 말하는 노래, 사람들을 재우는 노래, 잠을 쫓아주는 노래도 있었다. 그리고 가사가 있는 노래, 웅얼거림과 읊조림이 들어간 노래, 구멍을 뚫은 나무 조각으로 연주한 노래, 나무 몸통으로 연주한 노래, 조개껍데기와 거북이 등딱지로 연주한 노래, 바비 맥퍼린Bobby McFerrin 스타일로 볼과 가슴을 손바닥으로 철썩철썩 두드리며 부른 노래도 있었다. 나는 짐에게 이 온갖 유형의 음악이 갖는 공통점이 무엇인지 물어봤다. 그의 대답은 질문이 잘못되었다는 것이었다.

짐은 위대한 인류학자 클리퍼드 기어츠Clifford Geertz의 말을 인용하며 음악의 보편성을 이해하고자 할 때 던져야 할 올바른 질문은 모든 음악의 공통점이 아니라 차이점을 묻는 것이라고 나를 설득했다. 모든 문화에 공통으로 존재하는 특징을 뽑아냄으로써 인간성을 가장 잘 이해할 수 있다는 생각은 내가 모르는 사이에 품고 있던 편견이었다. 짐, 그리고 기어츠는 우리를 가장 인간답게 만드는 것이 무엇인지 이해하는 최고의 방법, 어쩌면 유일한 방법은 인간이 하는 엄청나게 다양한 일들과 직접 부대껴 보는 것이라 생각했다. 우리가 스스로를 표현하는 방법에서 나타나는 세부 사항, 미묘한 뉘앙스, 압도적 다양성을 알아야만 음악적인 인간으로 존재한다는 것의 의미를 가장 잘 이해할 수 있는 것이다. 우리는 복잡하고, 상상력이 넘치고, 적응도 잘하는 종이다. 얼마나 적응을 잘할까? 만 년 전 인류, 그리고 그 애완동물과 가축의 수는 지구에 사는 육상척추동물의 생물량biomass 중 0.1퍼센트를 차지했다. 그런데 지금은 98퍼센트를 차지한다.[6] 인간은 지표면의 거의 모든 기후에 적응해서 도저히 살 수 없을 것 같은 환경으로도 삶의 터전을 넓혀왔다. 우리는 또한 대단히 변화무쌍한 종이다.[7] 인간은 수천 가지 서로 다른 언어로 말하며, 종교, 사회질서, 식습관, 결혼식 등에 대한 개념도 각양각색이다. (친척 관계에 대한 정의만 놓고 봐도 머리가 아찔할 정도로 다양하다. 대학교 인류학 입문교재만 열어봐도 무슨 말인지 이해할 것이다.)

그렇다면 음악의 다양성에 대해 충분히 생각해본 후에 나올 수 있는 올바른 질문은 인간관계에서 음악이 수행하는 기능의 집합이 존재하느냐, 그리고 이런 서로 다른 음악의 기능들이 별개의 지적·문화적 역사에 따라 사람의 감정, 이성, 영혼의 진화에 어떤 영향을 미쳤느냐 하는 것이다. 지난 5만 년에 걸쳐 음악적인 뇌는 인간의 본성과 문화를 빚어내는 데 어떤 역할을 했을까? 간단히 말하지면 이 모든 음악은 어떻게 우리를 지금의 우리로 만들었을까?

인간의 본성을 빚어낸 여섯 가지 유형의 노래는 우정, 기쁨, 위안, 지식, 종교, 사랑임이 분명하다는 생각이 들었지만, 아무래도 이 부분에 대해서는 독자들을 조금 설득해야 할 부분이 있음을 인정한다. 한 시대나 장소의 사람들이 이 여섯 유형을 모두 사용하지 않을 수는 있다. 어떤 유형의 사용은 늘어난 반면, 어떤 유형은 별로 사용되지 않기도 했다. 컴퓨터가 등장한 현대에 들어서는, 심지어 문자 언어가 시작된 이후로는 집단적인 기억을 압축하기 위해 지식의 노래에 크게 의존할 필요가 없어졌다. 물론 아직도 대부분의 영어권 학생들은 여전히 노래를 통해 알파벳을 배우고, 정치적으로는 올바르지 않은 노래지만 "한 꼬마, 두 꼬마, 세 꼬마 인디언" 같은 노래를 통해 셈을 배우지만 말이다. 아직도 문자가 없는 전 세계의 많은 문화권에서는 기억의 노래와 셈의 노래가 여전히 일상생활에서 필수적인 요소로 남아 있다. 고대 그리스인들이 알고 있었던 것처럼 정보를 그냥 생으로 암기하는 것보다는 음악을 통해 암기하는 것이 더 효과적이고 효율적으로 정보를 보존하는 방법이다. 이제는 그 이유를 설명해줄 신경생물학적 기반이 밝혀지고 있다.

정의에 따르면 '노래'는 노래를 부를 의도로 만들거나 개조한 음악적 구성을 말한다.[8] 이 정의에서 한 가지 불분명한 것은 그런 개조를 하는 주체가 누구인가 하는 부분이다. 이 개조는 존 헨드릭스Jon Hendricks가 찰리 파커Charlie Parker의 솔로곡을 가져다가 스캣scat(재즈에서 목소리로 가사 없이 연주하듯 음을 내는 창법 – 옮긴이)을 추가했을 때나 존 덴버John Denver가 차이콥스키의 교향곡 5번을 가져다가 그 멜로디에 가사를 붙였을 때처럼[9] 전문 작곡가에 의해 구성되어야 하는 것일까? 나는 그리 생각하지 않는다. 만약 내가 롤링스톤스의 '난 만족할 수 없어I Can't Get No Satisfaction'의 기타 도입부 리프를 노래로 부른다면(내가 11살 때 친구들과 자주 하던 짓이다) 그 개조를 한 주체는 바로 내가 된다. 그리고 심지어 그 노래의 보컬 부분과 분리한다고 해도 이 멜로디 라인 부분은 내 친구와 내가 그것을 부른 덕분에 단독으로 '노래'가 된다. 더 중요한 점은 '시간이 흐르듯이As Time Goes By'를 원래 가사는 한 단어도 말하지 않고 '라'라는 음절로만 노래 불러도(당신은 영화 〈카사블랑카〉를 본 적이 없어서 그곳에 OST로 나온 이 음악에 가사가 있다는 사실조차 모를 수도 있다) 당신이 그것을 노래로 불렀기 때문에 노래가 된다. 세상에서 딱 한 사람만 '시간이 흐르듯이'의 가사를 알고 나머지 사람들은 모두 기쁨에 겨워 그 멜로디를 콧노래, 휘파람, '랄랄라' 음절로 부른다고 생각해보자. 나의 직관으로는 우리가 단어를 이용해 노래 부르지 않았다는 이유만으로 그것이 노래가 아니라는 의미가 되지는 않을 것 같다.

우리 대부분은 '노래'가 우리가 노래로 부르는 것이나 그와 비슷한 소리의 집합은 무엇이든 포함하는 넓은 범주라고 직관적으로 생각한다. 다시 한 번 말하지만 《노래하는 뇌》는 문화적으로 협소한 편견에 사로잡히지 않았으면 한다. 아프리카의 북 음악은 수백만 명의 일상생활에서 중요한 역할을 맡고 있다. 어떤 사람은 이 소리를 노래라 생각하지 않겠지만 이렇게 순수한 리듬 형태의 표현을(당신이 멜 토메Mel Tormé나 레이 스티븐스Ray Stevens가 아닌 한 이것을 노래로 부르기도 어렵다) 무시하는 것은 멜로디 쪽에 치우쳐 있는 편견을 드러내는 것이다. 오늘날 가장 인기 있는 형태의 음악인 록, 팝, 재즈, 힙합 등은 자신이 진화해 나온 기원인 아프리카 북 음악이 없었다면 존재하지도 않았을 것이다. 뒤에서 보겠지만 북소리는 여러 가지 특성이 있지만, 그중에서도 특히 강력한 우정의 노래를 만들어낼 수 있다.

나는 노래라는 단어를 가장 포괄적인 의미에서 모든 형태의 음악을 상징하는 간편한 약자로 사용했다. 이 말은 멜로디가 있든 없든, 가사가 있든 없든 사람이 만드는 모든 음악을 노래로 지칭한다는 뜻이다. 나는 특히나 소리가 사라진 후에도 사람들이 오랫동안 머릿속에 담아두는 음악적 구성, 사람들이 나중에 다시 남에게 들려주려고 하는 소리, 사람들을 위로하고, 힘주고, 서로 가까워지게 해주는 소리에 관심이 많다. 솔직히 고백하면 나는 모르는 사이에 최고의 노래는 인기를 끌어 많은 사람에게 불리는 노래라는 편견을 가지고 이 프로젝트를 시작하게 됐다. 내가 음악 산업에 몸을 담았던 것 때문에 그런 편견이 자리 잡았을지도 모르겠다. 어쨌거나 '해피 버스데이Happy Birthday'는 지구상의 거의 모든 언어로 번역되어 불리기도 했으니까 말이다(심지어 영화 〈스타트렉〉에 나오는 호전적 외계인 클링온 언어로도 번역됐다. 그들은 이 노래를 'qoSlIj DatIvjaj'라고 부른다).[10]

이 부분은 피트 시거Pete Seeger가 정확한 정보를 짚어주었다. 그가 말하기를 일부 문화권에서는 최고의 노래라고 하면 단 한 사람만을 위해 노래하고 연주하는 노래를 의미한다고 한다! 시거는 '꽃은 다 어디로 갔나Where Have All the Flowers Gone?', '내게 망치가 있었다면If I Had a Hammer', '턴 턴 턴Turn, Turn, Turn(이 곡은 전도서에서 가사를 따왔다)' 같은 곡을 쓴 훌륭한 포크송 가수 겸 작곡가다.

시거는 이렇게 설명했다. "아메리카 인디언들 사이에서는 젊은 남성이 한 여성에게 반하면 갈대 피리를 만들어 멜로디를 작곡했습니다. 그리고 그 여성이 물을 길어가려고 개울에 오면 그 남성은 풀 속에 숨어서 그 여자에게 자신의 곡을 연주했죠. 만약 그 곡이 마음에 들면 여성은 상황이 이끄는 대로 그 남성을 따라갔습니다. 하지만 이것은 그녀만을 위한 특별한 곡이었죠. 곡을 모든 사람이 마음대로 들을 수 있는 것이라 생각하지 않았습니다. 이것은 오직 한 사람만을 위한 곡이었죠. 사람이 죽고 나면 그 사람을 기억하기 위해 그 사람의 노래를 부르기도 했지만, 사람들은 각자 자기만의 노래가 있었습니다. 물론 요즘에도 많은 소집단에서는 자기네 노래는 자기들만의 것이라 생각해서 아무나 그 노래를 부르고 다니면 기분 나쁘게 생각하죠."

사실 우리는 모두 자기 고유의 인생사와 문화 때문에 어느 정도는 편견에 빠져 있다. 나는 1950~1960년대에 캘리포니아에서 자란 미국 남성의 편견을 갖고 있다. 하지만 나는 운이 좋아서 다양한 음악을 접할 기회가 있었다. 우리 부모님은 내가 만 5세가 되기 전에 발레와 뮤지컬 공연에 나를 데리고 다니셨고, 그런 공연('호두까기 인형'과 '플라워 드럼 송Flower Drum Song')을 통해 나는 동양의 음계와 음정에 대해 일찍 이해할 수 있었다. 신경과학자들은 이렇게 어린 나이에 다른 음체계tonal system에 노출되는 것이 나중에 자기 문화권 밖의 음악을 이해하는 데 중요한 역할을 한다고 믿는다. 어릴 때 노출되면 누구든 전 세계 어느 언어라도 습득할 수 있듯이 충분히 어린 나이에 다른 문화권의 음악에 노출되면 뇌는 그 음악의 규칙과 구조를 추출하는 법을 배울 수 있다. 나이가 들면 다른 언어를 배울 수 없다거나 다른 음악을 이해할 수 없다는 의미는 아니다. 하지만 다른 언어나 음악을 어린 시절에 접하면 자연스럽게 그것을 처리하는 방법이 발달한다. 우리 뇌의 회로가 이렇게 초기에 경험한 소리에 맞추어 말 그대로 새로 배선되기 때문이다. 내 아버지를 통해 나는 빅밴드와 스윙 음악에 대한 사랑을 키웠고, 내 어머니를 통해서는 피아노 음악과 브로드웨이 음악에 대한 사랑을 키웠다. 내 외할아버지는 동유럽 민속 음악뿐만 아니라 쿠바 음악과 라틴 음악도 좋아하셨다. 나는 여섯 살에 라디오에서 흘러나오는 조니 캐시Johny Cash의 음악을 들으며 컨트리 음악, 블루스, 블루그래스bluegrass(기타와 밴조로 연주하는 미국의 전통 컨트리 음악 – 옮긴이), 쪼그 음악을 귀에 익혔다.

내가 지금까지 여러 번 접해본 정서가 있다. 클래식 음악은 그 무엇에도 비할 수 없는 고귀한 음악이라는 정서다. "솔직히 시끄러운 소리만 반복되는 로큰롤이라는 저 쓰레기 음악을 어디 감히 숭고한 클래식 걸작에 비교하겠어요?" 이렇게 생각하는 사람들은 이런 위대한 대가들에게 즐거움과 영감을 불어넣어 준 원천이 당대의 '흔해 빠진' 대중음악이었다는 불편한 진실을 무시하고 있는 것이다. 모차르트, 브람스, 심지어 클래식의 아버지 바흐도 민요, 음유시인 바드bard, 유럽 민속 음악, 동요 등에서 따온 멜로디가 많았다. 리듬은 물론이고 멜로디도 좋기만 하면 계층, 교육 수준, 성장 환경 같은 경계를 넘나들며 사랑받았다.

대부분의 사람은 자기가 좋아하는 곡, 자기를 기분 좋게 하는 곡, 위로를 주는 곡, 영적인 곡, 자기가 누구인지, 자기가 사랑하는 사람이 누구인지, 자기가 어느 집단에 속해 있는지 상기시켜주는 곡의 목록을 손쉽게 작성할 수 있다. 연구실에서 사람들에게 이런 목록을 작성해보라고 하면 그 목록이 어찌나 다양한지 볼 때마다 놀란다. 음악의 세계는 정말 넓다. 음악은 그것을 듣는 사람들만큼이나 유형이나 배경이 다양한 사람들에 의해 만들어졌다. 매일 새로운 형태의 음악이 발명되고, 기존의 형태로부터 진화해나오고 있다. 그리고 새로 나온 각각의 노래들은 기존의 노래를 개선하며 수천 년 동안 이어져온 진화의 사슬을 잇는 하나의 고리에 해당한다. 한 노래가 가진 '유전적 구조'에서 생긴 약간의 변화가 새로운 노래로 이어지는 것이다.

어떤 노래는 특정 인물을 찬양하지만, 이것이 과하게 적용되고, 과하게 일반화되다 보면 강화되거나 희석된다. 1960년대에 마리아Maria(번스타인Bernstein) 혹은 미셸Michelle(비틀스)이란 이름을 갖고 있었거나, 1970년대에

앨리슨^{Alison}(엘비스 코스텔로)이나 샐리^{Sally}(에릭 클랩튼)라는 이름을 갖고 있었던 사람이라면 노래에서 갑자기 자기 이름이 튀어나오거나, 친구나 새로 알게 된 지인이 유머럽시고 유치하게 자기 이름이 들어간 노래에 대해 언급하는 것을 듣는 기분이 어떤지 알 것이다. 내 이름이 들어간 노래를 정말로 나에게 불러줄 정도로 몰상식한 사람들은 분명 이런 생각은 자기가 처음 했을 거라는 바보 같은 착각을 한다. 내 이름(대니얼)도 사람들 입에서 끝없이 흘러나오는 '대니 보이^{Danny Boy}'나 '대니얼^{Daniel}'(엘튼 존^{Elton John}) 때문에 욕을 많이 봤다. 이런 사람들은 내가 그들의 똑똑함에 열광할 거로 기대한다. 스틸리 댄^{Steely Dan}(1970년대에 결성된 미국의 크로스오버 록 밴드 – 옮긴이)은 가사에 리키^{Rikki}, 조시^{Josie}, 듀프리^{Dupree} 같이 흔치 않은 이름을 가진 주인공을 등장시키는 습관이 있었다. 더 나아가 그것을 유행으로 만들기도 했다. 물론 희귀한 이름일수록 괴롭히는 사람 입장에서는 더 신이 난다. 나는 정말 이름이 매기 매^{Maggie Mae}(로드 스튜어트^{Rod Stewart}), 로잔느^{Roxanne}(폴리스^{The Police}), 척 E.^{Chuck E.}(리키 리 존스^{Rickie Lee Jones}), 존–제이콥^{John-Jacob}(오래된 동요)인 사람을 안다. 그리고 이들은 사람들이 마치 전에는 아무도 이런 생각을 못해봤을 거라는 듯이 이 노래를 자기에게 불러주면 깜짝 놀란다.[11]

'화장실에서 담배나 피워^{Smokin' in the Boy's Room}'나 '담배의 길^{Tobacco Road}' 같은 우정의 노래는 불법적이지만 쿨해 보이는 행동을 하면서 학교에서 소외된 수만 명의 고등학생을(심지어 중학생들까지도) 정당화해서 이들을 하나로 뭉치게 해주었다. 교가나 국가는 이렇게 사람을 하나로 뭉치게 하는 노래가 큰 규모로 확장된 것이다. 아마도 그 정점은 전 세계를 하나로 통합하는 노래들일 것이다. 이를테면 마이클 잭슨과 라이어널 리치가 작곡한 '위 아 더 월드^{We Are the World}' 같은 곡 말이다. 이런 종류의 집단 형성과 집단 강화는 우정의 노래를 통해 발현되며, 이런 유형의 노래가 인류 역사 전반에서 아주 중요한 기능을 담당했다는 증거가 있다.

사랑의 노래도 사람들을 하나로 뭉치게 한다. 이런 노래들은 사랑을 갈망하고, 사랑을 찾고, 사랑을 잃어버리는 경험들을 묘사한다. 이런 노래에는 사람들로 하여금 자신의 개인적 이해관계에 반하는 일을 하게 만들 정도로 강력한 유대감이 반영되어 있다.

> 여자와 사랑에 빠진 남자는
> 마지막 한 푼까지 다 써 버립니다
> 자기가 원하는 사랑을 붙잡기 위해
> 모든 안락도 내던지고
> 기꺼이 빗속에서 잠을 청합니다.
> 그녀가 그게 옳다고 한다면 말입니다
> – '남자가 여자를 사랑할 때(When a Man Loves a Woman)'[12]

어째서 음악에는 우리의 마음을 움직이는 힘이 있을까? 피터 시거는 노래 속에서 매체와 의미가 조합되는 방식 때문이라고 말한다. 형식과 구조의 조합이 정서적 메시지와 결합하는 것이다.

"음악의 힘은 형식으로부터 옵니다. 일상적인 말은 그 정도의 짜임새를 갖추고 있지 않습니다. 자신이 의미하는 바를 말로 표현할 수는 있겠지만, 그림이나 요리, 다른 예술과 비슷하게 음악에는 형식과 디자인이 존재합니다. 그리고 이것이 사람들의 흥미를 끌어 기억에 남는 것이죠. 좋은 음악은 언어 장벽, 종교와 정치의 장벽을 뛰어넘을 수 있습니다."

감정과 문화적 진화가 우리의 음악적 뇌 안에서 강력하게 뒤섞이면서 다양성, 힘, 심지어 역사까지 만들어냈다. 그리고 그 일은 여섯 가지 방식으로 이루어졌으며 그 각각의 방식을 정의할 수 있다.

# # #

신경과학의 방법론이 인지와 음악적 경험에도 적용되면서 지난 20년간 인간의 행동에 관한 연구에서 혁명이 일어났다. 이제 우리는 작동 중인 뇌를 실제로 볼 수도 있고, 특정 활동을 하는 동안에 활성화되는 뇌 영역을 지도로 작성할 수도 있다. 진화생물학자들의 연구와 더불어 신경과학자들은 인간의 뇌가 어떻게 생각을 할 수 있게 적응했는지 밝히고, 뇌가 지금처럼 진화한 이유에 관한 이론을 세우기 시작했다. 이 책에서 나는 이런 관점을 음악, 뇌, 문화, 생각에 관한 의문에 적용해보고자 한다. 음악이 우리 종에서 그토록 오랜 세월 함께해왔다면, 음악의 형식과 사용을 주도한 문화적·생물학적 힘은 무엇일까?

태초에는 언어가 존재하지 않았다. 어쩌면 음악이라는 단어보다 음악 자체가 먼저 존재했을지도 모른다. 물론 우리에게도 소리가 있었고, 소리는 우리에게 정보를 전달해주었다. 천둥소리, 빗소리, 바람소리, 바위나 산사태가 언덕 아래로 굴러 내리는 소리, 새와 원숭이의 경고 소리, 사자, 호랑이, 곰의 으르렁 소리(헉!). 그리고 여기에 덧붙여 시각과 후각도 세상에서 무슨 일이 일어나고 있는지 알려주었다. 언어 이전에는 당장 눈앞에 존재하지 않는 것을 표상할 능력이 심각하게 제한될 수밖에 없었다. 이것은 우리 뇌의 한계였을까, 아니면 그저 지금 당장 우리 의식 속에 존재하지 않는 것을 구두로 대신 표현할 소통 방법이니 단어가 없었기 때문일까?

진화신경과학의 증거를 보면 이 두 가지가 실제로는 같은 질문이다. 우리는 보통 진화라고 하면 다른 손가락과 맞닿을 수 있는 엄지손가락opposable thumb, 직립보행, 입체시각 등 신체 능력의 진화를 생각한다. 하지만 뇌도 진화했다. 언어 이전에는 뇌가 언어를 배우고, 말하고, 표상할 수 있는 능력이 온전히 갖추어지지 않았었다. 그러다 뇌가 상징을 조작할 수 있는 생리적·인지적 유연성을 발달시킴에 따라 점차 언어가 등장했고, 다양한 원초적인 발성을 사용하게 되면서 넓은 의미의 언어를 뒷받침해줄 신경 구조의 성장 잠재력을 더욱 자극했다. 그럼 언어와 음악은 어떻게 생겨났을까? 이것은 누가 발명했고, 어디서 유래했는가?

언어나 음악이 어느 혁신적인 한 사람에 의해 혹은 어느 한곳, 어느 한때에 발명되었을 거라 보기는 힘들다.[13] 그보다는 장구한 세월을 거치며 세계 곳곳에서 수많은 사람에 의해 거듭 다듬어져 만들어졌을 것이다. 그리고 분명 우리가 이미 갖고 있던 신체 구조와 능력, 즉 우리가 원인原人과 선조 동물로부터 유전적으로 물려받은 구조를 바탕으로 만들어졌을 것이다. 인간의 언어가 그 어떤 동물의 언어와도 질적으로 다른 것은 사실이다. 인간의 언어는 생성적generative(요소들을 다양하게 조합해서 무한히 많은 발성을 생성할 수 있는 성질), 자기지시적self-referential(언어를 이용해서 언어에 대해 이야기할 수 있는 성질)이라는 점에서 특히 그렇다. 나는 아마도 앞이마겉질prefrontal cortex에서 일어났을 단일 뇌 메커니즘의 진화가 언어와 예술 모두의 발달을 가능케 한 공통의 사고 양식을 만들어냈을 거라 믿고 있다.

이 새로운 신경 메커니즘이 우리에게 음악적 뇌를 특징짓는 세 가지 인지 능력을 선물해주었다. 첫 번째 능력은 '조망수용perspective-taking'[14]이다. 이는 자기 생각에 대해 생각하고, 다른 사람이 자기와는 다른 생각이나 신념을 가질 수도 있음을 깨닫는 능력이다. 두 번째는 '표상representation'이다. 이는 당장 눈앞에 있지 않은 존재에 대해 생각하는 능력을 말한다. 세 번째는 '재배치 rearrangement'다. 이는 세상에 존재하는 요소들에 위계질서를 부여하고, 그것을 새로 조합할 수 있는 능력을 말한다. 이 세 가지 능력의 결합으로 초기 인류는 그림, 조각 등 세상을 자기만의 방식으로 묘사할 수 있는 능력을 얻게 됐다. 이런 능력이 있었기 때문에 사소한 세부 사항은 생략하더라도 사물의 본질적 특성을 보존할 수 있었다. 이 세 가지 능력은 단독으로 혹은 서로 결합해서 언어와 예술의 공통 토대를 이룬다. 언어와 예술은 모두 세상을 우리에게 표상하는 역할을 한다. 그 표상이 세상 그 자체와 완전히 똑같지는 않지만 그 덕에 우리는 그 본질적 특성을 머릿속에 보존하고, 인지한 내용을 타인에게 전달할 수 있다. 다른 사람도 모두 나처럼 생각하는 것은 아니라는 자각이 타인과 사회적 유대를 형성하고 싶은 욕망과 결합하면서 언어, 예술, 시, 그림, 춤, 조각 …그리고 음악을 탄생시켰다.

언어의 한 가지 중요한 속성은 당장 눈앞에 존재하지 않는 것에 대해 말할 수 있다는 것이다. 우리는 실제로 겁은 먹지 않아도 두려움에 대해 이야기할 수 있고, 두려움을 느끼지 않는 상태에서도 두려움이라는 단어에 대해 이야기할 수 있다. 이런 표상에는 막대한 계산 능력이 필요하다. 이런 추상적 사고를 뒷받침하기 위해 우리 뇌는 서로 모순될 때도 많은 수십억 비트의 정보를 동시에 처리하고, 그 정보를 예전에 접했던 정보, 그리고 앞으로 다시 접하게 될 정보와 연관 지을 수 있도록 진화해야 했다.

인간은 잘하지만 동물은 잘하지 못하는 일 중 하나가 관계의 부호화encoding다. 우리는 무언가가 다른 것보다 더 크다는 개념을 쉽게 학습할 수 있다. 만

노래하는 뇌

약 다섯 살싸리 아이에게 앞에 블록 세 개를 놓고 더 큰 것을 골라보라고 하면 아무런 어려움 없이 과제를 수행할 것이다. 그런데 아이가 방금 골랐던 것보다 두 배 큰 블록을 새로 가져다 놓고 다시 같은 과제를 주면 아이는 생각을 바꿔서 새로운 블록을 고를 수 있다. 다섯 살짜리 아이도 이것을 잘 이해한다. 개는 이 과제를 풀지 못한다. 일부 영장류만 가능하다.

관계에 대한 이러한 이해가 음악을 이해하는 데 필수적인 부분이다. 이것은 인간의 모든 음악 체계의 초석이다. 이런 음악적 관계 중 하나가 옥타브 등가octave equivalence 15다. 남자와 여자가 함께 노래를 부를 때 일반적으로 여성이 한 옥타브 높은음으로 부르는데도 마치 한목소리로 부르는 것처럼 들리는 것이 바로 이런 원리 때문이다. 이런 관계적 처리 방식 덕분에 우리는 '해피 버스데이'를 조옮김 해서 어떤 음높이로 불러도 같은 노래로 인식하게 된다. 우리가 아는 거의 모든 양식의 음악도 이것을 기반으로 작곡이 이루어진다. 베토벤 5번 교향곡의 도입부를 예로 들어보자. 높이와 길이가 같은 세 개의 음이 들리고 이어서 낮은 높이로 더 긴 음이 뒤따른다. 베토벤은 이 패턴을 더 낮은 음역대로 옮겨 다음에 나오는 네 개의 음이 같은 윤곽과 리듬을 따르게 한다. 이 음 중 똑같은 것은 하나도 없지만 그래도 이것이 본질적으로 같은 패턴이라는 것을 우리는 알아볼 수 있다. 이것이 관계적 처리방식relational processing이다. 음악 인식에 관한 수십 년간의 연구를 통해 사람은 절대적 처리방식absolute processing과 관계적 처리방식 모두를 이용해 음악을 처리한다는 것이 밝혀졌다. 즉 우리는 음악에서 들리는 음의 실제 높이와 길이뿐만 아니라 그 상대적 관계에 대해서도 주의를 기울인다는 뜻이다. 다른 종에서는 이런 이중 처리방식이 드물어서 인간 말고 다른 종에서는 아직 확인된 바가 없다.

언어, 음악, 시, 예술이 발달하기 위해서는 이런 처리방식과 그것을 만들어낸 뇌 메커니즘이 필수적이었다. 그리고 앞서 말했듯이 나는 공통 뇌 구조의 진화 덕분에 이것이 가능했다고 믿는다. 모든 예술은 인간의 경험 중 일부 측면을 표상하려 하고, 이 과정은 선택적으로 이루어진다. 만약 예술이 대상 그 자체를 완벽하게 표상한다면 그것은 예술이 아니라 복제품에 불과하다. 예술의 핵심은 일부 요소는 강조하고 나머지는 희생해서 대상의 시각적, 청각적 외양 혹은 그것에 대한 우리의 느낌 중 한두 가지 측면만 부각해 거기에 주목하게 만드는 것이다. 그렇게 함으로써 특정 경험에 대해 자기가 어떻게 느꼈는지 다시 떠올리거나 그 경험을 타인에게 전달할 수 있다. 음악은 영화와 춤의 시간적 측면과 그림과 조각의 공간적 측면을 함께 가지고 있다. 여기서는 음높이의 공간(혹은 진동수 공간)이 시각 예술의 3차원 물리적 공간을 대신한다. 인간의 뇌는 청각겉질auditory cortex에 진동수 지도도 발달시켰다. 이 지도는 시각겉질visual cortex의 공간 지도와 아주 비슷한 방식으로 기능한다.

예술을 창조하려는 욕구가 어찌나 강력한지 우리는 정말 큰 역경 속에서도 예술을 할 방법을 기어코 찾아내고 만다. 제2차 세계대전 당시 독일의 강제수용소에서는 많은 포로가 자발적으로 시를 쓰고, 노래를 작곡하고, 그림을 그렸다. 빅터 프랭클Viktor Frankl의 말로는 이런 활동들이 비참하게 그곳에 묻힌 사람들의 삶에 의미를 부여해주었다고 한다. 프랭클이나 다른 사람들은 그런 예외적인 상황에서 이루어지는 활동들은 보통 자신의 세계관이나 삶을 예술을 통해 개선해보겠다는 의식적인 결정으로 나타나는 결과가 아니라고 지적했다. 반대로 이런 활동들은 먹고 자고 싶은 욕망만큼이나 본질적인 생물학적인 욕구로 나타났다. 실제로 작업에 빠져 있는 동안에는 먹고 자는 일에 대해 잠시 까맣게 잊어버리는 예술가도 많다.

솔크연구소$^{Salk\ Institute}$의 우르줄라 벨루지$^{Ursula\ Bellugi}$는 청각장애가 있어서 수화를 이용해 소통하는 사람들이 발명한 일종의 시를 발견했다. 이 사람들은 특정 수신호를 할 때 한 손이 아니라 두 손을 이용한다. 왼손으로는 공중에서 수신호를 만들면서 오른손으로는 시각적으로 겹쳐지는 레가토^{legato}(음을 끊지 않고 부드럽게 잇는 연주 방식 – 옮긴이)를 만들어낸다. 이 신호는 시각적 반복, 즉 시각적 음악을 만들어내면서 변화한다. 이것은 시를 낭송할 때의 구절 반복이나 운율과 비슷하다. 우리가 예술을 창조하는 이유는 그것을 멈출 수 없기 때문이다. 우리 뇌 자체가 그렇게 만들어져 있기 때문이고, 진화와 자연선택이 창의적 충동이 있는 뇌를 선호했기 때문이다. 이런 창의적 충동은 다른 사람들이 하지 못할 때 보금자리나 먹을 것을 찾고, 짝을 차지하기 위한 경쟁에서 이성을 유혹해서 아이를 낳고 아이를 돌보게 만드는 용도로 사용할 수 있었다. 창의적인 뇌는 곧 인식과 감정의 유연성을 의미했다. 이것은 사냥할 때 혹은 사람과 사람, 부족과 부족 사이에 갈등이 생겼을 때 유용하게 활용할 수 있었다.

창의적인 뇌는 수 세기 동안의 성선택$^{sexual\ selection}$에서 더욱 매력적으로 변했다. 예상치 못했던 다양한 문제를 해결할 수 있기 때문이다. 하지만 어떻게 음악적인 뇌가 매력적이 될 수 있었을까? 우리가 아기에게 매력을 느끼는 이유를 비유로 들어보자. 다른 사람들은 안 그런데 어떤 사람들은 우리는 이해할 수 없는(본인도 이해할 수 없다!) 어떤 무작위 과정 때문에 우연히 아기를 귀엽다고 여기게 되었다고 가정해보자. 이 무작위 과정은 당신이 아버지보다 더 키가 크게 만들어준 과정, 스물다섯 살의 나이에 머리가 벗겨지게 만든 과정, 정확한 방향 감각을 갖게 해준 과정, 주변에서 모든 것이 무너져 내리고 있을 때도 웃는 능력을 부여해준 과정과 형식적으로 비슷하다. 아기를 귀엽다고 여기게 된 사람들은 일종의 유전자 로또를 맞았던 것인지도 모른다. 이들은 자기네 가문에서 최초로 이런 특성을 갖게 되었고, 아기를 별로 귀엽게 여기지 않는 사람에 비해 아기와 더 많은 시간을 함께 보내며 돌보게 됐다. 이런 경우가 수백만 번 반복되는 동안 아기를 귀엽게 여기게 된 부모들의 아이는 그렇지 않은 부모의 아이들보다 환경에 더 잘 적응하고, 교육도 잘 받고, 더 건강하게 됐다. 이런 양육의 차이 덕분에 더 큰 보살핌을 받고 자란 아이들은 짝을 찾아 자식을 낳을 가능성이 더 커졌다. 그도 그럴 것이 더 건강하기 때문에 짝을 찾을 수 있을 만큼 오래 살거나 짝을 찾을 시기가 되었을 때 먹을 것과 보금자리를 확보하는 데 필요한 지식과 지원 체계를 갖추었을 가능성이 더 크기 때문이다. 그래서 장기적으로는 이렇게 보살핌을 받고 자란 아기의 자손이 그렇지 못한 아기의 자손보다 더 많아지게 됐다.

이것이 다윈이 주장한 자연선택의 기본 원리다. 바꿔 말하면 철학자 대니얼 데닛Daniel Dennett이 지적했듯이 우리는 아기가 본질적으로나 객관적으로 귀엽기 때문에(이것이 무슨 의미이든지 간에) 귀엽다고 여기는 것이 아니란 의미다.[16] 그보다는 진화의 과정이 아기를 귀엽게 여기는 사람과 그 자손에게 유리하게 작용해서 이런 특성이 인구집단에 널리 퍼지게 된 것이다.

이런 식으로 비유하면 우연히 창의성을 매력적이라 여기게 된 사람들은 음악가나 미술가를 짝으로 찾게 됐고, 그 과정에서 자기도 모르게 자기 자손들에게 생존상의 이점을 부여해주었다. 초창기 음악가들은 주변 사람들과 긴밀한 유대관계를 유지할 수 있었을 것이다. 감정도 잘 소통하고, 대립도 잘 해소하고, 사람들 사이의 알력도 잘 풀어냈기 때문이다. 그리고 생존에 중요한 정보를 노래 속에 담을 수도 있었을 것이다. 덕분에 그 자손들은 이런 내용을 쉽게 암기할 수 있어서 추가로 생존상의 이점을 누렸을 것이다. 그렇다면 음악

노래하는뇌

을 만들고, 음악에 귀를 기울이는 것이 기분이 좋은 이유는 음악 그 자체의 내재적인 속성 때문이 아니다. 우연히 음악적 활동을 하는 동안에 좋은 기분을 느꼈던 선조들이 살아남아 그런 기분을 느끼게 하는 유전자를 후대에 전달했기 때문이다.

인간을 인간답게 만들고, 지구상의 다른 모든 종과 구분해주는 중요한 한 가지를 심리학자와 생물학자들이 지적했다. 언어가 아니다. 새, 고래, 돌고래, 심지어는 벌 등 다른 동물들도 정교한 신호체계를 가지고 있다. 도구 사용도 아니다(침팬지도 도구를 사용한다). 사회 형성도 아니다(개미도 사회를 이룬다). 속임수에 능한 것도 아니다(까마귀와 원숭이도 잘 속인다). 이족보행을 하고 다른 손가락과 맞닿는 엄지손가락을 갖고 있다는 것도 아니다(영장류). 한 번 맺은 짝과 평생을 보내는 경우가 많다는 것도 아니다(긴팔원숭이, 대초원들쥐, 에인절피시, 캐나다두루미, 흰개미). 우리를 가장 차별화하는 것은 다른 그 어떤 동물도 하지 않는 행동, 바로 예술이다.[17] 그저 예술이 존재한다는 것이 아니라 예술이 삶의 중심을 차지한다는 것이 중요하다. 인간은 재현예술과 추상예술, 정적인 예술과 동적인 예술에 이르기까지 공간, 시간, 시각, 청각, 운동 등을 이용한 온갖 종류의 예술을 창조하려는 강력한 욕망을 보여주었다.

우리의 예술적 표현의 욕망은 동굴벽화나 3천 년 된 물 항아리의 장식 같은 데서 나타난다. 가장 초기의 동굴벽화에서는 사람이 춤추는 모습이 보이기도 한다. 거의 백 년 전인 1911년판 브리태니커 백과사전에서는 시가 "불 사용법의 발견만큼이나 인간의 운명에 큰 영향을 미쳤다."라고 말하고 있다. 시를 불과 동급으로 취급하는 것은 비유적으로도 만족스럽고 극적이다(남녀의 영혼 속에서 타오르는 불? 자신의 느낌을 리듬과 각운으로 표현하고 싶은 불타는 욕망?). 하지만 정말로 시가 인간사에 그렇게 심오한 영향력을 발휘했다는 것을 믿을 수 있을까? 브리태니커는 그렇게 주장하고 있다. 시, 그리고 아마도 노래 가사가 역사를 바꾸고, 전쟁을 일으키기도 하고 멈추기도 하고, 인류의 역사를 기록으로 남기고, 자신의 인생 행로에 대해 사람들이 마음을 고쳐먹게 만들어놓았다고 말이다.

시, 음악, 춤, 그림 등 예술을 하는 뇌가 발달하면서 자신의 창의성을 알리고, 추상적 사고를 할 수 있게 되었을 뿐 아니라 열정과 감정을 비유를 통해 소통하는 것도 가능해졌다. 비유를 사용하면 무언가에 대해 타인에게 간접적으로 설명할 수 있어서 대립을 피하고, 남들이 잘 이해하지 못하는 것을 이해하게 도울 수도 있다. 예술은 느낌이나 지각에서 잘 보이지 않는 측면에 주의를 기울이게 해준다. 말 그대로 관심의 틀을 새로 설정함으로써 복잡하게 얽힌 개념이나 지각 중에서 원하는 측면만 도드라져 보이게 만드는 것이다.

음악과 시라는 청각 예술은 인류의 역사에서 특권을 누려 왔다. 그리고 이것은 우리 시대의 신경학적 사례 연구에도 반영되어 있다. 알츠하이머병, 뇌졸중, 뇌종양 혹은 기타 뇌의 장기 손상이 있는 환자들은 사람 얼굴을 알아보지 못할 수도 있다. 심지어 평생을 알고 지낸 사람의 얼굴도 못 알아본다. 그리고 빗이나 포크 같은 단순한 물체를 알아보는 능력을 잃을 수도 있다. 하지만 이런 환자들 중에서도 여전히 시를 암송하고, 어린 시절에 불렀던 노래를 부를 수 있는 사람이 많다. 말로 된 것이든 노래로 된 것이든 운문은 사람의 뇌에 깊숙이 새겨져 있는 것 같다. 역사를 보면 수많은 예술가가 전장에서, 지하 감옥에서, 임종의 자리에서 음악과 시를 쓰고 싶은 뿌리칠 수 없는 욕구를 느꼈다. 이런 욕구는 분명 애초에 예술을 가능하게 만든 바로 그 이마엽겉질 frontal cortex의 돌연변이와 적응으로부터 비롯되었을 것이다. 언어와 보편적 예술을 탄생시킨 바로 그 구조적 변화로부터 말이다. 우리가 음악과 시를 쓰고

노래하는 뇌

암송하는 이유는 그것이 내재적으로 좋은 것이기 때문이 아니라 그것을 기분 좋게 느꼈던 우리 선조들이 살아남아 번식에 성공해서 그 본능적 선호도를 후대에 물려주었기 때문이다. 우리가 오늘날 음악을 좋아하는 종이 된 것은 수만 년 전 선조들이 그랬기 때문이다.

하지만 오늘날의 우리는 역사적 기록이 말해주는 그런 시적인 종과는 좀 거리가 있다. 지난 수백 년 동안 시를 노래로 대체했기 때문이다. 지금은 평균 만 14세 정도가 되면 내 할아버지가 평생 들었던 것보다 많은 음악을 한 달 만에 듣게 된다. 요즘 아이팟 하나는 2천 곡 정도의 노래를 쉽게 저장할 수 있는데 이는 라디오방송국 일곱 곳에서 보유한 음악 자료보다도 많고, 우리 수렵-채집인 선조들의 한 부족 전체가 평생 접했을 노래보다도 한 자릿수 더 많은 양이다. 인간의 본성을 빚어낸 여섯 노래에 대해 살펴보기 전에 가사와 관련해서 노래에 해당하는 것은 무엇이고, 노래에 해당하지 않는 것은 무엇인지 살펴볼 필요가 있다. 그 가사들이 시의 정의에 해당하는지 혹은 가사와 시가 다른 것이라면 시가 실제로 무엇인지 알아보자는 의미다. 가사는 그 음악과 떼어 놓아도 똑같은 의미를 전달할까?

자신의 앨범 가사지 도입부에서 스팅^{Sting}은 이렇게 적었다.

> 가사와 음악, 이 두 가지는 항상 상호의존적이다. 마네킹과 옷이 서로 의존하는 것처럼 말이다. 이 둘을 분리해놓으면 벌거벗은 인체 모형과 옷 무더기밖에 남지 않는다. 가사를 발표하면 노래 가사가 시인지, 아니면 전혀 다른 무엇인지 하는 질문이 자연이 따라 나온다. … 내 작품은 애초에 그 형태를 부여해주었던 옷이 벗겨진 상태가 되고 만다.

가사의 형태는 시의 형태와는 다른 것에 영향을 받는다. 가사는 음악의 멜로디와 리듬이 외부에서 틀을 제공해주는 반면, 시는 내재적인 구조를 갖고 있다. 음악에서는 일부 음이 음높이, 크기, 리듬 등으로 인해 다른 음보다 상대적으로 강조된다. 이런 강조는 말을 제약해서 멜로디와 잘 어울리게 만들고, 가사라는 옷을 걸칠 음악이라는 마네킹을 세울 수 있게 도와준다. 반면 시는 그와 다르게 스스로 부과한 전통적 구조와 형식이 의미를 전달한다. 서사시epic, 애가elegy, 송시ode 등 형식은 역사, 비탄, 사랑의 신호를 전달할 수 있다. 전통적인 시는 이런 형식(각운, 운율, 행의 수)을 바탕으로 논의되어왔다.[18] 소네트sonnet는 사랑에 어울린다. 서사시는 2행 연구 시에 어울린다. 장송곡dirge은 고통을 노래한다.

나는 평생 곡을 써왔지만 진짜 작곡자인 내 친구의 말에 따르면 나는 멜로디 쪽은 강한데 가사는 그렇지 못하다고 한다. 나는 자신을 말에 강한 사람이라 생각하기 때문에 이 역설이 분명하게 느껴진다. 솔직히 말하면 나는 평생 시에 그리 관심이 많지 않았고 1970년대 대학에 다니면서 시에 대해 수강도 했지만 시를 제대로 이해하지도 못했다. 약 10년 전에 기악곡과 영화음악 작곡가인 내 친구 마이클 브룩Michael Brook이 충고하기를 가사를 잘 쓰고 싶으면 시를 읽으라고 했다.

그리고 그다음 날 우연히도 내가 예전에 시를 배웠던 교수님을 내가 교수로 일하게 된 캠퍼스에서 만났다. 그 교수님을 리Lee 교수님이라고 부르겠다. 우리는 함께 커피를 마셨고, 나는 교수님에게 가사를 더 잘 쓰고 싶은 바람이 있다고 말했다. 나는 교수님에게 시와 노래가 어떻게 다른 건지 설명해 달라고 했다. 그리고 이번에도 역시 나는 내 질문 자체가 잘못되었음을 알게 됐다!

리 교수님은 이렇게 설명했다. "가사는 시지. 똑같은 것인데 모양만 다른 거야. 대중음악의 가사는 시의 특별한 형태에 불과해. 자네는 그 둘 사이에 절대적인 차이점이 존재한다고 믿는가 본데 그렇지 않네. 가사로 된 시라 할 수 있는 서정시lyric poetry는 태초부터 존재해왔어." 리 교수님은 중세와 엘리자베스 1세 시대의 보석 같은 가사들에 대해 언급했다. 캠피언Campion, 시드니Sydney, 셰익스피어의 시와 노래 그리고 슈베르트의 '실비아에게Who Is Sylvia?'나 다른 리트lied(독일 가곡 – 옮긴이)도 예로 드셨다. 그는 시에 나중에 음악을 입혀 노래로 만드는 일도 드물지 않다고 지적했다. 존슨Jonson의 '그대의 눈빛으로만 나를 위한 건배를Drink to Me Only with Thine Eyes', 번스Burns의 시, 윌리엄 볼콤William Bolcom이 윌리엄 블레이크William Blake와 시어도어 레트케Theodore Roethke의 시를 가지고 음악을 만들었던 경우 등이 그 예다.

시 재단Poetry Foundation의 회장이자 존경받는 시인인 존 바John Barr도 근대 들어 이런 의견에 공감을 표현했다. 그는 상아탑에서는 취급하지 않는 시들을 옹호하면서 이렇게 적었다.[19]

시를 아끼는 사람들은 카우보이 시cowboy poetry, 랩, 힙합, 동시 같은 것을 접하면 민망함, 심지어는 혐오감까지 느끼기도 한다. … 이런 것들이 자신의 감수성을 거스르기 때문이다. (이들이 이런 것들에서 어떤 즐거움을 느낀다면, 그 즐거움 안에 죄책감이 따라올 것이다.) 윌리스 맥레이Wallace McRae, 투팍 샤커Tupac Shakur, 잭 프렐루츠키Jack Prelutsky가 헌신적인 다수의 청중을 위해 이런 작품을 썼다는 사실도 이들에게 모욕을 더할 뿐이다. 시를 진지하게 받아들이는 사람들은 이런 작품은 운문verse일 뿐 시가 아니라고 폄훼하면서 그 후로는 가능한 한 그런 작품을 피한다. … 그 결과 시의 세계가 크게 쪼개지고 만다.

물론 서정시는 전통적인 시가 갖고 있지 않은 것을 갖고 있다. 스팅이 가사라는 옷을 입히는 마네킹이라 말했던 멜로디를 갖고 있는 것이다. 즉 정의에 따르면 대부분의 시는 각운, 운율(강세구조를 비롯해서 소리가 시간의 흐름 속에서 조직되는 방식), 비유, 언어심상verbal imagery의 조합을 통해 정서적 메시지를 전달해야 한다. 이런 것들이 한데 모여 위대한 아름다움이 표현되는 것이다. 서정시는 움직이는 느낌도 전달해야 한다. 자체적으로 리드미컬하게 앞으로 치고 나가는 듯한 느낌을 주어야 한다. 노래 가사는 이 모든 것들을 할 수는 있지만 꼭 할 필요는 없다. 언제든 음악이 도와줄 수 있기 때문이다. 멜로디와 화음이 강세구조와 앞으로 나가는 느낌, 그리고 일종의 화음-텍스트의 맥락을 제공해주기 때문이다. 바꿔 말하면 가사는 혼자 있게 할 의도로 만든 것이 아니다(반면 스팅의 또 다른 가사를 인용하자면 시의 단어들은 "혼자서 춤을 춘다they dance alone").

리 교수님과 나는 그 학기 동안 일주일에 한 번씩 만났다. 그는 자기가 좋아하는 시를 몇 개씩 가지고 왔고, 나는 내가 좋아하는 대중음악 가사를 가지고 왔다(교수님은 내게 가사도 시임을 상기시키는 것을 절대 잊지 않으셨다). 나는 시는 형태와 상관없이 모두 일종의 음악적 특성이 있음을 이해하게 됐다. 단어 속에 들어 있는 강세구조가 자연스럽게 일종의 멜로디를 만들어낸다. '멜로디melody'라는 단어 자체도 첫 번째 음절에 강세가 있어서 다른 음절보다 더 크게 들린다. 그리고 대부분의 영어 원어민은 첫음절을 다른 음절보다 더 높은 음으로 소리 낼 것이다. '멜로디'라는 단어에 멜로디가 있는 것이다! 좋은 시는 말소리와 어울려 듣기 좋은 음높이 패턴을 만들어낸다. 그리고 좋은 시에는 노래와 비슷한 율동적인 배치가 들어 있다. 시가 시로서 성공하면 감각적인 경험을 부여해준다. 화자의 입안에서 느껴지는 말과 청자의 귀에서 들리는 소리가 그런 경험의 일부가 된다. 산문과 달리 시는 크게 소리 내어 읽어야 제맛을 느낄 수 있다. 시를 사랑하는 사람들이 낭송을 즐겨 하는 이유도 그 때문이다. 시를 눈으로만 읽어서는 부족하다. 독자는 시에 담긴 리듬을 느낄 수 있어야 한다. 노래 가사도 소리 내어 불러야 제맛이다. 가사를 눈으로만 읽어서는 그 가사를 만들 때 스며든 미묘한 뉘앙스가 제대로 전달되지 않는다.

가끔 노래 가사가 음악 없이 그 자체만으로 좋을 때도 있지만 리 교수님은 그런 노래 가사가 그렇지 못한 노래 가사보다 더 나은 것은 아님을 지적했다. 그것은 그 특정 글이 가진 또 다른 특징에 불과한 것이다. 하지만 매주 교수님을 만나면서 나는 양쪽의 글을 특징짓는 소리와 형식, 의미와 구조 사이의 상호작용에 대해 깊이 이해하게 됐다.

일반적인 말이나 글과 비교할 때 시와 가사가 가진 한 가지 특징은 의미의 압축이다. 의미가 밀도 있게 압축되어 우리가 대화나 산문에서 사용하는 것보다 더 적은 단어에 담겨 전달된다. 이렇게 의미가 압축되어 있다 보니 자연스레 우리는 그 의미를 해석하면서 이야기 전개에 능동적으로 참여하게 된다. 시를 접할 때 우리는 평소보다 언어를 느리게 사용하게 된다. 우리는 시를 읽고 들을 때 언어에 대해 평상시처럼 생각하지 않고 그 안에 담긴 서로 다른 의미의 울림을 모두 곰곰이 생각해보기 위해 속도를 늦추게 된다.

예술에서 가장 중요한 성질은 영적 혹은 정서적인 측면인지도 모른다. 시도 예외가 아니다. 시를 쓰는 목적은 그저 사건에 대해 기계적으로 기술하는 것이 아니라 그 사건에 대한 느낌과 개인적, 주관적 해석을 포착하는 것이다. 뉴스를 좌뇌가 담당한다면 시는 우뇌가 담당하는 것이라 말할 수도 있겠다. 하버드대학교 교수이자 선도적인 시 비평가인 헬렌 벤들러 Helen Vendler 는 이렇게 말한다. "시는 성명서 같은 것이 아니라 사색을 위한 가상의 장소다.[20]

시는 실제의 삶과 같은 차원에 존재하지 않는다. 시는 투표도 아니고, 연단에서 발표하는 것도 아니고, 수필도 아니다. 시는 공상의 산물이다."

가끔 보면 시를 안 보고 암송할 수 있는 사람이 있다. 그리고 노래 가사를 기억하고 있다가 대화 도중 적절한 순간에 써먹는 사람들도 있다. 좋은 노래 가사와 시를 만드는 것은 무엇일까? 암기하기 쉬운 거? 나는 항상 머릿속에 노래 가사들이 이러저리 돌아다니고 있다. 이 가사들은 아주 살짝만 자극해 줘도 신경의 감옥에서 풀려나온다. 스탠퍼드에서 그곳답지 않게 일주일 내내 폭풍우가 몰아치는 동안 내 뇌는 마치 자체적으로 생각을 갖고 있는 것처럼 비와 관련된 노래들을 하나씩, 하나씩 머릿속에 떠올렸다. 이것은 스팅이 곡으로 쓰기도 했던 융의 동시성synchronicity 경험에서 시작됐다. 나는 비틀스의 '비Rain'라는 노래를 듣고 있었는데 찢어지는 듯한 천둥소리가 들리고 뒤이어 지붕에 가볍게 빗방울이 하나둘 떨어지는 소리가 들렸다. 그리고 몇 분 지나지 않아 그 비는 폭우로 바뀌었다. 나는 허겁지겁 밖으로 달려 나가 자동차에 덮개를 씌웠다(캘리포니아였으니 당연히 컨버터블 차였다). 그리고 벌써 겁을 먹고 수국 아래 웅크리고 있던 강아지를 안으로 데리고 들어왔다. 그리고 비틀스의 그 노래 1절이 머리에 떠올랐다("비가 오면 사람들은 머리를 수그리고 뛰어가지"). 나는 그 노래를 떨쳐내려고 다른 노래를 생각하려 했다. 머리에 제일 처음 떠오른 곡은 데이비드David와 배커랙Bacharach의 '빗방울이 내 머리 위로 떨어지네Raindrops Keep Fallin' on My Head'였다. 물론 좋은 노래다. 하지만 내가 고생하며 깨달은 바에 따르면 이 노래는 처음 떠올랐을 때 바로 싹을 자르지 않으면 꼬박 일주일 내내 내 머릿속에 똬리를 틀고 앉아 있을 노래였다.

기억의 작동방식은 참 재미있다. 데이비드와 배커랙이 만든 다른 노래로 넘어가거나('산호세로 가는 길을 아시나요?Do You Know the Way to San Jose?' 혹은 '나는 작은 기도를 올립니다I Say a Little Prayer') B. J. 토마스Thomas가 부른 다른 곡('느낌에 꽂혔어요Hooked on a Feeling' 혹은 '믿을 수밖에 없어요I Just Can't Help Believing')으로 넘어 가거나 코드 진행이 똑같은 곡('모두들 얘기합니다Everybody's Talkin', '섬싱Something') 으로 넘어가는 대신 내 이마엽겉질은 군이 내 해마에서 제목에 '비'가 들어간 노래를 검색하려 들었다. 그리고 즉각적으로, 그리고 무의식적으로 내 뇌는 러빙 스푼풀Lovin' Spoonful의 '당신과 나 그리고 지붕에 내리는 비You and Me and Rain on the Roof'를 꺼내 들었다. 나는 이 노래를 좋아한다. 이 노래의 멜로디는 다섯 번째 음 솔에서 시작해서 한 옥타브 아래 솔까지 내려간다. 이것은 고대 그리스의 리디아 선법lydian mode을 떠올리게 한다. 경험상 이 노래가 내 머릿 속에 똬리를 틀고 있을 위험은 거의 없지만 적어도 배커랙의 멜로디를 밀어 내주리라는 것은 알 수 있었다. 내가 왜 그 멜로디를 지우려 하고 있었지? 맞 다. 비틀스의 '비'가 그 안에 울려 퍼지고 있어서 그랬지. 앗! 안 돼! 그 노래가 다시 돌아왔다. 서둘러! 러빙 스푼풀의 싱어송라이터 존 세바스찬John Sebastian을 생각하자. "당신과 나 그리고 지붕에 내리는 비 …" 솔파미레도솔 라솔.

종일 비가 내렸다. 여기저기 물웅덩이가 고이기 시작했고, 곳곳의 작은 하 수구가 역류하기 시작했다. 도로 교차로에도 물이 모이기 시작했다. 이 도시 를 설계한 공학자들은 물 빠짐 설계를 할 필요가 없었었다. 비가 많이 오는 곳 이 아니기 때문이다. 하지만 일주일 내내 비가 내렸다. 과도하게 활성화된 내 해마는 계속해서 내 무의식으로부터 더 많은 비 노래를 끄집어냈다. 블라인 드 멜론Blind Melon의 '노 레인No Rain', 제임스 테일러James Taylor의 '불과 비Fire and Rain'(그리고 머리를 맴돌며 떠나지 않는 블러드 스웨트 앤 티어스의 커버 버전도), 티나 터너Tina Turner의 '나는 비를 견딜 수 없어I Can't Stand the Rain', 헨드릭스

Hendrix의 '아직도 비가 내리고, 아직도 꿈을 꾸고Still Raining, Still Dreaming' 그리고 당연히 레드 제플린Led Zeppelin의 '비의 노래The Rain Song'도. 이 곡은 코드를 하행 아르페지오로 시작하는데 그 자체가 마치 비처럼 내린다. 나는 유리스믹스Eurythmics의 '다시 비가 내리네Here Comes the Rain Again'나 도널드 페이건Donald Fagen의 '빗방울 사이로 걷기Walk Between the Raindrops'에게 점령당하지 않는 데 성공한 것을 자축했다. 그리고 '비오는 날과 월요일Rainy Days and Mondays'(카펜터스the Carpenters), '레이닝Rainin''(로잔느 캐시Rosanne Cash), '비를 내려주세요Let It Rain'(에릭 클랩튼과 그의 그룹 데릭 앤 도미노스Derek and the Dominos) 그리고 내가 좋아하는 그룹에서 부른 두 곡의 비 노래, '누가 비를 멈출까Who'll Stop the Rain'와 '비를 보신 적이 있나요Have You Ever Seen the Rain?'(크리던스 클리어워터 리바이벌 Creedence Clearwater Revival)의 노래가 스테레오로 울려 퍼졌다. 그리고 내가 좋아하는 두 그룹이 마침내 내 해마 아래쪽 깊숙한 곳에서 올라와 마치 내 뉴런에 시디플레이어가 직접 연결되어 있기라도 한 듯이 플레이됐다. 큐어Cure의 '비를 위한 기도Prayers for Rain'와 컬트Cult의 '방콕의 비Bankok Rain'. 비 노래는 참 많기도 하지! 그리고 밖에는 계속 비가 내리고 있었다.

내가 좋아하는 작곡가 중 한 명인 로드니 크로웰Rodney Crowell에게 이 책에서 다루는 여섯 곡에 대해 이야기하자 그는 인간이 작곡한 최초의 노래는 아마도 날씨, 태양, 달, 비 등의 자연을 다루었을 거라고 주장했다. 초기 인류에게는 이런 것들이 가장 중요한 부분이었을 테니까 말이다.

그다음 주에 리 교수님과 다시 만났을 때는 이틀 정도 맑은 날이 이어지고 있었다. 교수님을 만나기 위해 캠퍼스를 가로지르며 '여기 태양이 떠오르네Here Comes the Sun'를 생각했다. 그러자 다음의 청각적 이미지가 줄줄이 떠올랐다. '태양의 신Sun King'과 '나는 태양을 따르리I'll Follow the Sun'(비틀스), '내 안에 햇살을 Let the Sunshine In'(피프스 디멘션 The 5th Dimension), '서니 Sunny'(바비 헵 Bobby Hebb), '당신은 나의 햇살 You Are My Sunshine'(레이 찰스 Ray Charles가 부른 버전), '일어나오, 햇살이여 Wake Up Sunshine'(시카고 Chicago), '누가 태양을 사랑해 Who Loves the Sun'(벨벳 언더그라운드 The Velvet Underground), '캘리포니아의 태양 California Sun'(라몬즈 The Ramones와 딕테이터스 the Dictators), '해 뜨는 집 House of the Rising Sun'(에릭 버든 Eric Burdon이 애니멀스에서 활동할 당시. 내가 일주일 내내 쉬지 않고 틀어놓고 싶었던 최초의 록 음악 중 하나). 리 교수님은 로버트 프로스트 Robert Frost의 '바람과 비 The Wind and the Rain', 그리고 월트 휘트먼 Walt Whitman의 시집 《풀잎 Leaves of Grass》에 들어 있는 '내게 눈부시도록 고요한 태양을 주세요 Give Me the Splendid Silent Sun'를 가져왔다. 나는 콜 포터 Cole Porter와 조니 미첼 Joni Mitchell을 데리고 왔다.

내가 좋아하는 가사 중에는 내적인 리듬을 가진 것이 많다. 꼭 행의 끝의 아니어도 어디서든 나타나는 운 혹은 운 비슷한 것을 말하는 것이다. 이를테면 콜 포터의 다음과 같은 노래처럼 말이다.

Oh by Jove and by Jehovah, you have set my heart aflame,
맙소사, 그대는 내 마음에 불을 붙였어요

And to you, you Casanova, my reactions are the same.
당신도요, 바람둥이 씨, 내 마음도 그래요

I would sing thee tender verses but the flair, alas, I lack.
그대에게 시라도 불러주면 좋으련만 내게는 그런 재주가 없어요

Oh go on, try to versify and I'll versify back

그럼 어서 시를 노래해봐요 그럼 나도 시로 답할게요

- 콜 포터, '당신은 체리 파이(Cherry Pies Ought to Be You)'

첫 두 줄에서 'Jove', 'JeHOvah', 'CasaNOva'에서 장음의 'O' 소리가 반복되고, 이 두 줄 끝부분에서 'heart', 'are'가 거의 운을 맞추고 있다는 점에 주목하자. 또 한 가지 포터가 유명했던 부분은 흔한 일상의 표현을 재미있는 방식으로 풀어냈던 점이다. 영어권 사람들은 'alas, I lack(슬프도다, 나에겐 ~ 이 부족하니)'라는 표현에 익숙하다. 이 작곡가는 세 번째 줄 가사에 'alas, I lack'을 집어넣어 이런 표현을 가지고 놀고 있다. 그리고 이 모든 것을 하는 동안에도 현대의 노래에서 자주 등장하는 각운을 유지하고 있다. 'flame / same' 그리고 'lack /back'이 그 각운이다.

이번에는 '비긴을 시작하자Begin the Beguine'라는 곡을 생각해보자. 이 곡은 제목 자체가 시각적, 청각적 말장난에 해당한다.

To live it again is past all endeavor,

아무리 노력해도 이 인생 다시 살 수는 없지

Except when that tune clutches my heart,

그래도 그 음악에 마음을 뺏기면

And there we are, swearing to love forever,

우리는 영원한 사랑을 맹세하고

And promising never, never to part.

절대, 절대 헤어지기 않겠노라 약속하지

세 번째 줄에서 'there'와 'swear'에서 요운이 있는 것에 주목하자. 첫 번째 줄과 세 번째 줄은 'endeavor'와 'forever'로 끝나면서 각운을 맞추고 있다. 하지만 포터는 네 번째 줄 중간에서 'never'를 반복해서 여기에 운을 추가하고 있다. 나도 이런 가사를 쓸 수 있으면 얼마나 좋을까 싶다!

물론 이런 말장난보다는 글의 내용을 더 중요하게 여기는 사람도 있다. 1960년대에 많은 사람이 그랬던 것처럼 이런 사람들은 가사를 깊이 음미하며 그 안에서 지혜나 현명한 조언을 찾으려고 한다. 우리에겐 록스타가 시인이었다. 우리는 그들에게는 우리에게 전해줄 어렵게 깨달은 인생의 교훈이 있을 거라 여겼다.

반면 어떤 사람은 가사를 음절 단위로 하나하나 외워서 기억하고, 가사의 내용 자체에는 별로 신경 쓰지 않는다. 예전에 벨기에에서 나고 자란 여자 친구를 사귄 적이 있었는데 우리는 휴가 시즌이면 그녀의 고향 몽스(플라망어로는 베르헌)로 그녀의 가족과 친구를 찾아가 여러 번 좋은 시간을 보냈다. 여자 친구는 그곳에서 공과대학교^{Faculté de Polytechnique}에 다니고 있었다. 그녀의 친구들은 모두 이글스^{Eagles}의 노래 '호텔 캘리포니아^{Hotel California}'를 음절 단위로 다 알고 있었지만, 대부분은 영어를 한마디도 못했다. 이들은 "따뜻한 콜리타스 냄새가 공기 중에 퍼져 오르고 저 멀리로 희미하게 어른거리는 불빛이 보였네^{warm smell of colitas / rising up through the air / up ahead in the distance / I saw a shimmering light}"라는 가사를 부르면서도 자기가 무슨 말을 하고 있는지 알지 못했다. 영어를 모르니 단어가 어디서 시작하고 어디서 끝나는 것인지도 알지 못했다. 내 여동생이 예전에 미국의 국가 '성조기여 영원하라'에서 'dawn's early light(이른 새벽의 불빛)'라는 가사를 듣고 돈저리 라이트^{donzerlee lihgt}라는 램프가 있나 보다고 생각했던 것처럼, 내 벨기에 친구들도 'shimmering light(희미하게 어른거리는 불빛)'라는 가사를 듣고 '머링 라이트^{murring light}'라는 램프가 있나 보다고 생각하고 있었다. 그리고 'we are all just prisoners here(이곳에서 우리는 모두 그저 포로일 뿐입니다)'라는 가사를 듣고 우리가 모두 '프리즈너지어^{prizzonerzeer}'라는 데 '프리즈너지어'가 무엇이냐며 궁금해했다. 그 친구들은 이 노래의 의미에 대해 무척 궁금해했다. 하지만 나는 내가 이 노래를 정말 좋아하고, 심지어 기타 솔로 연주를 한 음도 놓치지 않고 모두 배워서 동료 음악인들에게 깊은 인상을 남기기도 했지만 가사의 의미가 무엇인지는 전혀 모른다고 고백해야 했다. 하지만 이글스 멤버 돈 헨리^{Don Henley}가 전하려는 의미를 내가 모른다고 해서 "체크아웃은 언제든 할 수 있지만, 절대로 이곳을 떠날 수는 없어요"라는 가사가 전하는 정서적 효과가 줄어드는 것은 아니었다.

이것이 노래 가사의 힘이다. 한 곡의 노래에 들어 있는 리듬, 멜로디, 화음, 음색, 가사, 의미가 하나로 묶여 서로 뒷받침하는 힘이 있기 때문에 모호하거나 불분명하고 모순되는 요소가 있더라도 다른 요소가 그 부분을 채워줄 수 있다. '호텔 캘리포니아'도 그런 경우다. 이 노래의 문학적 의미는 분명하게 드러나고 있지 않지만(이런 점에서 보면 수수께끼 같은 가사의 왕인 스틸리 댄^{Steely Dan}의 노래는 거의 다 이런 경우에 해당한다) 그것이 노래의 힘을 약화하지 않는다. 노래에 담긴 각각의 요소들이 쌓여 예술적인 결과를 만들어낸다. 이러한 총체적 결과가 의미를 불러일으키지만 제약하지는 않는다. 사실 이것이 바로 노래가 우리에게 힘을 발휘할 수 있는 이유 중 하나다. 그 의미가 완벽하게 정의뢰지 않기 때문에 각각의 청자가 노래의 이해 과정에 능동적으로 참여하게 되는 것이다. 이렇듯 스스로 일부의 의미를 채워 넣어야 하기 때문에 노래는 모두 자기만의 노래가 된다.

많은 사람이 대중음악 송라이터들과 독특한 친밀함을 느끼는 이유는 우리가 머릿속에서 듣는 목소리가 바로 그들의 목소리이기 때문이다. (시를 좋아하는 이들이 자기가 좋아하는 시인의 목소리로 직접 녹음된 작품을 높이 사는 이유도 이 때문이다.) 좋아하는 곡이라면 대부분의 사람은 몇 백 번이고 듣는다. 그래서 그 목소리, 뉘앙스, 가수의 가사 한마디, 한마디가 기억 속에 새겨지는데 이는 자기 혼자 시를 읽을 때와는 느낌이 다르다. 우리는 자기가 좋아하는 가수의 노래를 몇십 곡 정도는 알고 있기 때문에 그 가수의 삶, 생각, 느낌에 대해 어느 정도 아는 듯한 기분을 느낀다. 그리고 리듬, 멜로디, 강세구조 같은 제약 요소들이 서로를 강화하고, 여기에 음악을 들을 때 분비되는 도파민이나 다른 신경화학물질의 작용이 더해지면서 우리와 음악 사이에 생생하고 지속적인 관계가 맺어지고, 이런 관계는 우리가 아는 그 무엇보다도 많은 뇌 영역을 활성화한다. 노래와의 이런 관계가 어찌나 오래 이어지는지 알츠하이머 환자들도 다른 것은 다 잊어도 노래와 가사는 기억할 정도다.

비틀스는 가수가 자기 곡을 직접 쓰는 시대를 열었다. 척 베리도 자신의 곡을 쓰고 엘비스 프레슬리도 몇 곡은 공동으로 썼지만, 비틀스가 등장해서 상업적으로 엄청나게 성공하고, 뒤이어 밥 딜런과 비치보이스가 곡을 써서 성공을 거둔 후에야 팬들은 가수들이 직접 곡을 써서 부르기를 기대하기 시작했다. 비틀스는 청중들과의 이런 개인적 유대를 더 부추기기도 했다. 폴 매카트니가 말하기를 초기 노래에서는 그와 존 레논은 일부러 가사와 노래 제목에 인칭대명사를 최대한 많이 넣었다고 한다. 이들은 팬들과 개인적이고 친밀한 관계를 구축하는 일에 진지하게 임했다. '그녀는 당신을 사랑해She Loves You', '당신의 손을 잡고 싶어요I Want to Hold Your Hand', '추신: 당신을 사랑해요P. S. I Love You', '날 사랑해줘Love Me Do', '제발 나를 기쁘게 해주세요Please Please Me', '나에게서 그대에게From Me to You' 등의 제목만 봐도 알 수 있다.

하지만 가사는 대체로 무시하고 리듬과 멜로디에 주로 끌리는 사람도 있음을 알아야 한다. 오페라의 스토리라인에 매력을 느끼는 사람도 많지만, 줄거리는 따라갈 생각도 하지 않고 그저 화려한 무대와 아름다운 목소리만 즐긴다는 사람도 그만큼이나 많다. 심지어 팝송, 재즈, 힙합, 록 음악에서도 가사는 멜로디를 입히기 위해 딸려오는 부록이라 생각하는 사람도 무척 많다. 많은 사람이 이렇게 묻는다. "음악에서 가사가 해야 할 일이 뭘까요? 가사는 그냥 가수가 멜로디 내내 '랄랄라' 이 소리만 내지 않아도 되게 해주는 존재에 불과해요." 그리고 그냥 '랄랄라' 소리면 족하다는 사람도 많다.

하지만 가사를 좋아해서 '랄랄라'라는 소리만으로는 만족하기 힘든 사람인 경우는 최고의 가사가 어떻게 만들어졌는지 연구해보면 큰 보람이 따라온다. 이 책을 쓰려고 자료 조사를 하면서 스팅과 나는 시와 가사의 관계에 대해 대화를 나누었다. 우리는 둘 다 조니 미첼의 팬이기 때문에 우리가 존경하는 가사의 사례로 그녀의 노래 '아멜리아Amelia'에 대해 이야기해 봤다.

I was driving across the burning desert
나는 불타는 사막을 가로질러 차를 몰고 있었죠

When I spotted six jet planes
그때 여섯 대의 제트비행기가

Leaving six white vapor trails

황량한 땅을 가로지르며 남긴

Across the bleak terrain

여섯 개의 하얀 비행기구름을 보았어요

It was the hexagram of the heavens

그것은 하늘의 육망성이었죠

It was the strings of my guitar

그것은 내 기타의 줄이었죠

Oh Amelia, it was just a false alarm.

오 아멜리아, 그것은 거짓 경보였어요

　첫 줄에서 'I'와 'driving'의 긴 'i' 음, 그리고 같은 줄에서 'driving'과 'desert'의 'd' 음, 둘째 줄에서 'spotted'와 'six'에서 's' 음이 반복되고 있는 것에 주목하자. 물론 'hexagram of the heavens'에는 두운도 적용되고 있다. 이 노래는 귀에 잘 들어오는 기타 반주가 음악을 가사와 연결해주고 있다. 나는 그녀가 여섯째 줄에서 자신의 여섯 줄 기타에 대해 언급한 것이 참 마음에 든다. 이것은 이 가사의 내적 일관성을 만들어내는 여러 가지 요소 중 미묘하게 작용하는 한 가지다. 사막과 평원은 양쪽 다 평평하게 넓게 펼쳐진 지형이라서 둘 사이에 의미론적 상관관계가 존재한다. 그녀는 두 번째 줄에서 'plain(평원)'의 동음이의어인 'plane(비행기)'를 채택함으로써 이런 관계를 암시해놓았다.

물론 이런 관계 중에는 정작 곡을 쓴 당사자는 인식하지 못한 우연도 있을 것이다. 하지만 일반적으로 모든 위대한 시에는 이런 종류의 관계가 풍부하게 담겨 있다. 이는 상상력, 지력, 무의식의 미묘한 작동 방식과 그들 사이의 긴밀한 관계를 보여준다. 시인 자신은 자신의 시에서 어떤 해석이 가능한지 모두 인식하지 못하더라도 위대한 시는 이런 해석의 여지를 풍부하게 제공하는 반면, 시시한 시는 그렇지 못해서 깊게 들여다볼수록 흥미가 떨어진다. 그리고 불타는 사막, 하얀 비행기구름, 황량한 땅 등 이미지가 생생하다. 이 노래는 말로 그림을 그린다. 그리고 비유도 들어 있다. 사막을 가로질러 차를 모는 것은 관계에 대한 조지 라코프Geoge Lakoff 식 비유다(조지 라코프는 인지과학자 겸 언어학자로 사람의 삶은 복잡한 현상을 설명할 때 사용하는 개념적 비유에 크게 영향을 받는다고 주장했다 – 옮긴이).[21]

스팅이 쓴 가사 중에도 문학적 감수성이 담겨 있는 것이 많다. 이런 감수성이 쉬운 표현과 결합되어 있다. 이것은 내가 앞에서 말했던 아주 감각적인 특질이다. 그의 노래 '러시아 사람들Russians'을 예로 들어보자.

In Europe and America
유럽과 미국에서는

There's a growing feeling of hysteria
히스테리가 번지고 있지

노래하는뇌

Conditioned to respond to all the threats

온갖 위협에 반응하는 것이 습관이 됐거든

In the rhetorical speeches of the Soviets

소련의 과장된 연설에서

Mr. Khrushchev said we will bury you

흐루쇼프가 말했지 '너희를 매장해버리겠다'

I don't subscribe to this point of view

나는 이런 관점에 동의하지 않아

It would be such an ignorant thing to do

러시아 사람들도 자기네 아이들을 사랑한다면

If the Russians love their children too

그렇게 무지한 행동도 없을 테니까

How can I save my little boy

오펜하이머의 죽음의 장난감으로부터

From Oppenheimer's deadly toy

내 아이를 어떻게 지킬 수 있을까?

There is no monopoly of common sense
양쪽 어느 정치 진영도

On either side of the political fence
상식을 독점할 수는 없어

We share the same biology
이데올로기야 어떻든

Regardless of ideology
사람은 다 똑같은 사람이니까

Believe me when I say to you
정말 진심으로 하는 소린데

I hope the Russians love their children too
나는 러시아 사람들도 자기네 아이들을 사랑했으면 좋겠어

가사가 정말 혀에 착착 감긴다. 발음하기도 쉽고 입안에서 아주 부드럽게 굴러간다. 모음과 자음이 반복되면서 가사에 앞으로 나가는 추진력을 부여한다. 의미는 비유 속에 예술적으로 숨겨져 있다. 1절의 마지막 행에서는 아이들children을, 2절의 첫 행은 아이boy를 언급하고 있다. 그러고 나서 핵폭탄이 '오펜하이머의 죽음의 장난감Oppenheimer's deadly toy'이라는 아이들과 아이

의 용어로 표현되어 있다. 시인은 '과장된 연설^{rhetorical speeches}', '너희를 매장 해버리겠다^{we will bury you}', '정치 진영^{the political fence}' 등 우리 집단적 기억 속의 익숙한 구절들을 한데 엮고 있다. 이 가사의 메시지는 냉전의 양쪽 진영에 자리 잡고 있는 '괴물'들이(우리는 적을 인간보다 못한 괴물로 바라보도록 길들여져 있기 때문이다) 부디 서로의 공통점을 찾고 아이들에 대한 사랑이라는 상식을 되찾기를 바란다는 희망으로 표현되어 있다. 이 메시지는 베트남전미국 총사령관 윌리엄 웨스트모어랜드^{William Westmoreland} 장군이 베트남전 당시에 했던 말을 떠올리게 한다(이 말은 섬뜩한 다큐멘터리 〈마음과 생각^{Hearts and Minds}〉에 소개되어 유명해졌다). 그는 북베트남의 아이를 실수로 죽여놓고도 동양인들은 서양인들처럼 목숨을 귀하게 여기지 않기 때문에 부끄럽지 않다고 했다.

좋은 시가 그렇듯이 스팅의 가사도 율동적인 리듬을 만들어내고 있다. 강세구조를 보여주는 발음 구별 부호를 첨가하면 시각적으로 이 리듬을 확인할수 있다. 1행은 8개의 음절로 다소 여유롭게 시작한다. 그 음절 중 2개에만 강세가 있다. 2행은 속도를 조금 올려서 11개의 음절이 있고, 그중 3개에 강세가 있다. 그리고 절반 이상의 음절(6개)이 자음으로 시작한다. 이런 경향이 3행으로도 이어져서 10개의 음절 중 9개가 자음으로 시작한다. 이 자음들의 효과가 결합되면 연이어 작은 폭발이 일어나는 것 같은 효과가 생긴다(자음은말 그대로 공기가 입 밖으로 터져 나오는 폭발이다. 모음은 그렇지 않다). 그리고 이것이 가사를 앞으로 밀고 나가는 역할을 한다.

In Europe and America
There's a growing feeling of hysteria

Conditioned to respond to all the threats
In the rhetorical speeches of the Soviets
Mister. Khrushchev said we will bury you
I don't subscribe to this point of view
It'd be such an ignorant thing to do
If the Russians love their children too

평상시에 영어로 말할 때는 다른 많은 언어의 경우와 마찬가지로(하지만 모두 그런 것은 결코 아니다) 강세가 있는 음절은 음높이를 높이고, 강세가 없는 음절은 낮추는 경향이 있다. 영어에서 이런 원칙을 어기면 평소에 의문문을 말할 때 끝을 올려서 말하는 억양과 혼동이 생긴다. 예를 들어 보통 '유럽'이란 단어를 말할 때는 첫음절을 두 번째 음절보다 살짝 크게 말하고 강세가 없는 두 번째 음절은 음높이를 낮춰서 말한다. 이런 식으로 음높이를 낮추면 보통 그 음절에 강세가 실리지 않는다. 그런데 소리의 크기를 똑같이 유지하면, 즉 '유'와 '럽'을 똑같은 크기로 말하면 두 번째 음절의 음높이가 높아져서 마치 내가 질문을 하고 있거나 올바른 단어를 말하고 있는지 확인이 없는 상태인 것처럼 들린다(하는 말마다 모두 질문인 것처럼 들린다).

'러시아 사람들'에서 스팅은 음높이 강세와 언어적 강세를 교묘하게 끼워 넣었다. 이렇게 하면 예상치 못했던 흐름이 생겨나고, 문장과 멜로디가 서로를 뒷받침하게 되어(하지만 서로를 완전히 결정짓지는 않는다) 가사에 생명을 불어넣게 된다. 이 곡에서는 멜로디가 올라가는 곳에서 강세가 없는 음절이 올라갈 때가 있다. 이런 기법은 댄스곡이나 펑크 음악과는 잘 맞지 않을 것이다. 이런 곡에서는 언어 강세와 멜로디 강세가 나란히 움직여야 비트의 감각을 명확하게 전달할 수 있기 때문이다. 제임스 브라운 James Brown 의 '내가 당신을 가졌어요(기분이 좋아요)(I Got You(I Feel Good))'를 생각해보자.

I feel good
기분이 좋아요

I knew that I would
알고 있었죠

I feel nice
달콤한 사탕과 향기로운 향료처럼

Like sugar and spice
기분이 좋으리란 것을

So good so nice I got you
기분이 너무 좋아요 내가 당신을 가졌어요

하나 빼고 모든 단어가 단음절일 뿐만 아니라 멜로디의 강세구조가 이 문장을 말로 표현했을 때 생겨날 강세구조와 나란히 움직이며 쿵쿵거리는 리듬에 일관성을 부여하고 있다.

'러시아 사람들'은 글과 멜로디가 결합되어 있고, 가사가 편하게 들리기 때문에 사람들에게 노래 가사로 전달된다. 하지만 그냥 하나의 시로서도 훌륭하다. 멜로디와 떼어놓고 봐도 자신의 리듬을 갖고 있고, 강세구조와 자음의 파열음을 통해 앞으로 나가는 추진력을 만들어내고 있기 때문이다.

'아멜리아'와 '러시아 사람들'은 표현 대상에 대한 상상력 넘치는 해석을 전달하는 데 사용하는 언어와 표현방식이 얼마나 아름다울 수 있는지 보여준다. 이런 표현방식은 뉴스 보도처럼 사건을 객관적으로 무미건조하게 전달하는 대신, 때때로 비유적 언어를 동원하며 감정에 가장 크게 호소하는 부분을 전달함으로써 해당 사건에 따라오는 느낌과 인상을 효과적으로 담아낸다. 우리는 그 안에서 예술을 향한 욕구도 감지할 수 있다. 이것은 작가가 글을 쓸 수밖에 없게 만드는 멈출 수 없는 내면의 힘이다. 많은 위대한 예술작품과 마찬가지로 우리는 이런 가사 속에서 어떤 필연성을 느낀다. 이 가사가 발견될 날만 기다리며 항상 거기에 존재하고 있었던 듯한 느낌 말이다. 이 가사에 음악을 덧붙이면 화음이 만들어내는 긴장감이 보태져 추가적인 감정이 유발된다. 가사에 멜로디, 화음, 리듬이 한데 어우러지면 언어는 전달할 수 없는 미묘한 의미를 담아낼 수 있다. 시와 가사, 그리고 모든 시각 예술의 힘은 실재를 추상적으로 표현하는 능력으로부터 나온다. 시인 허버트 리드Herbert Read는 이렇게 적었다.

> 인류 문명의 여명기에 예술은 생존을 위한 투쟁에 꼭 필요한 능력을 날카롭게 다듬어주는 생존의 열쇠였다. 내 생각에 예술은 지금까지도 생존에서 필수적인 부분이다.[22]

나는 그가 모든 예술적 대상을 창조하고 이해하는 과정에 내재되어 있는 이런 추상적인 측면을 말하고 있는 것이라 믿는다. 그리고 그것이 바로 음악적인 뇌가 가신 특성이다. 그림, 조각, 시, 노래는 그 창조자로 하여금 자리에 없는 대상을 표상하고, 그에 대한 서로 다른 해석을 실험하고, 따라서 공상 속에서나마 그 대상에 힘을 행사할 수 있게 해준다.[23] 노래와 시의 궁극적인 힘은 이런 식으로 생겨나는 것이다.

노래는 화음, 멜로디, 음색 등의 형태로 다층적이고 다차원적인 맥락을 선사한다. 우리는 배경 음악, 의미와는 독립적인 심미적 예술 오브제, 친구와 함께 부르는 노래나 샤워를 하거나 차를 몰면서 따라 부르는 노래 등 다양한 양식을 빌어 이것을 즐기고 체험할 수 있다. 이것은 우리의 기분과 생각을 바꿀 수 있다. 멜로디, 리듬, 음색, 운율, 음조, 단어 등 각각의 요소들은 단독으로 감상할 수도 있고, 조합해서 감상할 수도 있다. '내가 당신을 가졌어요(기분이 좋아요)'가 인류의 역사를 바꾸지는 않았더라도 수백만 시간에 걸쳐 수백만의 사람들이 즐긴 것은 분명하다. 인생에서 겪은 모든 경험의 총합이 곧 나라고 놓고 보면, 그 노래는 우리 생각의 일부가 된 것이며, 신경과학자들의 관점에서 보자면 이것은 그 노래가 우리 뇌 회로의 일부로 자리 잡았다는 의미다.

하지만 이것이 곧 음악이 인간의 운명을 이끌었다는 의미는 아니다. 《노래하는 뇌》는 그저 음악이 인류 문명의 흐름을 어떻게 바꾸었는지를 다루는 이야기다. 사실 이 책은 음악이 어떻게 사회와 문명의 형성을 가능하게 했는지에 관한 이야기다. 시, 조각, 문학, 영화, 그림 같은 다른 형태의 예술도 이런 기능적 범주에 포함시킬 수 있지만, 이 책은 인간의 본성을 빚어내는 데 음악이 가장 큰 역할을 했음을 보여줄 것이다. 뇌와 음악의 공진화 과정을 통해, 그리고 뇌줄기brainstem에서 앞이마겉질에 이르기까지, 둘레계통limbic system에서 소뇌cerebellum에 이르기까지 겉질cortex과 새겉질neocortex 곳곳에 퍼져 있는 구조를 통해 음악은 독특한 방식으로 우리 뇌 속에 들어와 앉았다. 음악은 별개의 여섯 가지 방식으로 이런 일을 하고 있고, 그 각각의 방식은 자기만의 진화적 기반을 갖고 있다.

# # #

나는 올여름에 킨더뮤직^{Kinermusik}(영유아 전문 음악 프로그램 – 옮긴이) 교사들의 연례학회에 참석했다. 60개가 넘는 국가의 부모, 아동, 교사들이 워크숍에 참석해서 강의를 들었다. 내가 가장 인상 깊게 본 것은 기조연설 전에 발표한 음악이었다. 만 4세에서 12세 사이의 아동 50명이 독일 전통 민요에 바탕을 둔 이 노래를 부르며 당김음에 맞추어 박수를 치고 동기화된 율동을 선보였다.

> 하늘 아래 모든 것이 사라진다 해도
> 음악만은 홀로 살아남으리
> 음악만은 홀로 살아남으리
> 음악만은 홀로 살아남으리
> 절대 죽지 않으리

서로 다른 국가 출신의 아이들이 짝을 지어 차례로 마이크를 잡고 광둥어, 일본어, 루마니아어, 포르투갈어, 아랍어 등 자신의 모국어로 노래 부르고, 연이 끝날 때마다 3부 화음으로 이루어진 영어 후렴구로 마무리했다.

"음악만은 홀로 살아남으리 절대 죽지 않으리"

그리고 절대로 죽을 일이 없다는 이 음악은 우리가 처음 인류가 되었을 때부터 항상 인류와 함께해왔다. 음악은 여섯 가지 노래를 통해 세상을 빚어냈다. 바로 우정, 기쁨, 위로, 지식, 종교, 사랑이다.

Friendship

2장 : 우정의 노래

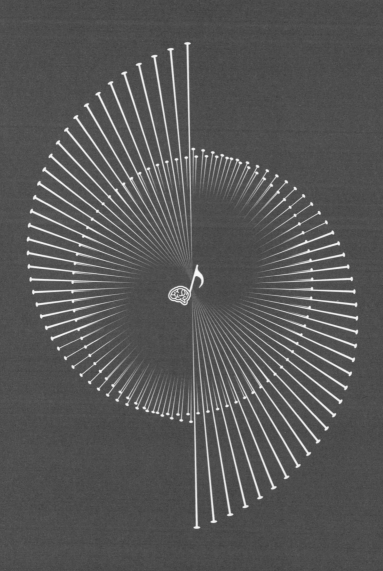

1. 동이 틀 때가 가까워졌다. 짙은 안개가 무거운 납덩어리처럼 땅 위로 낮게 깔려 있다. 당신이 초기 인류라고 상상해보자. 당신은 불씨가 꺼져가는 모닥불 근처에서 마을 사람들과 함께 땅바닥에 옹기종기 모여 함께 잠을 자고 있었다. 처음에는 단순한 소리로 치부할 수 없는 어떤 진동에 잠이 깬다. 주위를 보니 모두는 아니지만 몇몇은 잠을 깼다. 내가 지금 꿈을 꾸는 건가? 멀리서 천둥이라도 울리는 듯, 커다란 바위라도 굴러떨어지는 듯 우르릉거리는 소리가 들려온다. 땅이 울리더니 소리가 점점 다가오며 커지고 있다. 이내 당신의 몸까지 울린다. 북소리가 당신을 향하고 있다. 코뿔소 떼가 한마음으로 작정하고 달려드는 것처럼 분명한 목적의식을 가지고 발맞추어 다가오는 소리다. 마치 누군가가 우리를 완전히 파괴하려는 끔찍한 공격 계획을 세우기라도 한 것 같다. 분명 꿈은 아니다. 하지만 전에는 한번도 들어본 적이 없는 소리다. 처음에는 당신 혼자 불안에 몸을 떨었지만, 지금은 가족과 친구 모두 잠에서 깨어 어찌할 바를 모르고 부르르 몸을 떨고 있다. 무슨 일이 일어나고 있는지 채 알기도 전에 온몸에서 기운이 빠져나간 느낌이다. 그 소리는 소름

끼칠 정도로 정확히 발맞추어 울리고, 뼈를 울릴 정도로 강렬하고, 귀가 먹먹할 정도로 크다. 달아날 것인가, 싸울 준비를 할 것인가. 당신은 공포에 휩싸여 얼어붙어 있다. 대체 무슨 일이 일어나고 있는 것일까? 그들이 언덕 위로 모습을 드러내자 일군의 전사들이 소름 끼치는 적의를 드러내며 북을 두드리는 모습이 보이고 곧이어 귀를 먹먹하게 하는 커다란 북소리가 당신의 정신을 혼미하게 만든다.

역사적으로 부족들은 상대가 잠들어 있는 한밤을 틈타 몰래 공격하는 경우가 많았다. 하지만 어느 시점에서 무작위 돌연변이 덕분에 이웃들보다 조금 더 뛰어난 인지능력을 갖게 된 똑똑한 부족 사람들은 북소리가 적을 무력화시키는 힘을 갖고 있음을 깨닫게 됐다. 북소리는 적의 투지를 약화시키면서 동시에 자기 전사들의 피는 끓어오르게 만든다. 북은 나무 그루터기에 가죽을 씌워 만들고, 북마다 살짝 다르게 조율되어 있었다. 그리고 나뭇가지나 바위로 두드리거나, 조개껍데기나 구슬로 치거나, 긁거나, 흔들어서 소리를 냈다. 잘 조직되고, 잘 훈련된 사람들이 마치 한 사람처럼 짜임새 있는 소리를 냈다. 만약 이 침입자들이 북 치기 같이 본질적이지 않은 부분에서도 이렇게 잘 조직되어 있다면, 본격적인 살육은 더욱 조직적으로 인정사정없이 이루어질 터이니 아무리 저항해본들 그 앞에선 소용이 없을 것이다.

유대 경전 미드라시에 따르면 여호수아가 여리고 전투에서 싸웠을 때 벽을 무너뜨린 것은 멜로디가 아니라 히브리 북 부대의 리듬이었다고 한다. 그 소리에 겁을 먹은 여리고 사람들은 싸워 봤자 아무 소용없음을 깨닫고, 고분고분 지시에 따르면 동정심을 베풀어주지 않을까 싶어 스스로 침입자들에게 문을 열어주었다. (물론 동정심 따위는 없었다.) 〈반지의 제왕〉을 보면 발린의 무덤 발치에서 수십 마리의 해골들에게 둘러싸인 간달프가 파수꾼의 일지에서 마지막 일기를 읽는다. "땅이 흔들린다. … 깊은 곳에서 북소리가 들린다. 우리는 여기서 나갈 수 없다. 어둠 속에 그림자가 도사리고 있다. 우리는 나갈 수 없다. … 그들이 오고 있다."

2. 오전 7:45. 미주리주 캔자스시티 한 고등학교에서 11월의 어느 아침, 1교시 시작종이 울리기 15분 전이다. 학교 뒤편 쓰레기장과 버려진 농구 코트 근처에서 몇 명의 학생들이 담배를 피우고 있다. 어떤 학생에게는 그것이 그날의 첫 담배였고, 어떤 학생은 벌써 오늘만 이곳에 세 번째였다. 이들은 모범생도 아니고, 스타 운동선수도, 체스클럽 회원도, 합창단원도, 연극부원도 아니었다. 그렇다고 퇴학 경고를 받고 있거나 학교 심리상담사들을 골치 아프게 만드는 최악의 문제 학생도 아니었다. 하루에 몇 번씩 이곳을 찾아온다는 점을 빼면 사람들의 눈길을 끌 것이 없는 평범한 학생들이었다. 대부분은 교칙을 한두 가지 어겨서 담임선생님이나 교장선생님과 문제가 있기는 했지만 심각한 것은 아니었다. 그저 허락 없이 강당에 들어갔거나, 지각했거나, 과제 제출이 늦는 등 폭력 범죄가 아니라 게으르고 무심해서 위반한 사항들이었다. 쓰레기 수거차가 드나드는 골목은 여러 세대를 거치며 학생들에게 담배골목으로 불려왔다. 아침 담배 시간이 지나고 그다음에는 10시에 오전 담배 시간, 점심 담배 시간, 오후 휴식 담배 시간이 차례로 따라왔다. 학생들은 담배 연기를 불어 동그라미를 만들고, 침을 뱉었다. 남학생들은 자기가 평생 갖지 못하리라는 것을 아는 값비싼 차들에 대해, 그리고 기억나는 이소룡 영화에 대해 이야기했다. 그리고 여학생들은 언니가 다니는 따분한 직장 이야기나 언니 남자 친구가 밤이 되도 집에 들어오지 않는다는 등의 이야기를 했다.

그중 돈이 넉넉한 학생은 없었고, 담배 한 개비의 가격이 거의 50센트 정도 였기 때문에 다음 한 갑을 살 돈은 어디서 구할지가 함께 나누는 일상의 대화 주제였다. 하지만 담배 인심은 후해서 담배 없이 찾아오는 학생이 있으면 자기가 가진 것을 나눠주었다. 모르는 사람이 담배를 얻어 피우러 와도 몇몇 학생은 그 이방인에게 선뜻 담배를 내어주어 함께 니코틴에 취했다. 니코틴이 이마엽은 흥분시키면서 동시에 둘레계통은 차분하게 가라앉히기 때문에 이들은 말이 많아졌다가 말수가 줄어들기를 반복했다.

그 학생들 대부분은 낡아빠진 아이팟이나 초기 모형의 MP3 플레이어를 갖고 있었지만, 함께 모여 담배를 피울 때는 이어폰을 빼고 스피커가 내장된 휴대용 카세트 라디오나 음악 플레이어로 음악을 들었다. 한 학생은 이렇게 말한다. "음질은 구리지만 그래도 이렇게 하면 모두 함께 들을 수 있잖아요." 학생들은 50센트의 음악에 맞추어 앞발을 까딱거린다. 발뒤꿈치로 베이스드럼 리듬에 맞추어 바닥을 두드리는 학생도 있다. 이들은 루다크리스^{Ludacris}의 노래 가사를 하나하나 다 따라 부르고, 크리스티나 아길레라의 노래가 나오자 여학생들은 스텝을 따라 하며 포즈를 취해보기도 하고, 남학생들은 짐짓 무관심한 척하지만 시선이 그쪽으로 가는 것은 어쩔 수 없다. 하지만 35년 전의 오래된 노래가 흘러나오자 여학생 중 한 명이 볼륨을 최대로 올린다. 그리고 곧 학생들 모두 브라운스빌 스테이션^{Brownsville Station}의 '화장실에서 담배나 피워'에 맞추어 모두 한 몸처럼 움직이기 시작했다.

화장실에서 담배나 피워
화장실에서 담배나 피워
선생님들, 그 지겨운 교칙 타령은

좀 그만하세요

학교에서 금연인 걸

누가 모르나요

학생들은 목청껏 노래 부르며 웃고 떠들었다. 그리고 변화가 찾아왔다. 이제 이 곡은 그들의 노래가 된 것이다.

♯ ♯ ♯

시간적, 공간적으로 크게 동떨어져 있는 두 개의 시나리오다. 음악 혹은 적어도 그 안에 담긴 리듬적 측면은 첫 번째 집단을 두려움 속에 하나로 묶고 있다. 디스토션 효과가 들어간 일렉기타 반주의 1970년대 곡은 두 번째 집단을 반항심으로 한데 묶고 있다. 이 둘은 서로 아주 다른 유형의 유대감이지만 양쪽 모두 생존에 중요한 요소다. 둘 다 협력을 위한 유대다.

새벽에 감행하는 기습 공격은 선사시대 전쟁에서 있었던 섬뜩한 혁신이었다.[1] 공격자들은 적이 깊은 잠에 빠질 때까지 기다렸다가 해가 뜨기 한 시간 전에 공격했다. 공격이 때로는 완전한 고요 속에서 이루어지기도 했고, 때로는 시끄러운 아수라장을 만들어 적을 겁주기 위해 위협적인 악기를 이용해서 대대적으로 이루어지기도 했다. 그 시간대를 골라 공격을 가함으로써 기습의 효과를 노릴 수 있었다. 횃불을 가지고 가면 해가 뜨지 않은 어둠 속에서도 빛을 통제하며 움직일 수 있었다. 그러다 해가 뜰 즈음이면 폐허가 된 전장을 돌아다니며 전리품을 챙길 수 있었다.

이것은 진화와 자연선택이 일어나는 현장이기도 하다. 그런 공격을 막아낼 전략을 만들지 못한 초기 인류 무리는 죽임을 당해서 인구집단 속에서 그들의 유전자가 버티지 못하고 사라졌다. 하지만 일부 똑똑한 사람들은 거기에 대비할 전략을 발전시켰다. 이는 분명 무작위 돌연변이로 앞이마겉질의 크기가 증가해서 생긴 결과였을 것이다. 그 대비 전략은 한밤중에도 깨어 "우리는 깨어 있다 우리는 여기 있다"라는 노래를 통해 잠들어 있지 않음을 알리는 것이었는지도 모른다.

브라질 아마존 지역의 메크라노티 Mekranoti 부족을 생각해보자. 이들은 파라 Pará 남부 토착의 작은 수렵채집인 집단이다. 이들은 현대인류와의 접촉이 상대적으로 적었기 때문에 지난 수천 년 동안 별로 달라진 부분이 없을 것으로 여겨지는 생활방식을 따르고 있다. 메크라노티족에서 가장 놀라운 점은 노래를 부르는 데 들어가는 시간이다. 여자들은 매일 낮에 한두 시간 정도 노래를 부르고, 남자들은 매일 밤마다 두 시간 이상 노래를 부른다. 이들의 넉넉지 못한 생활을 생각하면 이것은 상당한 시간 투자다. 차라리 그 시간에 먹을 것을 구하거나 잠을 자는 것이 더 생산적일 것 같다. 데이비드 휴런은 이렇게 적고 있다.

남자들은 보통 매일 밤 새벽 4시 반부터 노래를 시작한다. 메크라노티의 남자들은 노래를 부를 때 팔을 격렬하게 흔든다. 남자들은 최대한 깊은 저음의 목소리로 노래하고, 4박자의 첫 박에 성문폐쇄음으로 강하게 강세를 준다. 이 음을 내느라 남자들의 배가 리드미컬하게 요동친다. 인류학자 데니스 웨너 Dennis Werner(1984)는 이들의 노래를 '남성성의 포효'라 표현했다. 한밤중에 모이려니 남자들은 분명 졸린 상태다. 그래서 일부 사람은 노래가 시작된 후 한참이 지나서도 잠자리에서 꾸물댄다. 이렇게 꾀를 부리는 사람들에게는 조롱이 섞인 욕설이 날아들 때가 많다.

웨너는 이렇게 말한다. "아직도 잠자리에서 일어나지 않은 남자들을 구박하는 것은 노래하는 이들이 가장 즐기는 오락거리 중 하나다. '어서들 일어나! 크린 아크로레 인디언들이 이미 공격을 시작했는데 아직도 자고 있어' 이들은 최대한 목청을 키워 소리를 지른다. … 때로는 이런 괴롭힘이 개인적인 형태를 띠어서 노래 모임에 좀처럼 나오지 않는 특정 인물을 대상으로 이루어지기도 한다."

대부분의 원주민 사회가 그렇듯이 메크라노티족이 직면하고 있는 가장 큰 위험은 다른 인간 집단의 공격이다. 공격을 감행하기에 전략적으로 가장 좋은 시간대는 사람들이 잠들어 있는 이른 새벽이다. 잠자리에서 꾸물대는 남자들에게 하는 욕을 다시 떠올려보자. "어서들 일어나! 크린 아크로레 인디언들이 이미 공격을 시작했는데 아직도 자고 있어."

여기에 담긴 암시는 명확하다. 남성들이 한밤중에 일어나 노래를 부르는 것은 부족을 지키기 위한 경계 활동이다. 이렇게 노래를 함으로써 각성 상태를 유지해 깨어 있을 수 있다.

메크라노티족은 포식자나 공격해 들어온 이웃 부족을 물리치기 위해 사람들이 노래를 부르는 여러 사례 중 하나에 불과하다. 이것은 일종의 상호보완적인 행동으로, 공격자들이 사용하는 음악과 동전의 양면 같은 관계라 생각할 수도 있다. 1번 시나리오에 등장하는 선사시대 공격자들처럼 북미 원주민들은 공격을 준비하면서 노래하고 춤출 때가 많았다. 이렇게 준비하면서 노래를 부르면 감정적으로, 신경화학적으로 흥분됐기 때문에 공격 감행에 필요한 투지와 체력을 끌어올릴 수 있었다. 처음에는 광란의 상황에서 마구잡이로 노래를 부르고 북을 두드리며 적을 몰아 부치는 무의식적 행동으로 시작되었던 것이, 승자가 그런 효과를 두 눈으로 목격한 이후로는 하나의 전략으로 자리 잡게 된 것인지도 모른다. 휴런이 지적한 바와 같이 전쟁의 춤은 적들에게 공격이 임박했음을 경고해줄 위험을 안고 있었지만, 공격자들을 각성시키고 동조하는 데 따르는 이득이 기습 효과 상실의 단점을 보상하고도 남았는지도 모른다. 노래하고, 춤추고, 행군하는 모습은 그 장관을 목격하는 사람들에게는 엄청난 위협으로 다가가기 때문에 전장에서 커다란 장점으로 작용한다. 19세기와 20세기 독일군이 가장 두려워하는 상대는 스코틀랜드 군대였다. 사람의 마음을 위축시키는 백파이프와 거대한 북소리와 더불어 치마를 입은 겁 없는 병사들이 끝도 없이 밀려들어 오는 장관이 독일군을 두려움에 떨게 했다. 뉴질랜드 마오리족이 얼굴에 문신을 하고, 입을 벌려 혀를 내미는 것처럼 음악도 적에게 소리를 질러 겁을 주는 방법으로 자리 잡았다. 이런 전략은 역사가 기록되기 시작한 구약성서 시대에도 이미 잘 알려져 있었다. "너희 민족들아, 전쟁의 함성을 높여 보아라. 그러나 끝내 패망하리라"(이사야서 8장 9절).

지금 이 시대에도 우리는 그런 위협의 힘을 목격하고 있다. 영화 속에서 행군하는 나치 군대의 영상을 보면 대부분의 사람은 두려움을 느낀다(진짜 나치가 아닌 것을 아는데도). 정교하게 딱딱 들어맞는 군대의 움직임은 이들이 일상적인 수준을 뛰어넘는 규율 속에 훈련받았음을 암시한다. 무의식적으로 우리는 이렇게 생각하게 된다. 행군처럼 별로 쓸모없어 보이는 활동에서도 저렇게 철저하니 사람 죽이는 일에는 얼마나 더 철저할까? 수십만 명의 병사들이 모두 한 치의 오차 없이 일치된 움직임을 통해 죽음과 파괴의 안무를 선보이고 있으니 말이다. 이것이 위협으로 작용한다. 군대 시가행진에서 도시의 큰 길을 따라 보병부대의 행군을 선보이는 경우가 많은 것도 이 때문이다. 그와

노래하는 뇌

유사하게 메크라노티족이 한밤중에 목소리를 합쳐 큰 소리로 부르는 노랫소리도 그저 깨어서 경계하고 있다는 사실만을 전달하고 있는 것이 아니다. 이는 노래를 부르는 전사들 사이에서 강력한 정서적 유대감이 형성되어 있고, 또 잘 조직되어 있음을 과시하는 행동이기도 하다.

노래 부르기의 생리학은 그냥 말을 하는 경우와는 다르기 때문에 집단이 더 오랜 시간 동안 큰 목소리를 유지할 수 있다. 노래를 부를 때는 말할 때와는 다른 목청과 횡경막 근육을 사용하기 때문이다. 특히나 화음을 넣어서 노래할 경우 메크라노티족은 자신들의 숫자가 실제보다 더 많은 듯한 인상을 심어줄 수 있었다. 그리고 일치단결된 소리로 노래함으로써 자신들이 각기 따로 행동하고 있는 것이 아니라는 신호를 전달할 수 있다. 이것은 또한 자신이 집단의 서로 다른 구성원들의 육체적, 정신적 상태에 대해 잘 알고 예민하게 반응하고 있음을 말해준다. 이것은 실제로 싸움에 불려 나갔을 때 군사적으로 정말 중요한 보호막이 되어줄 수 있다.

우리 호모 사피엔스Homo sapiens의 선조인 영장류는 분명 사회적인 종이다. 하지만 사회성이 강하고 다른 개체의 행동에 관심이 많아서 생기는 부작용도 존재한다. 강력한 라이벌 의식, 질투, 권력 투쟁, 먹이 경쟁, 인기 많은 짝을 차지하기 위한 경쟁(고등학교 시절을 기억하는가?) 등이다. 인간을 제외한 영장류에서 수십 마리 이상이 무리를 이루어 움직이는 경우가 드문 가장 큰 이유는 바로 이러한 사회적 긴장 때문이다. 이보다 규모가 커지면 사회질서를 유지하기가 애초에 불가능해진다.

하지만 이렇게 더 큰 규모의 집단을 형성해서 유지할 수만 있다면 몇 가지 중요한 장점이 생긴다. 우선 규모가 큰 집단은 외부의 침입자를 물리치기가 더 수월하다. 그리고 먹을 것을 확보하기가 어려웠던 수렵채집인 사회에서는 수십, 수백 명의 수렵채집인이 함께 움직이면 거기에 속한 개인들이 빈손으로 집에 돌아올 위험을 희석할 수 있었다. 개인으로 따지면 어떤 날은 빈손으로 돌아오고, 어떤 날은 양손 가득 먹을 것 들고 올 수 있지만, 양쪽 경우 모두 획득한 것은 집단의 사람들이 함께 나누었다.

규모가 큰 집단은 유전적으로 다양하고 짝 선택의 폭도 넓어지기 때문에 인구집단 전체가 질병에 대한 저항이 커지고, 환경 변화에도 유연하게 대처할 수 있어서 진화적으로 분명 이점이 있다. 이런 이점은 사람뿐만 아니라 곤충이나 세균에게도 똑같이 적용된다. 하지만 내가 아는 한 곤충은 음악을 만들지 않기 때문에 이들은 제쳐두기로 하자. (꿀벌과 개미의 도시를 보면 복잡한 사회질서가 존재하고, 구성원들도 유연하게 역할을 담당하지만, 이것은 우리처럼 어떤 의식에서 비롯된 결과물이 아니다. 곤충도 음악과 비슷하게 동기화되고 율동적인 행동을 보여주지만, 그것은 진짜 음악이 아니다.)

다른 영장류를 보면 집단 크기에 사회생물학적인 한계가 존재하지만, 인류는 분명 그런 한계를 극복했다. 그래서 처음에는 현재 남아 있는 수렵채집인 사회에서 보듯이 수백 명 단위의 집단을 이루었다가 다음에는 수만 명, 그리고 이제는 수백만 명 단위의 집단을 이룬다. 미국만 해도 인구 1백만 명 이상의 도시가 9개이고, 중국은 인구 2백만 명 이상의 도시가 50개나 된다. 로마 제국은 서기 100년경에 인구가 1백만 명 정도였고, 고대 아테네의 인구는 약 50만 명 정도였다. 구약성서(출애굽기 12장 37절)를 보면 출애굽 당시(요세푸스와 다른 역사가들에 따르면 기원전 1500년 전후로 150년 정도라고 한다) 60만 명의 사람이 모세를 따라 이집트를 떠났다고 나와 있다. 그리고 유대교의 가르침에 따르면 사막을 가로질러 달아난 사람들의 총수를 1백만 명 이상으로 추정하고 있다. 따라서 인류가 수십만 명 단위로 집단을 이룬 지가 적어도

노래하는 뇌

3,500년 정도는 되었고, 수천 명 단위의 집단은 분명 훨씬 전부터 있었을 것이다.

수백 명 단위로 규모가 큰 집단을 처음 이루었을 때는 필연적으로 사회적 긴장이 따라올 수밖에 없었을 텐데 인간은 어떻게 그런 긴장을 해소하고 궁극에 가서는 거대한 사회와 문명을 건설할 수 있었을까?

나는 초기인류 혹은 원인原人들 사이에서 강력하기 그지없는 유대를 만들어낸 것은 동기화된 조화로운 노래와 움직임이었고, 그런 유대 덕분에 더 큰 집단, 그리고 결국에는 우리가 지금 알고 있는 사회를 형성할 수 있었다고 믿는다. 음악 속의 리듬은 서로 다른 개인의 행동을 예측하고 동기화할 수 있는 리듬을 인간의 지각 시스템에 제공해준다.[2] 소리는 시각에 비해 몇 가지 뚜렷한 이점을 갖고 있다. 우선 소리는 어둠 속에서도 전달되고, 모퉁이를 돌아서 갈 수도 있고, 나무나 동굴 때문에 가려서 보이지 않는 사람에게도 닿을 수 있다. 대단히 짜임새 있는 소리 소통 방식인 음악을 이용하면 집단의 구성원들이 서로를 볼 수 없을 때도 움직임을 동기화할 수 있다. 그리고 구역을 가로질러 구분 가능한 음성 메시지를 보낼 수도 있다. 예를 들어 독특한 휘파람이나 외침은 보이지 않는 사람의 신분 확인에 사용하는 암호처럼 사용했을 수도 있다. 일단 등장하고 나면 이런 행동은 신속하게 퍼져나갔을 것이다. 이런 방식을 채용하지 않은 집단은 경쟁에서 불리해졌을 것이기 때문이다. 록그룹 리빙컬러Living Colour의 버논 레이드Vernon Reid은 이렇게 말했다. "아프리카에서는 음악이 예술의 한 형태라기보다는 소통의 수단이다." 함께 노래를 부르면 옥시토신이 분비된다. 이것은 사람들 사이에 신뢰와 유대감을 확립하는 데 관여하는 신경화학물질로 알려져 있다.[3]

내 실험실과 케임브리지 이언 크로스Ian Cross의 실험실에서 연구한 바에 따르면 메트로놈에 맞추어 손가락을 책상에 두드리라고 했을 때보다 두 사람이 서로 맞춰서 손가락을 두드리라고 했을 때가 더 잘 맞았다. 언뜻 직관과 어긋나 보인다. 메트로놈의 박자가 훨씬 안정적이니까 박자를 예측하기가 더 쉬울 텐데 말이다. 하지만 연구에 따르면 인간은 다른 사람이 수행하는 바를 잘 받아들인다. 상호적응co-adaptation이 일어나는 것이다. 상호작용이 불가능한 메트로놈과 달리 사람끼리는 상호작용이 가능하기 때문에 협력의 욕구가 커진다. 이런 행동이 진화하게 된 뿌리는 아마도 움직임을 조화시키기 위함이었을 것이다. 이것이 사회적 상호작용을 용이하게 하기 때문이다. 함께 걸으며 일부는 발성을 통해, 일부는 몸동작을 통해 소통하는 경우 발걸음을 맞추면 상호작용이 크게 개선된다. 발걸음이 맞지 않으면 상대방의 머리가 항상 까딱거리면서 보였다 말았다 하기 때문이다.

전쟁과 사냥은 이 이야기의 일부분에 불과하다. 움직임을 동기화하면 무거운 물체를 들어 올리는 일에서 건물을 지어 올리고, 사람이 쟁기를 끌어 씨를 뿌리는 일까지 온갖 집단 작업이 훨씬 수월해진다. 그리고 초기 인류가 이렇게 힘이 많이 들어가는 수작업을 할 때는 서로를 눈으로 확인하면서 동작을 맞추기가 항상 가능하지는 않았을 것이다. 이 경우 강세구조를 갖추고 있어서 중요한 움직임이 언제 이루어져야 하는지 알려주는 반복적인 청각 신호가 있다면 혼자서는 할 수 없는 수많은 육체 작업을 집단적으로 수행할 수 있었을 것이다. 역사가 윌리엄 맥닐William McNeill(《서구의 등장The Rise of the West》의 저자)은 육체노동에서 동기화된 움직임의 중요성을 이렇게 강조하고 있다.

무거운 바위를 들어 올릴 때 근력의 사용이 서로 율동적으로 조화되지 않았다면 이집트의 피라미드나 다른 유명한 건축물은 건설되지 못했을 것이다.[4]

　　　　　　　　　　　　　　　　　　　　　노래하는뇌

노를 젓는 배의 선원들은 자신의 움직임을 일사불란하게 동기화시켜야 부상을 피할 수 있다. 전장에서도 마찬가지다. 기원전 5세기경《손자병법》에서 손자가 적었듯이 가까운 거리에서 사용하는 무기는 움직임이 제대로 이루어지지 않으면 쉽게 아군에게 해를 입힐 수 있다. 나는 노래가 있었기에 근육을 통한 움직임의 조정이 가능해진 것이라 믿는다. 더 나아가 노래는 이런 조정을 촉발하고, 또 동기도 불어넣었다. 본질적으로 우정의 노래, 사회적 유대의 노래였던 것이다. 음악이 없었다면 문명은 어찌 되었을까? 윌리엄 맥닐은 이렇게 글을 잇고 있다.

> 여름철 농작물 수확량은 물 대기에 달려 있다. 대규모로 물을 대기 위해서는 수로를 지어 관리해야 하고, 또 물을 밭으로 분배하는 방식을 규제해야 했다. 그런 일을 가능케 하기 위해서는 인간 사회의 규모가 그 전의 한계를 크게 뛰어넘을 필요가 있었다. 거주민이 몇백 명에 불과한 마을로는 더 이상 충분하지 못했다. 그리고 물 대기가 적절히 이루어진 충적 범람원에서 얻은 풍성한 수확물 덕분에 그런 노동에 필요한 인원수를 먹여 살리는 것이 가능했고, 더 나아가 서로 연결된 수십 개의 도시에서 거대한 사원을 건설하는 데 필요한 추가적인 인력과 자원을 비축하는 것도 가능해졌다. 이런 목표를 달성하기 위해서는 미리 잡아놓은 계획에 맞추어 서로 협력하고 조정할 필요가 있었다.

맥닐의 연구는 동기화된 움직임의 동적 측면에 초점을 맞추고 있지만, 그 역시 뒤에서 이런 협동을 뒷받침해서 움직임을 안내하고 한데 묶어주는 힘은 음악이라 생각하고 있다. 노동요는 시간이 빨리 가게 해주고 노래를 부르는 사람에게 위안이 되어주기도 하지만 이것이 노동요의 본질적 용도는 아니다.

노동요는 움직임과 협동 작업을 조정하고, 노동 참가자들에게 공동의 목표의식을 부여하기 위해 존재한다. 함께 사슬에 묶여 강제 노역을 하던 죄수들의 노래도 여기에 해당하는 특별한 사례다.

동기화된 노래와 춤이 대규모 구조물의 건축만 가능하게 한 것은 아니었다. 정치적 구조를 구축하는 데도 도움을 주었다. 집단 내부에서 갈등이 발생해도 연대의식을 고취하면 이런 갈등을 완화할 수 있었다. 동기화된 춤과 노래로 강력한 정서적 유대감이 만들어지면 대놓고 사과를 요구하지 않아도 갈등의 양쪽 당사자가 서로 체면을 세우고 서로의 차이점을 묻어둘 수 있었다.

진화는 음악과 춤 같이 비폭력적인 방식으로 갈등을 가라앉힐 수 있는 개인을 선택했는지도 모른다. 신경 수준으로 들어가보면 이제 시상하부hypothalamus, 편도체amygdala, 운동겉질motor cortex, 소뇌가 운동과 감정 모두와 연결되어 있음이 밝혀졌다. 이렇게 연결된 이유를 밑바닥까지 파고들어 가보면 우리 선조들이 애초에 몸을 움직여야 했던 이유와 만나게 된다. 그것은 바로 먹을 것을 찾고, 위험을 피하고, 짝을 찾기 위함이었다. 이 세 가지 활동 모두 살아가는 데 필수적인 부분이었기 때문에 진화는 운동의 중추와 동기부여의 중추를 연결해놓았다. 반면 동기부여와 그리 긴밀한 관련이 없는 색각color vision이나 공간 인지spatial cognition의 신경회로와 운동 사이에는 그런 연결이 만들어지지 않았다.

우리가 감정이라 부르는 것은 우리가 행동에 나서도록 동기를 부여하는 뇌의 복잡한 신경화학적 상태에 불과하다. 따라서 감각과 동기부여는 서로서로, 그리고 운동 중추와도 본질적으로 연결되어 있다. 하지만 이 시스템은 반대 방향으로도 작용할 수 있다. 대부분의 신경로는 양방향으로 작동하기 때문이다. 감정이 우리를 움직이게 만드는 것에 더해서 움직임 또한 우리에게 감정을 유발할 수 있다. 중립적인 관찰자의 입장에서 보면 동기화된 춤은 참가자들 사이의 긴밀한 관계가 낳은 결과로 보인다. 반면 참가자 자신의 입장에서 보면 처음 춤과 노래를 시작할 때는 그렇지 않을지 몰라도 보통 끝에 가서는 강력한 공감과 보살피려는 마음, 그리고 애정이 생겨난다. 신경과학자 겸 음악가인 페트르 자나타Petr Janata는 이런 유대의 힘을 이렇게 표현했다. "가끔은 아내와 사랑을 나누기보다는 차라리 아내와 함께 음악과 춤을 하고 싶은 마음이 들 때가 있습니다. 그쪽이 더 친밀한 느낌을 줄 수 있거든요. 아니면 적어도 다른 유형의 친밀한 관계라 할 수 있죠."

군대의 행진이든 대학교 악단의 행진이든 여기에 참가하는 사람은 그런 활동으로부터 들뜬 기분을 느낀다고 한다. 밖에서 보기에는 시가행진이 반복적이고 지루한 일로 보일 수도 있지만, 그 참가자들은 활동에 집중하다 보면 흥분과 함께 역설적이게도 차분함이 함께 찾아와 일종의 무아지경을 경험할 때가 많다. 심리학자 미하이 칙센트미하이Mihaly Csikszentmihalyi는 이런 상태를 '몰입flow'이라고 부른다. 진화의 원리가 한 가지 있다. 일반적으로 무언가가 기분 좋게 느껴지면 그것은 진화가 그렇게 만들어놓은 것이라는 원리다. 진화는 먹고 섹스를 하는 것에 대한 보상 메커니즘을 제공한 것과 마찬가지로 동기화된 움직임과 음악에 대해서도 같은 방식의 보상 메커니즘을 제공한 것이 틀림없다.

윌리엄 맥닐은 자신의 보병 시절을 이렇게 기억한다.

세월이 흘러 지금 기억해보면 나는 딱딱 각을 맞춰 과시하듯 걷는 것이 좋았다.[5] 분명 내 동료 병사들도 대부분 그랬을 것이다. 훈련장에서 목표지도 없이 오직 정확하게 발을 맞춰 걷는 것에만 신경을 집중하며 정해진 군대식 자세에 맞춰 과시하듯 걷다 보면 어쩐 일인지 기분이 좋아졌다. 제식훈련에서 오랜 시간 동안 일치된 동작으로 몸을 움직일 때 찾아오는 감정을 말로는 다 표현할 수가 없다. 내가 기억하기로는 행복한 느낌이 퍼졌던 것 같다. 더 구체적으로 말하자면 내가 커지는 이상한 기분이 들었다. 말하자면 집단적 행사에 참여한 덕분에 내가 나보다 더 큰 존재로 부풀어 오른 것 같은 기분이었다.

동기화된 군대 제식훈련에 대한 통찰력 넘치는 역사 이야기에서 맥닐은 오라녜 공작 마우리츠Maurice of Orange, 손자, 투키디데스Thucydides 등의 말을 인용하여 행군의 효과에 대해, 그리고 그것이 전장에 가져온 전면적인 변화에 대해 이야기했다. 진화 이론가 중에서는 이런 일은 진화적 관점에서는 너무 최근에 등장한 것이라 자연선택과 연관 짓기 어렵다는 사람도 있을 것이다. 그래서 이런 훈련에 동반되는 좋은 기분이 자연선택에 의해 만들어진 것이라 보기 어렵다고 주장한다. 하지만 생명의 위협과 관련된 문제에서는 자연선택이 불과 몇 세대 만에 마술을 부릴 수도 있다. 예를 들어 무작위 돌연변이 덕분에 흙을 즐겨 먹는 사람이 등장했다고 가정해보자.[6] 그런데 치명적인 바이러스가 전 세계를 휩쓸어 수억 명이 사람이 그 공격을 받게 됐다. 그런데 흙속에만 들어 있는 특정 화합물이 바이러스를 죽이는 것으로 밝혀졌다. 그럼 불과 한두 세대 만에 흙을 먹는 사람만 살아남고 나머지는 대부분 땅 위에서 자취를 감추게 될 것이다.

우리가 사람과 동물에서 본능이라고 부르는 것이 알고 보면 자연선택이 작동해서 만들어낸 산물에 불과한 경우가 많다. 집고양이를 생각해보자. 고양이는 배설을 한 위에 흙이든 모래든 근처에 있는 것을 발로 차서 배설물을 덮어놓는다. 하지만 고양이가 질병의 세균병원설에 대해 이해하고 있어서 전염을 최소화하려고 배설물을 덮는 것일 리는 만무하다. 그보다는 고양이의 선조 중에서 배설을 한 다음 발로 찼을 때 그것을 보상하는 신경화학물질(이것을 '행복의 주스'라고 부르자)을 분비하는 유전자 돌연변이가 생겼을 것이다. 이런 돌연변이를 가진 고양이는 병에 걸리거나 새끼에게 질병을 퍼뜨리는 경우가 줄어들었기 때문에 이런 돌연변이가 빠르게 유전체로 퍼져나갈 수 있었다.[7]

이 논리를 확장하면 함께 노래하고, 춤추고, 행진하는 것을 좋아해서 그런 활동에 끌리고 그것을 시시때때로 연습한 사람들은 그런 훈련이 이점으로 작용하는 전투에서 백전백승을 거두었을 것이다.[8] 동기화된 움직임에서 얻는 강력한 정서적, 신경화학적 쾌감의 사례는 선사시대부터 존재했을지도 모른다. 우리 수렵채집인 선조들은 사냥 나가기 전과 후에 모닥불 주변에서 춤을 추었을지도 모른다. 이렇게 움직임을 예행연습 함으로써 더욱 정확한 움직임이 가능해져 성공 확률도 그만큼 높아졌다. 그리고 날렵한 대형 포유동물을 손 도구를 사용해 쓰러트리려면 여러 사람이 함께 달려들어 조화롭게 행동해야 했을 것이다. 현대의 군사훈련은 아마도 이런 선사시대 행동의 연장선에 있을 것이다. 전통적으로 음악의 특징은 소리만이 아니었다. 행위, 그리고 음악과 춤의 창작자 사이의 상호작용 역시 음악의 특징이었다.

세상 사람들은 함께 동기화되고 조화롭게 움직이는 것으로부터 강력한 정서적 유대감만 느끼는 것이 아니다. 영적인 느낌도 받는다. 이것은 집단적 의식이 존재한다는 느낌, 초월적 존재가 있다는 느낌, 우리가 직접 체험하는 것보다 훨씬 큰 보이지 않는 세계가 있다는 느낌이다. 인지심리학자 잠셰드 바루차Jamshed Bharucha는 이 느낌을 이렇게 설명한다. 그의 말에 따르면 타인과 동기화되었을 때 느끼는 집단적 주체성group agency이나 집단의식은 그저 기쁘기만 한 기분이 아니다. 우리가 앞에서 설명한 신경화학물질의 작용에서 오는 이런 기쁨을 느끼면 뇌는 그것을 설명할 원인을 찾으려 한다. 이런 귀속 attribution, 특히 인과적 귀속은 뇌에서 자동으로 일어나는 강박적 성향이다. 사실 우리는 무슨 일이든 그 원인을 귀속하지 않고는 못 견딘다. 우리는 자신의 감정 상태에서 변화를 감지하면 주변 세상에서 무슨 일이 일어나고 있는지 살피며 자신의 기분을 설명해줄 것을 찾는다. 집단적 동시성 group synchrony의 경우 우리는 주변을 둘러보며 나머지 모든 사람이 즐거움과 흥분 속에서 노래하고 춤추는 모습을 보게 된다. 이렇게 해서 신경화학물질로부터 생겨난 이 이상한 기분이 자기 자신을 넘어선 다른 무언가로부터 비롯되었다고 귀속하게 된다. 위에서 언급한 집단 응집의 다른 이점도 있지만, 거기에 추가해서 이런 이유 때문에 종교에서는 동기화를 이용한다. 동기화는 자신을 넘어서는 더 큰 원인이 존재한다는 신념을 강화한다. 따라서 이것은 단순히 좋은 기분만이 아니다. 이것은 사회 등 개인을 초월하는 힘이 존재한다는 신념으로 이어질 수 있다.

따라서 음악과 조화된 움직임은 전쟁 일으키기, 공격에서 방어하기, 사냥감 사냥하기, 작업팀 꾸리기 등 방금 검토했던 이 네 가지 활동을 위한 의미 있는 사회적 유대를 만들어내는 방법이었다. 음악의 중요한 다섯 번째 용도는 규모가 큰 사회 집단이 형성될 때 내부의 긴장을 해소하여 집단 응집력을 높이는 것이었다. 이런 용도로 사용된 음악의 흔적은 우리 종인 호모 사피엔스 사피엔스 Homo sapiens sapiens가 등장하기 수만 년 전 공동 선조인 호모 에렉투스 Homo erectus로 거슬러 올라간다. 직립해서 두 발로 걷게 된 즈음 사람속은 비교적 안전한 삶의 터전이었던 나무 위 생활을 버리고 사바나로 진출한다. 그에 따르는 가장 큰 이점은 사람속이 사냥꾼으로 변모하면서 먹이 공급이 크게 증가한 것이었다. 하지만 거기에 따르는 단점도 따져볼 필요가 있다. 미던Mithen은 이렇게 지적한다.

안전한 나무를 떠난 상태에서 안전을 보장할 방법은 머릿수밖에 없다.[9] ⋯ 하지만 거기에는 대가가 따른다. 다수의 개체가 지속적으로 서로 가까이 붙어살아야 하는 경우에는 사회적 긴장이 충돌로 번질 수 있는 것이다.

이런 사회적 긴장을 해소하는 것은 결코 사소한 일이 아니었다. 인간을 제외한 영장류에서는 긴장 해소가 보통 친구의 털을 청소하고 이를 잡아주는 털손질 행동으로 이루어진다. 사실 두 영장류가 얼마나 친한지는 그냥 서로의 털을 손질하는 데 보내는 시간의 양으로 판단할 수 있을 때가 많다. 하지만 서로를 보호하기 위해서는 집단의 규모가 필연적으로 커져야 하는데, 그럼 모든 친구와 동맹의 털을 손질하기가 물리적으로 불가능해진다. 옥스퍼드대학교의 인류학자 로빈 던바Robin Dunbar는 음성 소통vocal communication의 기원으로 음성 털손질 가설vocal grooming hypothesis을 제안했다. 이는 호미니드hominid(현생 인류와 모든 원시인류 – 옮긴이)가 다수의 집단 구성원과의 협력과 동맹을 한꺼번에 표현할 목적으로 음성 소통(음악이나 언어)을 발달시켰다는 개념이다.

전 세계에 걸쳐 있는 이질적인 문화권에서 인간의 노래는 크게 두 가지 스타일 혹은 형태로 존재한다. 엄격한 동시성strict synchrony과 교대로 부르기 alternation다. 엄격한 동시성의 경우 노래를 부르는 사람들은 '해피 버스데이'나 국가를 부르는 경우처럼 자신의 발성을 다른 사람들과 맞춰 부른다. 이렇게 하려면 노래에서 다음에 나올 것이 무엇인지 예측할 수 있는 능력이 필요하고(해마에서의 기억 인지 작용과 이마엽의 예측 능력의 결합), 그다음에는 신경과학자들이 운동실행계획^{motor action plan}이라 부르는 것을 만들어낼 능력이 있어야 한다. 운동실행계획이란 다른 사람의 행동에 맞추어 노래하고, 북을 치고, 몸을 움직일 수 있도록 운동겉질로 내려보내는 구체적인 지시를 말한다. 우리가 집단 사람들에 맞추어 노래, 박수, 기타 음악적 동작을 동기화할 때 예측 과정이 관여하고 있다는 증거가 있다. 사람이 동기화를 시도할 때 발생하는 미세한 시간 오차다. 우리는 다른 사람의 음악적 행동에 타이밍을 맞출 때 빨라지는 경우가 아주 많다. 이는 우리가 다음 박자가 들릴 때까지 기다렸다가 그 박자를 연주하는 것이 아니라는 의미다. 그보다는 다음 박이 언제 나올지 예상하고 그 전에 미리 반응을 준비한다는 의미다. 이 세 뇌 영역(해마, 운동겉질, 이마엽의 예측 중추)에서 일어나는 활성을 조정하는 역할은 인간에게서 더 크게 진화한 앞이마겉질이 담당한다.

번갈아 부르기는 집단의 일부 구성원이 의도적으로 다른 사람과 노래를 동기화하지 않고 돌림노래로 부르거나(동요 '도~도~도자로 끝나는 말은^{Row Row Row Your Boat}'을 부를 때 아이들이 다른 아이들과 다른 타이밍에 노래를 시작하는 경우), '부르고 화답하기^{call and response}' 패턴으로 노래하는 경우다. 부르고 화답하기는 미국의 복음성가에서 자주 보이고, 고대 아프리카의 전통을 기반으로 하고 있다. 실제로 특히 사하라 이남의 아프리카 문화권에서는 이런 스타일의 음악이 민주적인 음악 참여의 상징으로 여겨진다. 부르고 화답하기는 인도 전통 음악(북인도 고전음악에서는 주갈반디^{jugalbandi}나 사왈자바브^{sawaal-javaab}라고 부른다), 라틴아메리카 음악(코로프레곤^{coropregon}), 유럽 고전 음악(교창^{antiphony})에서도 보인다. 특히나 교대로 부르기는 조망수용^{perspective taking}(음악적 뇌의 3대 요소 중 첫 번째) 능력을 필요로 하기 때문에 좀 더 실용적인 다른 협력 활동을 위한 연습 혹은 그 선행 형태로 볼 수 있다. 다른 사람의 마음을 읽을 수 있어서 타인의 행동을 더 잘 예측할 수 있었던 사람들은 그 집단 안에서 경쟁력을 갖출 수 있었을 것이다.[10]

하지만 이런 강력한 사회적 유대감을 만들어낸 것이 다른 것도 아니고 왜 하필 음악인지는 미스터리로 남아 있다. 던바(그리고 딘 포크Dean Falk 등 그 뒤를 이은 다른 학자들)는 청각적 유대가 털손질(혹은 보노보의 경우는 유대 강화를 위한 성행위)을 통한 일대일의 물리적 유대보다 더 효율적인 이유를 주장했다. 진화는 새로운 속성을 아예 처음부터 새로 발명하지 않는다는 점을 기억하자. 진화는 이미 자리 잡고 있던 구조를 이용한다. 소통을 위한 호출이나 신호는 인간을 제외한 영장류의 레퍼토리에 이미 보편적으로 자리 잡고 있었고 소리에 따라 특정 위험이나 먹이의 존재 등을 알리는 역할을 했다. 그런 소리를 동시에 내는 것은 집단 구성원들이 서로에게 주의를 기울이고 공통의 관심사를 갖고 있다는 분명한 표시였다. 이렇게 집단적으로 발성을 하는 개체들 중에 우연히 집단 내의 짝들에게 행복, 안전, 안심 등의 기분을 유도할 방법을 알아낸 개체는 짝짓기에 유리해졌을 것이다. 이 초기 정치인들은 좋은 기분을 만들어내는 원천이었기 때문에 다른 개체들로부터 더 많은 협력을 이끌어낼 수 있었다.

더 큰 맥락에서 보면 사회적 기술social skill을 갖춘 개체들이 많은 혜택을 누렸을 것이다. 다른 개체들로부터 언제 어떻게 도움을 받을 수 있을지, 누구와 싸우고, 누구를 신뢰하고, 누구를 피해야 하는지 알았기 때문이다. 이런 감성지능emotional intelligence은 그들에게 다른 개체들을 지배할 수 있는 권력을 부여해주었다. 현대 사회에서는 음악을 일종의 감정 소통으로 여긴다. 어쩌면 우리가 아는 최고의 감정 소통 방식인지도 모른다. 음악 자체는 수천 년 전과 아주 달라졌겠지만, 음악의 기능이 달랐으리라고 의심할 이유는 없다. 초기 인류는 음악을 사람들의 마음을 가라앉히고, 힘을 북돋우고, 사람들을 조직하고 영감을 불어넣는 (정치적) 목적뿐만 아니라 자신의 감정 상태를 타인에게 알리는 데 사용했을지도 모른다.

음악과 춤에 의해 만들어지는 집단 응집력에서 중요한 측면은 인간의 집단이 커질수록 그 내부의 지배집단과 자신의 이해관계가 일치하지 않는다고 여기는 개체들끼리 소규모 하위집단을 형성할 수 있다는 점이다. 이들은 자신에게는 홀로 일어설 수 있는 힘이나 자원이 부족한데 지배집단이 그런 부족한 것들을 충족시켜주지 않는다고 여길 수 있다. 인류 문명의 여명기에는 노인들이 그런 집단에 해당했을 수도 있다. 이들은 젊은이들이 사회적으로 연합해서 자신의 자리를 차지해 들어오고 있다고 느꼈을 것이다. 아니면 현재의 지도자가 마음에 들지 않고 그 지도자에게 학대를 당한다고 여기는 사람들로 이루어진 작은 집단이 생겼을 수도 있다. 역사적으로 음악은 이렇게 사회에서 소외된 사람들을 한데 묶는 강력한 힘 중 하나였다.

이 장을 시작하면서 언급했던 고등학교 흡연 학생들은 이런 수많은 집단 중 하나일 뿐이다. 미국의 고등학교에는 '인사이더'와 '아웃사이더'라는 파벌이 존재한다. 아웃사이더 학생들은 힘세고, 돈 많고, 인기 많은 아이들에게 소외되고 조롱당하고 있다고 느낀다. 공통의 음악적 관심사가 이런 소집단에 연대감을 부여할 수 있다. 흡연 학생 집단에게 '화장실에서 담배나 피워'라는 노래가 그랬던 것처럼 말이다. 게이 학생들이라면 게이에게는 국가나 다름없는 루 리드^{Lou Reed}의 '짜릿하게 놀아볼까^{Walk on the Wild Side}'를 부를 수도 있을 것이다. 음악이 하나로 묶어주는 '우리'는 진보주의자(나인 인치 네일스의 '돼지들의 행진^{March of the Pigs}')를 지칭할 수도 있고, 보수주의자(토비 키스의 '빨강, 하양, 파랑 덕분에^{Courtesy of the Red, White and Blue}'), 젊은이(더 후의 '나의 세대^{My Generation}'), 평범한 사람(프라이머스의 '시와 산문Poetry and Prose'), 노동자(스프링스틴의 '고속도로 위에서 일하기Working on the Highway')를 지칭할 수도 있다. 스티븐 스틸스Stephen Stills의 '지금 함께 있는 사람을 사랑하세요Love the One You're With' 같은 노래는 1960년대 후반과 1970년대 초반에 퍼졌던 자유로운 연예와 섹스의 철학을 칭송하고 있다. 이런 개념에 거부감을 느끼는 사람이라면 조니 캐시Johnny Cash의 '바른 길을 걸을게요I Walk the Line' 같은 노래에 마음이 가고, 휘트니 휴스턴의 '당신을 위해 내 사랑을 아껴둘게요Saving All My Love For You'나 질 스캇의 '금욕 블루스Celibacy Blues' 같은 노래에는 전율을 느낄 것이다. '체리쉬 더 레이디스Cherish the Ladies'는 아일랜드의 지그jig, 릴reel, 에어air 등의 전통 춤곡을 보존하고 고향에서 멀리 떠나 있는 아일랜드계 사람들에게 유대감을 제공하는 것을 음악적 사명으로 삼는 그룹이다. 멤버가 모두 여성이라는 사실 때문에 이들은 젊은 여성 음악가들의 역할 모델로 자리 잡고 있다.

MIT에서 내게 수학을 가르쳤던 잔-카를로 로타Gian-Carlo Rota 교수님은 그곳에서 1970년대와 1980년대에 대학원 과정에서 실존주의에 대해서도 가르쳤었다. 그리고 그는 '타락은 아늑하다Decadence is Cozy'라고 적힌 배지를 나눠주고는 했다. 그 메시지가 흥미롭다. 반사회적인 행동이나 주류에서 벗어난 행동을 함께 하는 사람들끼리는 유대감을 느낀다는 것이다. 프로토펑크proto-punk의 고전인 스탠델스Standells의 '더러운 물Dirty Water'에서 이런 것을 들어볼 수 있다. 이 그룹은 "찰스 강 하류에 있을게", "나는 강도, 부랑아, 도둑들과 함께 있을 거야" 등의 가사를 부른다. 이들은 "강에 사는 이 사람들은 사실 우리처럼 좋은 사람들이다."라고 말하는 것이다. 헤비메탈 음악 중에는 사회에 불만을 품은 사회 비주류 사람들에게 호소하는 것이 많다. 헤비메탈의 가사는 단합을 외치는 경우가 많다. 우리(헤비메탈 팬)는 모두 부적응자이지만 그 점에서는 모두 하나라는 메시지다. 제퍼슨 에어플레인Jefferson Airplane이 부른 '하얀 토끼White Rabbit' 같은 노래는 "머리에도 밥을 주어야 한다"라고 외치며 한 세대의 사람들에게 영향을 미쳐 마약을 하도록 부추기거나, 이미 마약을 하는 사람은 그에 대해 적어도 부끄러워하지는 않게 만들어 놓았다. (마약을 하지 않는 사람들은 폴 리비어 앤 더 레이스의 '킥스Kicks'나 존 레논의 '콜드 터키' 같은 노래에서 위로를 찾았다.)

사회학자 트리샤 로즈Tricia Rose는 흑인 여성 래퍼들이 다른 젊은 흑인 여성들을 하나로 단합하는 역할에 대해 지적한다. 이들은 자신들의 관심사가 사회에서 제대로 다루어지지 않고 있다고 여기는 사회 소집단에 목소리를 부여하는 역할을 한다. 로즈는 래퍼들에 대해 이렇게 적고 있다. "래퍼들은 공적 담론에서 변두리로 밀려난 젊은 흑인 여성들의 두려움, 기쁨, 약속을 해석하고 이를 분명하게 표현하고 있다."[11]

최고의 칼륨 공급을 약속하는 가상의 카자흐스탄 국가 같은 애국적인 노래는 '우리'를 정의하는 음악의 힘이 자연스럽게 확장된 것이다. 이것은 우리의 국가이고, 우리의 종교, 우리의 집단, 우리의 공통 관심사, 우리의 축구팀이며, 심지어 칼륨도 우리의 칼륨이 된다. 종교 지도자들은 자신의 종파 안에서 집단적인 연대와 통합의 느낌을 고취하기 위해 음악의 힘을 사용해왔다. 하지만 의례의 진행을 위해 음악을 사용하는 것과 이런 방식으로 음악을 사용하는 것을 혼동해서는 안 된다. 이 둘은 완전히 다른 것이다. 축구 응원가와 국가는 본질적으로 사회적 유대를 위한 노래다.

사회적 유대의 노래를 효과적으로 사용하는 또 다른 영역으로 정치권이 있다. 앞에서도 말했듯이 일부 초기 인류는 집단 내에 생긴 사회적 긴장을 완화하는 데 음악을 사용했다. 이것은 정치적 수다에 해당한다. 그리고 이것은 하위집단, 특히 주류에서 밀려난 집단을 응집시키는 용도로도 사용되었다. 저항의 노래는 사회적 유대를 강력하게 사용한다. 밥 말리가 노래하는 '일어나라, 당신의 권리를 되찾기 위해 일어나라! Get up stand up: stand up for your rights!', 필옥스Phil Ochs가 노래하는 '나는 더 이상 진군하지 않아I Ain't Marching Anymore', 모세가 노래한 '나의 사람들을 해방하라Let My People Go', 피트 시거가 노래한 '우리는 극복하리라We Shall Overcome' 등 저항의 노래는 어떤 것이든 사람들에게 영감을 불어넣고, 동기를 부여하고, 집중시키고, 사람들을 하나로 묶어 행동에 나서게 만드는 힘이 있다.

셀 수 없이 많은 음악가가 저항의 노래를 불러왔다. 록 음악에 딱 한 가지 끊이지 않고 반복되는 주제가 있다면 그것은 바로 반항일 것이다. 플라스틱 피플 오브 더 유니버스Plastic People of the Universe, PPU라는 한 밴드는 아무런 정치적 의제 없이 음악을 시작했지만 결국에는 체코슬로바키아 공산당의 혁명을 촉발한 것으로 널리 인정받고 있다.[12] 이 밴드는 1968년에 시작했다. 탱크를 앞세운 소련이 프라하를 침공해서 민주자유화운동을 막아섰던 '프라하의 봄' 사건이 일어난 바로 그 해다. 새로 들어선 공산당 정부는 언론의 자유를 탄압하고 많은 음악가를 투옥했다. PPU는 몇 번에 걸쳐 정부로부터 음악 활동을 금지당했는데 이들의 선동적인 가사 내용이 이유가 아니라 장발을 하고 벨벳 언더그라운드나 프랭크 자파Frank Zappa 같은 자본주의 밴드를 흉내 낸다는 것이 이유였다(PPU의 밴드 이름도 프랭크 자파의 노래에서 따온 것이었다). 1970년에는 정부에서 PPU의 음악가 면허를 취소하는 바람에 이들은 공연을 할 수 없게 됐다. 그래서 이들은 정부의 감시와 체포를 피하기 위해 언더그라운드 콘서트를 열 수밖에 없었다.

이 밴드의 베이스기타 연주자 이반 비에르한슬Ivan Bierhanzl은 이렇게 말한다. "우리는 노동자였습니다. 우리에게는 그저 우리 음악을 연주하고 듣는 것이 가장 중요한 일일 뿐 어떤 영웅이 되려는 것은 절대 아니었으니까요." 1974년에 정부가 이들의 콘서트 현장을 불시에 단속했다. 팬들은 몽둥이를 든 경찰에게 쫓겼고, 일부 학생은 영구 퇴학을 당하기도 했다. 1976년에는 27명의 사람이 그저 PPU 공연장에 있었다는 이유만으로 체포됐다. 색소폰 연주자와 작사가도 모두 투옥됐다. 다른 밴드 멤버들은 구타를 당했다. 그것을 계기로 등장한 체코의 인권운동이 비폭력적인 '벨벳혁명Velvet Revolution'에서 정점을 이루어 체코 공산당의 독재에 붕괴를 가져왔다. (톰 스토파드Tom Stoppard는 이것을 곡으로 써서 2007년에 첫 공연을 했다.)

PPU에서 특이한 점은 그들 자신은 정치에 관심이 없었고, 정부의 정책과 관련해서 자신을 운동가, 시위자, 혁명가라 생각해본 적이 한 번도 없었다는 점이다. 이들은 원한 것이라고는 그저 자신의 음악을 연주하는 것뿐이었다. 하지만 공산당의 행동 때문에 그 밴드를 중심으로 강력한 활동가 지지집단이 만들어졌다.

우리는 저항의 노래가 노예제도, 인권, 인종차별 폐지, 경제적 불평등, 법적 불평등(루빈 카터Rubin Carter에 대해 부른 밥 딜런의 '허리케인Hurricane'), 그리고 다른 사회악에 대해 가사를 통해 직접적으로 다루는 경우를 평생 더 흔히 접하게 된다. 지난 40년 동안 특히나 많이 나온 저항의 노래는 반전 노래들이었다. 그래서 많은 사람이 '저항의 노래'라고 하면 곧 반전 노래를 의미하는 것이라 여길 지경이 됐다. 그리고 1950~1970년대에 자란 사람들의 경우 전쟁에 대한 의견 차이가 만들어낸 균열이 나라를 둘로 갈라놓았다. 어떤 사람은 평화가 도덕적으로 옳다는 확신을 선천적으로 타고났고, 저항의 음악을 통해 자신의 신념을 이어갈 용기를 얻은 반면, 어떤 이는 이런 사람들을 조롱한다.

나는 만 일곱 살의 나이에 벌써 반전의 정서가 있었다. 나는 제2차 세계대전을 이해하고 있었다. 내 할아버지는 그 전쟁에 나가서 싸웠고, 전쟁은 끔찍했지만, 그 전쟁의 이유는 분명했다. 한 독재자가 유대인들을 모두 죽이려 하고 있었기 때문이다. 우리는 유대인이었고, 일부 국가에서는 우리를 도우러 나섰다. 이 전쟁은 이해할 만한 명분이 있었다. 하지만 1965년에 일어난 베트남전쟁은 이해할 수 없었다. 10월 즈음 미국에서는 거의 20만 명에 가까운 해병대를 베트남으로 파병한 상태였다. 단풍이 물들기 시작하고 있었고, 우리는 학교 미술 시간에 이 낙엽을 가지고 공작 수업을 했다. 쉬는 시간이 끝나자마자 선생님이 우리에게 뉴스를 보여주었다. 전장에서 죽은 젊은 미국의 청년들에 관한 뉴스였다. 나는 학교를 마치고 집에 오자마자 엄마에게 미국 대통령에게 전화해서 당장 전쟁을 멈추라고 해야 한다고 말했다. 엄마는 이렇게 말했다. "대통령한테 전화할 수는 없어. 분명 아주 바쁠 거야. 너도 알겠지만 아빠가 직장에서 아주 바쁘실 때도 우리는 아주아주 중요한 일이 아니면 절대 아빠한테 전화하지 않잖아."

나는 고집을 부렸다. "하지만 이건 정말 중요한 일이에요. 더 이상 사람을 죽일 이유는 없잖아요. 오늘 당장 전쟁을 멈출 수 있다구요!"

엄마는 수화기를 들고 전화번호 안내 서비스에 전화를 걸어 전화번호를 알아보고 백악관에 전화하셨다. 엄마는 그 접수 담당자에게 마치 매일 대통령에게 전화하는 사람처럼 단호하게, 하지만 사무적으로 말을 했다. "제 일곱 살 아들이 대통령님과 전쟁에 대해 이야기를 하고 싶어 하는데요." 그렇게 몇 사람을 거쳐서 대통령 수석보좌관 마빈 왓슨W. Marvin Watson에게까지 올라갔다. 엄마가 어깨로 수화기를 붙잡고 말했다. "이분 말씀이 대통령님은 지금 회의 중이라 너와 통화할 수가 없대. 하지만 자기한테 말하면 메시지를 대통령님한테 전해주시겠다고 하는구나." 그리고 엄마가 전화기를 내게 넘겨주셨다. 대통령 수석보좌관은 자신을 소개한 후에 내게 이름과 사는 곳, 그리고 내가 전쟁에 대해 알고 싶은 것이 무엇인지 물어봤다.

"북베트남하고 남베트남이 지금 서로를 죽이고 있고, 우리가 도우러 갔는데 이제는 그들이 우리를 죽이고 있어요. 학교에서 들었는데 10대들이 군인들하고 그곳에 갔는데 죽어서 온대요. 대통령 아저씨한테 그 사람들하고 이야기해봐야 한다고 말해주세요. 대통령 아저씨가 그 사람들한테 서로 죽이지 말라고 말해야 해요. 그럼 그 사람들도 말을 들을 거예요."

수석보과관이 한숨을 내쉬었다. 그 시절 장거리 통화를 할 때 나던 으스스한 잡음이 기억난다. 그가 깊은 한숨을 내쉬며 갈라지는 목소리로 말했다. "우리도 해봤단다. 그런데 우리 말을 듣지 않아. 우리도 어찌해야 할지 모르겠구나."

내가 이렇게 말했다. "그 사람들한테 말하세요. 우리는 모두 형제자매라고요. 우리는 싸움을 멈춰야 해요."

그가 말했다. "내가 대통령님께 말하마. 네가 말한 그대로 전달할게."

그날 밤 나는 잠자리에 들었고, 내가 잠든 후에 부모님이 부부싸움을 하는 소리가 들렸다.

# # #

내 아버지와 삼촌은 모두 베트남전쟁과 한국전쟁에 파병되는 것을 피했다. 내 할아버지는 39세의 나이에 의무대에 징병됐고 제2차 세계대전 4년 동안두 아들과 떨어져 지내야 했다. 그 기간 중에 오키나와에서 백병전에 휘말리기도 했다. 의사였던 할아버지는 상상할 수 없을 정도로 처참하게 사람의 몸이 망가지는 모습을 목격했다. 내가 일곱 살이 되었을 때 할아버지가 내게 털어놓기를, 아버지와 삼촌이 군대에 들어갈 나이가 되자 할아버지는 두 사람 모르게 손을 써서 징병선발위원회의 동료 의사들에게 말 안 하면 모르고 넘어갔을 아들의 질병에 대해 알렸다. 그래서 아버지와 삼촌은 입대불가 등급을 받았다. 아버지는 조국을 위해 복무하고 싶어 했고, 심지어 그보다 1년 앞서서 입대를 시도하기도 했지만, 할아버지는 허락하지 않으셨다. 아버지는 군복무를 하지 못한 것에 대해 회한이나 죄책감을 표현한 적은 한 번도 없었지만, 내가 아는 한 아버지의 가장 큰 취미는 제2차 세계대전에 관한 책이나 영화를 보는 것이었다.

1960년대에는 만 17세 이상의 모든 사람에게 징집번호가 배정되었지만, 대학에 다니는 사람들은 대부분 징병 유예를 받았다. 하지만 내가 열한 살이 되었을 때는 전쟁이 확전되었다. 당시는 닉슨 대통령이 막 백악관에 입성한 상태였고, 군대에서는 대학생, 대학원생, 의대생 등 30대의 남성 중 징집이 가능한 남자들은 모두 불러들이기 시작했다. 저녁 뉴스를 보면 텍사스 비행기 이착륙장의 큰 수송기에서 성조기에 덮인 관이 수백 개씩 실려 나오는 장면이 나왔다. 이제는 이웃에 살던 청년들이 죽어서 집에 돌아오고 있었다. 내가 아는 친구의 형들이었다. 그해에 우리는 과학수업 시간에 나비를 채집하고 죽여서 표본을 만들어야 했다. 나는 그 일을 도저히 할 수 없었고 어머니는 다른 대체 과제물을 내달라는 편지를 선생님께 보내야 했다. 매일 텔레비전 뉴스를 베트남전쟁 이야기가 채우고 있었고, 내가 그 걱정에 빠져 있는 모습을 본 어머니가 어느 날 저녁 식탁에서 말씀하셨다. "징병 통지서가 나오면 양심적 병역 거부자로서 군대에 가고 싶지 않다고 말하면 돼. 그런 이유를 받아들일 수 없다고 하면 캐나다로 가면 되고."

그러자 아버지가 들고 있던 포크를 식탁 위에 탁하고 내려놓으며 말했다. "내 아들은 그런 짓은 하지 않아! 징병 통지서가 나오면 애는 전쟁에 나가서 싸울 거야. 군복무는 미국 시민으로서의 의무야. 내 아들을 병역기피자로 만들지는 않아!"

나는 언제나 아버지를 나를 지켜주는 사람으로 생각해왔었다. 무언가 심각한 일이 벌어지면 언제라도 아버지가 나타나 나를 지켜주리라고 말이다. 어머니가 맞받아쳤다. "우리 아들을 전쟁에 보낼 수는 없어요!" 내 여동생과 내가 잠자리에 든 이후에도 밤새도록 부모님은 이 문제를 두고 싸우셨다. 평소 같은 밤이면 여동생과 나는 서로 싸우면서 각자의 침실을 향해 서로의 이름을 불러댔을 텐데 그날 밤에는 부모님에게 들리지 않게 낮은 목소리로 이야기했다.

동생이 물었다. "아빠 말이 무슨 뜻이야? 왜 그렇게 화가 났어?"

내가 속삭이듯 말했다. "텔레비전에서 전쟁 얘기 나오는 거 봤지?"

"응. 북베트남하고 남베트남 사이에 전쟁이 났대." 이제 여동생도 일곱 살이었다.

"아빠가 그러는데 나도 거기에 가야 할지도 모른대."

"안 돼!!! 갔다가 죽으면 어떡해? 아빠가 그런 말을 했을 리가!"

# # #

베트남전쟁 동안에는 마치 미국에서 권력을 차지하고 있는 사람들은 모두 전쟁을 선호하고, 전쟁에 가장 크게 반대하는 사람은 그 전쟁을 멈출 권력이

노래하는 뇌

없는 사람들인 것처럼 보였다. 이것은 걸프전이나 이라크전과는 아주 다른 양상이었다. 이 두 전쟁의 경우 처음부터 워싱턴 정가에서 강경한 반대의 목소리가 있었고, 대중의 반대도 컸다. 아이에게, 그것도 반전의식이 있는 아이에게는 이런 상황은 마치 다윗과 골리앗의 대결 같은 느낌을 주었다. 우리 측에는 수백만 명으로 추산되는 전쟁 반대자들이 있었지만 우리는 부자가 아니었고, 결정을 내릴 권한도 없었다. 우리에게는 아무런 승산이 없어 보였다. 전쟁을 반대하는 가장 중요한 목소리 중 두 사람, 마틴 루서 킹과 케네디 대통령이 그해에 암살당했다. 나는 텔레비전 생방송에서 케네디가 암살당하는 것을 직접 보았다. 내 할아버지도 그해에 돌아가셨다. '우리'는 1968년에 민주당 전당대회를 장악하려고 노력했지만 저지당하고 있었다. 사회 변두리의 소외된 반란세력들은 반전 구호가 대중의 귀에 들어갈 수 있도록 노력했다.

음악과 노래가 저항세력을 하나로 묶어주었다. 나는 캘리포니아의 산에서 여름 캠프를 하던 일곱 살에 '꽃들은 다 어디로 갔나?Where Have All the Flowers Gone?'와 '바람만이 아는 대답Blowin' in the Wind'을 처음 배웠다. 22살의 캠프 지도교사가 캠프파이어에 기타를 가져와 우리 90명 모두에게 이 저항의 노래 두 곡을 가르쳐주었고, 우리는 3주 동안 밤마다 이 노래를 불렀다. 전쟁이 확대되면서 '전쟁(그게 무슨 소용이야?)(War(What Is It Good For?))', '나는 더 이상 진군하지 않아', '유니버설 솔져Universal Soldier', '파괴의 이브Eve of Destruction', '그들을 집으로 데려오라(당신이 엉클 샘을 사랑한다면)(Bring Them Home(If You Love Your Uncle Sam))' 등 더 많은 노래가 라디오에 등장했다. 그리고 존 레논이 다른 비틀스 멤버 없이 혼자 곡을 쓰고 노래한 '평화에게 기회를Give Peace a Chance'도 있었다. 이 곡은 비틀스의 노래처럼 들리지 않지만 익숙한 목소리가 나오고, 익숙한 어쿠스틱 기타 리듬이 있었기 때문에 전쟁 종식을 요구하는 목소리에 힘을 보탰다. 존 레논의 노래는 저항의 노래 중 첫 곡도, 가장 인기 있는 곡도 아니었지만, 음악적 힘과 단순한 메시지 덕분에 그 영향력은 가히 폭발적이었다. 내 친구들과 나는 꽤 어려운 노래 가사까지 다 외워두었다가 부모님이 우리를 리틀야구단, 스카우트, 교회학교에 태워주실 때 차 뒷좌석에 앉아서 노래를 부르기도 했다. 마치 존 레논도 그 차에 함께 타고 있는 것 같았다. 그가 맨 앞줄로 나와서 반전운동을 이끄는 것을 도와줄 것이다. 그의 카리스마와 지성이 함께하고 있으니 이제 사람들도 우리의 목소리에 귀를 기울일 것이다. 이 노래가 바로 그것을 이뤄줄 노래일지도 모른다!

대학생들은 어디서나 저항하고, 노래를 불렀다. 캘리포니아대학교 버클리 캠퍼스는 우리가 사는 곳에서 언덕 하나만 넘으면 있었는데 자유언론운동, 저항운동, 여성해방운동, 인종관계개선운동 등이 하나의 거대한 대의로 뭉쳐, 그들에게 저항하는 거대한 '우리'를 만들어냈다.[13] 이런 노래들은 지혜, 용기, 동기를 담고 있는 듯 보였다. 이 노래들은 사람들의 머릿속에서 울려 퍼지면서 이 운동이 그저 한 사람이나 주변 몇몇 사람들의 머릿속에만 들어 있는 생각이 아님을 상기시켜주었다. 전국에서 나와 생각이 같은 수십만, 수백만의 저항세력이 모두 같은 목표 아래 같은 노래를 부르고, 같은 구호를 외치고 있음을 아는 것만으로도 강력한 연대를 느낄 수 있었다.

그때 켄트주립대학교의 사건이 발생했다. 네 명의 학생 시위자가 총격을 받은 것이다. 당시 내가 다니던 중학교에서는 이 사건 이야기밖에 없었다. 우리는 그 이야기를 하면서도 도저히 믿을 수가 없었다. 국가 비상사태에 미국 시민을 보호하기 위해 만들어진 조직인 미국 주방위군이 우리와 똑같은 반전 활동가 네 명을 총으로 쏘아 죽인 것이다. 우리는 바로 그 전 주에 학교에서

파업을 진행했다. 수업 출석을 거부하고 학교 축구 운동장에 모여 침묵 속에 서 있었다. 미국 전역에서 정해진 시간, 정해진 장소에 수십만 명의 다른 학생들도 여기에 동참하고 있었다. 만약 주방위군이 우리에게도 총을 겨누었다면 어떻게 됐을까?

나는 시카고 7인^{Chicago Seven}(1968에 베트남전쟁 강제징병을 멈추기 위해 전당 대회장에서 벌어진 시위로 인해 재판을 받게 된 주동자 7명 – 옮긴이)에 빠져들었다. 특히나 그래험 내쉬^{Graham Nash}가 이들에 대한 곡인 '시카고^{Chicago}'를 쓴 이후 로는 그들을 나의 역할 모델로 삼게 됐다.

사람들은 크로스비, 스틸스 & 내쉬^{Crosby, Stills & Nash, CS&N}의 음악을 모두 알 고 있었다. 스틸스는 몇 해 전에 자신의 반전 노래, '그냥 내 생각이지만^{For What It's Worth}'을 불렀었다.

> 편이 나뉘고 있어
> 모두가 틀렸다면 옳은 사람은 아무도 없는 거지
> 젊은이들이 자기 생각을 말하는데
> 뒤에서 발목 잡는 사람들이 너무 많아
> 이제 멈춰 서서 그들의 말을 들어봐
> 모두들 무슨 일인지 두 눈으로 보라고

1960년대를 다룬 다큐멘터리(2007년 방송)에 관한 리뷰를 쓰면서《뉴욕타 임스》의 비평가 닐 젠즐링거^{Neil Genzlinger}는 이렇게 말했다. "이 놀라운 곡은 60년대의 혼란을 너무도 완벽하게 압축해서 담아내고 있기 때문에 다큐 제 작자가 이 곡을 사용한 것은 무의식적으로 다음과 같이 시인한 것이나 마찬가지다. '스티븐 스틸스가 2분 41초의 곡에 담은 것보다 더 잘 표현할 방법이 없다.' 곡 도입부의 두 음만 들어봐도 경종 소리처럼 들린다는 것을 바로 알아차릴 수 있다."

1970년에 켄트주립대학교 총격사망사건이 있고 난 직후에 CS&N은 닐 영Neil Young과 함께 녹음실에 있었다. '당신의 아이들을 가르치세요Teach Your Children'가 차트 순위를 갱신하며 1위를 향해 질주하고 있었다. 닐 영은 네 명 시위자의 총격사건에 대한 반응으로 막 '오하이오Ohio'라는 곡을 쓴 상태였다. 닐 영은 이렇게 회상했다. "그래험이 그 곡을 당장 발표하자고 하더군요. 그의 요청이었습니다. 당시 그의 노래가 차트 순위를 한참 오르고 있었는데 우리가 동시에 두 곡을 차트에 올리기는 사실 힘든 일이었죠. 하지만 그래험은 어떻게든 노래를 발표해야 한다고 여겼습니다. 그래서 '오하이오'를 위해 자신의 곡 '당신의 아이들을 가르치세요'를 희생한 거죠. 정말 대단한 결정이었습니다." 그 말에 내쉬가 이렇게 덧붙였다. "저는 어느 곡을 발표할 것인지를 두고 의견이 충돌하는 바람에 제 그룹이었던 홀리스The Hollies를 떠난 적이 있습니다. 그들이 제게 한 짓을 닐한테 할 생각은 없었죠." '오하이오'는 가장 감동적인 반전 주제곡 중 하나로 자리 잡았다. 데이비드 크로스비가 녹음 끝부분에 가서 울부짖는 소리를 들을 수 있다. 1950~1970년대에 성장한 사람 중에는 정치적 지도자든, 음악적 지도자든 반전운동의 지도자들을 자신의 양심을 따라 소수집단과 손을 맞잡을 용기가 있었던 영웅으로 여기는 이가 많다.

나와 내 친구들은 암살 사건들에 대해, 제임스 얼 레이James Earl Ray(마틴 루서 킹 주니어의 암살자 – 옮긴이)와 시르한 시르한Sirhan Sirhan(케네디 대통령의 암살자 – 옮긴이)에 대해, 켄트주립대학교 사건에 대해 구할 수 있는 것은 죄다

노래하는 뇌

구해서 몇 시간이고 읽었다. 나는 선생에 내한 의견 충돌이 내 가족을 분열시키고 있다는 것도 깨닫게 됐다. 삶의 다른 모든 측면에서는 완벽한 조화를 이루고 있는 듯 보였던 우리 부모님마저도 갈라놓고 있었다. 게다가 내게 모든 것을 설명해주시고 어린 시절 과학에 대한 흥미에 불을 붙여주셨던 할아버지까지 돌아가시고 나니 나는 마음이 완전히 황폐해지고 말았다. 하지만 열한 살의 나이였던 나는 할아버지를 위해, 마틴 루서 킹이나 케네디를 위해, 전쟁에서 죽어간 6천 명과 부상당한 30만 명의 미국 청년들을 위해, 오하이오에서 죽어간 젊은 대학생, 앨리슨 크라우스Allison Krause, 제프리 밀러Jeffrey Miller, 산드라 슈어어Sandra Scheuer, 윌리엄 슈로더William Schroeder를 위한 눈물이 흐르지 않았다. 나는 그들을 위해, 우리 모두를 위해 울고 싶었지만 아직 준비가 되어 있지 않았다.

♯ ♯ ♯

결국에 가서는 전쟁을 이어갈 더 이상의 정치적 명분이 남지 않았다. 미국이 목표로 삼았던 것을 어느 하나 충족시키지 못하리라는 것이 분명했기 때문이다. 어디까지가 음악의 힘이었을까? 반전 음악이 저항운동에서 차지한 몫은 어디까지였을까? 말하기 어렵다. 하지만 음악은 거의 모든 시가행진과 집회에서, 그리고 거의 모든 조직 모임에서 배경음악으로 울려 퍼졌다. 적어도 당시 사람들이 음악이 도움이 된다고 여겼던 것만큼은 분명하다. 하지만 어떻게 노래가 그런 변화를 만들어낼 수 있을까?

피트 시거는 이렇게 말한다. "예술의 힘은 형태와 구조에서 나옵니다. 앞에서도 말했지만 좋은 음악은 언어의 장벽, 종교와 정치의 장벽을 뛰어넘어 사람의 심금을 울릴 수 있습니다.[14] 그냥 평범한 말로 전달했을 때는 받아들이지 않았을 생각도 음악을 통해 마음이 열리고 나면 받아들이게 되죠."

스팅은 내게 이렇게 시인했다. "저는 물론 노래의 힘을 믿습니다. 하지만 노래 하나가 하룻밤 사이에 세상을 바꾸어놓을 수 있다고 상상하기는 정말 힘들어요. 음악이 할 수 있는 것은 누군가의 머릿속에 씨앗을 심는 것이죠. 내 머릿속에 심어진 씨앗이 나를 지금의 정치적인 동물로 만들어놓은 것처럼요. 당신이 한 젊은이의 마음속에 어떤 생각을 노래로 불러주면 그 젊은이가 언젠가 정치적 인물이나 권력을 가진 사람이 되어 그 씨앗이 열매를 맺을 수도 있죠. 시거는 40년이나 50년 후에 등장할 세대에서 열매를 맺을지도 모를 씨앗을 몇 개 심어 놨습니다."

브루스 콕번Bruce Cockburn은 1980년대 초에 과테말라의 난민수용소를 방문한 후에 반전 노래인 '내게 로켓포가 있었다면If I Had a Rocket Launcher'을 썼다.[15] 콕번은 이렇게 설명한다. "언제나 음악의 출발점은 자신의 경험을 사람들과 공유하는 것이지만 꼭 그것이 아니어도 계속해서 서로의 목숨을 낭비하고 있는 이 상황에 대한 해결책을 찾으려면 끝 간 데를 모르는 이 분노, 누군가를 총으로 쏘아죽여도 상관없다고 말하는 이 야만적인 분노에서 출발해야만 합니다. … 정치인이 아닌 다른 청중에게 손을 내밀어보자는 생각이었습니다. 우리가 직접 찾아가 관찰하고, 우리가 상대적으로 사람들의 주목을 받는 점을 이용해서 우리가 목격한 것을 캐나다 대중에게 교육하고, 옥스팜OXFAM이 그 지역에서 진행하고 있는 프로젝트를 위한 기금을 마련하려는 것이었죠."

저기 헬리콥터가 날아오네 오늘만 벌써 두 번째

모두들 뿔뿔이 흩어지며 그것이 어서 사라지기를 바라지
그들이 얼마나 많은 아이를 죽였는지는 신만이 알지
내게 로켓포가 있었다면 … 누군가는 그 대가를 치렀을 거야

나는 경비를 서는 국경을 믿지 않아 혐오를 믿지 않아
나는 장군이나 그들의 구린내 나는 고문 국가도 믿지 않아
입에 담기도 역겨운 일에서 살아남은 사람들과 얘기해보면 …
내게 로켓포가 있었다면 … 앙갚음을 했을 거야

라칸툰강에서는 십만 명이 기다리고 있지
굶주림과 짐승보다 못한 운명에서 벗어날 날만을
문마다 시체가 널브러져 있는 과테말라를 위해 울어줘
내게 로켓포가 있었다면 … 망설이지 않았을 거야

나는 모두의 목소리를 드높이고 싶어 적어도 노력은 해야겠지
그 생각을 할 때마다 내 눈에는 눈물이 차올라
절망적인 상황, 울려 퍼지는 희생자들의 울음소리
내게 로켓포가 있었다면 … 빌어먹을 놈들 몇 명은 죽었을 거야

  고전이 된 노래 '크레이지Crazy(팻시 클라인Patsy Cline에 의해 유명해짐)'를 비롯
해서 25,000곡을 쓴 윌리 넬슨Willie Nelson은 이라크전에 반대하기 위해
2003년 크리스마스를 겨냥해서 '지구의 평화에 일어난 일Whatever Happened to
Peace on Earth'이라는 곡을 썼다. 그는 이렇게 말했다. "논란이 일어나기를 바랐

습니다. 이런 곡을 썼는데도 아무도 그에 대해 말하는 사람이 없다면 아픈 곳
을 찌르지 못했다는 의미니까요."

세상에는 참 많은 일이 벌어지고 있지
아기들은 죽고
엄마들은 울고
대체 얼마만큼의 석유가 한 사람의 생명만큼
그리고 지구의 평화에 벌어진 이 모든 일만큼의 가치가 있을까?
하지만 약자에 대한 보살핌을 혼동하지 마
내게 그런 딱지를 붙일 수는 없어
진리야말로 대중을 지키는 나의 무기
그리고 나는 진리가 당신을 자유롭게 하리라 믿어

♯ ♯ ♯

1960~1970년대의 저항 음악에는 마리화나, 코카인, LSD, 메스칼린(선인
장에서 추출한 환각물질 - 옮긴이), 페요테(페요테 선인장에서 채취한 마약 - 옮긴
이), 아편, 헤로인, 그리고 여기에 암페타민과 바르비투르barbiturate(진정제와 최
면제로 쓰이는 약물 - 옮긴이)가 함께 따라오는 경우가 많았다. 우리 부모님 세
대의 눈에는 이 모든 것이 '마약'에 해당했고, 이런 마약들은 굉장히 다양한
효과를 가지고 있었는데도 그런 차이를 구분하지 않았다. 그 당시도 사회 변
두리에는 지금처럼 마약 중독자들이 있었고, 주로 자신의 문제나 책임으로부
터 달아나기 위해 혹은 그저 좋은 기분을 느끼고 싶어 마약을 사용하는 사람

노래하는 뇌

도 있었다. 하지만 이런 마약을 자신의 사고과정에 대한 통찰을 얻기 위해 자기탐구의 수단으로 이용하거나, 조직화된 종교가 급속히 힘을 잃어가는 시대에 영적인 감각을 일깨우기 위해 이용하는 사람도 많았다. 영적인 굶주림을 느끼고 주변에서 일어나는 정치적·사회적 혼란을 이해하고 싶은 욕망을 느끼지만, 전통적인 종교기관에서 이런 부분에 대해 아무런 가르침도 주지 않았기에 사람들은 요가, 불교, 아인 랜드Ayn Rand(미국의 소설가 겸 극작가, 시나리오 작가, 철학자 - 옮긴이), 밥 딜런, 존 바에즈Joan Baez, 존 레논과 폴 매카트니, 제퍼슨 에어플레인Jefferson Airplane(미국 샌프란시스코 출신의 록밴드 - 옮긴이), 그리고 때로는 마약으로 눈을 돌렸다. 깨달음을 위해 암페타민이나 헤로인으로 눈을 돌렸다는 사람 이야기는 한 번도 못 들어봤다. 이런 마약은 그냥 문화의 일부로 쉽게 구할 수 있었다. 올더스 헉슬리Aldous Huxley, 티모시 리어리Timothy Leary, 켄 키지Ken Kesey, 람 다스Ram Dass, 존 레논 같은 유명인들은 이런 마약을 이용한 후에 이것들이 사물을 명확하게 바라보고, 생각을 확장하며, 세상과 자신의 마음에 관한 미스터리를 밝혀주는 능력이 있다고 말했다.

음악과 마약의 조합은 대단히 강력한 것으로 드러났지만 과학 연구는 아직 그에 대한 설명을 내놓지 못했다. 각각의 마약이 뇌에서 작용하는 방식이 모두 다르기 때문에 음악적 경험에 미치는 영향도 저마다 독특하다. 코카인과 스피드 같은 마약은 의식이나 음악이 들리는 방식을 그다지 변경하지 않는다. 하지만 환각제는 신경의 발화 패턴을 바꾸어 연상과 기억을 용이하게 하고, 상상력에 불을 붙인다. 예를 들어 LSD나 페요테의 경우 환각과 실제 지각이 번갈아 나타날 수 있다. 그리고 실제 지각은 상상력과 통찰이 넘치고 시적인 새로운 생각과 연결되어 강화될 수 있다. 많은 사람이 마약 체험을 마칠 때면 자기 자신에 대해, 그리고 자신이 세상 및 타인과 관계를 맺는 방식에 대해 더 잘 이해하게 됐다는 느낌을 받았다. 자연과의 유대감이 깊어지는 느낌을 받았다고 말하는 사람도 많다. 제퍼슨 에어플레인이 모든 사람에게 LSD를 하고서 자연에 대해 깊이 생각해보라는 말을 했을 때 그 멤버인 폴 칸트너^{Paul} Kantner는 내게 이렇게 말했다. "우리는 생각이 비슷한 자유로운 영혼들끼리 사랑과 선의의 분위기에 둘러싸여 샌프란시스코의 골든게이트 공원 같은 아름다운 공원에 앉아 있는 모습만을 상상했어요. 잠시 멈춰 서서 사람들이 도심지역 빈민 주택 단지에서 쓰레기, 범죄, 가난에 둘러싸여 마약을 하고 있는 모습을 상상해볼 생각은 못했죠. 그런 환경에서는 마약의 효과가 아주 다르게 나타나는데 말입니다."

마약이 뇌에 어떤 효과를 나타내든지 간에 분명 환경과 상호작용하고, 개개인의 신경생화학적 차이와도 상호작용한다. 뇌는 사람마다 아주 큰 차이가 있어서 구성(즉 물리적 크기와 핵심 구조물들의 배치), 가용한 신경로, 그리고 뉴런들이 상호소통을 통해 생각, 느낌, 희망, 욕망, 신념들을 형성할 수 있게 해주는 다양한 화학물질의 기저 수준 등이 각기 다르다. 나는 신경과학자로서 백 명이 넘는 LSD 사용자와 알고 지내는데, 이 마약의 영향이 각기 개인의 정신적 구성에 들어 있는 관찰 불가능한 요인에 크게 좌우된다고 믿게 됐다. 어떤 사람은 LSD에 의한 환각 체험을 수백 번 하고도 해로운 영향을 전혀 받지 않는다. 반면 어떤 사람은 불과 서너 번의 경험만으로도 절대 예전의 모습으로 돌아갈 수 없게 된다. LSD 사용으로 회복 불가능할 정도로 뇌가 손상된 사람 중 다수가 캘리포니아 해안에 정착했고, 나는 샌타크루즈와 샌타바버라 같은 도시에서 그들을 만나보았는데 그들의 뇌에 적절한 기능을 유지해줄 수 없었다.

음악과 마리화나의 조합은 희열을 주면서 그와 함께 음악 및 음악가와 연결된 느낌을 만드는 경향이 있다. 마리화나의 유효성분인 Δ9-테트라하이드로칸나비놀Δ9-THC은 뇌의 쾌락중추를 자극하는 동시에 단기기억을 방해하는 것으로 알려져 있다. 단기기억이 방해받으면 음악 청취자는 펼쳐지는 음악을 순간순간으로 접하게 된다. 방금 어떤 음악이 연주되었는지도 분명히 기억하지 못하고, 앞으로 어떤 음악이 연주될지 미리 예측하지도 못하기 때문에 마리화나에 취한 사람들에게는 음악이 음 단위로 들린다. 무의식 속에서는 기대 형성expectation formation의 일반적 과정이 여전히 모두 일어나고 있지만(이 부분은 내 책《뇌의 왈츠》에서 설명하고 있다), 의식에서는 음악이 시간정지 현상time-standing-still phenomenon이라는 것을 만들어낸다. 그래서 이들은 음 하나하나의 순간에 완전히 몰입하는 상태가 된다.

LSD, 페요테, 메스칼린 같은 환각제들은 각각 고유의 효과가 있지만 공통점도 있다. 이렇게 시간이 멈추는 성질에 더해서 감각이 뒤섞이는 공감각적 경험synaesthetic experience을 하게 된다는 것이다. 다양한 감각수용기에서 들어오는 입력이 뒤섞이면 소리에서 맛을 느끼고, 냄새에서 촉각을 느끼는 등의 현상이 일어난다. 아직 그 이유는 제대로 밝혀지지 않았지만, 이 마약들은 뇌의 세로토닌계serotonergic system에 작용해서 주변의 사람과 사물과 하나가 된 듯한 느낌도 만들어낸다(세로토닌은 수면, 꿈, 기분 등의 조절에 관여하는 신경전달물질이다. 프로작이 이 세로토닌계에 작용한다). 이렇게 하나 된 느낌은 음악가들이 함께 환각제를 복용해서 함께 환각 체험을 하고, 함께 연주하고, 함께 황홀경을 경험할 때 정점을 찍게 된다. 이런 공통의 신경화학적, 영적 체험이 수세기 동안 북미와 남미 원주민들의 의식에서 성스러운 토대였다. 우리 시대에는 그레이트풀 데드Grateful Dead(미국의 록밴드 – 옮긴이)가 이런 방법을 이용했다. 그들은 LSD를 하고 온 청중들과 강력한 유대감을 형성하여 음악가와 청중 사이의 강력한 일체감을 경험했다. 그레이트풀 데드의 음악을 듣는 LSD 사용자들은 자신의 경험을 전기에 비유한다. "마치 그들에게 전기 코드를 꽂은 것 같은 느낌이 들어요.", "우린 같은 파장을 타고 있어요.", "제리Jerry의 솔로를 듣다 보면 찌릿찌릿 전기가 통해요." 피시Phish와 데이브 매튜스 밴드Dave Mathews Band 같은 그룹은 1990년대와 2000년대까지 이런 전통을 확장시켰다.

1960~1970년대에는 마약 복용이 만연했던 것으로 보이지만 사실 이것은 소수집단 사람들에 의해, 그리고 문화의 전위부대에 속하거나 문화의 변방에 속하는 사람들에 의해 움직이는 반체제 운동의 상징이었다. 전위부대에 속할지, 문화의 변방에 속할지는 마약에 찬성하느냐 반대하느냐에 달렸다. 나는 최근에 뉴욕으로 내 친구 올리버 색스Oliver Sacks를 찾아간 적이 있다. 그때 그가 몸소 마약을 복용하고 모험했던 이야기를 들려주어 놀랐다. 1960년대에 로스앤젤레스의 토팡가 협곡Topanga Canyon에서 있었던 모험이다. 신경학자로서 그는 마약이 신경계에 미치는 작용에 대해 특히 궁금했고, 그 경이로운 경험이 대체 어떤 것인지 몸소 확인하고 싶었다고 한다. 그는 이렇게 말을 시작했다. "내가 한 번은 음악이 등장하는 공감각적인 꿈을 꾼 적이 있어. 프링글스 감자칩이 음악을 연주하는 꿈이었는데 꿈속에서 나는 프링글스를 먹고 있었지. 그런데 그 감자칩이 내 입속에서 부서질 때마다 교향곡이나 협주곡을 연주하는 거야. 감자칩 하나에서 한두 마디 정도의 연주가 나오더군. 그때 나는 마약을 하지 않은 상태였어. 그 전의 마약 체험에서 영향을 받았을 수는 있겠지만. 그런데 나는 마약을 할 때 보통 음악을 듣지 않거든. 바깥에 나가 앉아 풍경을 바라보거나 오토바이를 타러 나가지. 음악을 듣는 경우라고 해도 감각적으로 황홀경에 빠져 있기는 하지만 음악의 구조는 놓치는 경

우가 많아."

올리버가 친구네 집에서 있었던 한 특별한 날에 대해 설명했다. 친구는 나가고 없었고 음악이 등장하는 상황이었다. "메스칼린을 좀 하고 아마 대마도약간 했을 거야. 약 기운이 올라올 때까지 기다리면서 아파트 거실에서 축음기를 틀었지. 그리고 음악을 엄청나게 즐기고 있는데 약 기운이 올라오는 신호가 느껴지더군. 입안에 살짝 쓴맛이 돌았어." 올리버는 영국식 억양으로 말한다. 그리고 그의 목소리는 위대한 이야기꾼답게 경쾌한 음악적 속성을 갖고 있다. "갑자기 음악이 스피커뿐만 아니라 사방팔방에서 쏟아져 나오는 거야. 그리고 그 음악 소리가 다른 생각들을 모두 집어삼켜 버렸지. 나는 이탈리아의 작곡가 몬테베르디까지 거슬러 올라가는 400년짜리 음악 사슬과 하나가 되는 느낌을 받았어. 더할 나위 없이 경이로운 색들이 보이고, 내 생각은평소의 패턴에서 자유로워졌지. 한 번도 본 적이 없는 색들이 보이고, 위대한평화를 느꼈어. 내 눈에 세상이 그 전에 생각했던 것보다 더 오래되고, 짜임새 있게 보였지. 그리고 나는 무신론자라고 공언한 사람이지만 어떤 자애로운 존재가 있다는 느낌을 강하게 받았어. 아인슈타인의 신이라고도 할 수 있겠네."

나에게 이 이야기를 들려준 지 오래지 않아 올리버는 내가 사는 몬트리올로 강연을 하러 왔다. 내가 겨울마다 인지심리학 강의를 하는 강당의 좌석800개가 빈틈없이 들어찼다. 그는 음악적 경험에 영향을 미치는 다양한 뇌장애를 가진 사람들의 이야기를 통찰력 있게 담아낸 그의 책《뮤지코필리아》의 스물아홉 개 장 중 세 장의 내용을 다루었다. 다음 날 아침 나는 그와 그의비서 겸 편집자 케이트 에드가^{Kate Edgar}를 호텔에서 만나 뷔페로 아침 식사를했다. 올리버와 함께하는 뷔페 식사는 그 자체로 하나의 경험이었다. 그는 음식을 조금 떠서 자리로 돌아와 먹고는 서둘러 다시 뷔페 상차림으로 돌아갔다. 그리고 사냥꾼처럼 등을 구부리고 눈을 가늘게 뜬 채로 숨어 있는 보물을 찾아다녔다. 그리고 보통은 그렇게 애쓴 만큼 보상이 따랐다. 그는 케이트와 나는 있는지도 몰랐던 청어, 바나나 너트 브레드, 그래놀라 같은 오늘의 요리를 접시에 담아 왔다.

우리는 음악적 환청에 대해 대화를 나누고 있었는데 올리버가 벌떡 일어났다. 그리고 몇 분 후에 스타프루트를 가지고 왔다. 올리버는 인생의 그 무엇도 무심히 넘기는 법이 없어서 하루를 이루고 있는 수많은 작은 순간순간에서 기쁨을 찾아냈다. 그는 스타푸르트를 뇌수술을 집도하는 의사처럼 정확히 절반으로 잘랐다. 그리고 감탄하며 꼼꼼하게 그 내부의 별 모양을 관찰했다. 그러고 나서 그는 그 과일을 속까지 모두 먹어 치웠다. 그동안 나는 내가 겪었던 음악적 환청에 대해 그에게 이야기했다. 이 환청은 보통 선잠에 빠져드는 순간에 일어난다(전문용어로는 이것을 입면^{hypnagogic}이라고 한다). 마약 하는 반항아 올리버는 내가 최근에 《뉴욕타임스》에 투고한 글에 특히 관심이 많았다. 음악과 운동 사이의 신경유전적, 신경해부학적 상관관계를 설명하는 글이었다. 이 글은 링컨센터^{Lincoln Center}(미국 뉴욕의 무대예술 및 연주예술을 위한 종합예술센터 – 옮긴이)의 좌석을 뜯어내야 한다는 농담으로 끝맺었다. 진화가 우리에게 프로그래밍해 놓은 것을 할 수 있게, 즉 음악에 맞추어 춤출 수 있게 말이다. 이 글에 대해 이야기하는 동안 올리버는 자리에 앉아 몸을 앞뒤로 까딱이고 있었다. 내가 그에게 물었다. "자네 지금 머릿속에서 음악이 흐르고 있나?" 그러자 그가 대답했다. "내 머릿속에서는 거의 항상 음악이 흐르지!"

우리가 아침 식사를 한 곳은 두 사람이 머물던 페어몬트 퀸 엘리자베스^{Fairmont Queen Elizabeth}라는 호텔의 레스토랑이었다. 올리버가 즐거운 얼굴로 자기가 존 레논 스위트룸을 배정받았다고 말했다. 하지만 그는 그 방에 얽힌 뒷이야기는 모르고 있었다. 존 레논은 1969년에 그곳에 묵으며 반전운동 이벤트를 벌인 적이 있다. 당시 캘리포니아의 내 집에서 존 레논이 퀸 엘리자베스 호텔에 묵고 있다는 보도를 본 기억이 난다. 나는 몬트리올에서 8년째 살고 있었지만 존 레논의 이름까지 걸어놓고 그 방을 보존하고 있는지는 몰랐다. 내가 존 레논의 팬이었던 것을 알고 있던 올리버는 그 방을 한 번 보겠냐고 물어보았고, 우리는 1742번 방으로 올라갔다. 엘리베이터에서 내리자마자 나는 그 자리에서 얼어붙었다. 1742번 방 앞 복도가 눈에 익었다. 내가 NBC 저녁 뉴스의 헌틀리-브린클리Huntley-Brinkley 리포트에서 보았던 바로 그 복도였다.

비슷한 나이였던 케이트와 나는 서로 나서서 올리버에게 이 방의 이름이 '존 레논/오노 요코 스위트룸'으로 지어진 이유에 대해 설명했다. 1969년 5월 마지막 주에 존 레논과 그의 아내 오노 요코는 베트남전쟁에 반대하는 이벤트를 벌였다. 레논은 유명세 때문에 기자들이 자신의 움직임을 하나도 빠지지 않고 쫓아다닌다는 것을 알고 있었고, 그는 이런 상황을 자신의 인기를 끌어올리는 것보다 더 고귀한 목적에 사용하고 싶었다. 그와 오노 요코는 '연좌 농성sit-in'의 신혼여행 버전인 '침대 농성bed-in'이라는 개념을 생각해냈다. 두 사람은 일주일 동안 침대에 머물면서 기자들과 전쟁에 대해, 평화에 대해 이야기하면서 이것을 자신의 관점을 세상에 알리는 플랫폼으로 사용했다. 많은 기자가 두 사람을 놀렸다. 두 사람이 카메라 앞에서 사랑을 나누는 장면을 기대했던 기자들은 더러 실망하기도 했다. 하지만 부부는 초조한 마음을 달래며 끝없이 밀려드는 기자들을 상대했다. 어떤 기자는 진지한 이야기를 다룰 준비가 되어 있었지만 그렇지 않은 기자가 더 많았다.

올리버가 문을 열고 우리를 안으로 들였다. 방에 들어서자 현재의 모습이 40년 전 헌틀리-브린클리, 월터 크롱카이트Walter Cronkite, 피터 제닝스Peter Jennings 등의 보도기사와 마치 분할 스크린처럼 뒤섞여 공존하는 것 같았다. 1969년 6월 1일에 존 레논은 이 방에서 티모시 리어리Timothy Leary, 토미 스모더스Tommy Smothers와 함께 '평화에게 기회를'을 쓰고 녹음했다. 방은 매트리스를 교체한 것을 제외하면 그때의 모습 그대로였다. 벽에는 침대 농성을 하던 존 레논과 오노 요코의 사진이 걸려 있었다. 그중 침대 바로 옆에 있는 사진 한 장은 컬러여서 레논의 적갈색 머리와 무성한 눈썹, 그리고 눈 사이에 있는 작은 점이 잘 보였다. 요코는 이 점을 레논이 갖고 있는 점 세 개 중 하나라고 말했다. 이 점은 여간해서는 사진에 잘 나오지 않는데 덕분에 레논도 부처처럼 세 번째 눈을 갖게 됐다. 그는 깁슨 J160 기타를 안고 있다. 나는 레논이 기타를 '잡고' 있는 사진은 한 번도 본 적이 없다. 그는 항상 아이를 안듯 기타를 안고 있었다. 그리고 레논은 기타 앞면에 샤피마카로 자신과 요코의 캐리커처를 그려놓았다. 그 컬러사진 옆에는 침대에서 기자들과 이야기하는 이 부부의 흑백사진이 두 장이 붙어 있었다. 한 장에는 앞에 티모시 리어리가 나와 있었고, 다른 한 장에는 토미 스모더스가 나와 있었다.

올리버는 침실과 떨어진 큰 거실에 서서 액자에 담긴 '평화에게 기회를'의 가사와 500만 장 판매를 기념하는 골드레코드상을 바라보고 있었다. 존과 요코의 더 많은 사진이 선禪 그림 두 장과 한 장의 과일 바구니 정물화와 함께 거실 벽을 꾸미고 있었다. "나는 1960년 정도 이후로의 대중문화에 대해서는 잘 모르겠어." 올리버가 말했다. 그의 말을 들으며 세스 맥팔레인Seth McFarlane이 연기한 가상 캐릭터 스튜위 그리핀Stewie Griffin의 억양과 말투가 떠올랐다. 하지만 케이트와 나는 이 모든 것을 경험하며 자랐고, 당시만 해도 원

노래하는뇌

하기만 하면 세상을 바꿀 수 있을 것처럼 생각했다.

우리 두 사람은 사진에 정신이 팔려 침실에 있었다. 나는 존과 요코가 이 저항운동을 시작했던 침대 바로 옆에 서 있다. 그들이 노래를 불렀던 곳이다. 머릿속에서 그 노래가 들린다. 그 노래는 진심 어린 가사로 마음을 뒤흔들며 평화를, 사람들이 무기를 내려놓을 것을 갈망한다. 이 노래는 스스로에 대해, 녹음을 둘러싼 언론의 광적인 관심에 대해 언급하고 있다는 점에서 재귀적이다. 그 가사는 이 사건에 관한 기사를 쓰고, 거기에 제목을 붙이는 일에 정신이 팔려 있을 뿐, 애국을 빌미로 그 노래에 담긴 메시지는 애써 무시하고 있는 기자들의 아픈 곳을 찌르고 있다.

후렴구가 이 곡의 메시지를 한마디로 요약하고 있다. '평화에게 기회를', 이 한마디를 하고 싶을 뿐이라고. 우리는 다른 것은 모두 시도해봤다. 폭탄도 써보고, 총도 쏘아보고, 네이팜탄도 써보고, 백병전도 해보고, 공습도 해보고, 기총소사도 해봤다. 그럼 잠시 싸움을 멈추고 거기서 오는 평화가 효과가 있는지 확인해보면 좋지 않을까? 메시지는 이렇듯 간결하다. 스물여덟 살의 나이에도 세상에 대해 아이 같은 호기심을 간직하고 있는 마음에서 우러나온 메시지다. 존 레논은 그 후로 11년밖에 살지 못했다.

그렇게 많은 사람이 죽었는데 어떻게 전쟁에서 승리했다는 말이 나올까? 승자는 누구이고, 그들이 얻은 것은 무엇인가? 뒤끝 없이 그토록 많은 사람을 죽일 수 있는 권리?

# # #

나는 사진들을 바라보다가 침대를 보고, 다시 사진을 보다가 방열기를 보면서 사진에 나와 있는 요소들을 내가 서 있는 방과 하나하나 맞춰본다. 나는 창문으로 걸어가 밖을 바라본다. 저 창밖의 모습이 존이 여기 있을 때 보았던 그 모습이다. 도시 위로 스카이라인이 이어지고, 아래로는 차들이 다니고, 도로 건너편에는 빌딩들이 서 있다. 이 방이 그가 곡을 쓴 곳이다. 시선을 사진에서 방으로 옮겨오는데 케이트의 눈에 눈물이 흐르기 시작하는 것이 보인다.

그녀가 말했다. "그 노래를 처음 들었을 때 내가 어디에 있었는지 기억나요."

내가 덧붙여 말한다. "희망으로 가득 찼었죠. 레논은 그 노래 하나로 세상을 바꿀 수 있다고 믿었어요. 음악의 힘을 철석같이 믿었던 거죠." 그 노래가 계속해서 내 머릿속에 맴돌고 있다. 하지만 짧은 구간만 짜증 나게 반복해서 맴도는 것이 아니라 곡 전체가 풍성하고 생생한 소리로 울려 퍼지고 있다. 그의 기타를 퍼커션처럼 두드리는 소리(마이크를 급하게 설치해놓은 바람에 아름다운 악기 소리가 아니라 사포 문지르는 소리처럼 들린다), 방 안에 모여 있는 스무 명의 사람이 박수 치는 소리가 들리고, 사람들이 바닥을 발로 쿵쿵거리며 급조해 만든 베이스드럼 소리가 박격포 발사 소리처럼 으스스하게 들린다.

오래도록 나를 찾지 않았던 생각들이 마음속에 한가득 차오른다. 할아버지의 죽음, 마틴 루서 킹과 케네디 대통령의 죽음, 전쟁에서 죽어간 참전 용사들, 켄트주립대학교의 학생들, 그 자신도 비명에 죽어간 존 레논. 존 레논의 1742번 방에서 나는 드디어 그 모든 목숨을 위해, 그리고 그 목숨이 지키려 했던 모든 것을 위해 흘릴 내 한줄기 눈물과 만났다.

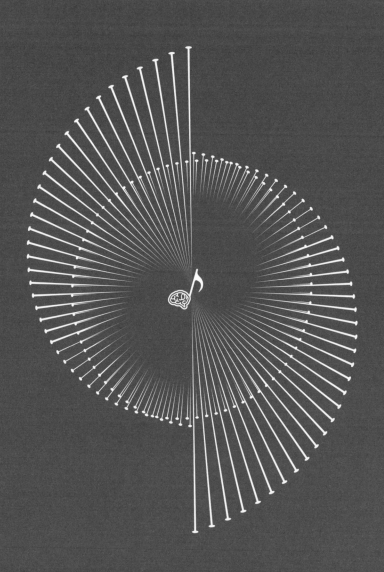

누구나 한 번쯤은 도저히 억누를 수 없는 짜릿한 기쁨으로 충만할 때가 있다. 그날이 기나긴 겨울을 보내고 처음으로 맞은 화창한 봄날일 수도 있고, 죽음이 가까웠다고 생각했던 사랑하는 이가 기적적으로 회복되는 모습을 지켜본 순간일 수도 있고, 세 살배기 아이가 여러 달 동안 찾지 못했던 테디베어 인형을 침대 밑에서 발견한 순간일 수도 있다. 아무런 이유도 없이 그냥 아침에 눈을 떴는데 기분이 날아갈 듯 좋을 때도 있다. 이것은 뇌 속에서 일어난 무작위적인 화학적 요동이나 외적인 행운의 변화로 인한 결과일 수 있다. 이것은 자연스럽게 일어나는 일로 무언가를 기념하려는 거의 무의식적인 욕구다. 1장에서 삶의 소소한 순간들을 기념하는 시와 노래들에 대해 이야기했었다. 텃밭에서 딴 신선한 토마토를 한입 물어 먹는 기쁨, 아이가 첫 걸음마를 내딛는 것을 바라보는 기쁨, 당신에게 특별한 누군가도 당신을 사랑하고 있음을 처음으로 알게 되었을 때의 기쁨. 이런 기쁨에 따라오는 자연스러운 반응은 노래하고, 펄쩍펄쩍 뛰고, 춤추고, 소리를 지르는 것이다. 이런 행동들은 모든 사회에서 표준적인 춤과 노래의 일부로 들어가 있다. 이런 느낌들을 일관된 구조를 바탕으로 표현한 것이 노래나 춤이지만, 꼭 이런 형태를 갖추지 않아도 음악이고 춤이라 할 수 있다.

현시대의 위대한 두 명의 싱어송라이터 스팅과 로드니 크로웰은 모두 인간이 처음으로 부른 노래는 분명 기쁨을 표현하는 노래였을 거로 생각한다.

스팅은 2007년 여름에 그의 밴드 폴리스^{Police}와 월드투어를 하는 도중에 내 연구실을 방문하려고 잠깐 들렀다. 나는 그에게 이 책《노래하는 뇌》에 대해 이야기했고, 그는 음악의 기원에 대한 아이디어를 함께 나누고 싶다고 말했다. 그해 가을 우리는 폴리스가 월드투어를 이어가고 있던 바르셀로나에서 다시 만났다.

"제 생각에 최초의 노래는 그냥 소리가 곁들어진 추상적인 재밋거리였을 것 같습니다. 그냥 입을 벌리고 '아아아 오오오 아아아 이이잉 야이!' 이런 소리를 지르는 거죠. 일단 일종의 놀이로 그런 것을 개발해서 목구멍을 열고 호흡을 뱉어 공중으로 소리를 밀어내는 법을 발전시키고 나면 거기서 노래가 탄생하는 거죠. 하지만 이것은 본질적으로 재미였어요. 그런 소리를 내면 재미있거든요. 콘서트에서 모음만으로 노래를 해보면서 이거 재미있구나 싶었어요. 소리에는 주술적인 요소가 들어 있습니다. 세상 모든 것과 연결된 듯한 신비로운 기분을 느끼죠."

나는 이렇게 말했다. "소리는 시각과 다릅니다. 무언가가 눈에 보일 때는 그것이 저 바깥에 있는 듯 느껴지지만, 무언가 소리가 들리면 그 소리가 여기 안에 있는 것처럼 느껴지거든요." 나는 손가락으로 머리를 가리켰다.

"맞아요. 소리는 내면의 세계를 외부의 세계와 연결하죠. 저는 폴리스 공연을 할 때 모음 몇 개로 청중들과 함께 노래를 부를 때가 많습니다."

"에오~"

"맞습니다. 저는 '에오'를 많이 사용하죠. 이탈리아어로는 그것이 '나'를 의미해요. 그것이 심리적으로 나에 대해 무엇을 의미하는지는 모르겠습니다. 하지만 관중이 이 소리에 열광하는 것은 분명합니다. 간단한 모음 소리 하나가 이런 유대감을 만들고 우리를 하나로 묶습니다. 스타디움 전체를 그 소리로 채울 수 있어요. 이것이 의미가 있는 것인지, 없는 것인지는 모르겠지만 분명 어떤 힘을 갖고 있어요. 그것은 개인에게서 나오는 힘이 아닙니다. 그 소리자체가 힘을 갖고 있고, 연결의 느낌이 있어요. 아마도 그것이 가장 효과적인 노래일 겁니다."

"'그녀가 하는 작은 일 하나하나가 모두 마법이에요Every Little Thing She Does Is Magic' 하고 '디두두두, 디다다다De Do Do Do, De Da Da Da'에서도 그거 하잖아요."

"그렇습니다. 오늘 밤 공연에서 '달 위에서 걷기Walkin' on the Moon'와 다른 노래를 부를 때도 할 겁니다. 아주 강력하거든요. 사람들이 그 이야기를 해요. 그 속에서 즐거움과 마법을 느끼죠. 다시 돌아가 보죠. 저는 최초의 노래는 혈거인이 갖고 놀았던 어떤 소리였을 거로 생각합니다. 그 소리를 듣고 다른 사람들이 거기에 합류했고, 그것이 마음에 들었던 거죠. 하면 기분이 좋아졌으니까요. 그리고 아마 그 사람은 몸을 움직이고 있었을 겁니다. 몸의 움직임 없이는 어떤 음악도 나올 수 없으니까요."

로드니는 이렇게 말했다. "저는 음악이 주변 환경에서 생겨났고, 원형을 갖고 있다고 생각합니다. 제 생각에 최초의 노래는 '당신은 나의 태양You Are My Sunshine'의 혈거인 버전이 아니었을까 생각합니다. 혈거인들이 소리를 이용해서 삶을 표현하고자 했다면 그들이 제일 먼저 노래하고 싶은 대상은 태양이었을 겁니다. 그리고 태양에 대해 아주 기쁘게 노래했겠죠. 사람들은 감각을 통해 느끼는 것, 감정이 끌리는 것, 인지하는 것에 음악을 붙입니다. 오늘 같이 날씨가 좋은 날이면 나는 밖으로 산책을 나가는데, 그럼 제일 먼저 알아차릴 부분은 태양이 하는 일이겠죠. 그것이 저의 첫 노래가 될 겁니다. 물론 지미 데이비스^{Jimmie Davis}가 부른 '당신은 나의 태양'은 어떤 한 사람에 관한 노래지만, 헐거인의 경우 태양에 대한 노래는 창조에 관한 노래죠. 태양은 바로 이 불덩어리입니다. 태양은 빛이고 열이고, 궁극적으로는 생존을 나타내죠. 우리가 송라이터로서, 창작자로서 하는 일은 우리를 둘러싼 환경에 감사하는 것입니다. 화가가 그림으로, 우리는 음악으로 그런 감사를 표현하려 하죠."

잘 들여다보면 인간의 경험 구석구석에서 기쁨의 노래를 찾아볼 수 있다. 우리 외할머니는 독일에서 미국을 찾아온 이민자셨다. 다른 많은 사람처럼 외할머니도 끔찍한 독재와 압제를 피하고자 미국으로 왔다. 할머니는 거실에 앉아 있다가 부모님이 군인에게 총을 맞고 쓰러지는 모습을 두 눈으로 목격하고 그 일을 계기로 조국을 떠나왔다. 외할머니는 내가 여덟 살 때 매일 아침 일찍 잠자리에서 일어나 '신이시여, 미국을 축복하소서^{God Bless America}'를 부른다고 말해주셨다. 할머니는 나를 볼 때마다 그 노래를 부르셨다. 강한 억양 사이사이로 할머니의 목소리가 떨려왔고, 할머니의 몸도 흘러넘치는 기쁨과 감사의 마음으로 떨려왔다. 목숨을 구하고 오래 살아남아 자신의 자유를 찾고, 자유롭게 살아가는 여섯 손자를 두게 된 것에 대한 감사였다.

외할머니가 여든 살이 되시던 날 어머니와 나는 외할머니에게 작은 80달러짜리 전자키보드를 사드렸다. 할머니는 키보드 연주법을 몰랐지만 우리가 건반 위에 마스킹테이프를 붙이고 그 위에 숫자를 적어 그 노래의 연주 순서를 알려드렸다. 그리고 6개월 만에 할머니는 연주법을 배우셨고, 아흔여섯 살의 나이로 돌아가실 때까지 매일 아침 그 반주에 맞추어 '신이시여, 미국을 축복하소서'를 불렀다. 할머니는 마치 자신의 목숨이 거기에 달려 있다는 듯이 그 노래를 부르셨다. 나는 혹시 이 음악 덕분에 할머니가 더 오래 사신 것은 아닐까 궁금해지기도 한다. 그 노래가 할머니의 여생을 목적이 있는 의미 있는 시간으로 만들어준 것은 분명하다. 신경과학자들은 최근에 음악을 하는 것이 도파민 수치를 조절할 수 있음을 발견했다. 도파민은 뇌 속에 있는 소위 '기분이 좋아지는' 호르몬이다. 이런 일이 일어나는 정확한 메커니즘은 잘 밝혀지지 않았지만, 음악을 연주하거나 들을 때 그에 대한 반응으로 뇌에서 기분이 좋아지는 화학물질이 분비된다는 것은 음악과 기분 사이에 고대로부터 이어져 내려온 이로운 상관관계가 있음을 말해주고 있다. 2장에서 살펴보았듯이 우리 선조 중에 음악으로 소통하고 음악적 소통을 즐길 줄 알았던 사람들은 사회적 유대를 구축하고, 싸움과 사상자 발생으로 이어졌을지 모를 사회적 긴장을 해소하고, 자신의 감정 상태를 주변 사람들에게 전달하는 능력 덕에 분명한 이점을 누렸을 것이다. 우리가 한 가지 분명하게 알고 있는 것은 도파민 분비 증가가 기분을 좋게 하고, 면역계를 강화하는 데 도움을 준다는 것이다. 음악을 연주하는 기쁨, 연주 소리, 그리고 연주에 점점 숙달되는 재미가 외할머니의 수명을 90대 후반까지 늘려주었는지도 모른다.

맥스Max 외할아버지는 내가 태어나기 전에 쿠바로 여행을 가셨다가 커다란 콩가 드럼을 사오셨다. 그리고 집에 찾아오실 때마다 두 손으로 드럼 가죽을 두드리며 외할머니에게 노래를 불러주셨다. 지금은 두 분의 결혼 생활이 평탄치 않았음을 알고 있지만 내가 두 분의 결혼 생활을 떠올리면 기억나는 것은 할아버지가 드럼을 치면서 할머니에게 노래를 불러줄 때 할머니의 얼굴에 떠오르던 표정밖에 없다. 완전한 황홀과 용서의 표정이었다. 어느 누가 들어봐도 할아버지의 노래 실력은 별로였지만 할아버지의 노래에 할머니는 마음이 녹아내리고 이마의 주름살이 펴졌다. 그리고는 웃음을 터트리면서 부드럽게 할아버지의 머리카락을 쓰다듬었다. 할아버지가 노래와 드럼 연주에 불어넣는 열정적인 기쁨은 전염성과 함께 사람을 무장해제 시키는 힘이 있었다.

요즘에는 기쁨의 노래를 엘라 피츠제럴드Ella Fitzgerald의 스캣scat(재즈에서 가사 대신 뜻이 없는 후렴을 넣어 부르는 창법 – 옮긴이)에서부터 아제르바이잔의 가수 아지자 머스타파 자데Aziza Mustafa Zadeh에 이르기까지, 그리고 '짚-아-디-두-다Zip-A-Dee-Doo-Dah'에서부터 애니메이션 렌과 스팀피Ren & Stimpy에서 렌과 스팀피가 좋아하는 장난감 '통나무The Log'[1]의 좋은 점을 침이 마르게 칭찬하는 노래에 이르기까지 어디서나 찾아볼 수 있다.

> 혼자서 혹은 짝지어 계단을 굴러떨어져
> 이웃집 개 위로 굴러가는 저것은 무얼까?
> 간식으로도 맛있고 등에 짊어지기도 좋은 저것은 무얼까?
> 그것은 바로 통나무, 통나무, 통나무!
>
> 통나무, 통나무, 크고, 무거운 나무지
> 통나무, 통나무, 그리 나쁘지 않아, 아주 훌륭하지!
> 모두 통나무를 원해! 너도 통나무를 사랑하게 될 거야!
> 어서 와서 통나무를 가져가! 모두 통나무가 필요하니까!

사실 지난 30년 동안 순수하게 기쁨을 위한 음악을 창작하고 공급하는 데 가장 열성적이었던 주체는 광고업자들이었다. 그들은 우리 신경에 긍정적인 반응을 일으켜 자기네 상품에 대해 우리가 좋은 기분을 느끼게 만들려고 애쓰기 때문이다. 우리는 생기가 넘치는 광고를 보다 보면 피터 폴 캔디를 먹고 ("견과가 당기는 날도 있고, 그렇지 않은 날도 있죠"), 펩시콜라를 마시고("펩시 세대가 다가와요. 펩시에 몸을 맡겨 보세요. 살아 있다면 당신도 펩시 세대"), 쉐보레 자동차를 몰면("쉐보레를 타고 오늘 미국을 둘러보세요!") 그런 상품들이 희석되지 않은 순수한 기쁨을 가져다주리라 믿게 된다. 아동용 장난감 '슬링키^{Slinky}'를 만드는 회사는 귀에 착 감기는 노래를 통해 스프링을 아이들의 손에서 내려놓지 않는 장난감으로 바꾸어 놓았다! (렌과 스팀피가 제대로 된 노래만 있으면 통나무도 재미있는 장난감이 될 수 있음을 보여주려고 패러디한 노래가 바로 이 노래였다.)

오늘날 기쁨의 노래가 광고계를 완전히 장악하지는 않았어도 그 안에서 주류로 자리 잡고 있다는 사실은 기쁨의 노래가 진화의 시간 동안에 맡았을 역할을 짐작하게 해준다. 털손질을 통해서든, 성생활을 통해서든, 먹을 것을 제공해서든 다른 구성원들을 기분 좋게 만들어주는 집단 구성원은 가치 있는 존재로 인정받아 집단의 지도자 위치에 오를 수 있었다. 그럼 공동체는 그 지도자를 대신해서 그의 필요를 충족시키기 위해 일하게 됐다. 잠재적 지도자는 소리를 통해 소통하면 일대일로 털손질을 하는 경우보다 한번에 더 많은 구성원에게 자신의 영향력을 전파할 수 있었다.

공자는 거듭해서 이렇게 말했다. "음악은 즐거움을 만들어내고 인간은 천성적으로 이런 즐거움 없이는 살 수 없다." 그로부터 2천 년 후에 다른 대부분의 문제에 있어 공자와 대척점에 서 있는 니체는 이렇게 적었다. "나의 우울한 마음은 완벽이라는 심연의 은신처에서 쉬고 싶어 한다. 그게 바로 내게 음악이 필요한 이유다." 인류의 역사를 보면 주술을 통한 치유에서 마녀 의사까지, 히브리에서 오늘날의 음악치료 프로그램에 이르기까지 음악과 건강이 긴밀하게 연관되어 있었다. 다윗 왕은 하프를 연주하여 사울 왕의 스트레스를 달래주었고(사무엘상, 16장 1~23절), 고대 그리스인들은(특히 제노크라테스 Zenocrates, 사르판데르Sarpander, 아리엔Arien) 하프 음악을 이용해 정신병이 있는 사람들의 발작을 누그러트렸다.[2] 고대 이집트, 인도, 아메리카 원주민 등 지리적으로 떨어져 있는 다양한 문화권에서 음악을 치료 목적으로 사용했다. 환자가 앉아서 음악을 듣든, 즉흥적으로 곡을 흥얼거리든, 곡을 쓰든, 가사에 대해 이야기하든, 작품을 연주하든, 음악 생산에 능동적으로 참여하든 건강에 이로움을 가져오는 것으로 알려졌다. 음악은 나이, 인종, 종교적 배경, 질병의 단계에 상관없이 모든 환자에게 이롭다는 주장이 나온다.

하지만 이런 주장에 너무 휩쓸려 버리기 전에 그것을 뒷받침하는 과학을 살펴보자. 과학자들은 제대로 검증되지 않은 주장이나 관찰을 뒷받침하는 메커니즘이 밝혀지지 않은 발견 내용에 대해서는 당연히 회의적이다. 예를 들어 우리는 노래를 부르면 엔도르핀(이것 역시 기분이 좋아지는 호르몬이다)이 분비된다는 것은 알지만 그 이유는 모르고 있다. 이렇듯 인과관계에 대한 이해가 부족하다 보니 노래 부르기와 엔도르핀을 연관 짓는 것을 불편하게 여기는 과학자가 많다. 이것이 호흡과 관련해서 생긴 작위적인 결과는 아닐까? 만약 이런 효과가 노래를 부를 때만 생긴다면 어째서 그런 것인가?

인지과학자 게리 마커스Gary Marcus가 상기시켜주듯 뇌는 특정 문제를 해결하기 위해 따로따로 일어난 진화와 적응에 의해 만들어졌다.[3] 특히나 뇌의 적응은 먹을 것을 찾고, 질병과 포식자를 피하고, 에너지를 보존하고, 위험을 피해 가고, 육체적 안식(여기에는 신체와 기관을 보호하는 항상성 유지도 포함된다)을 추구하고, 번식을 촉진하고, 자손을 성공적으로 키워내는 목표를 달성할 수 있도록 돕기 위해 일어났다. 데이비드 휴런은 이 목록에 아마도 인간에게

노래하는 뇌

만 있을 적응을 하나 더 보탰다. 미래를 예측하고, 퍼즐을 풀고, 무생물과 생명체를 구분하고, 친구와 적을 알아보고, 조작당하거나 사기당하는 것을 피할 수 있는 능력이다.[4]

뇌는 적응에 도움이 되는 목표를 추구하도록 우리를 부추기려고 진화를 통해 보상과 처벌이라는 시스템을 만들어냈다. 이 보상과 처벌은 우리의 감정을 통해 영향력을 발휘한다. 나는 2장에서 이 감정을 우리가 행동에 나서도록 동기를 부여하는 뇌 속의 신경화학적 상태라 정의한 바 있다. 바꿔 말하면 감정과 동기는 진화가 만들어낸 동전의 양면이라는 것이다. 우리는 특정 시간에 우리 뇌 속에 들어 있는 특정한 신경화학적 수프의 결과로 긍정적이거나 부정적인 감정을 경험한다. 그리고 이런 감정이 우리를 특정 방향으로 행동하도록(혹은 행동을 삼가도록) 만든다. 통증은 자연이 우리가 해가 되는 일을 하지 않게 막으려고 만들어낸 방법 중 하나다. 쾌락은 번식, 먹기, 잠자기 등 적응적합도adaptive fitness를 올려주는 행동을 취하도록 우리에게 동기를 부여하는 방법이다. 아기가 내재적으로 귀엽기 때문에 우리가 아기를 귀엽게 여기는 것이 아니라고 했던 대니얼 데닛의 주장을 떠올려 보자.[5] 우리는 귀여움 감지기 덕분에 아기를 귀엽게 여겨 보살피고 보호하고, 그 속에서 심리적 보상을 얻었던 사람들의 후손이다. 우리가 썩은 음식 냄새나 똥 냄새를 역겹게 여기는 이유도 그것이 객관적으로 정말 나쁜 냄새라서 그런 것이 아니고, 냄새를 맡고 이런 것을 피하는 유전적 돌연변이를 갖고 태어난 선조들이 유전자 전달을 위한 군비경쟁에서 훨씬 유리했기 때문이다. 우리가 무언가를 기분 좋게 여기거나 불쾌하게 여긴다면 그 이유는 수만 년에 걸친 뇌 진화를 통해 그런 감정이 선택되었기 때문이다. 자연선택이 그런 감정을 선호한 이유는 자원, 짝, 건강을 차지하기 위한 경쟁에서 그런 감정이 우리 선조들에게 유용한 동기를 부여했기 때문이다.

마빈 게이^{Marvin Gaye}는 이런 노래를 불렀다.

> 사람들은 눈으로 보는 것은 절반만 믿고
> 귀로 듣는 것은 아예 믿지를 말라고 말하죠
> 나는 너무도 혼란스러워요
> 그대여, 그것이 진실이라면 부디 내게 말해주세요

그는 이 노래에서 연인과의 관계에 대한 회의를 표현하고 있다. 이런 회의적인 태도는 적당한 상황에서 적당한 수준으로 경험한다면 진화적으로 유리한 속성이다. 남자 입장에서는 다른 남자를 만나고 다니는 여자와 만나는 것이 장기적으로 적응에 불리한 일이기 때문이다. 사실 이 노래 속 주인공은 여자에게 속아 넘어가 자기 자식도 아닌 아이에게 자신의 자원을 쏟아붓게 될 수도 있다.

이 노래와 감정적인 대척점에 있는 노래로는 엘비스 프레슬리가 노래한 '의심하는 마음^{Suspicious Minds}'[6]을 들 수 있다.

> 당신이 지금 제게 무슨 짓을 하는지
> 보이지 않나요?
> 내 말은 한마디도 믿지 않는군요
>
> 의심하는 마음으로는
> 우리 함께 갈 수 없어요

의심하는 마음으로는

우리의 꿈도 이룰 수 없죠

    의심이 너무 많아지면 협동을 향한 인간의 가장 오래된 여정에 필요한 신뢰의 토대가 무너진다. 여기서 말하고자 하는 핵심은 의심, 신뢰, 화해, 심지어 사랑 등 사실상 모든 감정이 자연선택에 의한 진화의 산물이라는 것이다. 데이비드 휴런은 이런 우아한 문장으로 이것을 요약했다. "우리가 경험하는 감정은 자연선택을 통해 생존 가능성을 강화하는 적응으로 생겨난 감정뿐이다. 질투, 민망함, 배고픔, 역겨움, 황홀감, 의심, 분노, 공감, 욕구, 사랑, 이 모든 것이 적응의 결과이다. … 자연은 적응적합도와 상관없는 목적을 띤 정신적 장치는 만들지 않는다."[7]

    음악을 어떻게 이 쾌락과 적합도의 이야기와 엮을 수 있을까? 음악이 쾌락을 유도할 수 있고, 그와 똑같은 화학물질이 면역계 강화에 도움을 준다는 것은 분명하다. 하지만 쾌락에 관여하는 신경생리학적 기제는 대단히 복잡하다. 뇌에 별개의 '쾌락중추pleasure center'가 실제로 존재하기는 하지만, 수십 가지의 신경전달물질과 뇌 영역이 쾌락의 느낌에 기여하고 있다.[8] 진행되는 연구를 살펴보면 음악이 환자들에게 긍정적인, 때로는 대단히 막강한 영향을 미친다는 사례들이 많이 보고되어 있지만, 이 부분을 입증하기 위한 진짜 실험은 거의 이루어진 바가 없다. 일화적인 사례는 인상적일 정도로 많이 나와 있지만 이것으로는 과학적 증거가 되지 못한다. 외계인에게 납치되었었다는 보고는 엄청나게 많지만 이것이 작은 초록색 외계인이 캔자스와 네브래스카 상공에 떠 있는 금속 비행접시에서 인간을 대상으로 소름끼치는 실험을 진행하고 있다는 증거가 될 수는 없는 것처럼 말이다. (외계인 납치가 하필 평지

지형을 가진 주에서 더 높은 빈도로 발생하는 이유도 설명이 필요한 또 하나의 미스터리다.)

과학자란 본디 무엇이든 증거를 요구하는 사람들이다. 그런데 이 문제에 있어서 나는 중간에 어중간하게 끼어 있는 입장이다. 과학자이지만 또 한 사람의 음악가로서 나는 말로 다 할 수 없는 음악의 힘을 매일매일 느끼며 살고 있다. 나는 음악의 치유력도 몸소 목격한 적이 있다. 양로원과 요양병원에 가보면 알츠하이머병, 뇌졸중 혹은 다른 퇴행성 뇌외상degenerative brain trauma 때문에 기억을 잃어버린 사람들이 있다. 이런 사람들도 마지막까지 음악에 대한 기억은 놓치지 않는다. 자기 배우자나 자식의 이름도 기억하지 못하고, 심지어 올해가 몇 년인지 모르는 사람도 젊은 시절의 음악을 들으면 집중력을 되찾아 함께 따라 부르고, 발로 박자를 맞추고, 멜로디와 가사도 모두 기억해낸다. 나는 거의 몸을 움직이지 못하는 환자나 파킨슨병으로 걷지도 못하는 사람이 내가 요양소 시디플레이어로 글렌 밀러Glen Miller나 아티 쇼Artie Shaw의 곡을 틀어주자마자 빠른 걸음으로 걸어 다니고, 춤을 추고, 깡충깡충 뛰어다니는 모습을 본 적도 있다. 다운증후군이 있는 아이가 동작의 순서를 음악에 맞춰주지 않으면 신발 끈을 묶지 못한다고 보고한 경우도 있다.

음악의 이 놀라운 힘은 음악을 듣는 이만이 아니라 음악을 만드는 이에게서도 나타난다. 위대한 작곡가와 즉흥연주자들은 자신이 음악을 창조한 것이 아니라 음악이 자신을 통해서 나왔을 뿐이라 말한다. 마치 음악이 자신의 몸과 머리 밖에서 찾아왔고 본인은 그 전달자에 불과한 것처럼 말이다. 특히나 제3세계 문화권에서는 많은 위대한 음악가가 음악을 연주하는 동안 몸과 마음이 초자연적인 힘에 지배되는 듯한 완전한 황홀경에 도달한다. 나도 멜 토메Mel Tormé와 산타 모니카 시민강당Santa Monica Civic Auditorium 무대 위에서 즉흥 연주를 할 때, 그리고 영화 〈리포 맨Repo Man〉에 사용할 연주곡을 작곡할 때 이런 황홀경을 느꼈다. 로잔느 캐시는 내가 좋아하는 그녀의 곡 중 하나 (1990년의 '우리가 진정 원하는 것What We Really Want')를 쓰던 당시의 일을 내게 말해주었다. "마치 내가 야구 글로브로 공을 잡듯이 손을 쭉 뻗어서 노래를 붙잡은 것 같은 기분이 들었어요. 마치 그 곡이 내가 잡아주기를 내내 기다리고 있었던 것처럼 말이죠." 과학 이론은 이런 흔한 경험과 음악에는 마법의 힘이 있다는(과학자인 내가 이렇게 말해도 될지 모르겠지만!) 강력한 직관을 조화시킬 수 있어야 한다.

음악치료의 효과에 대한 연구 중 상당수는 엄격한 과학적 표준을 따라 수행되지 않고 있어서 이들의 주장은 아직 제대로 입증이 안 된 상태다. 이것은 심령 연구의 불행한 역사와 비슷한 상태다. 엄격한 실험이 갖추어야 할 가장 중요한 요건 중 하나는 대조군 사용이다. 본질적으로 우리는 이런 질문을 던질 필요가 있다. 내가 연구하는 것이 실제로는 아무런 효과가 없는데도 이런 결과가 나온 것은 아닐까? 너무도 많은 음악치료 실험이 대조군을 제대로 설정하지 않고 진행되고 있다. 실험 참가자들에게 음악치료를 적용하지 않았을 때 무슨 일이 일어나는지도 보여주어야 하는데 그렇지 못하다는 의미다.

예를 들어 두통을 호소하는 사람이 스무 명 있는데 그중 몇 사람은 그냥 몇 시간 기다리기만 하면 증상이 가라앉을 사람이라고 생각해보자. 만약 우리가 마음을 가라앉혀주는 클래식 음악을 두통 환자 스무 명에게 들려주었는데, 그중 여섯 명이 두통이 사라졌다고 말한다면 그 여섯 명 중 몇 명이 그냥 놔둬도 두통이 저절로 사라졌을 사람인지 우리로서는 알 수 없다. 이런 실험에서는 대조군을 실험군과 모든 측면에서 비슷하게 설정해서 우리가 관심을 두는 한 가지 조건을 제외한 나머지 조건이 모두 똑같아야 한다. 만약 열 명의 실험군 두통 환자는 햇빛이 잘 드는 안락한 방에서 앉아서 클래식 음악을 듣게 하고 나머지 열 명의 대조군 두통 환자는 불편하고 어두운 방에 앉혀놓고 클래식 음악을 들려주지 않는다면 세 가지 변수를 동시에 다르게 설정하는 오류를 범하는 것이다. 그럼 이 세 가지 변수 중 대체 어느 것이 효과를 본 것인지 결정할 수 없어진다.

음악치료에 대해 발표한 한 연구에서 한국의 연구자들은 뇌졸중 생존자들에게 8주간 물리치료 프로그램을 받게 했다. 음악에 맞추어 몸을 움직이는 과정이 들어간 프로그램이었다.[9] 그 결과 이 환자들은 대조군에 비해 가동 범위와 유연성이 더 크게 회복했다. 여기까지는 좋았다. 하지만 대조군 환자들은 아무런 치료를 받지 않았다. 개인적인 접촉도, 아무런 운동도(음악이 있든 없든), 몸이 더 나아질 거라는 응원의 한 마디도 없었다. 그럼 실험군 사람들이 얻은 효과가 음악에서 온 것인지, 운동에서 온 것인지, 아니면 전문의료인이 자기를 돌보며 진척 상황을 지켜보고 있다는 안도감에서 온 것인지 알 길이 없다.

앞에서 심령 연구를 언급했었는데 이것은 너무 거부하기 힘든 유혹적인 주제다. 내가 평생 겪어본 가장 흥미로운 경험 중 하나는 심령 현상 연구 자금을 신청한 과학자들을 심사하는 위원회에 참여한 것이었다. 나는 이들의 예비 실험 데이터를 심사해달라는 요청을 받았다. 과학자들이 심령 현상의 증거가 나왔다고 생각하는 예비 실험의 결과를 검토하는 일이었다. 하지만 단 한 건의 예외도 없이 모든 실험에서 대조군 설정이 제대로 이루어지지 않아서 데이터를 해석할 수 없었다. 내가 심사한 한 연구에서는 독심술사가 실험을 진행하는 실험자가 이미 정답을 알고 있고 그 독심술사와 대화할 수 있는 경우에만 정답을 맞힐 수 있었다. 실험자가 입을 다물면 독심술 효과는 완전히 사

노래하는뇌

라져버렸다. 나는 그 두 사람이 누군가를 속이려 든 것은 아니라고 생각한다. 하지만 실험 원고를 심사한 바로는 실험자가 무의식적으로 미묘한 단서를 독심술사에게 제공하고 있었을 가능성이 강력하게 의심됐다.

내가 흥미롭게 느낀 부분은 훈련받은 과학자들조차 실험에 결함이 있다는 증거를 들이대도 고집스럽게 초자연적 현상에 대한 신념을 고수한다는 점이었다. 우선 심령 현상 주장에 확률론이 어떻게 적용되는지 보여주는 사례가 있다. 당신에게 52장짜리 표준 카드 한 벌이 있다고 해보자. 그리고 당신의 친구 하나가 각기 카드의 무늬(하트, 클로버, 다이아몬드, 스페이드)를 알아맞힌다. 당신은 그 카드를 미리 보고 텔레파시로 그 정보를 친구에게 전달해볼 수도 있고, 친구가 추측한 무늬를 말할 때까지 카드를 바닥에 뒤집어놓을 수도 있다. 굳이 이 문제에 수학이나 확률론을 적용해서 계산해보지 않더라도 친구가 아무런 심령 능력 없어서 순수하게 추측해서 찍어도 당연히 몇 장은 정답을 맞히리라는 것을 알 수 있다. 사실 장기적으로 보면 친구는 25퍼센트의 확률로 정답을 맞힐 것이다.[10] 친구가 추측에만 의존하는 것이 아님을 우리가 합리적인 수준에서 확신할 수 있으려면 친구가 정답을 몇 번이나 맞혀야 하는지 구체적으로 밝히는 것이 확률론과 통계학의 기능이다.

캘리포니아 실리콘밸리에서 서로 다른 다양한 측면을 가진 아주 복잡한 실험 하나를 심사하다 내가 그 연구를 이끄는 과학자(물리학 박사학위가 있는 사람이었다)에게 그의 심령 실험에서 정답을 순수하게 추측으로 맞힐 확률이 1/4이라고 지적했고, 그도 여기에 동의했다. 그리고 20명을 검사한 결과 최고의 성적을 낸 사람도 네 개 중 하나꼴로 정답을 맞혔다고 지적했다. 그 과학자는 이 지적에도 동의했다. 그래서 나는 그 참가자가 그냥 순전한 추측으로 맞히고 있는 것 같다고 말했다.

"아닙니다. 그 참가자는 자기가 정말로 정신을 집중하고 있다고 말했어요." 그 사람이 고집을 부렸다.

나는 그 참가자가 정답을 고작 25퍼센트밖에 못 맞혔고, 이것은 마구잡이로 찍었을 때 나오는 성적과 똑같은데 이것을 어떻게 설명할 것이냐고 물었다.

"그 참가자가 시도 중 25퍼센트에서 심령 능력을 보여줬는데 무슨 설명이 더 필요합니까?" 그 과학자가 따져 물었다. 그 사람은 이제 슬슬 짜증을 내고 있었다. 그가 아주 천천히 말하기 시작했다. "심령 능력도 다른 것처럼 찾아왔다 말았다 합니다. 천하의 아르투르 루빈슈타인Artur Rubinstein도 베토벤 피아노곡을 피아노 앞에 앉을 때마다 완벽하게 연주하는 것은 아니잖아요." 그가 내 약점을 아주 잘 알고 있었다.

"그 참가자는 전체 시도 중 그 25퍼센트에서는 능력을 발휘했습니다. 그리고 정답을 맞히지 못한 나머지 75퍼센트, 그것이 추측에 의존했던 부분이죠!" 나도 지고 싶은 생각은 없었다. 만약 그 참가자가 그 75퍼센트에서 정말로 추측에 의존하고 있었다면 다시 그중 25퍼센트에서는 정답을 맞혔을 것이라고 말이다. 그 과학자는 내 말을 받아들이지 않았다. 이제 그는 얼굴이 새빨개져서 주먹을 쥐고 책상에서 일어나 있었다. 주먹을 어찌나 세게 쥐고 있는지 손가락 마디가 유령처럼 창백한 노란색으로 변해 있었다. 눈싸움으로 나를 이기려 드는 것 같았다.

마침내 내가 말했다. "제게 아이디어가 하나 있습니다. 실험 참가자들에게 정답을 맞힐 때 어느 시도가 추측으로 맞히는 것이고, 어느 시도가 정말로 알고 맞히는 것인지 밝히라고 해보면 어떨까요? 만약 참가자가 25퍼센트의 시도에서 무늬를 맞힐 수 있고, 정답을 듣기 전에 그 성공한 시도들만 심령 능력을 발휘한 것이었다고 미리 밝힐 수 있다면 저도 무언가 의미 있는 결과가 나

노래하는뇌

왔다고 생각하겠습니다."

"우리는 기존의 방식을 이용해서 수백 번 실험을 진행했습니다. 모든 데이터를 확보했고요. 그런데 왜 당신 같은 사람 하나 만족시키자고 그 실험들을 다시 해야 한단 말입니까? 나는 그 참가자가 심령 능력이 있는 걸 알고, 그 참가자도 알아요. 당신은 왜 인정하지 못하는 겁니까? 왜 그렇게 매사에 부정적이냐고요!"

전문적인 마술사이자 회의주의자인 제임스 랜디James Randi는 심령 현상의 존재를 증명할 수 있는 사람에게 백만 달러의 상금을 걸었다. 언제 어디서 누구든 마술을 이용하지 않고 독심술을 하거나, 미래를 예언하거나, 동전 던지기 결과에 영향을 미치거나, 카드 패를 예측하는 사람이 있으면 상금을 탈 수 있다. 지금까지 아무도 그 상금을 받아 가겠다고 나서는 사람이 없었지만 그 상금은 제3자에게 기탁금으로 보관되어 있어서 언제든 꺼낼 수 있다. 연구자는 사실과 엉터리를 구분하기 위해 디자인된 규약만 따르면 된다.

다시 음악의 치유력에 대한 이야기로 돌아가보자. 음악이 질병에 효과가 있다는 데이터는 산더미 같이 쌓여 있다. 하지만 그 데이터가 모두 신뢰할 만한 것은 아니다. 좋은 데이터와 나쁜 데이터를 구분하는 연구만 잘해도 훌륭한 박사학위 논문이 나올 것이다. 내 말이 너무 회의적이고 부정적으로 들릴 수도 있겠지만 사람을 돕고 있는 수많은 훌륭한 음악치료사를 폄하하려는 의도는 전혀 없다. 사실 미국음악치료협회American Music Therapy Association에서는 아무 치료 능력도 없는 사기꾼들을 솎아내는 일에 나만큼이나 관심이 많다. 이 협회의 자체 정의에 따르면 음악치료란 "자격을 갖춘 전문가가 치료적 관계 안에서 개별화된 목적을 달성하기 위해 증거에 입각하여 음악을 통해 개입하는 것"이다. '증거에 입각하여'라는 말을 강조하고 싶다. 공인된 음악치료는 통증과 스트레스 감소, 동기부여, 분노 조절, 그리고 다른 다양한 목적으로 이용되고 있다. 그리고 운동 장애의 경우에는 부가적으로 물리치료와 병행해서 이용되고 있다.

하지만 불과 지난 3, 4년 동안에 등장한 증거들이 과학자들에게 새로운 방향을 가리키고 있다. 엄격한 연구가 아직은 열 편 남짓한 상황이라 크게 부풀리고 싶지는 않지만 이 증거들은 고대 주술사들이 이미 알고 있었던 내용을 가리키고 있는 듯하다. 음악, 특히나 즐거운 음악이 근본적인 방식으로 우리 건강에 영향을 미친다는 것이다. 음악을 들으면 행복, 스트레스 감소, 면역계 강화와 관련된 뇌의 화학이 바뀔 수 있다고 한다. 노래를 하거나 연주를 하면 더욱 그렇다. 한 연구에서는 사람들에게 노래 교습을 한 후에 바로 혈액검사를 해보았다. 그랬더니 옥시토신[11]의 혈청농도가 현저하게 올라갔다.[12] 옥시토신은 오르가슴 동안에 분비되는 호르몬으로 우리를 기분 좋게 만든다. 사람이 함께 오르가슴을 느껴 둘 모두에게서 옥시토신이 분비되면 서로에 대해 강한 유대감을 갖게 된다. "기분이 좋아요 / 알고 있었죠 / 내가 당신을 가졌어요" 이것이 어째서 진화에 유리한 적응인지 이해할 수 있을 것이다. 적어도 피임약이 발명되기 전 세상에서는 사랑을 나누는 행위가 임신으로 이어지는 경우가 많았기 때문에 남자와 여자가 서로 연결된 느낌을 갖는 것이 적응에 유리했을 것이다. 그럼 남자가 육아를 도울 가능성이 커지고, 이것이 아이의 생존 가능성을 현저히 높이기 때문이다. 옥시토신은 사람들 사이의 신뢰감을 높인다는 것도 밝혀졌다.[13] 사람들이 함께 노래를 부를 때 옥시토신이 분비되는 이유는 앞 장에서 보았던 음악의 사회적 유대 강화 기능과 진화적으로 연관되어 있을 것이다.[14]

정신적 건강을 넘어 육체적 건강을 살펴보자. 면역글로불린 A[IgA]는 감기,

독감, 그리고 다른 점막 감염과 싸우는 데 중요한 항체다. 최근의 몇몇 연구에서 다양한 형태의 음악치료 후에 IgA 수치가 올라가는 것을 보여주었다.[15] 또다른 연구에서는 4주 코스의 음악치료 기간 동안 멜라토닌,[16] 노르에피네프린, 에피네르핀이 증가했다가[17] 음악치료가 끝난 후에는 치료 전 수준으로 돌아갔다. 뇌에서 생산되는 천연 호르몬인 멜라토닌은 몸의 자연적인 수면/각성 주기 조절을 돕고 우울증의 일종인 계절성 정서 장애seasonal affective disorder의 치료에도 효과적인 것으로 입증됐다. 신체 면역계와도 상관관계가 있는 것으로 추정되고 있다. 일부 연구자는 이것이 사이토카인 생산을 늘리고, 그럼 이 사이토카인이 T 세포에게 감염 부위로 이동하라는 신호를 보낸다고 믿기 때문이다.[18] 노르에피네프린과 에피네프린은 모두 각성과 흥분에 영향을 미치고 뇌의 보상 중추를 활성화한다. 이 모든 효과가 노래 하나에서 비롯되는 것이다.

음악 듣기는 세로토닌에도 직접적으로 영향을 미친다. 세로토닌은 기분 조절과 아주 밀접한 관련이 있는 신경전달물질이다. (프로작과 최근에 나온 몇몇 다른 항우울제는 세로토닌계에 작용하며 선택적 세로토닌 재흡수 저해제SSRIs라는 계열의 약물에 속한다.) 즐거운 음악을 듣는 동안에는 세로토닌 수치가 실시간으로 증가하는 반면, 즐겁지 않은 음악을 들을 때는 그렇지 않은 것으로 밝혀졌다.[19] 그리고 음악의 장르에 따라 신경화학적 활성도 달랐다! 테크노 음악은 노르에피네프린, 성장호르몬, 부신겉질자극호르몬, 베타엔도르핀의 혈장 농도를 높였다.[20] 이 화합물들은 모두 인간 면역 기능 향상과 밀접하게 관련되어 있다. 테크노 음악은 코르티솔 수치도 올리는 것으로 밝혀졌다(이것은 면역계에는 좋지 않지만 다른 화합물의 증가에 따른 이득이 더 큰 것으로 보인다). 반면 명상 음악은 코르티솔과 노르아드레날린을 감소시킨다. 같은 연구에서 록 음악은 프로락틴을 감소시키는 것으로 나타났다(적어도 테크노 음악을 좋아하는 이 집단에서는 그랬다). 프로락틴은 좋은 기분과 관련된 호르몬이다.[21]

요즘 우리는 선조들이 경험했던 것과는 아주 다른 스트레스로 고통받고 있다. DNA의 변화(우리는 이것을 진화라 말한다)를 야기한 생활방식으로 살았던 바로 그 선조 말이다. 생활방식이나 환경 조건의 변화로 그런 조건에 더 잘 적응하는 사람들의 집단이 만들어지면 자연선택은 그들을 생존시켜 DNA를 후대에 넘겨주게 한다. 이 전체 과정은 수천 년, 수만 년 정도의 긴 시간이 걸린다. 바꿔 말하면 우리가 지금 가진 DNA 중에는 5천 년, 심지어는 5만 년 전의 세상에 적응하기 위해 진화가 선택해놓은 것이 많다는 이야기다. 생물학자 로버트 새폴스키Robert Sapolsky의 지적대로 우리는 오늘날 거의 아무도 겪지 않을 문제를 해결하도록 설계된 몸에 들어가, 그렇게 설계된 뇌로 생각하며 살고 있다.

선조들의 시대에는 사자가 접근하면 스트레스를 받아 코르티솔 수치가 치솟았다. 편도체amygdala와 바닥핵basal ganglia은 우리를 달아나게 했다. 적어도 거기서 가까스로 살아남은 사람들의 경우에는 그랬다. (초기 인류 중 어떤 이유로든 사자를 피해 달아나지 않은 사람은 살아서 그 말을 전하거나 아이를 낳지 못했다.) 달리기는 포도당을 소모하고 부신겉질에서 생산하는 코르티솔을 태워서 없앤다. 요즘에는 상사가 고함을 지르거나, 준비를 제대로 하지 않고 중요한 시험을 치르거나, 운전하는데 누가 갑자기 앞으로 끼어들어 올 때 부신겉질에서 여전히 스트레스 호르몬인 코르티솔을 생산하고 있지만, 우리는 그 호르몬을 태워서 없앨 기회가 없다. 우리의 다리와 어깨는 고대의 진화 공식에 따라 달리기를 하려고 잔뜩 긴장한다. 하지만⋯ 우리는 그냥 그 자리에 앉아 있다. 어깨 근육은 긴장한 상태로 있는데 정작 팔을 흔들어주지 않으니 긴장

노래하는 뇌

이 해소되지 않는다.

이 코르티솔은 일시적으로 우리 소화계의 작동을 중단시킨다. 싸우거나 달아나려면(투쟁-도피 반응fight-or-flight response) 몸이 에너지를 한가하게 소화에 쓸 것이 아니라 민첩하게 움직이는 데 써야 하기 때문이다. 하지만 요즘에는 스트레스를 받아도 말 그대로 싸우거나 달아날 일이 없기 때문에 결국 위염, 위궤양 등의 병이 남는다. 코르티솔이 증가하면 IgA의 생산이 줄어들어 면역계가 타격을 입는다. (스트레스가 많은 사람이 병에 걸리기가 더 쉬운 이유다.) 시험을 앞둔 학생, 경기를 진행하는 동안의 운동팀 감독, 임무 수행 중인 항공 교통 관제사 등 현대 사회에서 심리적 스트레스가 큰 상황을 골라 실험을 진행해 보았더니 코르티솔 수치가 올라가고 IgA의 수치는 낮아지는 것으로 나왔다. 선조들의 경우에는 위협에 직면하면 긴장하는 것이 적응에 유리했다. 하지만 스트레스 요인이 장기적이고 만성이어서 시급한 신체 반응이 필요하지 않은 요즘의 우리에게는 이런 긴장이 적응에 오히려 불리하다.

따라서 코르티솔은 눈앞에 닥친 과제를 해결하기 위해 끌어들일 수 있는 자원을 모두 끌어들이면서 면역계를 일시적으로 억누른다. 음악이 들리면 우리가 발이나 손가락을 까딱거리는 이유도 이 때문인지 모르겠다. 음악이 우리의 행동계를 활성화하면 손과 발이 그 활성화의 도구가 된다. 우리는 독으로 작용할 수도 있는 과잉의 에너지를 이런 운동을 통해 태워 없앤다. 음악은 일종의 신경화학적인 춤을 추면서 노르에피네프린과 에피네프린을 조절하여 우리의 각성을 끌어올리고, 코르티솔 생산을 통해 운동반응 시스템을 활용하고, 그와 함께 IgA, 세로토닌, 멜라토닌, 도파민, 부신겉질자극호르몬, 베타엔도르핀 등을 음악으로 조절하면서 면역계를 강화한다. 우리가 음악을 연주하고 들을 때 느끼는 에너지는 늘어난 정신 활동(많은 사람이 음악을 할 때 함께 동반된다고 말하는 시각적 이미지 혹은 계획 수립, 심사숙고 혹은 그냥 심미적 감상 등의 다른 정신 활동)에 들어간다. 손가락 두드리기, 손뼉치기, 발로 박자 맞추기 등은 나머지 에너지를 태워 없애게 도와준다. 물론 자리에서 벌떡 일어나 춤을 추는 것이 가장 자연스러운 반응이겠지만.

하지만 소리를 모아놓은 것에 불과한 음악이 대체 왜 뇌의 이 모든 화합물과 활동 중추를 동원하는 것일까? 그에 따르는 진화적 이점은 무엇이었을까? 첫째, 음악-춤과 관련된 질문의 틀을 새로 설정하는 것이 중요하다. 즉 음악과 춤을 그저 우리가 만들고 인지하는 소리의 모음으로 생각할 것이 아니라 동작, 동시성, 소리, 지각 조직화perceptual organization(정보가 기억 속에 자리 잡을 때 학습자는 학습 상황에서 부분을 보는 것이 아니라 각 부분의 상호관계 맥락 속에서 전체를 지각하는 데, 이런 조직화 과정에서 상황의 어떤 질서를 찾는 경향 – 옮긴이) 등 여러 양식에 걸쳐 있는 통합적 경험으로 봐야 한다는 것이다. 이번에도 역시 음악과 춤은 진화적 시간 척도에서 사실상 분리가 불가능하기 때문이다. 둘째, 음악적인 뇌는 다른 정신적·신체적 속성과 따로 진화하지 않았다. 바꿔 말하면 초기 인류 혹은 원인原人은 어느날 갑자기 다른 인지 능력은 없이 음악과 춤만 갖게 된 것이 아니다. 음악적인 뇌는 그와 함께 인간의 의식 자체가 가진 온갖 측면도 함께 가지고 왔다. 사회적 유대와 아울러 초기 인류의 경험에서 근본적이었던 부분은 자신의 감정 상태를 타인에게 소통하는 것, 즉 음악과 춤을 통한 기쁨의 표현이었다.

주체할 수 없는 기쁨에는 보통 긍정적인 관점이 따라온다. 성공을 확신할 수 없는 상황에서는 긍정적 관점을 가진 사람이 패배주의적 태도를 가진 사람보다 성공을 거둘 가능성이 더 크다. 물론 여기에는 정교한 균형이 존재한다. 버락 오바마는 2008년 대통령 선거 운동에서 이렇게 말했다(그는 독일의

노래하는뇌

개신교 신학자 위르겐 몰트만^{Jürgen Moltmann}의 말을 인용했다. 몰트만의 말은 가톨릭교회의 공식 문서에도 사용된 바 있다). "희망은 맹목적 낙관주의가 아닙니다." 과도하게 낙관적인 사람은 많은 실패를 경험하게 될 것이고, 많은 에너지를 쏟고도 아무것도 얻지 못할 경우가 많다. 반면 패배주의자(혹은 비관주의자)는 긍정적인 결과가 나오는 가능성이 큰 활동을 지레 겁먹고 포기해버리게 될 것이다. 사냥하고, 먹을 것을 채집하고, 짝을 찾을 때 최고의 전략은 중간 지점에서 현실보다 살짝 낙관적인(즐거운) 쪽으로 치우친 태도를 갖는 것임이 밝혀졌다. 음악은 여기서 육체적, 정신적으로 두 가지 역할을 한다. 첫째, 즐거운 음악은 우리를 더 기분 좋게 만들고, 활력을 불어넣고, 침울한 마음을 벗어던지게 해준다. 둘째, 즐거운 음악은 본보기로 작용할 수 있다. 그래서 우리는 음악 창작자를 하나의 정신적 영감으로 생각해서 그 사람을 닮으려 노력하게 된다.

낙관주의의 진화적 장점을 가장 명확하게 보여주는 경우는 방금 헐거인 여성으로부터 받은 눈빛이 어서 이리로 오라는 뜨거운 유혹이었는지, 어서 꺼지라는 냉담한 표정이었는지 확신하지 못하는 헐거인 남성의 사례에서 찾아볼 수 있다. 그 표정의 의미가 무엇인지 적어도 확인해볼 가치는 있겠다 싶었던 라이벌은 그나마 기회라도 있지만, 아니겠지 싶어 발걸음을 돌린 헐거인 남성은 기회조차 잃게 된다. 인간이라는 종은 지나치게 낙관적인 사람에 대해서는 건강한 불신을 진화시켰다. 망상에 빠진 미치광이일 수도 있기 때문이다. 우리는 자신감이 넘치고 낙관적인 사람에게 적당한 매력을 느끼도록 진화했다. 그런 사람은 내가 모르는 무언가를 알고 있을지도 모르고, 그 사람한테는 일이 잘 풀릴지도 모르기 때문이다. "아무래도 그 사람을 따르는 것이 좋겠어." 우리는 이렇게 생각한다. 낙관주의자는 갈등의 조짐이 보이면 외교적으로 문제를 해결할 수 있을 거로 생각한다. 비관주의자는 싸움을 피할 수 없을 거로 생각하고, 그런 생각이 스스로 파멸을 불러올 수도 있다. 우리 뇌는 즐거운 음악을 만드는 것에 반응하도록 진화했다. 기쁨이야말로 그 사람의 정신적, 신체적 건강을 보여주는 믿을 만한 지표이기 때문이다.

＃ ＃ ＃

혁신적인 책《달콤한 기대Sweet Anticipation》22에서 데이비드 휴런은 음악적인 뇌가 어떻게 인간이 생존에 대비하는 데 도움이 되었을지 이야기하고 있다. 그가 이미 글로 적은 내용에 덧붙여 나는 음악이 위험한 고대 환경에서 살아남는 데 도움을 주었던 바로 그 신경화학물질을 분비하여 스트레스를 완화하는 역할도 했다고 덧붙이고 싶다. 이 개념은 굉장히 중요하기 때문에 여기서도 조금 자세하게 다시 다룰 만한 가치가 있다고 생각한다. 휴런은 그가 ITPRA라고 부르는 5단계 과정을 중심으로 자신의 논지를 구축하고 있다. 여기서는 더 간결한 버전인 4단계 모형을 소개하겠다.

여기에 담긴 핵심 개념은 음악이 뇌에게 우리가 알고 있는 형태의 사회를 형성하고 유지하는 데 필요한 정신적·육체적·사회적 근육을 탐험하고, 연습하고, 단련할 수 있는 기회를 부여한다는 것이다. 음악은 우리가 평생 중요한 기술을 연습하고 연마할 수 있는 안전한 장을 제공해준다. 내가 소개하는 간략화 버전에서는(이 부분에 대해서는 데이비드 휴런에게 사과한다) TRIP이 긴장Tension, 반응Reaction, 상상Imagination, 예측Prediction을 나타낸다.

사자가 누군가를 공격하는 모습을 목격했다고 상상해보자. 다음번에 사자를 보면 우리는 당연히 '긴장'을 경험하게 될 것이다. (그렇지 않으면 우리는 생각 없이 행동하다가 결국에는 사자의 배 속에 들어가게 된다.) 이 긴장이 뇌와 척수에서 연쇄적인 전기화학적 과정을 촉발해서 우리로 하여금 '반응'하게 만든다. 그 반응을 통해 살아남으면 우리는 시간을 투자해서 '상상'을 하게 된다. 머릿속으로 그 사건을 다시 곱씹으면서 나중에 다시 공격받는 경우 어떻게 적절히 반응할지 계획을 세우는 것이다. 이 과정에는 미래에 사자와 맞닥뜨리는 것이 어떤 모습일지 상상하고, 서로 다른 상황에서 일어날 수 있는 공격을 '예측'하는 일도 포함된다.

요즘에는 사자, 방울뱀, 화가 난 이웃 부족 사람들로부터 가까스로 탈출하는 식으로 세상을 배우지 않는다. 요즘 세상에서 이런 방식은 생존에 필요한 정보를 획득하는 데 그다지 효율적인 방법이라고 할 수 없다. 사실 5장에서는 이런 종류의 노래, 즉 지식의 노래가 어떻게 그런 필수적인 정보를 쉽게 기억하고 후대에 전달할 수 있게 부호화해서 저장할 수 있는지에 대해 다루고 있다. 하지만 지식의 노래가 존재하기 위해서는 그에 앞서 음악 혹은 적어도 음악의 인지적 토대가 존재해야 한다. 음악적인 뇌가 탄생할 수 있도록 애초에 적응에 유리한 동기가 있어야 하는 것이다. 여기서 음악과 TRIP이 만난다. 만약 우리 인간이 위협적이지 않은 안전한 상황에서 긴장을 유발하고, 거기에 반응하고, 새로운 형태의 긴장과 그에 대한 우리의 반응을 상상하고, 온갖 반응을 예측해서 미리 준비할 수 있다면 어떨까? 안전한 야영지, 안전한 우리 마음속에서 말이다. 꼭 음악이 이런 기능을 제공하는 유일한 적응일 필요는 없다. 그것이 그저 설득력 있는 적응이고, 그런 기능을 제공할 수 있는 여러 가지 적응 중 하나에 불과해도 음악의 기원에 대한 이 이론은 여전히 유효하다.

아리스토세네스^{Aristoxenes}와 아리스토텔레스부터 레너드 메이어^{Leonard}

Meyer, 레너드 번스타인Leonard Bernstein, 유진 나모어Eugene Narmour, 로버트 기어 딩겐Robert Gjerdingen에 이르기까지 음악 이론가들은 긴장이 음악의 핵심 속성 중 하나라고 이야기해왔다. 사실상 모든 음악 이론은 음악 작품이 진행되는 동안 긴장과 해소가 주기적으로 춤추듯 반복되며 음악적 긴장이 오르락내리락 변화한다고 가정하고 있다. 몇 년 전에《음악 지각Music Perception》이라는 학술지에 발표한 논문에서[23] 내 학생 브래들리 바인스Bradley Vines(현재는 캘리포니아대학교 데이비스 캠퍼스에서 연구과학자로 있다)와 리자이나 누조Regina Nuzzo(현재는 워싱턴 갤리넷대학교 교수), 그리고 나는 음악의 이런 속성을 물리학, 좀 더 구체적으로 말하면 뉴턴 역학을 빌어 설명했다. 우리는 음악을 코일 스프링에 비유했다. 이 스프링을 잡아당기거나 누르면 스프링은 원래의 안정적인 위치로 돌아오려고 한다.

물론 음악가와 작곡가들이 음악의 긴장과 해소에 대해 이야기할 때는 비유적으로 말하는 것이다. 하지만 여러 연구에서 이 비유는 일관된 의미가 있는 것으로 보인다. 심지어 아주 다른 문화권의 비음악인들 사이에서도 일관성이 있다. 우리는 아무리 비유적인 것이라 해도 음악적 긴장, 그리고 스프링 같은 물체나 근육 같은 몸이나 고교 무도회 같은 사회적 상황에서 느끼는 긴장 사이의 관계를 파악하도록 선천적으로 타고난 것 같다. 음악을 지칭할 때는 사람들이 흔히 겪는 인생 경험이 '긴장'과 '해소'라를 말의 의미를 하나로 수렴시킨다. 인지심리학자 로저 셰퍼드Roger Shepard는 인간의 정신이 물리 세계와 함께 공진화하면서 특정 물리법칙을 그 안에 포함하게 됐다는 점을 상기한다. 사람의 아이는 물체가 아래로 떨어지는 것을 보고 놀라지 않는다. 태어날 때부터 인간의 뇌에 중력의 법칙이 새겨져 있기 때문이다. 실험적으로 조작해서 물체가 위로 떨어지게 만들거나 당구공에 부딪힌 다른 공이 적절히 움직이지 않게 만들어 보여주면 생후 몇 주밖에 안 될 정도로 어린 유아도 놀라는 반응을 보인다.

일반적으로 음악이 흐르는 동안에는 긴장이 점점 쌓이며 절정에 도달했다가 그 후에는 보통 빠른 속도로 긴장이 해소되며 가라앉는다.[24] 보통 음악의 끝부분에서 이렇게 긴장이 해소될 때 우리는 속으로 탄식을 내뱉게 된다. 클래식 음악이 음악의 표준이었던 시기의 교향곡은 오늘날 우리가 즐기는 다른 음악적 형태보다 이런 점이 더욱 두드러진다. 이런 교향곡은 역동적으로 긴장을 쌓아나가다가 마지막 순간에 가서는 그 긴장을 해소하여 보답하는 형식으로 특별히 구성되어 있다. 인도의 고전 음악에서는 연주자가 고정된 음의 바로 위아래로 맴돌면서 긴장을 최대한 길게 끌고 가며 사람의 애를 태운다.[25] 그러다 그 긴장을 터트려 해소하면 음악을 듣던 청중들은 고개를 끄덕이며 탄식을 내뱉는다. 인생처럼 음악도 속도가 빨라졌다가 느려지고, 숨을 들이마셨다 내쉬고, 감정을 절정으로 끌어올렸다가 바닥으로 꺼뜨리기도 하면서 우리를 쥐락펴락한다.

늘려놓은 스프링은 위치에너지potential energy를 가진 것으로 생각할 수 있다. 그럼 이것은 움직이고 싶어 한다. 물리학자들은 이것을 저장에너지stored energy라 부른다. 스프링이 원래의 위치로 돌아오기 시작하면 운동에너지가 나타난다. 음악에서도 이와 비슷하게 작곡가와 음악가들은 다양한 수단을 동원해서 위치 음악에너지와 운동 음악에너지를 모두 만들어낸다. 주로 음의 높이, 지속 시간, 음색의 변화를 이용한다. 하지만 음악적 긴장이 가진 스프링 같은 속성은 물리적 대상이 아니라 우리 뇌에서 나오는 것이다. 본질적으로 음 자체에는 긴장이 없다. 긴장은 우리 뇌가 음악의 일반적 양식, 음악의 통계적 속성, 그리고 듣고 있는 음악에서 방금전에 들었던 음을 바탕으로 내놓는 예상 때문에 생긴다. 예상하지 않았던 음이나 표준의 음악적 확률에 어긋나는 음이 들리면 음악적 긴장의 스프링을 당긴 것 같은 상황이 된다. 그럼 뇌는 음악이 더 안정적인 위치로 돌아가기를 원한다. 영화 〈오즈의 마법사〉에 나오는 '무지개 너머로Over the Rainbow'26에서 처음 나오는 두 음을 들으면 옥타브를 크게 뛰어넘기 때문에 마치 누군가가 음악적인 뇌에서 스프링을 잡아당긴 것 같은 기분을 느낀다. 그럼 세 번째 음은 그냥 높이를 낮추어야 한다. 그리고 실제로도 당연히 낮아진다. 사실 이 노래 전체는 처음의 두 음이 만들어낸 긴장에서 출발해서 편안한 휴식 지점으로 돌아오기까지의 복잡하고 멋진 여정으로 볼 수 있다. 조니 미첼은 자신의 노래 '도와주세요Help Me'에서 멜로디의 스프링을 몇 번 잡아당기고 있다. 그리고 노래의 나머지 부분은 그 스프링이 집으로 되돌아오게 하는 데 사용한다. 그리고 '무지개 너머로'에서 그러는 것처럼 이 곡에서도 긴장을 끌고 끌다가 끝에 가서야 완전히 해소해준다.

음악 속의 긴장은 우리에게 다음에 찾아올 음악적 시나리오를 상상해서 예측하도록 동기를 부여한다. 그리고 이런 예측이 현실화될 때 우리는 보상을 받는 기분을 느끼고 스스로를 칭찬하게 된다. 하지만 예측이 현실화되지 않았을 때는 훨씬 많은 것을 배울 수 있다. 만약 사건이 논리적인 방식으로 전개되기는 하지만 우리 스스로는 전에 생각해보지 못한 방식으로 전개된다면 말이다. 한 혈거인 친구가 다른 친구에게 먹을 것을 더 쉽게 찾을 수 있는 방법을 보여주면 두 번째 혈거인은 학습이 얼마나 가치 있고, 영양분 습득 문제를 해결할 적응에 유리한 해법인 '정답'의 레퍼토리를 확장하는 것이 얼마나 가치 있는지 깨달았을 것이다. 새로운 것을 학습하는 일은 보통 적응에 유리한 것이기 때문에 뇌 속에서 기분 좋게 느껴질 것이다.

휴런은 음악이 이 네 가지 TRIP 과정 모두를(여기에 내가 빠뜨렸던 '평가

appraisal' 과정까지) 도용한다고 주장한다. 그는 비틀스의 노래 '그녀는 당신을 사랑해She Loves You'27를 분석하여 이것을 보여준다. 1950년대의 팝 음악과 두왑doo-wop(소규모 그룹이 화음으로 노래하며 종종 악기를 사용하지 않는 로큰롤의 한 형태 – 옮긴이)에서 가장 빈번하게 등장했던 코드 진행 중 하나는 음악가들이 말하는 I-vi-IV-V 진행이었다(G조에서라면 G 메이저-E 마이너-C 메이저-D 메이저. 종종 IV 자리에 ii 코드, 즉 A 마이너가 대신 들어가기도 했다. A 마이너는 C 메이저와 2/3의 음을 공유한다). 휴런은 코러스의 첫 구간에서 우리가 C 메이저를 들을 것이라 예상하는 곳에 레논과 매카트니가 C 마이너를 집어넣었다고 지적한다. C 마이너 코드와 C 메이저 코드 사이에는 차이 나는 음이 하나밖에 없지만 (E 대신 E♭) 음악 전문가가 아니라도 그 차이를 즉각적으로 느낄 수 있다. C 마이너는 오래 지속되지 않고 이어서 우리가 예상했던 D 메이저가 나온다. 청자는 전체 순서를 재평가하고(물론 무의식적으로) 너무 귀에 익어서 당연히 들을 줄 알았던 진행 말고도 다른 그럴듯한 대안이 존재한다는 것을 깨닫게 된다. 작곡가의 도움으로 청자가 세상에 대해 새로운 것을 학습한 것이다.

음악 진행을 도로지도라 생각해보면 핵심이 분명하게 드러난다. 혈거인 오그는 샘물을 찾아가는 길을 하나만 알고 있어서 매일 그 길을 따라 움직인다. 그런데 어느 날 그 길 한 가운데 큰 바위가 떨어져 길이 막히고 말았다. 다행히도 오그는 친구 글루정크가 보여주었던 길을 기억하고 있었다. 마찬가지로 샘물로 이어지는 옆길이었다. A 지점에서 B 지점으로 가는 길이 하나만 있는 것은 아니다. 실제 세계에서든, 비유적, 예술적, 음악적이든 이런 정보를 수집하기 좋아했던 선조들은 목표 달성을 방해하는 만일의 사태가 생겼을 때 그에 대한 대비가 더 잘 되어 있었다.

따라서 음악을 듣는 과정에는 긴장, 그 긴장에 대한 반응, 상상, 그리고 그 음악이 다음엔 어디로 갈 것인가에 대한 예측이 수반된다. 이 모든 것은 세상에 대한 일종의 추상적 사고를 위한 준비 활동으로 볼 수 있다. 먹을 것, 보금자리, 짝을 찾고 위험을 피하는 데는 이런 준비 활동이 필요하다. 이것이 효과를 보려면 우리 선조들은 이 TRIP 게임을 즐길 수 있어야 했다. 선조들은 예측해보고 나서 그 예측이 맞았는지 틀렸는지 확인하는 과정을 즐겨야 했다. 우리가 생존 적합도에 영향을 미치는 행동을 했을 때 뇌는 그것에 대해 보상하거나 처벌한다. 그때 뇌가 사용하는 방법이 바로 감정(동기부여와 관련된 감정)임을 기억하자. 우리 선조 중 일부는 무작위 돌연변이에 의해 마음속 무대에서 무언가를 성공적으로 예측할 때마다 기분이 좋아지는 호르몬인 도파민이 찔끔찔끔 분비되었을지도 모른다. 그래서 이 선조들은 다시 좋은 기분을 느끼고 싶어서 더 많은 시간을 투자해서 머릿속에서 생각하고, 시나리오를 상상하고, 시나리오를 뒤집어보며 예측과 해결의 놀이를 거듭했을 것이다. 이런 정신적 훈련이 실제 생활에서도 이점을 부여해주었기 때문에 비교적 짧은 시간 안에 이 적응이 인구집단 전체로 스며들게 됐다. 데닛의 말을 조금 바꾸어 표현하자면 우리가 노래하고, 춤추고, 머릿속에 자꾸 음악이 맴돌게 되는 것은 음악이 내재적으로 매력적이고, 기억에 잘 남고, 심미적으로 아름답기 때문이 아니다. 우리가 음악과 지금과 같은 관계를 맺게 된 이유는 음악 활동을 즐겁게 여겼던 선조들이 자신의 유전자를 후대에 전달하는 데 더 성공적이었기 때문이다.

　본질적으로 우리에게 기쁨의 노래가 존재하는 이유는 돌아다니고 춤추면서 몸과 마음을 단련하는 것이 진화의 역사에서 적응에 유리하게 작용했기 때문이다. 스트레칭하고 뛰어오르고 소리를 이용해 소통하는 것이 기분 좋은 이유는 우리 뇌가 자연선택을 통해 그런 행동을 보상하는 법을 개발했기 때문이다. 기쁨의 노래는 수천 년에 걸친 진화의 시간 동안 그 중요성이 계속 유지되었고, 그 중요성이 생물학적 메아리로 지금까지 남아 우리에게 기분이 좋아지는 뇌 화학을 선사하고 있다. 오프라 윈프리는 이렇게 말한다. "나는 기쁨을 행복과 내적 평화가 지속되고 중요한 것과 연결되어 있다는 느낌이라 정의합니다."[28] 좋은 기분, 행복한 느낌, 긍정적 감정을 찬양할 수 있게 됨으로써 우리는 자신의 감정 상태를 타인과 더 잘 공유할 수 있게 되었다. 이것이야말로 사회와 응집력 있는 집단을 형성하는 데 필요한 핵심적인 능력이다.

Comfort

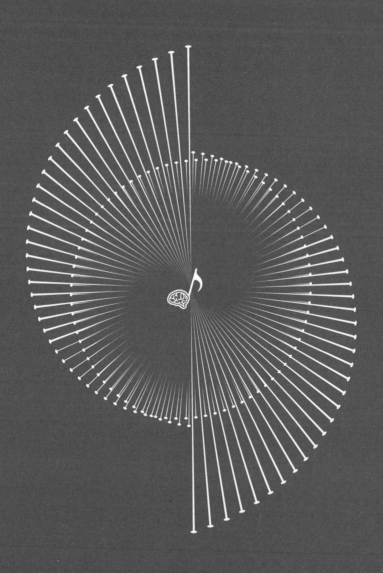

내가 일하던 팬케이크 식당의 설거지 담당자였던 에디^{Eddie}가 부엌칼을 쥐고 내 상사인 빅터^{Victor}에게 달려들었다. 빅터는 레스토랑을 가로질러 달아나다가 쌓아놓은 유아용 식탁 의자와 마른 십대 여성 종업원 몇 명을 쓰러뜨렸다. 뒤쪽으로 달아나는 빅터를 보며 에디가 소리 질렀다. "죽여버리겠어!" 일요일 아침에 이 식당을 찾았던 손님들은 놀라서 입이 딱 벌어졌다. 두 사람이 식당과 뒷방을 두 바퀴 돌았다. 빅터가 유리잔을 쌓아둔 쟁반을 넘어트렸고, 에디는 망설임 없이 깨진 유리잔 위로 달려 나갔다. 그때 에디가 내가 요리하고 있던 구이판 옆을 지나쳤고 나는 그의 팔을 잡아 잠시 붙잡아 두었다. 그러자 칼이 그의 손에서 빠져나와 곧장 아래로 떨어져 그의 발에 박혔다. 나머지 직원들이 박힌 칼을 빼내는 것을 돕는 동안 빅터는 주차장으로 빠져나가 차를 몰고 사라졌다. 나는 다시 팬케이크 굽는 곳으로 돌아갔고 에디는 절뚝거리며 옆문으로 나갔다. 그리고 우리는 그를 두 번 다시 볼 수 없었다. 이 모든 소란이 노래 하나를 두고 생긴 것이었다. 그렇다고 아무 곡은 아니었고, 토니 올란도 앤드 던$^{Tony\ Orlando\ and\ Dawn}$의 '늙은 떡갈나무에 노란 리본을 묶어주오

Tie a Yellow Ribbon Round the Ole Oak Tree'라는 곡이었다. 나는 에디의 좌절을 이해할 수 있었다(그렇다고 칼을 들고 설친 것까지 이해하는 것은 아니지만). 뒷방에 틀어 놓은 음악은 우리가 따분한 하루 일과를 참고 견디는 데 큰 도움이 되었기 때문이다. 그렇다고 아무 음악이나 다 괜찮은 것은 아니었다. 제대로 고른 음악이 필요했다. 그리고 이것이 바로 오리건주 뉴포트의 삼보 레스토랑에 오합지졸처럼 모여든 우리가 절대 의견이 일치하지 않는 부분이었다. 우리는 모두 음악에서 위로를 찾았다. 그리고 사실 내가 애초에 이곳 뉴포트에 자리 잡게 된 이유도 바로 위로를 주는 음악의 속성 때문이었다.

나는 록밴드에 합류하기 위해 대학을 중퇴했다. 미적분학과 물리학보다 로큰롤에 더 관심이 많아서 그런 것은 아니었다. 내 정신 건강을 위한 것이었다. 내 학과 과목은 지적으로 대단히 흥미로웠지만 집을 떠나온 첫해에 나는 친구를 하나도 사귀지 못해서 외로웠다. 혼자 지낼 때가 많았던 아이 시절에도 음악은 항상 내게 큰 위로가 되어주었다. 나는 집을 떠나온 첫 해 동안 점점 더 음악에 귀를 기울이는 시간이 많아졌고, 그래서 음악을 하고 싶은 마음도 점점 더 커져갔다. 1975년에 내게 영감을 불어넣어 적어도 그 당시에는 음악인이 되고 싶게 만들었던 여섯 곡은 다음과 같다.

1. 크라프트베르크Kraftwerk의 '아우토반Autobahn'. 이들은 지금은 완전히 새로운 장르로 여겨지는 음악인 테크노 음악(전자 음악이라고도 한다)을 도입했다. 그리고 모든 위대한 음악가들과 마찬가지로 이들도 이 음악을 쉬워 보이게 만들었다. 장황한 클래식 음악의 테마를 전자장치에 대한 엽기적인 관심과 결합해서 자신만의 신시사이저 소리를 만들어낸 이들의 음악은 과학적이면서 동시에 음악적이었기에 내가 되고자 하는 음악인의 모범이 되어줄 것 같았다. 동명의

노래하는 뇌

앨범에 수록된 이 곡은 아르페지오가 장황하게 이어지고 메이저 코드와 마이너 코드를 폴 매카트니처럼 넘나드는 25분짜리 역작이다.

2. 헤르베르트 폰 카라얀^{Herbert von Karajan}과 베를린 필하모닉이 연주한 베토벤 6번 교향곡. 메인 테마와 그 변주, 그리고 대위법으로 연주되는 선율이 듣는 이에게 모두 너무도 투명하고 맑게 전개되기 때문에 마치 곡이 스스로를 작곡하고 있는 것처럼 들린다. 어느 한 악기에 귀를 기울이고 있으면 다른 악기들이 동시에 연주하고 있는 음이 필연적으로 그렇게 나올 수밖에 없을 것처럼 느껴진다. 그래서 한 멜로디만 쓸 수 있으면 나머지 부분은 자동으로 튀어나올 것 같다. 물론 그것이 사실이 아님을 알지만 베토벤이 화음의 공간 속을 너무 쉽게, 쉽게 헤쳐 나가는 것을 보며 나는 아직도 깊은 영감을 받는다.

3. 비틀스의 앨범 '리볼버^{Revolver}'. (나는 이 앨범 전체가 마치 하나의 곡인 것처럼 중간에 끊는 일 없이 수백 번 반복해서 들었기 때문에 이 앨범에서는 콕 집어 한 곡만 고를 수가 없다.) 이 음반이 처음 나왔을 때 나는 겨우 아홉 살이었기 때문에 준비가 안 되어 있었다. 나는 대학에 가서야 이 음반을 발견했다. 흥겹고 재미있게 노는 느낌과 음악인들 사이의 동지애가 인상적이고 지금 들어도 아주 신선하다. 이 앨범의 곡들은 비틀스가 냈던 기존의 앨범보다 가사, 멜로디, 화음이 더 세련되다. 노래를 들어보면 멤버들이 아주 좋은 시간을 함께했던 것 같다!

4. 닐 영, 크로스비와 스틸스 & 내쉬가 함께 한 '내 돛을 통해^{Through My Sails}'. 여기 나온 섬세한 보컬 하모니를 들으면 아직도 소름이 끼친다. 에벌리 브라더스^{Everly Brothers}가 시시해 보일 정도다. 이들의 뒤섞인 목소리는 화려하고, 따듯하고, 위로를 준다. 보통은 스틸스가 솔로 리드 보컬로 노래를 부르고 어느 지점에 가서는 풍성한 배경 보컬이 합류하지만('Suite: Judy Blue Eyes', 'See

the Changes', 'Woodstock'), 이 곡에서는 내가 들어본 것 중 유일하게 닐 영이 스틸스를 이끌며 나머지 시간 동안에는 그의 목소리가 화음 속에 섞여 들어간다. 나는 닐 영이 너무 독불장군이라 이런 음악에 필요한 화음의 조화를 이끌어낼 만큼 함께 연습할 수 있는 인내심이 있을지 항상 의문이었다. 몇 년 후에 한 파티에서 그레험 내쉬가 내 의문을 확인해주었다. 닐 영이 자신의 파트를 먼저 녹음해놓으면 그와 크로스비, 스틸스가 그 테이프를 가져다가 각각의 파트를 열심히 작업해서 넣었다는 것이다. 그로부터 머지않아 닐도 말하기를 자기는 무언가 반복하는 것을 좋아하지 않고 순간의 즉흥성을 더 좋아한다고 했다. 닐은 심지어 내 친구 하우위 클라인Howie Klein(당시 닐 영의 음반회사였던 리프라이즈의 회장이었다)에게 자기는 앨범 전체를 불과 이틀 만에 작곡하고 녹음한 적도 있다고 자랑하기까지 했다.

5. 핑크 플로이드Pink Floyd의 '하늘의 위대한 공연The Great Gig in the Sky'. 이 곡은 '메들Meddle'에 이어 두 번째로 수록곡들 사이에서 주제를 통합하려 했던 콘셉트 앨범 "달의 어두운 면Dark Side of the Moon"에 나온 곡으로, 록 분야에서 나왔던 그 어떤 음악보다도 교향곡에 가깝다. 이 앨범은 클래식 장치와 기승전결을 사용하고 있어서 나는 이 음악을 들으며 클래식 음악과 록 음악을 통합하는 큰 꿈을 꾸기도 했다. 이 곡에 참여한 클레어 토리Clare Torry라는 이름의 객원 가수는 소름 끼치는 보컬을 보여주었다. 사람의 목소리를 통해 엄청난 격정과 슬픔이 전달되었기 때문에 가사가 없음에도 메시지가 분명하게 드러난다.

6. 스탄 게츠Stan Getz의 '밤과 낮Night and Day'. 나도 색소폰 연주자이다 보니 콜트레인Coltrane, 캐논볼 애덜리Cannonball Adderly, 웨인 쇼터Wayne Shorter, 찰리 파커Charlie Parker 같은 사람들의 음악을 좋아하지만 스탄 게츠는 그 음색과 경제적인 연주 스타일 때문에 언제나 내게 특별한 위치를 차지하고 있다. 그는 내가 처음

으로 손가락을 움직이며 따라 연주할 수 있는 첫 번째 색소폰 연주자였다. 그의 곡은 손가락이 악기에 착착 잘 달라붙고, 내가 사용하던 단단한 고무 마우스피스 덕분에(내 입 모양의 덕도 본 것이라 생각한다) 나는 다른 연주자보다 그의 음색을 더 쉽게 흉내 낼 수 있었다. 나는 버드Bird(찰리 파커의 별명) 같은 속주는 절대 할 수 없다는 것을 알았지만 게츠처럼 비교적 느리게 연주하는 사람도 연주자로 활동할 수 있다는 사실에서 위안을 찾았다(그럼 게츠는 색소폰계의 비비 킹이었을까?).

　내가 대학 학위 없이 어떤 미래를 개척할 수 있을지에 대한 확신도 없이 대학을 중퇴하자 부모님은 당연히 실망하셨다. 나는 부모님에게 전문 음악인이 되려는 계획에 대해 이야기했지만 사실 어떻게 해야 하는지는 나도 잘 모르겠다고 말씀드렸다. 그리고 부모님들은 본인들도 솔직히 잘 모르겠다고 고백하셨다. 나는 여기저기 록밴드에 합류해보았지만 그리 오래 가지 못했다. 우리는 스스로의 무능함을 감당하지 못해 와해되거나, 클럽 무대에 오르는 것 자체가 아예 불가능했다. 그렇게 버둥거리면서 2년 넘게 보내고 난 후에 나는 10월에 있는 아버지의 생일파티를 위해 집으로 왔다. 나의 아버지는 문제 해결에 있어서는 항상 정말 불가사의한 재능을 보여주시는 경영인이다. 아버지는 사업가 기질 때문에 젊은 시절에 창업을 하기도 했지만, 머지않아 큰 회사에 자리를 얻어 들어가게 됐다. 아버지는 적절한 비유를 드셨다. 아버지는 잘 나가는 밴드에 합류하는 것보다 밴드를 아예 처음부터 시작하는 것이 더 어려울 수도 있다고 말씀하셨다. 나는 나보다 별반 나을 것이 없는 음악가들과 함께하고 있었고, 사실 막 결성된 작은 밴드에서 내가 실력이 제일 나을 때도 많았다. 그렇다고 내 실력이 특출하게 뛰어난 것도 아니었다. 그 안에서 배울 것이 없었던 것이다. 내가 전문 음악인이 되려면 내가 밴드의 멤버 중 실력이 제일 모자란 사람이어야 했다. 그래서 나는 정말 좋은 밴드에 들어가서 제일 실력 없는 멤버가 되거나, 아니면 내 수준을 넘어서는 밴드에 합류할 수 있을 정도의 실력을 갖추기로 마음먹었다. 그들이 나의 잠재력을 알아봐 준다면 능력을 한 단계 끌어올릴 수 있게 도와줄 것이다.

아버지가 조지 플림프턴George Plimpton이 쓴 《X 인자The X Factor》라는 책을 주셨다. 사람들이 자신의 분야에서 어떻게 전문가가 되는지 설명한 책이다. 플림프턴은 성공한 사람들은 성공하지 못한 사람들보다 실패를 훨씬 많이 한다고 지적했다. 물론 언뜻 역설로 들리는 말이다. 하지만 이렇게 생각하면 그 역설이 풀린다. 결국에 가서 성공을 거둔 사람은 거기까지 가는 동안 아주 많은 실패를 경험한다. 그리고 그들과 다른 사람들과의 차이점은 그런 실패에도 포기하지 않는다는 것이다. 기업 경영인, 전문 체스 선수, 배우, 작가, 운동 선수 등 각 분야의 선도자들은 실패를 다른 사람들과 다르게 바라본다. 첫째, 이들은 실패하면 그것이 자기에게 어떤 문제가 있어서 그런 것이라거나("난 실력이 안 돼", "난 바보 같은 놈이야"), 이런 상황이 영원히 이어질 것이라고("나는 여기서 더 나아질 일이 없어", "나란 놈은 항상 이 꼴이지, 뭐") 가정하지 않는다. 이들은 각각의 실패를 궁극의 목표에 도달하기 위해 반드시 거쳐야 할 단계로 본다. 성공하는 사람들은 목표에 이르기 위해서는 필연적으로 일 보 후퇴하는 단계를 거칠 수밖에 없다고 본다. 그들은 스스로 이렇게 말한다. "이것이 바로 내가 목표에 도달하기 위해 알아야 할 부분이야. 그리고 지금까지는 내가 이런 것을 알 필요가 있다는 사실조차 모르고 있었지. 이 일 보 후퇴는 성공하기 위해 알아야 할 것들을 습득할 수 있는 기회였어."

내가 활동하는 밴드보다 더 나은 밴드에 들어가 제일 실력 없는 음악인이 되기 위해서는 연습을 더 할 필요가 있었다. 하지만 대학 학위 없이 변변치 않은 직업으로 들어오는 수입으로는 캘리포니아의 비싼 집세를 감당하기도 벅찼다. 침실 세 개짜리 아파트에 다섯 명이 들어가서 사는데도 그랬다(한 명은 거실에서 자고, 한 명은 식당에서 잤다). 나는 오리건이 집세가 싸다는 것을 알았기 때문에 그곳으로 이사했다. 그래서 내 시간의 대부분을 기타 연습에 투자할 수 있었다. 나는 팬케이크 체인점인 샴보 레스토랑에 요리사 자리를 얻었다. 거기서는 일주일에 이틀만 일해도 생활비를 충당할 수 있어서 기타를 연습할 시간이 충분했다. 여섯 달 동안 하루에 여덟 시간씩 기타를 연주하고 나니 스스로도 실력이 나아지는 기분이 들었고, 동네 식료품점에서 리드 기타리스트를 찾는다는 밴드 광고를 보고 지원했다. 앨시 리버^{Alsea River}라는 밴드였다. 오리건 해안에서는 꽤 이름도 있고, 이미 몇 달 동안 실제로 공연도 이어 오고 있던 밴드였다. 이 밴드를 이끄는 사람은 싱어송라이터였던 캐나다 퀘백 출신의 에티엔^{Étienne}이었다. 당시 그는 마흔다섯 살도 넘지 않은 사람이었지만 내가 보기에는 까마득할 정도로 나이 든 사람으로 보였다. 얼굴의 심한 주름살 때문에 산전수전을 다 겪은 사람처럼 보였고, 그는 사랑의 상실에 대한 노래를 마치 그 노래대로 다 경험해본 사람처럼 불렀다. 내가 합류할 당시 이 밴드는 4인조로 구성되어 있었다. 에티엔은 리듬기타를 맡았고, 부부로 이루어진 듀오는 베이스기타와 키보드를, 그리고 드럼을 맡는 사람이 한 명 있었다. 에티엔은 리드기타는 연주하지 못했지만, 자기가 듣고 싶은 연주가 어떤 것인지는 분명히 알고 있었다. 에티엔이 리드 기타리스트가 빠지기 전에 밴드에서 연주했던 그의 노래, 그리고 행크 스노우^{Hank Snow}, 조지 존스^{George Jones}, 태미 와이넷^{Tammy Wynette} 등 자기가 좋아하는 곡이 담긴 카세트테이프를 주었다. 나는 컨트리 음악은 연주해본 적이 한 번도 없었고, 컨트리 음악가가 되고픈 마음도 별로 없었지만 이 도시에서는 이것 말고는 기회가 없었고, 밴드의 실력도 좋았다. 빈말이 아니라 정말로 좋았다.

내가 컨트리 음악을 연주하고 싶지 않아지면 어떡하지? 아버지는 사업에서는(음악계도 마찬가지라 생각하셨다) 유연성을 갖추는 것이 중요하다고 말씀하셨다. 거기서 활동하면 음악가로 산다는 것에 대해, 밴드에 소속되어 활동하는 부분에 대해 많은 것을 배우게 되지 않을까?

우리는 그 부부가 사는 숲속 트레일러에서 일주일에 3일 밤을 리허설했다. 그 트레일러 집 자체가 앨시강에 자리 잡고 있었다. 당시는 오리건이 경기침체기라서 할 일이 많지 않았다. 드러머는 자동차 부품 가게 카운터에서 일했고, 베이스기타 연주자는 나무를 팼고, 키보드 연주자인 그의 아내는 일주일에 몇 시간씩 집 청소 일을 했다. 에티엔도 하는 일이 있었는데 아무도 그 일에 대해서는 말하지 않았다. 내가 그들과 처음 연주를 한 곳은 월드포트 로지 Waldport Lodge였다. 옛날에는 꽤 잘나갔지만 지금은 변변치 않은 곳이었다. 그래도 금요일 밤 공연이라서 꽤 많은 사람이 왔다. 바텐더가 우리를 "오리건 해안의 명물, 앨시 리버 밴드!"라고 소개했다. 에티엔이 마이크를 받아 그의 주제곡 중 하나인 쉘 실버스타인 Shel Silverstein의 노래 '나는 못생긴 여자하고는 절대 자지 않아(하지만 몇 번 같이 깬 적은 있지)(I Never Went to Bed with an Ugly Woman(But I Sure Woke Up with a Few))'를 부르기 시작했다. 내가 채워야 할 간주가 많지 않고, 복잡하지도 않은 곡이었다. 행크 윌리엄스 Hank Williams의 메들리를 부른 후에 우리는 '엄마들, 아이를 카우보이로 키우지 말아요 Mammas Don't Let Your Babies Grow Up to Be Cowboys'를 연주했다. 청중은 우리를 좋아했고, 곡이 끝날 때마다 열광적으로 박수를 쳤다.

그러고서 에티엔이 카우보이모자를 벗어 공손한 자세로 한 손에 잡고는 처

노래하는 뇌

음으로 청중에게 말하기 시작했다. 그는 오리건보다 남쪽에 살았던 적이 한 번도 없었는데도 멤피스와 미시시피 삼각주의 억양을 완벽하게 구사했다. "오늘 밤 우리를 보러 이곳을 찾아주신 여러분께 감사드립니다. 고된 한 주를 마친 여러분께 작은 위안이나마 안겨드릴 수 있도록 저희는 최선을 다하겠습니다." 에티엔은 청중 대부분이 직장이 없는 동네 사람들인 것을 알고 있었다. 이 사람들은 있는 돈, 없는 돈 있는 대로 긁어모아 이곳에서 싸구려 술잔을 기울이며 라이브 공연을 보려고 찾아온 이들이었다. 이곳에서 라이브 공연을 볼 기회는 많지 않았다. 그래도 이런 공연을 보고 나면 일자리를 알아보는 것 말고는 할 일이 없는 지루한 이 주를 보낼 수 있는 힘을 얻었다. "그리고 오늘 밤 이곳을 찾아오신 분들은 아주 운이 좋습니다. 정말 특별한 사람을 준비했거든요. 우리의 눈부신 새로운 기타리스트 대니얼을 소개합니다!" 그가 성이 아닌 이름으로 나를 호명한 이유는 내 성을 기억하지 못했기 때문이지만, 기억한다고 해도 제대로 발음할 수도 없었을 것이다. 나는 내가 별로 눈부시게 등장했다는 느낌을 받지 못했다. 일단 공연용 의상을 마련할 형편이 안 돼서 일할 때 입는 찢어진 청바지와 때 탄 티셔츠를 그대로 입고 나타났기 때문이다. 에티엔은 나를 그 꼴로 무대에 올릴 수는 없어서 무대에 오르기 직전에 자기 가방을 뒤져 낡은 티셔츠 하나를 내게 줬다. 두 사이즈 정도는 컸지만 적어도 깨끗했다. 소매를 걷어 올리니 거의 멋져 보이기까지 했다. 에티엔은 어깨에 바느질 장식이 되어 있고 반짝이는 진주 단추를 단 카우보이 웨스턴 셔츠를 입었다. 에티엔이야말로 눈이 부셨다. 그가 말을 이었다. "그리고 대니얼이 여러분께 우리 다섯 사람이 함께하면 얼마나 좋은 음악이 나오는지 보여 드릴 겁니다." 내가 낑낑대며 연습했던 리드 파트 연주를 시작하라는 신호였다. 우리 밴드의 또 다른 주제곡인 행크 스노우의 '독이 든 사랑^{Poison}

Love'을 개시하는 복잡한 핑거피킹 패턴의 연주였다. 나는 내 파트를 그냥 봐줄 만하다 싶은 수준으로 연주했지만 청중은 너그러웠다. 아마 조금 취하기도 했을 것이다. 박수와 함께 에티엔이 첫 소절로 미끄러지듯 들어갔다. "오 그대의 독이 든 사랑이 내 심장과 영혼의 피를 더럽혔소…"

새로운 친구들에 둘러싸여 무대 위에 서 있으니 집에 온 것처럼 편안한 기분을 느꼈다. 나는 이 노래가 영원히 끝나지 않기를 바랐다. 나는 살아온 날이 많지 않아 여자한테 험한 꼴을 당해본 적이 없었지만 에티엔과 청중들은 분명 그랬던 것 같았다. 나는 바람피우고 배신했던 여자의 이야기를 노래 가사를 통해 떠올리는 것이 뭐가 좋다고 사람들이 행복한 기분을 느끼는지 궁금해졌다. 많은 사람이 함께한다는 사실에서 위로를 얻는 듯 보였다. 공통의 경험 속에서 동지애를 느끼는 것이다. 그리고 에티엔은 그 험한 경험들을 별일 아닌 것처럼 느껴지게 만드는 데 대가였다. 그는 여자들의 남자이면서 남자들의 남자였다. 나이와 상관없이 모든 여자가 그와 자고 싶어 했고, 남자들은 탁 터놓고 그와 대화를 나누고 싶어 했다. 그가 평생 무슨 일을 해왔고, 어떤 사람이었든지 간에 그의 얼굴과 그의 목소리 속에는 아무런 가식이나 기만도 들어 있지 않았다. 나는 그와 같은 음악가를 수십 명 알고 있지만 그처럼 관중을 세상만사 모두 잊고 4분짜리 노래에 담긴 이야기 속으로 빠져들게 만드는 힘을 가진 사람은 몇 명 되지 않는다. 그는 이렇게 노래하는 것 같다. "그래요, 우리 모두 상처받았죠. 하지만 인생이 원래 그런 거죠. 결국 다 잘 풀려서 우리 모두 여기에 함께 있잖아요."

팬케이크를 팔던 삼보 레스토랑에는 대형 냉장고, 취사 공간, 설거지 공간이 있는 뒷방에 작은 카세트 플레이어가 있었다. 이곳에서 나는 팬케이크 반죽을 만들었고, 여종업원들은 로그캐빈 브랜드가 찍힌 시럽 병에 이름 없는 싸구려 시럽을 리필했다. 설거지 담당자였던 에디는 체중이 많이 나가고 행동이 굼뜬 거였고, 중학교도 제대로 마치지 못한 사람이었다. 내가 근무하던 첫날에 직원 몇 명이 나더러 그를 보고 미친 사람이라며 피하라고 단단히 일렀다. 아무도 그에게 말을 거는 사람이 없었다. 그 이유는 나도 알 수 없는 노릇이지만 에디는 내가 맘에 들었는지 자신의 비밀을 털어놓고 자기 이야기도 곧잘 들려주었다. 그의 꿈은 월드포트 로지에서 일자리를 얻는 것이었다. 그곳에는 호바트 식기세척기가 있었기 때문이다. 그는 일주일에도 몇 번씩 내게 물었다. "그게 믿어져요? 거기에는 접시를 설거지하는 기계가 있대요. 그곳의 설거지 담당자들은 그냥 접시를 기계에 넣기만 하면 끝이에요. 기계에 초록불이 들어올 때까지 기다렸다가 접시를 꺼내기만 하면 되는 거죠. 언젠가 나도 거기서 일하고 싶어요. 하지만 거기서 일하려면 노조에 들어가야 해요. 당신은 똑똑하니까 되겠지만 난 똑똑하지가 않아서."

에디는 심성이 여리고 착했다. 그는 매일 식당 먼 끝 쪽에서 굳이 내가 있는 곳까지 머핀을 가져다주고는 했다. 그는 아무도 안 볼 때 나를 위해 머핀을 훔친 것이라 생각해서 은밀하게 머핀을 종이 냅킨으로 포장한 다음 마치 상을 주듯 내게 내밀며 이렇게 노래했다. "당신은 머핀맨을 아나요? 머핀맨, 머핀맨 …" 너무 정성들여 그 의식을 진행하는 바람에 나는 원래 직원들은 머핀을 공짜로 먹어도 된다는 말을 차마 꺼내지 못했다. 그리고 사실 그 머핀도 애초에 요리사인 내가 구운 것이었다.

매니저였던 빅터는 라스베이거스에서 자란 사람이었고, 캘리포니아 샌타바버라 근처 카펜테리아의 회사 본부에 있는 삼보 경영대학원에 다녔다. 그는 화려한 도시의 불빛과는 멀리 떨어진 오리건 해안의 이 작은 가게로 발령난 것을 항상 원통하게 생각했다. 그는 대학원까지 나왔으니 자기는 당연히

대도시로 발령받았어야 한다고 생각했다. 나를 고용한 사람이 그였다. 그가 업무를 맡고 이틀 만의 일이었다. 지역 사람 중에 그를 좋아하거나 신뢰하는 사람은 없었다. 그는 마쓰다 차를 몰았는데 그 도시에서 유일한 외제차였다. 그는 금색 버클이 달린 하얀 에나멜가죽 구두를 신고, 해안 사람들이 잘 쓰지 않는 표현을 사용했다. 그는 일을 잘못 따라오는 여종업원을 보면 "너만 보면 내가 원통해서 못 살겠어."라고 말했다. 그는 나를 좋게 봤는지 자기는 흑자가 나올 때까지만 이곳에서 일할 생각이라고 털어놓았다. 그는 회사에서 자기를 솔트레이크나 새크라멘토, 아니면 이름을 날릴 수 있는 진짜 도시로 보내주었으면 하는 바람을 갖고 있었다. 여종업원들이 설거지 담당자 에디보다 더 불편하게 여기는 사람이 있다면 그것은 바로 빅터였다.

여종업원들은 뒷방에 있는 카세트 플레이어에서 틀 테이프를 만들어왔고, 그중 제일 자주 트는 여섯 곡은 다음과 같았다.

1. 슈프림스Supremes 의 '내 남자My Guy' (빅 히트를 쳤던 메리 웰스Mary Wells 의 버전에 비하면 좀 드문 버전이었다.)
2. 태미 와이넷의 '당신의 남자 곁을 지키세요Stand By Your Man'
3. 에디 래빗Eddie Rabbit 의 '나는 비 내리는 밤을 좋아해요I Love a Rainy Night' (가수가 너무 귀엽게 생겨서 듣는다고 했다.)
4. 비지스Bee Gees 의 '브로드웨이에서의 밤들Nights on Broadway'
5. 릭 디스Rick Dees 의 '디스코 덕Disco Duck'
6. 모린 맥거번Maureen McGovern 의 '다음 날 아침The Morning After'

빅터는 여종업원들의 테이프를 참고 들었고, 자기가 좋아하는 음악으로 만

노래하는 뇌

든 테이프도 하나 가져왔다. 그가 뒷방에 들어가는 경우는 대부분 아침을 시작할 때나 일과가 끝날 때쯤이었는데 그럼 돌아가고 있던 테이프가 무엇이었든 그것을 꺼내고 자기 음악을 틀었다. 빅터가 제일 좋아하는 여섯 곡은 다음과 같았다.

1. 보스턴Boston의 '포플레이-롱 타임Foreplay-Long Time'
2. 에디 머니Eddie Money의 '천국으로 가는 티켓 두 장Two Tickets to Paradise'
3. 알이오 스피드웨건REO Speedwagon의 '여전히 당신을 사랑하고 있어요Keep On Lovin' You'
4. 캔자스Kansas의 '계속 나가거라, 고집스런 아들아Carry On Wayward Son'
5. 스틱스Styx의 '레이디Lady'
6. 제퍼슨 스타쉽Jefferson Starship의 '우리는 이 도시를 세웠어요We Build This City'

'레이디'가 흘러나올 때면 빅터는 상체를 뒤로 젖히고 기타 연주를 흉내 내고 록스타처럼 얼굴을 찡그리며 입 모양으로 노래를 따라 했다. 그리고 가끔 실눈을 뜨고 주변을 둘러보며 여종업원 중에 자신의 이 남자다운 모습을 지켜보는 사람이 없는지 살폈다.

에디는 헤비메탈에 꽂혀서 자신의 믹스 테이프를 갖고 있었다. 그의 남동생이 몽둥이로 경찰관 세 명을 두드려 패서 감방에 들어가기 전에 그에게 만들어준 것이었다. 에디의 테이프에 든 곡은 다음과 같았다.

1. 포거트Foghat의 '로드 피버Road Fever'
2. 위시본 애쉬Wishbone Ash의 '워리어Warrior'

3. 블랙 사바스^{Black Sabbath}의 '파라노이드^{Paranoid}'

4. 주다스 프리스트^{Judas Priest}의 '러닝 와일드^{Running Wild}'

5. 반 헤일런^{Van Halen}의 '악마와 함께 달리기^{Runnin' with the Devil}'

6. 토니 올란도 앤드 던의 '늙은 떡갈나무에 노란 리본을 묶어주오'

에디의 헤비메탈 곡 다섯 개 중 어느 하나가 나오고 있을 때면 에디는 마치 무슨 복수라도 하는 사람처럼 신품보다 더 깨끗할 정도로 접시를 박박 문질러 닦았고 육중한 체중을 이 다리에서 저 다리로 옮기며 살짝 춤 비슷한 것을 추었다. 그래서 그가 서 있는 두꺼운 고무매트에서 그가 선 자리가 닳아서 구멍이 나 있었다. 하지만 그는 '노란 리본을 묶어주오' 노래가 나올 때는 고개를 떨구고, 팔도 옆으로 축 처진 상태에서 짝다리를 짚고 서 있었다. 에디가 이해하는 세상에서는 이 노래가 그저 언젠가 집으로 돌아올 죄수에 관한 노래였다.

처음에는 상황이 카세트 플레이어를 장악하기 위한 에디와 빅터 사이에 불편한 휴전으로 시작되었지만 상황이 급속히 악화됐다. 빅터는 에디의 헤비메탈 음악이 맘에 들지 않았고 식당에 틀기에는 부적절하다고 생각했다. 그래서 그는 자신의 테이프로 바꿔 끼웠다. 하지만 그가 방을 떠나자마자 에디가 다시 자신의 테이프를 틀었고, 그럼 다시 빅터가 돌아와 테이프를 갈았다. 그런데 한 달이 넘도록 무슨 희한한 우연인지 빅터는 에디의 여섯 번째 노래가 흘러나올 때는 그 안으로 들어온 적이 없었다. 그래서 에디가 일하지 않고 생각에 잠겨 가만히 서 있는 모습을 본 적도 없었다. 그런데 특히나 바빴던 그 일요일 아침, 빅터가 자기 믹스 테이프를 틀어놓고 나와 함께 나가서 회사에서 새로 출시한 신메뉴 준비법을 보여주고 있었다. 오렌지 슬라이스 두 장과 소시지 하나, 그리고 베이컨 한 장을 올려 팬케이크 얼굴의 입처럼 보이게 만들고 달걀프라이를 곁들인 메뉴였다. 빅터의 테이프가 끝나고 잠시 음악이 조용했다가 뒷방 문틈으로 에디가 카세트 플레이어를 여는 모습이 내 눈에 들어왔다. 빅터의 테이프가 스프링 장치 때문에 튀어나와 거품 긴 바닥에 떨어지는 것이 보였다. 하지만 에디는 그것을 무시하고 자기 테이프를 넣었다. 에디가 테이프를 처음으로 되감아 놓지 않았기 때문에 토니 올란도의 노래부터 흘러나왔다.

"형기를 마치고 집으로 돌아가고 있어요." 가수의 노래가 시작됐다. 빅터가 얼굴을 찡그리더니 뒷방으로 달려들어 갔다. "누가 이런 쓰레기 같은 노래를 틀었어?" 그가 따져 물었다. 그가 휙 돌아보면서 여종업원 중 한 명인 냅킨 담당 티파니를 쳐다보았다. "누구야?" 그가 다시 물었다. 티파니는 어깨만 으쓱했다. 그때 싱크대 위로 고개를 떨군 채 움직임 없이 서 있는 에디의 모습이 빅터의 눈에 들어왔다. "에디! 일 안 하고 뭐 하고 있어?" 에디는 그냥 거기 서서 소리 없이 입 모양으로만 노래를 따라 부르고 있었다. 빅터는 잠시 말없이 서 있다 무언가 번뜩 머리를 스치고 지나갔다. 그가 바지를 치켜올리며 몸을 앞으로 기울였다. 그가 조롱하는 목소리로 말했다. "설마! 아니지? 너야? 네가 계집애들이나 듣는 이 쓰레기 음악을 틀었어? 하하하!" 빅터는 그냥 웃기만 한 것이 아니라 아예 만화 속 캐릭터처럼 배꼽을 잡고 발을 구르며 웃음을 터트렸다. "멍청이 에디가 이런 멍청한 음악을 듣는 걸 내 진즉에 알았어야 했는데." 그가 두 팔을 벌리고 몸을 반쯤 돌리며 사람도 거의 없는 방에 대고 웅변하듯 말했다.

"멍청이라고 부르지 말아요." 에디가 우리에게서 등을 돌린 채 여전히 거품 긴 싱크대를 내려다보며 말했다. "나는 똑똑하지는 않지만 그렇다고 멍청이도 아니에요."

빅터는 귀담아듣고 있지 않았다. "오호라." 그가 과장된 목소리로 말했다. "터프한 설거지 담당자께서 꼬마 애기 음악 듣는 것을 좋아하시는구만! 꼬마 애기 음악을!" 그가 웃으며 에디를 손가락으로 가리켰다.

"그쯤 하세요." 티파니가 조용히 말했다.

빅터가 에디의 팔을 잡았지만 손이 작아서 에디의 굵은 팔뚝을 제대로 쥘 수가 없었다. "돌아서 나를 봐. 내가 얘기하고 있잖아, 이 멍청아!"

에디가 뒤로 돌아섰다. 울고 있었다. "이 노래는… 이 노래는 내 동생 노래예요." 에디가 말했다.

"네 동생 노래라고?" 빅터가 놀렸다.

"제발요, 빅터. 이제 좀 그만 해요." 이번에는 티파니의 목소리가 조금 더 커졌다.

"네 동생? 내가 소식 하나 알려줄까, 멍청아? 네 동생 이제 집에 못 와." 빅터가 놀렸다. "지난주 신문도 안 읽어봤어?" 에디가 글을 못 읽는 것은 빅터도 알고 있었다. "그 경찰 중 한 명이 죽었어. 네 동생은 감방에서 아주 오래오래 썩을 거다. 나무에 노란 리본 매다는 거 좋아하시네. 밧줄에 목매달 일밖에 없을 거다. 내 말 듣냐? 듣고 있냐고, 이 멍청이 돼지야! 네 동생은 절대 집에 못 와!"

에디가 분노에 휩싸여 개수대에서 비누 거품이 묻은 칼 하나를 움켜쥐고 돌아섰다. 뺨 위로 눈물이 흘러내리고 있었다. 빅터가 흠칫 놀라 뒤로 물러서다가 바닥에 떨어져 있던 자기 믹스 테이프를 밟아 박살내고 말았다. 그리고는 내가 신메뉴 위에 오렌지 슬라이스를 올려 마무리하고 있던 석판 쪽으로 달아났다. 에디가 그를 바로 뒤에서 쫓았고, 일요일 아침에 식당을 찾은 손님들이 완전히 정신이 나가서 놀라움 반, 두려움 반으로 바라보고 있는 가운데 두 사람은 소리치고, 비명을 지르며 뛰어다녔다. 그리고 노래의 후렴 부분이 명랑하게 흘러나오고 있었다. "늙은 떡갈나무에 노란 리본을 묶어주오 / 3년 이란 긴 세월이 흘렀어요 / 당신은 아직도 나를 원하고 있나요…"

그 후로 그 식당에서 에디를 두 번 다시 보지 못했고, 몇 달 후에 신문에서 그의 남동생이 주립 교도소에서 칼싸움이 나서 찔려 죽었다는 뉴스를 읽었다. 나는 몇 번 거리에서 실업급여 신청소에 줄을 서고 있는 그를 보고 인사를 한 적이 있다. 그는 나를 '대니얼, 대니얼, 머핀맨'이라고 불렀다. 우리는 그 칼 사건에 대해서는 절대 입 밖에 내지 않았다. 빅터는 뒷방의 음악은 자기만 정할 수 있다는 새로운 규칙을 만들었다. 그는 새로운 설거지 담당자를 고용했다. 법적으로 시각장애가 있는 사람이었다. 빅터는 그 사람을 끝없이 놀려댔다. "이 접시에 아직 뭐가 묻었네." 빅터가 티끌 하나 남지 않은 접시를 들고 이렇게 말했다. "이거 다시 닦아. 더 박박 닦으라고. 만져 보면 튀어나온 거 느껴지지 않아? 장님들은 촉각이 어마어마하게 예민하다며? 만져보면 몰라?"

# # #

나는 많은 곳에서 일했고, 그중에는 직원들이 힘든 하루를 버틸 수 있게 도와줄 음악이 흘러나오는 곳이 많았다.[1] 물론 모두가 좋아하는 하나의 곡이란 것은 존재하지 않았고, 모든 사람을 즐겁게 만들기는 결코 만만한 일이 아니다. 하지만 적절한 균형만 찾아내면 음악은 단조로움을 깨고, 우리를 위로해 지겹고 스트레스 많은 일을 해낼 수 있게 해준다. 내가 아는 외과의사 중에는 수술실에서 음악을 듣는 사람이 많다. 심지어는 뇌수술을 할 때도! 내가 자동차 정비소에서 일했을 때는 차고의 라디오를 록 음악 방송국 채널에 맞춰놓고 논스톱으로 틀어놓았다. 맥길대학교에 있는 내 연구실에서는 여덟에서 열 명 정도의 사람이 큰 방 하나에서 함께 일하는데, 각각의 컴퓨터 워크스테이션에는 자체적으로 스테레오 스피커와 서브우퍼가 장착되어 있다. 만약 다른 음악들끼리 경쟁이 붙기 시작하면 각각의 컴퓨터 스테이션에는 헤드폰도 마련되어 있다. 학생들은 보통 통계 분석을 하거나 뇌 영상 분석을 하면서 자신의 음악을 듣고 있다. 우리는 버스, 기차역, 치과, 엘리베이터, 월마트 등 어느 곳에서든 기다리는 동안에는 음악을 듣고 있다. 이 모든 행동의 목적은 표면적으로는 위로를 얻기 위함이다.

어느 문화권이든 엄마들은 아기에게 노래를 불러준다. 우리가 알고 있는 한, 먼 옛날부터 줄곧 그래왔다. 노래는 다른 행위로는 흉내 낼 수 없는 방식으로 아기들을 달래고 위로해줄 수 있다. 여기에는 청각 자극이 다른 감각과 다르다는 점도 한몫한다. 소리는 어둠 속에서도 전달된다. 그래서 아기가 눈이 감겨 있는 동안에도 들을 수 있다. 바깥세상에서 오는 것처럼 보이는 시각 신호와 달리 청각 신호는 마치 자기 머릿속에서 나오는 것처럼 느껴진다. 아기의 시각 기관이 완전히 형성되어 엄마와 다른 어른들의 차이를 구분할 수 있기 전에도 청각계는 엄마의 목소리에 들어 있는 일관된 음색을 알아들을 수 있다. 어째서 엄마들은 말을 하기보다는 본능적으로 노래를 부르고, 어째서 아기들은 노래에서 특별히 더 위로를 느낄까? 우리는 이 질문에 대한 해답을 갖고 있지 않지만 신경생물학은 음악이 말과 달리 사람의 뇌에서 아주 오래된 영역들을 활성화시킨다는 것을 보여주었다. 이는 소뇌, 뇌줄기brain stem, 다리뇌pons를 비롯해 우리가 모든 포유류와 공통으로 가지고 있는 신경구조물들이다. 음악은 리듬, 멜로디 모티프 등 그 자체에 반복적인 구조가 내장되

노래하는 뇌

어 있다. 이런 반복 구조가 말에는 결여된 예측 가능한 요소를 노래에 부여한다. 그리고 이런 예측가능성이 마음을 달래주는 역할을 한다.

자장가는 전형적인 위로의 노래다. 내 친구 조너선 버거Jonathan Berger에 따르면 우리가 아는 대부분의 자장가는 구조적 유사성을 갖고 있다. 조너선은 아주 존경받는 작곡가이자 음악인지music cognition 연구자로 스탠퍼드대학교 종신교수 자리에 아주 걸맞은 사람이다. 우리는 이 책《노래하는 뇌》에 대해 이야기하기 위해 스탠퍼드대학교 캠퍼스에 있는 그의 사무실에서 만나 스탠퍼드 서점까지 거닐었다. 이곳에서 우리는 방대하게 수집된 악보에 둘러싸여 라떼를 마시며 대화를 이어갔다.

"나는 어찌 보면 자장가를 별도의 범주로 분류할 수 있다고 생각해. 기능이 있잖아. (a) 다른 누군가를 진정시키는 기능이지. 자기를 진정시키려는 것이 아니야. 그리고 (b) 자장가는 정형화된 패턴이 있어. 데이비드 휴런도 이 부분을 언급하고 있어. 크게 치고 올라갔다가 천천히 내려오는 패턴이지. 일단 관심을 사로잡은 다음 흥분을 줄여나가자는 아이디어야. 그리고 자장가에는 일종의 멜로디 패턴이 존재해서 그 자체로도 하나의 범주를 이루고 있지.

거의 대부분의 자장가가 그런 멜로디 패턴과 맞아떨어져. 내 학부 음악인지 강의에서 학생들에게 이렇게 물어본 적이 있어. 전 세계에서 모인 학생들이었으니까. '머리에 떠오르는 첫 번째 자장가를 불러보세요.' 그리고 그 자장가들 모두 그 규칙과 맞아떨어지더군. 나는 그렇지 않은 자장가는 만나본 적이 없어. (브람스Brahms의 자장가를 부른다. 다-다-디, 다-다-디, 다-다-디-다-다-다-다) 거기 아홉 번째 음에서 크게 튀어 오르는 음이 있지. 그리고 거기부터 계단식으로 내려가는 흐름이 나와."

음악 이론가 이안 크로스Ian Cross는 자장가를 아기만을 위로하기 위한 것이라는 생각에 동의하지 않는다. "처음에 엄마들은 새로 태어난 아기에 대해 큰 불확실성과 불안을 경험합니다. '이 아이를 내가 어떻게 해야 하지?'" 이런 상황에서 노래를 부르면 엄마와 아이를 모두 달래줄 수 있다. 자장가를 부르려면 규칙적이고 율동적인 호흡이 필요하기 때문에 엄마에게 일종의 명상 역할을 할 수 있다. 자장가를 부르면서 생기는 느리고 안정적인 리듬이 호흡과 심장 박동을 안정시켜주고, 맥박을 느리게 하고, 근육을 이완시켜준다.

이게 위로의 음악인가 싶을 수도 있는 또 다른 형태의 위로의 음악은 세상에 불만이 있거나 권리를 박탈당한 사람들을 위한 노래다. 세상이 자기를 이해해주지 않고, 단절되어 외롭다고 느끼는 십 대들은 자기와 비슷한 소외감을 노래하는 작사가와 동맹 의식을 느낀다. 전 세계의 부유한 사회들을 보면 자기는 이곳에 어울리지 않는다고, 자기는 그 멋진 사람들과 어울릴 수 없다고 여기는 십 대들이 많다. 이들은 외로움을 느낀다. 이런 노래는 물론 유대감을 강화하는 우정의 노래로 기능하지만 그와 동시에 위로의 노래로도 기능한다. 1970년대에 일부 사람들은 사회에서 이야기하지 않는 것들에 대해 노래하는 음악가에게 귀를 기울였다. 예를 들면 프리섹스 혹은 학교 뒤뜰에서 담배나 마리화나를 피우는 것에 관한 노래 등이다(브라운스빌 스테이션의 '화장실에서 담배나 피워'나 애니멀스의 '담배의 길' 등을 생각해보라). 이런 노래가 암묵적으로 던지고 있는 메시지는 이런 것이었다. '너도 우리와 같아. 너만 그런 것이 아니야. 네가 생각하고 느끼는 것 모두 정상이야.' 제니스 이안Janis Ian의 노래 '열일곱 살에At Seventeen'는 자기가 별로 매력적이지 않아서 세상과 어울리지 않는다고 느끼는 수백만 명의 십 대 소녀들에 대해(그리고 소년도) 이야기하고 있다.

밸런타인데이에 카드 한 장 받지 못하는

고통을 아는 이들에게

농구에서 편을 나눌 때

그 누구도 이름을 불러주지 않는 이들에게

그것은 아주 오래전, 머나먼 곳의 일이었지

세상은 오늘보다 더 젊었고

나처럼 미운 오리 새끼 같은 소녀에게

공짜로 주는 것은 꿈밖에 없었지

1980~1990년대에 R.E.M.의 마이클 스타이프^{Michael Stipe}와 모리세이 Morrissey(처음에는 밴드 스미스에서 활동하고, 다음엔 솔로로 활동)는 우울, 소외, 분리에 대한 노래로 수백만 명의 사람들에게 다가갔다.

요즘 고등학생들은 세상이 자기를 이해해주지 않는다고 느끼면 쿨리오 Coolio의 '갱스터의 천국^{Gangsta'a Paradise}' 같은 힙합과 랩 음악을 듣는다.

나는 죽기 살기로 살고 있어 내가 뭔 말을 하겠어?

난 지금 23살 하지만 살아서 24살을 볼 수 있을까?

세상이 어찌 돌아가는지 난들 알게 뭐야

어떤 위로의 노래는 위험에 직면해서 우리를 진정시키거나 죽음(자신의 죽음이나 가까운 사람의 죽음)에 직면해서 우리를 달래려고 만든 후렴구로 이루어져 있다. '죽음은 끝이 아니다^{Death Is Not the End}'라는 노래에서 밥 딜런은 마음을 흔들면서 동시에 무감각해지게 만드는 후렴구를 만들어내고 있다. "당신이 슬프고 외롭고, 친구 하나 없을 때 이거 하나만 기억하세요. 죽음은 끝이 아니라는 걸 … 도시가 불타고, 사람들의 살점이 불타오를 때 이거 하나만 기억하세요. 죽음은 끝이 아니라는 걸." 다른 많은 곡과 마찬가지로 이 곡도 가사의 의도가 모호하다. 딜런은 방금 친구를 잃은 누군가에게 친구가 사실은 죽지 않았다고 노래하는 것일까? 아니면 이 노래를 죽는 사람이 자살을 생각하고 있을지도 모른다고 생각한 것일까? 어느 쪽이든 간에 죽음은 끝이 아니라 하나의 관문이며 그 후에도 계속 살게 되리라는 메시지가 죽음으로 모든 것이 확실하게 끝장난다고 말하는 경우보다 더 큰 위로가 되어준다.

데이비드 번^{David Byrne}은 자기에게 위로가 필요하다고 느낄 때 손이 가는 세 개의 곡을 말했다. '지금은 그 얘기하고 싶지 않아요^{I Don't Wanna Talk About It Now}', '미켈란젤로^{Michelangelo}', '볼더에서 버밍엄으로^{Boulder to Birmingham}'. 세 곡 모두 에밀루 해리스^{Emmylou Harris}가 썼다('볼더에서 버밍엄으로'는 '내 고향 시골 길로 나를 데려가 주오^{Take Me Home, Country Roads}'와 '오후의 기쁨^{Afternoon Delight}'을 쓴 빌 다노프^{Bill Danoff}와 함께 썼다).

> 내가 당신을 얼마나 사랑하는지 신은 아실 겁니다
> 마약에서 벗어나지 못하는 사람처럼
> 나는 결코 당신으로부터 자유로울 수 없습니다
> 당신은 내 핏속에 흐르는 독입니다
> 나는 저 강을 헤엄쳐
> 더 높은 곳으로 가려고 했었죠
> 나는 세 번 잠긴 적이 있어요.
> 다음 사람은 내가 물에 빠져 죽는 것을

볼 겁니다

하지만 지금은 그 얘기하고 싶지 않아요

지금은 그 얘기하고 싶지 않아요

지금은 그 얘기하고 싶지 않아요

그냥 내려가고 싶어요

- '지금은 그 얘기하고 싶지 않아요'

"'볼더에서 버밍엄으로'는 그녀가 그램 파슨스^{Gram Parsons}와 함께 작곡한 곡입니다. 누군가가 고통을 아름답게 쏟아내고 있는데 망치로 엄지손가락을 쳤을 때처럼 비명을 지르는 것이 아니라 훨씬 느리게 쏟아내고 있어서 그 아픔이 마음으로 느껴지죠."

나는 위로가 필요할 때 기타를 집어 들고 자신의 노래를 불러본 적이 있는지, 그 노래가 자기 자신에게도 효과가 있었는지 물어봤다.

"가끔은요. 그런 곡이 몇 곡 있습니다. 보통 최근의 것들이죠. 내가 가끔 부르며 즐기는 곡이 몇 개 있습니다. 노래 부르기는 일종의 위로 혹은 카타르시스로 저를 달래 줍니다. 제가 항상 할 수 있기를 바랐던 부분이죠. 내가 다른 사람의 노래를 사용할 때처럼 나 자신을 위해 사용할 도구가 되어줄 곡을 쓰는 것 말입니다. 제 앨범 "눈동자를 들여다보며^{Look into the Eyeball}"에 그런 곡이 두 개 있습니다. '혁명^{The Revolution}'과 '위대한 중독^{The Great Intoxication}'입니다."

앰프와 낡은 기타

술집에서 부르는 컨트리 음악

그녀는 혁명이 가까웠다 말하네

미녀가 마이크를 잡고

비틀거리며 집으로 가는 우리를 지켜보지

그녀는 이제 혁명이 눈앞에 보이네

먼지와 생선, 그리고 나무와 집들

연기와 핸즈업 여성 블라우스

내가 기대한 것은 이런 게 아니야

온갖 거품이 터지고

사람들은 분석하고 비판하지

미녀는 이제 거의 다 왔다는 것을 알지

미인이 자기 주소로 가서

문을 닫고 계단을 오르지

그리고 그녀가 자는 동안 혁명은 자라나지

미녀가 속옷만 입고

매트리스 위에 눕네

그리고 그녀가 깨었을 때 혁명은 여기 와 있지

그녀가 깨었을 때 혁명은 여기 와 있지

　- '혁명'

2001년 9·11 테러 이후로 미국인들은 위로가 필요했다. 미국 본토를 대상으로 일어난 갑작스런 기습 공격으로 미국인들 대다수에게는 생각할 수도 없고, 예측할 수도 없었던 일이 생긴 것이었다. 미국에 대한 국가적 자부심만 이 아니라 안전과 안보에 대한 믿음 역시 상처를 입었다. 많은 뉴스 해설자가 테러 공격 직후 1~2주 동안 거리에서 미국인들을 대상으로 인터뷰한 내용을 보면 이렇게 상처받았다는 느낌이 깊이 자리 잡고 있고, 앙갚음해야 한다는 공격적인 느낌은 상대적으로 잘 보이지 않았다고 지적했다. 군사적 성격을 띤 복수심은 나중에야 찾아왔다. 아마도 이것은 백악관에서 나오는 정치적 수사가 만들어낸 결과일 것이다. 테러 여파가 남아 있던 초기에는 라디오와 텔레비전 방송국, 기차역, 버스 정류장, 그리고 그 외 많은 공공장소에서 미국 인들에게 음악을 내보내기 시작했다. 어떤 음악을 틀었을까? 전쟁의 기운이 깃들어 있는 '성조기여 영원하라'의 후렴구가 아니었다. 제1차 세계대전이 끝날 무렵이었던 1918년에 한 이민자가 쓴 노래였다. 바로 어빙 벌린^{Irving} Berlin의 '신이시여, 미국을 축복하소서'²였다. 로스앤젤레스의 영적 지도자인 랍비 요세프 크네프스키^{Yosef Knefsky}는 이렇게 말한다. "사람들이 무언가 자신 을 표현할 수 있는 것을 찾아 나선 시기에 그 노래는 자연스럽게 사실상의 국 가로 자리 잡았습니다. 놀라운 일이죠. 그 단순한 멜로디가 사람들에게 위로 와 힘도 주면서 온 나라를 하나로 묶었습니다. 그 노래는 모든 분열을 뛰어넘 었습니다."

# # #

내 친구 에이미^{Amy}는 몇 달 전에 뇌종양 진단을 받고 지금은 방사선 치료 를 받고 있다. 에이미는 매일 병원에 가서 한니발 렉터^{Hannibal Lecter} 스타일의

Berlin의 '신이시여, 미국을 축복하소서'[2]였다.

티타늄 마스크로 머리를 고정한 채 한 시간 동안 꼼짝도 않고 누워 있어야 한다. 머리를 고정하지 않아 살짝만 움직여도 고밀도 양성자 빔이 과녁을 빗나갈 수 있기 때문이다. 에이미에게는 대단히 불편하고 무서운 경험이다. 그녀를 치료하는 신경외과 의사는 치료받으러 올 때마다 음악을 가져오라고 한다. 연구 자료를 통해 음악이 불안을 해소하고 치료 과정에 따르는 고통을 줄이는 효과가 있음을 알고 있기 때문이다. 에이미는 첫 번째 치료에는 스팅의 "파란 거북이의 꿈The Dream of the Blue Turtles" 앨범을, 두 번째 치료에는 "낫싱 라이크 더 선Nothing Like the Sun" 앨범을 가져갔다. 과연 스팅이 자신의 명작들이 이런 용도로 사용될지 상상이나 해보았을지 의심스럽다. 하지만 에이미의 입장에서 보면 이 음악들은 구토가 쏠리고 아드레날린이 솟구쳤을 시련의 시간을 아름답지는 못할망정 그래도 견딜만한 경험으로 바꾸어 주었다.

컨트리 음악의 가사들은 잘못 틀어진 사랑에 대한 이야기나 이제는 행크 윌리엄스의 상징이 된 '거짓된 마음cheatin' heart'에 관한 이야기가 많다. 마음의 상처로부터 회복하는 데는 자기 혼자만 그런 것이 아니며, 자신의 처지를 누군가 이해해준다는 것을 아는 것이 큰 몫을 차지한다. 좋은 음악은 좋은 시처럼 이야기를 격상시켜 거기에 보편성을 부여하고 우리나 우리의 문제보다 더 큰 무언가가 존재한다는 느낌을 부여할 수 있다. 예술도 우리에게 그런 효과를 줄 수 있다. 우리를 더 높은 곳에 있는 진실과 이어주고, 전 세계 공동체의 일부라는 느낌을 줄 수 있기 때문이다. 한마디로 혼자가 아니라는 느낌을 준다. 그리고 그것이 위로의 노래가 가져야 할 가장 중요한 속성이다.

내가 한 번은 야외 식당에서 조니 미첼과 저녁 식사를 하고 있었는데 40대 후반 정도의 여성 두 분이 그녀를 알아보고 우리에게 다가왔다. 두 사람은 식사 중에 끼어들어 미안하다며 이렇게 말했다. "그냥 감사하다는 말을 하고 싶

노래하는 뇌

었어요. 저희는 20대를 정말 힘들게 보냈거든요. 1970년대였죠. 그때 우리는 선생님의 앨범 "블루Blue"를 듣고 위로를 받았습니다. 프로작 이전에는 선생님의 노래가 있었죠."

슬플 때는 많은 사람이 슬픈 음악을 듣는다. 왜 그럴까? 언뜻 생각하면 슬픈 사람은 행복한 음악을 들어야 기분이 좋아질 것 같은데 말이다. 하지만 연구를 보면 그렇지 않았다. 마음을 진정시키는 호르몬인 프로락틴은 슬플 때 분비된다. 슬픔의 감정이 존재하는 데는 진화적인 이유가 있다.[3] 슬픔은 에너지를 보존하고 정신적 상처를 준 사건 이후로 일의 우선순위를 재점검할 수 있게 도와준다. 눈물을 화학적으로 분석해 보니 프로락틴이 눈물 속에 항상 존재하는 것이 아니었다. 눈동자를 윤활하기 위한 눈물이나 눈이 자극받을 때 나오는 눈물 혹은 기뻐서 흘리는 눈물에서는 프로락틴이 분비되지 않는다. 오직 슬픔의 눈물에서만 분비된다. 데이비드 휴런은 슬픈 음악은 뇌를 속여서 음악에 의해 유도되는 안전한 슬픔 혹은 가상의 슬픔에 반응해서 프로락틴을 분비하게 만들고, 이 프로락틴이 우리의 기분을 전환해주는 것이라 제안한다.

신경화학적 이야기가 아니어도 우리가 슬픈 음악에서 위안을 얻는 이유에 대해서는 심리적, 행동학적 설명도 많이 나와 있다. 사람들은 슬픔을 느끼거나 임상적 우울증으로 고통받을 때 외롭고 다른 사람들과 단절된 기분을 느낄 때가 많다. 마치 아무도 자신을 이해해주지 않을 것처럼 느껴진다. 이럴 때 행복한 음악은 오히려 짜증을 유발할 수 있다. 자기만 외롭고 이해받지 못하는 것처럼 느껴지기 때문이다. 이제 나는 삼보 레스토랑에서 일했던 내 상사 빅터를 이해할 수 있다. 그는 아마도 임상적 우울증을 앓고 있었을 것이고, 자신의 무력감을 자기보다 약한 사람들에게 분풀이했던 것이다. 이런 상태에 있던 그가 토니 올란도 앤드 돈의 경쾌하고 행복한 노래를 듣고 꼭지가 돌아 버린 것이다. 우리는 슬플 때 슬픈 노래를 들으면 보통 위로를 받는다. 케임브리지대학교의 음악교수 이안 크로스는 이렇게 말한다. "슬픈 노래를 들으면 이제 벼랑 끝에는 두 명의 내가 함께 존재하게 됩니다. 나를 이해하고, 내가 어떤 기분인지 아는 또 다른 내가 옆에 있는 것이죠." 심지어 모르는 사람과도 연결되는 듯한 이 기분은 회복 과정을 도와준다. 기분이 좋아지는 데는 자신이 이해받고 있다는 느낌이 크게 한몫하기 때문이다. 대화치료가 우울증에 대단히 효과적인 이유도 이 때문이다. 게다가 우울증에 빠진 사람은 이렇게 추론한다. 이 사람은 내가 겪은 일을 겪고도 그것을 이기고 지금 여기 살아 있고, 이제 완전히 회복해서 그 일에 대해 말할 수도 있게 되었다고 말이다. 더군다나 이 가수는 그 경험을 하나의 아름다운 예술로 승화시키기까지 했다.

　서구사회에서 지난 백 년 동안 블루스 음악은 궁극적인 위로의 노래였는지도 모르겠다. '블루스'라는 말은 기술적으로는 코드 진행의 한 유형을 지칭한다. 가장 간단한 형태는 음악가들이 I-IV-V7이라고 부르는 것으로 이 기본 코드 진행을 가지고 수많은 변주와 리하모나이제이션reharmonization이 이루어졌다. 보통은 12마디나 16마디의 구절로 이루어진다(그래서 '12마디 블루스'라는 용어가 생겼다). 이 코드 진행에 가사는 무엇이든 갖다 붙일 수 있다. 자기네 동네의 해변과 사람들의 아름다움을 칭송하는 비치보이스의 노래부터('캘리포니아 걸스California Girls') 재능이 특출했던 기타리스트에게 바치는 척 베리Chuck Berry의 헌정곡('자니 비 굿Johnny B. Goode') 혹은 부처를 통해 동양의 깨달음을 탐험하는 스틸리 댄Steely Dan의 곡('보리살타Bodhisattva')까지 다양하다. 하지만 전형적인 블루스 가사는 누군가가 불운을 겪고, 인생과 주변 환경에 시달린 이야기다. 이것 때문에 이런 노래는 위로를 준다. 위에서 말했듯이 슬픈 사람은 슬픈 음악을 듣고 기분이 나아질 때가 많기 때문이다.

세인트루이스 지미 오든St. Louis Jimmy Oden이 쓴 '고잉 다운 슬로Going Down Slow'는 20세기와 그 너머에 이르기까지 미국 흑인들의 문화적 유산으로 남은 수없이 많은 위대한 블루스 곡 중 하나다(이 곡은 하울린 울프, 애니멀스, 에릭 클랩튼, 레드 제플린, 제프 벡과 톰 존스 등 수많은 사람이 불렀다). 이것은 죽어가는 사람이 자신의 인생을 되돌아보며 어머니에게 자신의 임종을 보러 와달라고 부탁하는 노래다. 이 곡은 가슴이 미어지고 씁쓸한 곡이다. 제프 벡Jeff Beck 버전은 내가 들었던 것 중 가장 강력한 블루스 연주 중 하나였다. 톰 존스Tom Jones는 평상시의 섹시함과 넘치는 자신감으로 으스대는 모습을 버리고 운 없고 상처만 남은 인생을 살았던 방랑자의 역할에 완전히 젖어 든다. 절망과 고통이 뚝뚝 떨어지는 그의 목소리는 거의 못 알아들을 지경이다. 현존하는 최고의 기타리스트 다섯 명 중 한 명으로 널리 인정받고 있는 벡이 지금까지 녹음한 전자기타 솔로 연주 중 감성적으로 가장 강력한 연주를 선보인다. 나는 지난주에 블루 외이스터 컬트Blue Öyster Cult와 클래시Clash의 프로듀서 샌디 펄먼Sandy Pearlman에게 이 곡을 틀어주었다. 캐나다 횡단도로를 따라 속도를 내는 내 차에 앉아 눈을 감고 이 곡을 듣던 그는 벡이 새로운 음을 연주할 때마다 미소를 지었다. 첫 보컬 라인이 지나가고 벡이 그의 기타 간주를 연주하기 시작하자 펄먼이 활짝 웃으며 말했다. "드디어 감정과 음악의 인지신경과학에 대해 모든 것을 이해하는 사람이 등장했군! 이 사람은 어떻게 연주하면 내 뒷덜미 머리털을 곤두세울 수 있는지 정확히 알고 있어!"

슬픈 노래는 이해받고 있다고 느끼는 단계, 이 세상에서 나 홀로 외롭지 않다고 느끼는 단계, 다른 누군가도 이 슬픔을 이겨냈으니 나도 그러할 것이라는 희망을 느끼는 단계를 거쳐 궁극적으로는 슬픔의 경험이 아름다움으로 승

화될 수 있다는 영감을 느끼는 단계로 우리를 이끈다. 그날 밤 슬픔 속에 월드
포트 로지를 찾은 사람들에게 에티엔은 언젠가는 또 다른 슬픈 일이 찾아오
겠지만 우리는 그 절망을 짧은 시간이나마 평화로 바꾸며 지금까지 잘 극복
해왔지 않느냐고 위로를 전한 것이다.

Knowledge

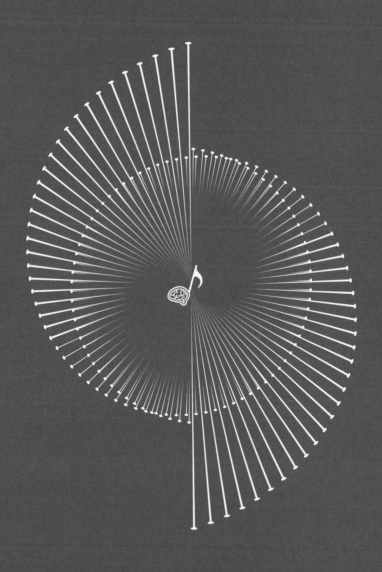

나는 뒤늦게 학계에 들어왔다. 심지어 학사학위도 30대에 들어서야 땄다. 하지만 나는 이안 크로스의 이름을 우리가 처음 만나기 한참 전부터 알고 있었다. 주로 그가 음악 구조에 대해 공동편집한 중요한 두 서적과 음악적 형태의 인지적 표상에 관한 글을 읽고 그에 대해 알게 됐다. 음악인지 분야는 상대적으로 규모가 작다. 아마도 음악인지를 자신의 전공분야로 여기는 사람이 전 세계적으로 250명 정도밖에 없을 것이다. 이것을 신경과학 같은 분야와 대조해보자. 신경과학은 미국에서 열리는 연례학회에만 해도 5,000명이 참가한다. 대부분의 대학 심리학과와 음악과에서는 음악인지를 하는 사람이 없고, 있다고 해도 한 명을 넘는 경우가 드물다. 그래서 세 곳의 주요 학회(북미학회, 유럽학회, 범아시아학회)가 만나는 연례 모임은 아주 중요한 행사다. 이 모임은 음악인지 분야의 사람들이 만나서 최신의 연구결과에 대해 배우고, 과학적 논란을 해소하고, 수다를 떨 수 있는 기회다.

대학원에서 나는 절대음감에 대한 새로운 연구를 마무리하고, 한 해는 그것을 유럽학회에서 발표해 그에 대한 피드백을 받은 다음 학회지에 정식으로 발표했다. 연구과학자들은 결함이 있는 논리적 주장이나 실험 설계 혹은 데이터로 제대로 입증되지 않은 주장을 하는 젊은 연구자들을 보면 도저히 못 견디는 사람들이다. 학생 입장에서는 이런 발표가 총알받이가 되는 정말 가혹한 테스트지만 이보다 더 좋은 훈련은 없다. 학회 참가자들이 당신의 연구에 아주 구멍이 숭숭 뚫리도록 총을 난사해대지만, 결국 이런 구멍을 메울 수만 있다면 논문은 그만큼 더 견고해진다. 내 박사학위 논문을 지도해준 마이크 포즈너Mike Posner 교수님은 논문에 결함이 있다면 정식 발표하기 전에 발견하는 것이 훨씬 낫다고 조언해주었다. 이미 발표된 논문을 철회하거나 정정하는 일은 정말 민망한 일이고, 그것으로 경력이 끝장날 수도 있다.

학회 첫날 아침 나는 아침 식사를 하러 내려와 다른 학생들 몇몇과 커다랗고 둥근 포마이카 식탁에 앉았다. 내가 버스를 타고 올 때 만났던 학생들이다. 그중 두 명은 이안 교수님의 학생이었다. 이 학생들은 아주 친근했고 호기심도 많아서 내 배경과 내가 발표할 논문에 대해, 미국의 대학원 생활에 대해, 그리고 내가 할리우드 배우를 만난 적이 있었는지(당연히 만나봤다! 미국은 배우들이 득실거리는 곳이니까), 내가 좋아하는 밴드는 누구인지 알고 싶어 했다. 이안 교수님은 빳빳하게 다림질한 정장을 입고 나중에 나타났다. 그리고 놀랍게도 우리 학생들과 같은 식탁에 앉았다. 나는 학회에서의 식사는 우리 가족의 추수감사절 저녁 식사와 비슷해서 어른용 식탁과 아이용 식탁이 따로 분리되어 있을 줄 알았다. (그리고 아무리 나이가 들었어도 여전히 나는 아이용 식탁에 배정됐다. 우리 부모님 세대들이 여전히 어른용 식탁을 가득 채우고 있었기 때문이다. 지난 추수감사절에는 우리 2세대 가족 중 몇 명은 높이가 낮고 크기도 절반 정도밖에 안 되는 불편한 의자에 앉아서 마찬가지로 높이가 낮은 식탁에서 식사해야 했다. 지난 40년 동안 앉아온 의자를 그대로 사용했기 때문이다.)

이안은 모두에게 자기를 소개하고 우리 모두와 대화를 시작했다. 그는 자기도 절대음감에 대해 연구를 한 적이 있어서 내 발표를 기대하고 있다고 말했다. 교수님이 이렇게 학생에 대해 애써 관심을 보이는 경우가 얼마나 될까 (많지 않다!)? 이안 교수님에 대한 내 첫인상은 자상하고 사회적 지위를 따지지 않는 사람이라는 것이었다. 절대음감에 대한 연구 말고도 우리에게는 또 다른 공통점이 있었다. 이안도 기타리스트였다. 그는 클래식기타를 연주하고, 나는 블루스 음악을 연주하지만 둘 다 평생 서로가 좋아하는 음악을 듣고, 이해하며 살아왔다는 공통점이 있었다. 저녁 식사가 끝나고 그날 밤 참가자 중 일부가 순서대로 돌아가며 무대에 올라가 사람들을 위해 음악을 연주했다. 이안이 내게 자기 클래식기타를 빌려주며 사람들을 위해 연주해 달라고 했다. 그래서 나는 그 달에 독학으로 막 배웠던 노래를 연주하며 불렀다. 스티비 레이 본Stevie Ray Vaughan의 '자부심과 기쁨Pride and Joy'이었다. 내 노래는 그날 밤 유일하게 클래식이 아닌 곡이었지만 모두들 듣고 좋아하는 것 같았다. 오늘날까지도 그날 학회에 참가했던 사람들과 우연히 마주치면 그들은 나를 '스티비 레이 본 노래를 연주했던 사람'으로 기억한다. 이제 내가 이안 교수님을 알고 지낸 지도 15년이 흘렀고 그는 명석한 사고와 학문적 열정, 그리고 음악인지에 대한 통찰로 여전히 나를 놀라게 한다. 지난 10년 동안 이안은 음악의 진화적 기원에 대해 몇 편의 논문을 썼고, 그 논문들은 이 분야에 큰 영향력을 미치게 됐다.

우리 두 사람 모두 2007년 여름에 헬싱키 바로 외곽에 있는 에스포의 길렌베르그 재단Gyllenberg Foundation에서 주최한 '음악과 의학의 만남 국제학회 International Music Meets Medicine conference'에 초청되어 강연을 했다. 백야로 해가 21시간 떠 있어서 낮이 무척 길었다. 나는 전에는 이렇게 북쪽까지 와본 적이 없었고, 이안과 나는 둘 다 태양의 색 스펙트럼에 차이가 있음을 알게 됐다. 우리 눈에는 모든 것이 조금 더 노랗게 보였다. 우리는 학회장 주변을 산책하며 처음 접하는 식물들을 살펴보았다. 나무들은 두 사람이 각각 어린 시절에 살았던 스코틀랜드와 캘리포니아에서 알던 나무들과 비슷해 보였지만 나무껍질 패턴, 이파리 색깔, 그리고 침엽수의 경우에는 솔잎에서 미묘한 차이가 있었다. 우리는 이것들이 우리가 자랄 때 보던 것과 아예 종이 다른 나무인지, 아니면 그냥 노출되는 광량이 하루 2시간에서 22시간까지 요동치는 것에 적응하기 위해 생긴 유전적 변이인지 추측해보았다. 동물군도 차이가 있었다. 우리는 소풍용 탁자에 앉아 음악의 기원에 관해 대화를 나누고 있었는데 익숙하지 않은 새 울음소리가 들려 대화가 자주 중단됐다. 그 소리가 들리면 우리 두 사람은 저절로 그 새의 정체를 확인하려 눈길이 그쪽을 향했다.

우리는 소풍용 탁자 옆 연못에서 들리는 개구리 울음소리에도 정신이 산만해졌다. 그리고 결국에는 우리 나라에서 보던 것들과는 다른 작고 매끈한 피부의 갈색 개구리를 볼 수 있었다. 이안과 내가 어린 시절에 보았던 개구리와 두꺼비들은 총합창처럼 모두 한꺼번에 울었다. 반면 이곳 핀란드의 개구리들, 적어도 에스포 연못의 개구리들은 번갈아서 울어대는 '교창식 울음 antiphonal calling'이라는 방식을 이용했다. 나중에 안내문을 읽어보니 이런 방식은 암컷 개구리가 자기가 좋아하는 수컷을 찾을 기회를 극대화하기 위한 것이라고 한다. 개구리는 대체로 소리를 바탕으로 짝을 고른다. 암컷 개구리는 매력적인 수컷 개구리 울음소리를 스피커로 들려주기만 해도 그 소리에 마음을 뺏기고, 심지어 수컷 개구리 복제품과 짝짓기를 시도하기도 한다. 대부분의 개구리가 동시에 맞춰서 우는 이유는 그렇게 하면 포식자가 개별 개구리의 위치를 파악하기 어렵기 때문이다.[1] 그럼에도 에스포에서 교창식 울음이 발달한 것은 분명 포식자에게 잡아먹힐 위험을 어느 정도 감수하더라도 그런 방식을 채용한 수컷들이 짝을 유혹하는 데 유리했기 때문일 것이다.

이안은 동물이나 사람이 소통하는 데 필요한 것이 무엇이었을지 생각하는 것으로 음악의 기원에 관한 대화를 시작했다. 그가 말했다. "물리적인 환경 혹은 해당 생명체에게 영향을 미치는 사회적 환경에 관한 정보를 소통할 능력이 있다면 개인이나 집단의 생존 가능성이 분명 커졌겠죠. 그런 상황에 반응해서 조직적으로 행동할 수 있는 능력까지 갖춘다면 훨씬 더 유리해졌을 겁니다. 예를 들면 달아나고, 숨고, 싸우고, 협동하고, 공유하는 행동 같은 것 말입니다."

내가 끼어들며 말했다. "물론입니다. 데이비드 휴런이 말했듯이 생존 가능성은 신뢰할 수 있는 소통을 통해서만 강화될 수 있습니다. 그러니까 생명체에게는 거짓말하는 개체, 상대방을 교묘하게 조종하는 개체, 과장하고 부풀리는 개체를 감지할 수 있는 능력이 필요하다는 의미입니다." 이것이 바로 휴런과 다른 사람들이 언어보다 음악이 더 가치 있다고 주장하면서 내세운 논거다. 이것은 논란의 여지가 있는 대담한 개념이지만 연구자들 사이에서 인기를 얻고 있다. 우리가 소통 매체에 대해 바라는 것이 있다면 바로 정직함 여부를 쉽게 감지할 수 있는 매체여야 한다는 것이다. 행동생물학ethology에서는 이것을 정직한 신호honest signal라고 부른다. 몇 가지 이유로 인해 진심을 거짓으로 꾸미기가 구어보다는 음악에서 더 어렵다. 어쩌면 그 이유는 그저 음악과 뇌가 이런 특성을 보존하도록 공진화했기 때문인지도 모른다. 어쩌면 음악은 본질적으로 사실보다는 느낌과 더 관련되어 있기 때문인지도 모른다(그리고 어쩌면 사실을 꾸며내는 것보다 느낌을 꾸며내기가 더 어려울지도 모른다). 음악이 뇌의 감정 중추와 신경화학물질 수치에 직접적, 우선적으로 영향을 미친

다는 점도 이런 관점을 뒷받침하고 있다.[2]

　이어서 이안은 이상적인 소통 시스템이라면 개체가 자원을 구할 수 있는 장소 등 현재의 상황에 대한 지식을 소통하고, 그것을 나눌 수 있어야 한다고 말했다. 그리고 위험을 인식하고 적절한 행동을 조직할 수도 있어야 하고, 마지막으로 사회적 관계도 분명하게 표현하고 유지할 수 있어야 한다. 이런 과제를 해결하는 데 어째서 음악이 필수적이며, 심지어 언어보다 더 낫다는 것일까? 내 생각에는 음악, 특히 우리가 일반적으로 노래 하면 떠올리는 율동적이고 패턴화된 음악이 지식, 사회 전체가 알아야 할 핵심 공통 정보, 그리고 부모가 아이들에게 전하고 아이들도 쉽게 암기할 수 있는 가르침을 부호화할 막강한 기억법을 제공하기 때문이 아닌가 싶다. 나는 이것이 음악에서 근본적으로 중요한 기능이기 때문에 이것이야말로 노래의 뿌리일지도 모른다고 믿는다(3장에서 스팅과 로드니 크로웰은 기쁨의 노래가 원초적인 음악 형태였다고 주장했지만).

　수십만 년 전 우리의 초기 선조 한 명이 악어들이 모여 있는 강둑에 서 있다고 상상해보자. 또 다른 초기 인류가 그 악어들 근처에 있는데 악어 중 한 마리가 어떤 소리를 내더니 근처에 있던 그 사람에게 달려들어 먹어 치우는 것을 보았다. 우리 선조는 이 소리가 악어의 공격 개시 신호라는 것을 알게 됐다. 그런데 무작위로 일어난 설명할 수 없는 어떤 돌연변이 때문에 이 선조의 이마엽은 다른 사람들보다 조금 컸다. 그래서 이 사람은 추론하고 소통하는 능력이 더 뛰어났다. 특히나 이 사람은 초보적인 수준이기는 하지만 조망수용 능력이 있었다. 이것은 다른 사람이 어떻게 생각하고 있는지 상상할 수 있는 능력이다. 그는 자기가 알고 있는 이 지식을 자기 자식들은 모른다는 것이 떠올랐다. 아이들은 그에게 너무도 소중한 존재였다. 그는 아이들에게 경고

하고 싶었다.

그는 집으로 달려갔다. 그리고 당시의 다른 모든 인간과 마찬가지로 그도 언어를 갖고 있지 않았지만 아이들에게 자기가 방금 목격한 위험을 전달해야 한다고 느꼈다. 그렇다고 아이들을 현장으로 데려가고 싶지는 않았다. 너무 위험하고 자칫 아이들이 악어의 간식거리가 될 수도 있는 일이었다. 그는 땅 바닥에서 꿈틀거리며 몸짓으로 악어의 움직임을 흉내 냈다. 그리고 팔과 손을 한데 모아 악어가 입을 벌리고 다무는 모습을 흉내 냈다. 그리고 소리를 냈다. 이런 상징적인 몸짓이 수천 년 동안 이어져 내려오다가 이마엽이 훨씬 커지면서 더욱 정교해졌을지도 모른다. 어린아이들이 이 핵심적인 메시지에 관심을 가질지 보장할 수는 없었다. 아이들은 그저 놀이로 소리를 내며 웃고, 움직이고, 꿈틀거릴 뿐이다. 아버지가 아이들의 관심을 끌기 위해 이런 아이들의 행동을 따라 한다. 아버지가 웃고, 몸을 움직이면서 재미있는 소리를 낸다. 악어와 악어의 소리에 관한 중요한 메시지를 관심을 끄는 춤과 음의 고저와 장단이 있는 발성으로 포장한 것이다. 그리하여 최초의 노래가 탄생했다. 그리고 이 노래는 아이들을 교육하고, 아이들의 시선을 사로잡고, 아이들을 즐겁게 만드는 일을 동시에 하도록 태어났다. 요즘 아이들은 주변에서 들리는 음악에 놀라울 정도로 장단을 잘 맞춘다. 아이들은 주변에서 들리는 음악에 맞추어 몸을 흔들고, 생후 2년 안으로 음악에 대한 기호가 발달한다. 아이들은 유전적으로 부호화된 자기 내면의 음악에도 장단을 맞춰서, 말로 옹알거리기 전에 음악으로 먼저 옹알거린다.

아이들의 음악 사랑은 유아기부터 시작되는 것 같다. 생후 7개월 정도면 아기는 음악을 2주 동안이나 기억할 수 있고,[3] 자기가 들어본 모차르트의 특정 선율을 아주 비슷하지만 들어보지 못한 선율과 구분할 수 있다. 이는 음악의 인지와 기억이 선천적, 진화적 기반을 갖고 있음을 암시한다. 산드라 트레홉Sandra Trehub이 입증해 보였듯이 엄마와 유아 사이의 발성에 의한 상호작용은 여러 문화권에 걸쳐 현저한 유사성을 나타낸다.[4] 이런 상호작용은 음악적인 속성을 갖고 있어서 다양하게 음높이가 변화하고, 반복적인 리듬이 등장하고, 명확하게 감정적이고 유익한(지식을 전달하는) 내용을 담고 있다. 엄마와 아기는 본능적으로 이런 상호작용을 통해 감정을 함께 조절한다. 엄마가 아기에게 자기가 가까이서 돌보고 있다고 안심시켜주는 것이다. 엄마 역시 이런 음악 같은 발성을 이용해서 아기의 관심을 주변 환경의 중요한 지각적 특성으로 돌린다.[5]

데이비드 휴런은 최초의 노래는 내 악어 시나리오 같은 두려움보다는 자부심과 더 관련되었을지도 모른다고 제안한다. 그는 이렇게 말한다. "당신이 동료들과 함께 사냥을 나갔다가 돌아왔다고 상상해봅시다. 당신은 사냥에 동참하지 않았던 다른 사람들에게 무슨 일이 일어났는지 알리고 싶습니다. 그리고 사람들에게 그 경험을 아름답게 전달하고 싶어 합니다. 꿀벌처럼 무미건조하게 그저 고기가 어디 있다고 전달하고 싶지는 않은 거죠. 얼마나 위험했고, 얼마나 어려운 일이었고, 결국 어떤 업적을 달성했는지 고도로 양식화된 형식을 빌려 예술적으로 표현하고 싶은 겁니다." 어쩌면 이것이 팬터마임으로 시작되어 결국에는 음악과 춤이라 할 만한 것으로 진화했을지도 모른다.

아니면 최초의 노래는 아이들의 구호 외치기 놀이 혹은 상대방의 움직임과 자신의 움직임을 조화시키게 도와주는 짝짜꿍 놀이 같은 데서 나왔을지도 모른다고 이안 크로스는 제안하고 있다.

수 체계를 가진 모든 문화권에서는 운율에 맞춰 숫자를 세는 노래가 있다. 이런 노래는 아이들이 수를 순서대로 외울 수 있게 도와준다. 영어 문화권에서는 노래와 말이 섞여 있기도 하는데 이런 형태는 보통 줄넘기 노래의 경우처럼 운동 조정 능력을 훈련시키는 역할도 이중으로 한다.

강가에서 바닷가에서
조니가 병을 깨고는 나한테 뒤집어씌워요
나는 엄마한테 말하고, 엄마는 아빠한테 말하고
조니는 엉덩이에 매를 맞았대요 하하하
조니는 매를 몇 대나 맞았을까요?
1, 2, 3 … (줄넘기하는 아이가 실수할 때까지 계속 이어진다)

또는

노란 옷으로 차려입은 신데렐라가
위층으로 올라가 남자친구에게 뽀뽀했어요
그런데 실수로
뱀에게 뽀뽀했대요
의사가 몇 명이나 필요했을까요?
1, 2, 3 … (줄넘기하는 아이가 실수할 때까지 계속 이어진다)

만 3세가 되면 많은 아이가 이미 자기의 노래를 만들거나 배운 노래를 자신의 버전으로 고친다. 말하기 패턴의 변이를 만들어낼 때와 마찬가지 방식으로 자기 문화권의 멜로디 패턴과 리듬 패턴에 변형을 만들어내는 것이다. 이런 자발적인 실험이 이루어진다는 것은 멜로디와 리듬에 변화를 주려는 성향이 뇌 속에 선천적으로 각인되어 있음을 암시한다. 이것은 번식 적합도 reproductive fitness에 기여하는 부분이어서 우리 선조들에게는 필수적이었는지도 모른다.

# # #

이안과 나는 에스포 연못 옆에서 대화를 이어갔다. 이안이 말했다. "궁극적으로 음악은 사회적 불확실성을 관리하는 데 최적화된 소통 매체로 발달했습니다." 이안은 음악이 먼저냐, 언어가 먼저냐 하는 것은 중요하지 않다고 주장했다. 양쪽 모두 수만 년 동안 존재해왔고, 진화, 뇌, 문화도 양쪽 모두에 적응해왔기 때문이다.

이안이 말을 이어갔다. "음악에서 결여되어 있는 바로 그것, 즉 외부의 지시 대상이 없다는 사실 때문에 불확실한 상황을 다루기에 최적입니다. 이방인들과 접촉하거나 사회정치적 관계에 변화가 생기는 등 사회적인 상황이 어렵고 대립적일 때 언어는 개인의 감정, 태도, 의도 등을 모호함 없이 분명하게 표현하기 때문에 상황을 악화시켜 위험한 물리적 충돌로 내몰 수 있습니다. 언어가 사회적 골칫거리가 될 수 있는 것이죠. 하지만 그와 유사한 소통 시스템에 접근할 수 있다고 상상해봅시다. 그 속성상 소속감, 일체감, 유대감을 촉진하는 성향이 있는 소통 시스템 말입니다. 그리고 …" 이안이 잠시 말을 멈추었다. 그의 눈동자에 연못물이 비쳤다. "정직한 신호를 전달할 수 있는 소통 시스템, 소통하는 사람의 진정한 감정 상태와 동기를 들여다볼 창문이 되어주는 소통 시스템 말입니다."

그리고 감정의 신호로는 음악만 한 것이 없을지도 모른다. 우리가 아는 문화권은 어디든 한결같이 음악이 감정을 유도하고, 촉발하고, 조장하고, 전달한다. 전통적인 사회의 음악은 특히나 그렇다. 그리고 실험실에서는 아마도 약을 사용하는 경우를 제외하면 음악이야말로 가장 신뢰할 만한 기분 유도 장치라 할 수 있다. 만약 음악이 기분 및 감정과 그렇게 긴밀하게 얽혀 있다면 분명 진화에서 그 설명을 찾을 수 있을 것이다.

음악과 감정 사이의 관계를 진화적으로 설명할 한 가지 방법은 감정이 사람과 동물에서의 동기부여와 긴밀하게 관련되어 있다는 인식에서 출발하는 것이다. 그렇다면 둘 사이의 관계를 찾아내려 할 때 제일 먼저 다음과 같이 물어볼 수 있다. 음악은 어떻게 인간을 제외한 동물들 사이에서 동기부여 요인으로 작용할 수 있었을까? 뇌는 세상과 함께 진화했고, 따라서 물리세계의 어떤 물리적 규칙성과 원리를 내포하고 있다. 그런 원리 중 하나가 큰 물체일수록 질량도 커지기 때문에 땅바닥에 떨어졌을 때 혹은 때렸을 때 낮은음을 내는 경향이 있다는 것이다(후자의 경우는 크기가 크면 공명 주파수resonant frequency가 낮아지기 때문이다).

낮은음 소리에 주의를 기울이는 법을 배운 쥐의 선조는 코끼리에게 밟혀 죽는 것을 피할 수 있었을 것이다. 사실 이런 능력이 없는 쥐의 선조 중에는 결국 후손을 남긴 쥐가 거의 없었을 것이다. 밟혀 죽었을 테니까 말이다. 특정 주파수, 그리고 소리의 강도와 리듬에 대한 예민함은 중요한 부분이었다. 그렇다고 너무 예민해서 온갖 것에 깜짝깜짝 놀라는 것도 곤란하다. 그랬다가는 항상 쥐구멍 속에만 머무르고 밖으로 나가 먹이를 구하거나 짝을 찾지 못했을 테니까 말이다. 놀라야 할 것에는 놀라야 했지만 딱 그런 것에만 놀라야 했다. 한편 저주파수의 음신호가 큰 크기를 암시한다면 일부 쥐는 자기가 입과 목청으로 낮은음을 내어 다른 쥐를 겁줄 수 있다는 사실을 알아차렸을 것

이다(물론 코끼리까지 겁줄 수야 없겠지만).[6]

쥐의 주파수 감수성을 사람의 음악과 연결하는 것이 억지스러워 보일 수도 있지만 강력한 출발점인 것은 사실이다. 야금야금 일어난 수천 가지 적응이 서로 다른 종들이 자신의 생태적 지위^{ecological niche}를 찾도록 도와주었을 것이다. 한 계통수에서 일어난 한 줄기 돌연변이만 있어도 음높이 감수성을 리듬 감수성과 결합하는 데 충분했다. 이렇게 만들어진 음악적인 뇌 탄생의 토대는 커진 앞이마겉질이 이 청각 분별 능력을 가지고 무엇을 할 수 있는지 알아낼 때까지 그곳에서 묵묵히 기다리고 있었다. 하지만 이런 뇌 발달이 어떻게 일어났는지 살펴보기에 앞서(이 부분은 7장에서 다루겠다) 지식의 노래의 본질은 무엇이고, 그것이 어떻게 작용하는지에 관해 더 자세히 알아보려고 한다.

요즘에는 소수가 생산한 음악을 다수가 소비한다. 하지만 이것은 역사적으로, 문학적으로 대단히 드문 상황이기 때문에 특별히 고려해야 할 부분이 아니다. 세계적으로, 역사적으로 음악 활동은 대부분 공동의 참여로 이루어졌다. 그런 상황에 변화가 온 것은 불과 몇 세대 안쪽의 일이다. 백 년 전만 해도 가족들은 저녁을 먹고 한 자리에 둘러앉아 함께 노래하고 음악을 연주하며 시간을 보냈다. 1880년대 맨해튼을 떠올리는 회고록에서 폴라 로비슨^{Paula Robison}은 이렇게 적었다.

> 라디오와 축음기 덕분에 다양하게 음악을 즐길 수 있게 되어 좋은 음악을 감상하는 데는 도움이 되지만 스스로 표현하는 음악은 오히려 위축되는 것 같다.[7] 어린 시절만 해도 우리는 노래를 지금보다 많이 불렀었다. 아이들은 학교에서도, 놀이할 때도 노래를 불렀다. 사람들은 실내와 야외를 가리지 않고 일할 때면 노래를

입에 달고 살았다. 하지만 요즘에는 술에 취한 사람들조차 그 시절만큼 즐겁게 길거리와 버스에서 노래하지 않는다.

우리는 오늘날 우리가 공유하는 역사의 메아리를 여름 캠프나 스쿨버스에서 목격한다. 데이비드 휴런도 지식의 노래가 아마도 최초의 노래였을 거라 동의하면서, 그 취향과 느낌이 여기 북미에서는 그가 말하는 '노랑 스쿨버스 노래'에 보존되어 있다고 말한다. 이것은 '벽에 붙은 맥주병 99개99 Bottles of Beer on the Wall', '개미들의 행진The Ants Go Marching' 그리고 심지어 '돌고 도는 버스 바퀴The Wheels on the Bus Go Round and Round' 같은 노래들이다. '벽에 붙은 맥주병 99개'와 '개미들의 행진'은 아이들에게 숫자 세는 법을 가르친다. '돌고 도는 버스 바퀴'는 환경에 존재하는 물리적 질서와 사회적 질서를 구축하고 강화하는 데 도움을 주어 그런 지각을 나이에 적절한 도식으로 표현해준다. 버스에 탄 아기는 울고, 바퀴는 돌고 돌아가고, 와이퍼는 쉭쉭 움직이고 등. 이런 노래들은 아이들에게 세상에 대해 알아야 할 내용에 대해, 그리고 음악의 형태와 구조에 대해 동시에 가르쳐준다.

전 세계 아동들이 부르는 또 다른 범주의 노래로는 사람을 고르거나 빼는 동요가 있다. 북미에서 그중 가장 유명한 것은 아마도 이것일 것이다.

> 이니, 미니, 마이니, 모
> 호랑이 발가락을 잡아
> 만약 호랑이가 으르렁거리면 놓아줘
> 이니, 미니, 마이니, 모
> (이 지점에서는 지역별로 다른 변이가 등장한다. 한 연구자는 수십 가지

서로 다른 결말을 찾아냈다. 내가 어릴 때 배웠던 노래는 이랬다.)

우리 엄마가 제일 잘하는 아이를 뽑으래. 너는 '그것'이 아니야.

(여기서 지목당한 사람이 밖으로 빠진다. 그리고 한 사람만 안에 남을 때까지 게임이 이어진다. 그럼 어떤 활동을 선택하든 그 마지막 남은 사람이 그 활동에서 '그것'이 된다.)

이런 동요에서 흥미로운 점은 노래가 거의 전적으로 구전으로 전달된다는 것이다. 이런 동요를 책에서 읽고 배우는 아이는 없다. 보통은 어른에게 배우지 않고 다른 아이들로부터 배운다. 노래의 운율을 맞추고, 사람을 지적하고, 노래를 외워 부르는 데 필요한 발성-운동 조화vocal-motor coordination를 수행하는 것은 어른의 활동을 연습하는 역할을 한다. 이렇게 숫자를 세는 놀이에 참여하는 아이들은 사람을 지적하거나 숫자를 세면서 규칙을 어기는 사람이 없는지 정신을 바짝 차리고 지켜보게 되며 아주 사소한 실수만 있어도 처음부터 다시 부르게 만든다. 이 게임은 사회적으로 강화되며 이것을 통해 아이들이 필연적으로 배우게 될, 더 중요한 의미를 담고 있는 복잡한 노래를 배울 준비를 하게 된다. 북미 전체에 걸쳐 서로 다른 버전들이 확립되어 있고, 또 서로 유사하다는 것이 놀랍다.

동요 중에는 기억 훈련에 도움이 되는 것도 많다. 노래 자체는 지식을 전하지 않지만 실제로 그런 지식을 전달하는 서사 노래와 민요의 전 단계라 할 수 있다. '나는 파리를 삼킨 할머니를 알아요I Know an Old Lady Who Swallowed a Fly'나 '외동아이, 외동아이An Only Kid, An Only Kid'는 이야기가 계속 연결되면서 각각의 절이 앞에 나왔던 절에 대해 언급하고 있어서 노래의 끝에 가면 기억해야 할 것이 부담될 정도로 많아지는 노래다. 어린아이들은 보통 툭툭 끊어진 구절들을 기억하고 있고, 이 노래의 이야기 전체를 기억할 수 있는 나이가 더 많은 아이를 따라 하려고 한다. 생생한 이미지와 동물들은 모두 아이들의 커가는 상상력을 사로잡는데, 이 점이 이런 노래의 개념을 보존하는 데 도움을 준다. 그리고 아이들은 이야기의 심상에 대해 이차적 혹은 부차적으로 단어를 학습하게 된다. 이런 노래 중에 가장 효과적인 것들은 부가적으로 각운, 두운, 모음운 같은 시적 장치로 그 자리에 올 수 있는 단어를 제약해서 아이들이 그 단어들을 더 쉽게 외울 수 있게 도와준다. 아이들 중에는 '나는 파리를 삼킨 할머니를 알아요'라는 노래를 통해 먹이사슬에 대해 처음 배우는 경우가 많다. 거미가 파리를 삼키고, 새가 그 거미를 삼키고, 고양이가 그 새를 잡아먹고 등으로 이어진다. (2절의 '새bird'와 각운을 맞추기 위해 넣은 좀 더 어른스러운 단어인 '어리석은absurd'을 이 노래를 통해 처음 접하는 아이들도 많다.)

어느 문화권을 막론하고 모든 집단 구성원의 생존에 필수적인 정보를 담아 놓은 지식의 노래를 찾아볼 수 있다. 이것은 악어 무리에 대한 경고 같은 것이 아니라 어떤 진녹색 이파리에서 쓴맛을 줄이려면 어떻게 요리해야 하는지, 혹은 이웃 부족의 영토를 침범하지 않으면서 마실 물을 구하려면 어디로 가야 하는지 등의 일상생활을 안내하는 내용이다.

우리가 물을 구하는 곳은 여기지
여기가 우리가 물을 구하는 곳이야
날개 큰 새들이 와서 물을 마시는 곳
오래전 어느 날 에르두족의 아버지가
바클라타족의 여성들이 가는
저기 샘으로 갔다네

그리고 바클라타족의 남자들에게 죽임당했지

우리는 절대 저기에 가지 않아, 우리는 절대 저기에 가지 않아

우리가 물을 구하는 곳은 여기지

역사 초기에 이런 노래들은 어떤 먹거리가 안전하고, 어떤 것이 위험한지에 대한 지식을 담고 있었다. 아마도 우리가 요즘에 노란 스쿨버스 노래라고 하는 것과 비슷하게 단조로운 형태였을 것이다. 이런 지식의 노래는 본질적으로 '노하우'를 전달하는 노래였다. 동물의 가죽을 벗기는 노하우, 창을 만드는 노하우, 물항아리를 만드는 노하우, 물이 새지 않는 배를 만드는 노하우 등. 오늘날에도 팝 음악에서 그런 버전을 볼 수 있다. 예를 들면 프레이The Fray의 '목숨을 구하는 법How to Save a Life', 리틀 에바Little Eva의 '로코모션The Locomotion'(나중에는 그랜드 펑크 레일로드Grand Funk Railroad가 부름), 버스타 라임즈Busta Rhymes의 '하이스트The Heist'("영화는 그렇게 만들지that's how we make movies"), 오스트레일리아 가수 대런 헤이즈Darren Hayes의 '타임머신 만드는 법How to Build a Time Machine' 등이 있다.

물론 이런 지식의 노래 중 일부는 자연스럽게, 하지만 의도하지 않게 미신이나 민간 속설같이 사실이 아닌 내용도 담게 됐다. 미신은 관찰, 경험, 전해 들은 이야기에서 부정확하게 이끌어낸 결론에 불과하다. 이런 것들은 현대의 팝송에서도 다양하게 언급된다. 예를 들면 데보Devo의 '휩 잇Whip It'("틈 위에 올라서면 / 엄마 허리가 부러져"), 자넷 잭슨Janet Jackson의 '검은 고양이Black Cat', 키스 어번Keith Urban의 '우리만의 작은 행운A Little Luck of Our Own'("사다리 위에 앉아 있는 검은 고양이 / 벽에 매달린 깨진 거울"), 롤링 스톤스Rolling Stones의 '민들레Dandelion'(민들레를 입으로 불면 미래를 내다보는 힘이 생긴다는 암묵적 메시지가 담

노래하는뇌

겨 있다) 등이 있다.

인쇄 기술의 발명과 함께 지식의 노래에 대한 필요성이 줄어들기 시작했다. 문자 사용 이전의 사회에서는 지식의 노래가 문화적 지식, 역사, 일상생활의 절차를 기록할 유일한 보관소였다. 정보 전달에서 근본적인 역할을 했을 것이다. 요즘에는 지식의 노래가 다른 형태를 띤다. 오늘날 가장 잘 알려진 것으로는 알파벳송이 있다. 서구 문화권의 아이들은 빠짐없이 이 노래를 배운다. ('9월은 30일까지Thirty days has September'는 각운에 음악적 요소를 갖고 있지만 보통 노래로 불리기보다는 암송될 때가 많다.) 하지만 새로운 지식의 노래들이 항상 작곡되어 나오고 있다. 1990년대 아동용 텔레비전 프로그램 '애니매니악스Animaniacs'에서 선보인 노래들은 한 세대의 아이들에게 미국의 주와 주도 이름('터키 인 더 스트로Turkey in the Straw'의 멜로디에 실어), 그리고 전 세계 국가의 이름('멕시칸 햇 댄스Mexican Hat Dance'에 각운을 맞춰) 등을 배울 수 있게 해주었다. 후자의 작품에서 인상적이었던 부분은 작곡자 랜디 로겔Randy Rogel이 국가 이름으로 각운을 맞추었을 뿐 아니라 지리에 따라 160개 국가 이름을 언급했다는 점이다. 그가 세계의 모든 국가를 언급한 것은 아니지만 잘 알려지지 않은 비교적 소수의 국가를 배제했을 뿐이다. 그리고 심지어 농담을 한마디 끼워 넣기까지 했다.

> 미국, 캐나다, 멕시코, 파나마, 아이티, 자메이카, 페루
> 도미니카공화국, 쿠바, 카리브해, 그린란드, 그리고 엘살바도르도
> 푸에르토리코, 콜롬비아, 베네수엘라, 온두라스, 가이아나
> 그리고 또 과테말라, 볼리비아, 아르헨티다, 에콰도르, 칠레, 브라질

코스타리카, 벨리즈, 니카라과, 버뮤다, 토바고, 산후안
파라과이, 우루과이, 수리남 그리고 프랑스령 기아나,
바베이도스, 그리고 괌

노르웨이, 그리고 스웨덴, 그리고 아이슬란드, 그리고 핀란드,
그리고 독일, 이제 한 덩어리
스위스, 오스트리아, 체코, 이탈리아, 터키, 그리스
폴란드, 루마니아, 스코틀랜드, 알바니아, 아일랜드, 러시아, 오만
불가리아, 사우디아라비아, 헝가리, 키프로스, 이라크, 이란

시리아, 레바논, 이스라엘, 요르단, 예맨, 쿠웨이트, 바레인

네덜란드, 룩셈부르크, 벨기에, 그리고 포르투갈, 프랑스, 영국,
덴마크, 스페인

인도, 파키스탄, 버마, 아프가니스탄, 태국, 네팔, 그리고 부탄
캄보디아, 말레이시아, 그리고 방글라데시(아시아), 중국, 한국, 일본
몽골, 라오스, 티베트, 인도네시아, 필리핀제도, 타이완
스리랑카, 뉴기니, 수마트라, 뉴질랜드, 그리고 보르네오와 베트남

튀니지, 모로코, 우간다, 앙골라, 짐바브웨, 지부티, 보츠와나
모잠비크, 잠비아, 스와질란드, 감비아, 기니, 알제리, 가나

부룬디, 레소토, 그리고 말라위, 토고, 스페인령 사하라는 사라졌지
니제르, 나이지리아, 차드, 라이베리아, 이집트, 베냉, 가봉

탄자니아, 소말리아, 케냐, 그리고 말리, 시에라리온, 그리고 알제리
베냉, 나미비아, 세네갈, 리비아, 카메룬, 콩고, 자이르

에티오피아, 기니비사우, 마다가스카르, 르완다, 마요트,
그리고 케이맨
홍콩, 아부다비, 카타르, 유고슬라비아⋯
크레타, 모리타니
그다음엔 트란실바니아
모나코, 리히텐슈타인
몰타, 그리고 팔레스타인
피지, 오스트레일리아, 수단

　내 학부생 몇 명은 이 프로그램에서 배운 '뇌의 영역들Parts of the Brain'이라는 노래를 '시골경마De Camptown Races'의 멜로디에 붙여 매년 신나게 내게 불러준다. 원곡에서 '두-다doo-dahs'가 있던 자리에 '뇌줄기brain stem'라는 단어가 고음으로 들어간다. "새겉질, 이마엽(뇌줄기, 뇌줄기) / 해마, 신경절, 우반구" 심리학자들은 연구실 실험과 실제 민족학적 연구를 한데 묶어서 이 뇌 영역들과 다른 뇌 영역들이 어떻게 그토록 많은 정보를 음악에 부호화해서 보존할 수 있는지 이제 막 이해하기 시작했다.
　1930년대에 앨버트 로드Albert Lord와 밀만 패리Millman Parry는 당시에는 유

고슬라비아였던 산악지대에서 민속음악을 녹음했다.[8] 백 년 이상의 세월 동안 그곳을 노래하며 떠돌던 가수들은(대부분 이슬람교도) 마을에서 마을로 옮겨 다니고, 한 번에 며칠씩 머무르며 구전으로 전해오는 역사를 노래로 불렀다. 이 노래는 길이가 수천 줄에 이르고 완창하려면 며칠 밤이 걸리기도 했다. 이런 전통에 잔뼈가 굵은 가수들은 이런 서사곡을 서른 곡에서 백 곡 정도 알고 있기도 했다. 일부 사람은 자기 노래를 아주 정확하게 암기하고 있었다.[9] 한 번은 한 가수가 노래를 한 번만 듣고도 그 곡을 자기 레퍼토리에 포함시켰다. 17년 후에 테이프로 녹음한 것을 보면 단어 선택에서 아주 사소한 오류만 있을 뿐 놀라울 정도로 일관되게 외우고 있음이 드러났다.

서아프리카의 골라Gola족은 부족의 역사를 보존하고 전달하는 데 특히나 가치를 둔다.[10] 역사를 지키려는 이유 중에는 실용적인 부분도 있다. 친족의 기원에 대한 지식은 당대 사람들 사이에서 가족관계와 이런 관계에 수반되는 상호책임을 확립하는 데 도움을 준다. 풍족하지 못해 근근이 살아가는 문화권에서 먹을 것이 없을 때 다른 사람에게 자기가 친척임을 주장할 수 있다면 그것이 생사를 가를 수도 있다. 더군다나 선조들은 죽은 지 오래됐어도 현재의 일들에 계속 영향력을 구사하는 별개의 인격으로 간주되었다. 이런 풍부한 구전 역사 중 상당 부분이 골라족의 구전 역사가들에 의해 음악의 형태로 보존되었다.

고대 히브리인들은 구약성서의 첫 다섯 권에 해당하는 유대 율법 토라Torah에 멜로디를 붙여 외워서 불렀고, 문자로 처음 기록하기 전 천 년이 넘는 세월 동안 그것이 이어져 내려왔다. 심지어 오늘날에도 많은 정통 랍비들은 한 단어도 잊지 않고 모두 암기해서 노래할 수 있다. 탈무드에 기록된 해설, 지시, 교정, 설명을 담은 소위 구전 토라Oral Torah는 많은 사람이 글자 그대로 암기하고, 음악도 입혔다.

곡을 쓰는 사람들은 무언가에 음악을 입히면 기억에 잘 남는다는 것을 암암리에 알고 있다. 현대 사회에서는 종이나 컴퓨터 같은 데 적어서 남기는 것이 더욱 실용적으로 보이겠지만 그런 방식은 노래처럼 강력하지 못하다. 노래는 우리 머릿속에 달라붙어 꿈속에서도 떠오르고, 생각지도 못했던 순간에 의식으로 튀어나오기도 한다. 올리버 색스는 머리에서 도저히 떨쳐낼 수 없었던 노래에 관한 이야기를 들려주었다. 구스타프 말러^{Gustav Mahler}의 '죽은 아이를 그리는 노래^{Kindertotenlieder}'였다. 이 음악은 그의 내부에서 점점 자라나 구슬프고도 두려운 마음을 만들어냈고, 이 곡의 정체를 알 수 없었던 올리버는 그것을 한 친구에게 불러주었다. "자네 어린 환자의 치료를 포기했거나, 자식 같은 문학 서적을 훼손한 적이 있나?" 그 친구가 물었다. 올리버는 이렇게 대답했다. "둘 다야. 어제 아동병동에서 사직했지. … 수필집도 하나 태웠고." 올리버의 마음은 전날에 있었던 일을 상징하는 창의적이고 파괴적인 방식으로 죽은 아이들을 애도하는 말러의 노래를 떠올린 것이다.[11]

제네시스^{Genesis}의 "지금까지 줄곧 당신이 말했던 모든 것을 기억하고 있어요"[12]라는 노랫말 혹은 브라이언 아담스^{Bryan Adams}의 "당신의 살냄새를 기억해요[13] / 나는 모든 것을 기억해요 / 당신의 모든 움직임도 기억하고 있어요"라는 노랫말은 노래 속에 개인적인 기억을 담고 있는 것이다. 그런 정서를 암시적인 코드, 리듬, 멜로디와 결합함으로서 이들은 자기에게 중요한 느낌과 사건에 대한 원초적이고 순수한 감정의 반응을 저장하고 있는 것이다. 이것은 수천 년 동안 이용된 아주 막강한 방법이다. 가사가 없이 음악만으로도 아주 효과적으로 정확한 감정을 촉발할 수 있다. (연구에 따르면 사람들은 새로운 연주곡이 어떤 감정을 유발하기 위한 것인지 대단히 정확하게 파악하는 것으로 나왔다.) 여기에 가사를 추가해서 이 가사가 멜로디, 화음, 리듬과 상호작용하면 거기에 담긴 메시지를 지워지지 않게 평생 기억에 새겨놓을 수 있다. 새로운 세대의 사람들도 그 노래를 듣고, 배워서 후대에 전한다면 훨씬 더 오래 이어질 것이다.

곡을 쓴 사람이 듣는 이에게 자기에게 중요하고 특별한 무언가를 기억해달라고 애원하는 지식의 노래도 있다. 인디 로커 슬리터 키니^{Sleater-Kinney}의 '마지막 노래^{The Last Song}'가 그런 경우다.

> 내가 당신으로 바뀌기 전에
> 당신이 내 밖으로 나와야 해
> 당신이 모든 것을 기억하기 전에는
> 차마 당신을 바라볼 수 없어
> 나는 지금의 당신두
> 당신이 생각하는 것도
> 당신이 하는 것도
> 될 수 없어

이 노래를 받는 사람이 관계를 구원할 수 있는 희망은 '모든 것을 기억하는 것'밖에 없다. 그리고 이 노래는 그것이 바로 그 사람이 해야 할 일임을 떠올려주는 역할을 한다.

종종 다른 사람에게 기억해달라고 부탁하지 않고 자기가 기억하기 위해 곡을 쓰기도 한다. 조니 캐시의 가장 유명한 노래 '바른길을 걸을게요^{I Walk the Line}'를 예로 들어보자.

당신에게 진실되기는 아주아주 쉬워요
하루가 지날 때면 나는 외로워져요
네, 당신 앞에서 나는 바보가 되고 말아요
당신이 내 사람이니 나는 바른길을 걸을게요.

겉으로 보면 남자가 집으로 돌아온 여인에게 불러주는 달콤한 사랑의 노래 같다. 하지만 3절에서 캐시는 그녀를 생각하겠다고 맹세하면서 분명하게 기억을 환기시킨다.

밤은 어둡고, 낮은 밝듯이
나는 밤낮으로 당신을 내 마음에 담고 있어요
내가 살아온 행복이 그래야 한다고 말하고 있죠
당신이 내 사람이니 나는 바른길을 걸을게요

나는 이 3절은 사실 캐시가 그녀에게 부르는 노래가 아니라 자기 자신에게 부르는 노래라고 해석한다. 여기서의 아이러니는 사실 그는 진실되기가 아주 아주 쉽다고 느끼지 않는다는 것이다. 그는 진실되고 싶지만 그러기가 쉽지 않다. 이 노래의 기능은 그가 그렇게 하는 이유를 자신에게 떠올려주기 위함이다. 그 이유는 바로 그녀와 함께 살아온 행복, 놓치고 싶지 않은 그 행복 때문이다. '바른길을 걸을게요'는 한곳에 안주하지 못하고 자꾸 딴 여자에게 눈이 돌아가서 갈등하고 있는 한 남자의 노래다. 자신의 약점을 잘 알고 있는 이 남자는 이 어려움을 극복하고 자기가 사랑하는 여자 앞에서 진실되기를 바라고 있다. '바른길을 걸을게요'는 지식의 노래다. 하루가 지날 때 어떻게 하겠노라고 스스로에게 약속한 내용을 기억하기 위해 느낌을 담아 놓은 노래다.

'바른길을 걸을게요'나 제네시스의 '인 투 딥In Too Deep'은 가사가 고작 열 줄에서 스무 줄 남짓이라 그렇다 치겠지만, 호머의 서사시 혹은 유고슬라비아인, 골라족, 고대 히브리인들의 길고 긴 구전 역사나 민요는 대체 어떻게 외운 것일까? 심리학자 완다 월리스Wanda Wallace와 데이비드 루빈David Rubin은 노래가 가진 여러 가지 제약이 서로를 강화하는 것이 구전의 전통을 오랜 시간 동안 안정적으로 유지하는 데 결정적인 역할을 했다고 믿는다.[14] 대부분의 경우 사람들이 이런 노래를 문자 그대로 하나하나 기억하는 것이 아님이 밝혀졌다. 그보다는 시각적 이미지 같은 것을 사용해서 이야기의 대략적인 개요를 기억하고, 노래의 구조적 제약을 기억하는 것이다. 단어를 하나하나 암기하는 것보다는 이런 식으로 기억을 활용하는 것이 정신적 자원을 효율적으로 아낄 수 있다. 1장에서 시와 노래에서 형식이 얼마나 중요한지 이야기했다. 형식은 가사를 떠올리게 도와주는 중요한 특성이다.

서로를 강화하며 노래 가사를 기억하게 도와주는 제약에 해당하는 것으로는 각운, 리듬, 강세구조, 멜로디, 상투적 표현, 그리고 그 외로도 두운과 비유 등 1장에서 보았던 다양한 시적 장치가 있다.

대부분의 노래에서 발견되는 각운은 줄 마지막에 나타날 수 있는 단어를 제약한다. 적절한 단어로 각운을 맞출 수 있는 단어가 몇 개 존재할 수 있지만 의미론적 제약 때문에 그런 단어들 대부분은 노래의 맥락과 어울리지 않게 된다. 예를 들어 나는 이렇게 시작하는 노래를 하나 알고 있다.

The sun goes down, old friends drink and chat
해가 지면 오랜 친구들은 술을 마시며 담소를 나누지

노래하는뇌

The wind's in the trees, the dog growls at the (　　)

나무에 바람이 걸치면 개는 (　　)을/를 보며 으르렁대지

　'모자ʰᵃᵗ', '지방ᶠᵃᵗ', '매트ᵐᵃᵗ' 같은 단어들이 각운에 맞춰 괄호 안에 들어갈 수 있지만 우리 뇌는 이런 단어들을 무의식적으로 그 자리에서 바로 거부하고 만다. 의미론적으로 볼 때 '고양이ᶜᵃᵗ'가 그 자리에는 가장 어울리기 때문이다. 게다가 살면서 우리 문화권에서 들어온 이야기를 생각해봐도 개가 나오는 문장에는 모자ʰᵃᵗ, 담소ᶜʰᵃᵗ, 매트ᵐᵃᵗ, 각다귀ᵍⁿᵃᵗ, 와인 만드는 통ʷⁱⁿᵉ⁻ᵐᵃᵏⁱⁿᵍ ᵛᵃᵗˢ, 야구 배트ᵇᵃˢᵉᵇᵃˡˡ ᵇᵃᵗ 보다는 고양이ᶜᵃᵗ가 등장하는 경우가 압도적으로 많다. 이 모든 것이 구문론적, 시적으로 작용한다. 그래서 여기서는 고양이가 의미론적으로 훨씬 가능성이 크다.

　에이미 만ᴬⁱᵐᵉᵉ ᴹᵃⁿⁿ의 노래 '제이콥 말리의 사슬ᴶᵃᶜᵒᵇ ᴹᵃʳˡᵉʸ'ˢ ᶜʰᵃⁱⁿ'에서 당신이 1절 두 번째 줄 끝에 들어갈 단어가 기억나지 않는다고 생각해보자. 당신은 처음에 나오는 세 줄이 서로 각운이 맞는다는 것밖에 기억하지 못한다(구조에 대한 기억).

Well, today a friend told me this sorry tale

오늘 한 친구가 내게 안타까운 이야기를 해줬지

As he stood there trembling and turning (　　)

몸을 떨며 (　　) 얼굴로 서서

He said each day's harder to get on the scale

친구가 말하더군 체중계에 오르기가 매일 더 힘들어진다고

sort of like Jacob Marley's chain.
제이콥 말리의 사슬처럼 말이야(제이콥 말리는 '크리스마스 캐럴'에서
몸에 사슬을 감고 스크루지 영감을 찾아온 오래된 사업 파트너의 유령이다
-옮긴이).

'이야기^{tale}', '체중계^{scale}'와 각운이 맞아떨어지는 단어는 보석금^{bail}, 케일^{kale}, 실패^{fail}, 자국^{trail} 등이 있지만 이런 것은 의미론적으로는 맞아떨어지지 않는다. 당신이 올바른 단어(창백한^{pale})를 기억하지 못하고 있었다고 해도 당신의 뇌는 노래를 재구성하는 동안에 거의 즉각적으로 그 단어를 맞힐 수 있다. 사실 우리의 기억 능력이 지독하게 과대평가되어 있으며, 하루에도 수십 번에서 수백 번씩 우리가 즉석에서 이런저런 기억의 조각들을 창자하고 있음을 보여주는 연구들이 풍부하게 나와 있다. 뇌는 이런 창작물을 실제 기억과 매끈하게 이어 붙이고 있지만 우리는 그 사실을 알지 못한다. 인지과학의 전문 용어로는 이것을 기억의 구성적 측면^{constructive aspect}이라고 한다. 이 현상은 아주 자주, 자발적으로, 신속하게 일어나기 때문에 우리는 보통 기억에서 어느 부분이 실제의 기억이고, 어느 부분이 뇌가 우리를 대신해서 그럴듯하게 끼워 넣은 부분인지 구분하지 못한다. 만약 노래 가사가 규칙에 따라 즉석에서 만들어질 수 있다면 노래 가사를 모조리 외우지 않아도 되고, 뇌의 입장에서는 이런 방식이 훨씬 효율적이다.

우리는 다른 영역에서도 항상 이렇게 규칙에 기반한 검소한 기억인출 방식을 이용하고 있다. 예를 들어 전화번호를 기억할 때도 그렇다. 나는 샌프란시

노래하는 뇌

스코에 친구가 몇 명 있어서 일곱 자리 전화번호를 외워두었다. 그 친구들에게 전화할 때 나는 그 친구들이 샌프란시스코에 살고 있고, 샌프란시스코의 지역번호가 415라는 것을 기억한다. 내 친구들 모두에 대해 세 자리 숫자를 추가로 더 외울 필요 없이 나는 그 규칙만 기억한다(샌프란시스코? 그 숫자에 415를 추가하라). 이것을 의식적으로 한 것은 아니다. 이것은 내가 암기전략으로 도입한 것이 아니라 그냥 자동으로 이루어진 것이다.

구성된 기억constructed memory의 사례를 살펴보자. 내가 당신에게 마지막으로 식당에 갔을 때 어떻게 행동했는지 물었다고 해보자. 당신은 이런 식으로 대답할 것이다. 당신이 문을 열고 들어가자 종업원이 인사를 하며 자리를 안내하고 메뉴판을 주었고, 당신이 식사를 주문하자 식사가 나왔고…. 이제 당신의 이야기 중에 식사가 끝나고 계산서를 가져다준 종업원 이야기가 없어서 내가 이렇게 묻는다. "종업원이 식사를 마치고 난 다음에 계산서를 갖다주었나요?" 이런 실험실 연구에서 많은 사람이 그렇다고 대답한다. 이들은 종업원이 계산서를 가져다준 것을 기억한다. 하지만 사실은 이것이 기억이 아니라 그저 그랬으리라 가정하고 있는(혹은 인지과학의 전문용어를 빌면 '기억을 구성하고 있는') 것이라는 증거가 풍부하게 존재한다. 그것이 식당에서 보통 일어나는 공통의 상식에 해당하기 때문이다. 우리는 식당을 찾아갔던 일에 대해 구체적인 사건까지 일일이 다 기억할 필요가 없다. 그런 사건 중 상당수는 매번 너무 비슷해서 대본에 미리 쓰여 있는 것처럼 진행되기 때문이다(사실 우리는 종업원이 엉뚱한 계산서를 가져오는 등 특별한 일이 일어난 경우에만 기억하는 경향이 있다).

흥미롭게도 우리는 대화 내용 혹은 글이나 말의 일부를 떠올릴 때도 이와 비슷하게 심리학자들이 말하는 요점 기억gist memory을 이용한다. 우리는 요점은 기억하지만 정확한 단어들까지는 잘 기억하지 않는 경향이 있다. 이것 역시 기억이 대단히 검소하고 효율적으로 이루어지며, 환경이 끝없이 변하는 세상에서는 문자 그대로 기억하는 것이 중요한 경우가 드물다는[15] 사실을 보여주고 있다. 대부분의 메시지는 몇 개의 단어나 개념만을 이용해서 부호화되어 저장된다. 그럼 언어와 문장 구성 방법에 대한 지식을 이용해서 실제 말로 나왔던 것과 비슷한 문장을 새로 지어낼 수 있다. 의미는 비슷하지만 구체적인 표현에서는 차이가 있는 문장이 나올 것이다. 멜로디에서도 우리는 비슷한 일을 한다. 고등학교 악단에 있었을 때 우리는 존 필립 수자John Philip Sousa의 유명한 행진곡 '성조기여 영원하라The Stars and Stripes Forever'를 연주했다. 그 곡에는 관악기가 낮은음을 연주하고 뒤이어 빠른 음이 쏟아져 나오면서 더 높은 음으로 올라가는 구간이 몇 곳 있다. 이 구간의 음들을 하나하나 다 기억하려고 드는 것은 효율적이지 못하고 불필요한 일이다. 대신 연구자들이 밝혀낸 바에 따르면 이런 경우 음악가들은 보통 낮은음과 높은음, 그리고 낮은음에서 높은음까지 몇 비트가 들어가는지만 기억해둔다. 그러고 나서 음계와 조성에 대한 지식, 즉 규칙을 이용해서 필요할 때 중간에 들어갈 음을 구성해낸다.

글을 기억하는 능력은 일반적으로 뒤떨어지는데 이와 대조적으로 노래 가사는 보통 아주 잘 기억한다. 내가 지식의 노래라 부르고 있는 장편 서사 민요와 정보에 음악을 입힌 곡의 경우는 특히 그렇다. 이 경우도 역시 노래가 형식과 구조를 제공하기 때문이다. 이 형식과 구조는 공동으로 작동해서 가사에 들어올 수 있는 단어를 고정하고 제약하는 역할을 한다. 우리는 뇌의 기억저장장치에 가사를 단어별로 하나하나 저장할 필요가 없다. 단어는 일부만 저장하고, 전체적인 줄거리와 노래의 구조에 대한 지식만 알고 있으면 된다. 구조에 관한 지식은 각운 패턴 같은 것이 포함될 수 있다(예를 들면 첫째, 둘째, 셋째 줄은 모두 각운이 맞는데, 넷째 줄은 그렇지 않다거나 첫째 줄은 셋째 줄과 각운이 맞아떨어지고, 둘째 줄은 네 번째 줄과 각운이 맞아떨어진다는 식으로).

이 모든 설명이 억지스러워 보일 수 있다. 그것은 이런 과정이 무의식에서 자동으로 일어나서 그 속을 들여다본 적이 없기 때문이다. 뇌에서 일어나는 대부분의 과정은 신경해부학적 혹은 인지과학적으로 환원해서 설명하면 억지스러워 보인다. 이것은 진화가 생각과 관련해서 착각을 만들어냈기 때문이다. 이것은 적응에 도움을 주기 위해 생긴 착각이다. 진화가 우리에게 부여한 가장 정교하고 큰 착각은 의식 그 자체에 관한 것이다. 이 부분은 7장에서 다시 설명하겠다. 자기 머릿속을 들여다보면 뇌에서 잊어버린 단어를 기억하기 위해 거기 들어갈 수 있는 모든 각운을 다 만들어보고 있는 것 같지 않다. 하지만 그런 일이 실제로 일어나고 있음이 연구를 통해 밝혀졌다.[16] 그것도 500밀리초 안에 우리 뇌는 무의식적으로 수십 가지 대안을 다 고려해본 다음 인지적 제약이라는 체로 쳐서 그럴듯한 것을 골라낸다.

물론 노래는 리듬을 갖고 있고, 이것이 그 주어진 시간 안에 편안하게 부를 수 있는 자음이 무엇인지도 제약한다. 이것 역시 우리가 모든 단어를 일일이 기억하지 못할 때 거기에 들어갈 수 있는 단어를 제한한다. '나는 철도에서 일하고 있었어요I've Been Workin' on the Railroad'라는 노래의 첫째 줄 가사를 생각해보자(첫째 줄 가사가 노래 제목과 같다 – 옮긴이). 이 곡의 제목도 기억 안 나고, 종일 무슨 일을 하고 있었는지도 기억이 안 나는데 가사가 "아이브 빈 워킹 온 더 __ ____ I've Been Workin' on the _ __"의 끝부분에 다 왔다고 생각해보자. 리듬을 생각하면 괄호에 두 음절 단어가 들어간다는 것이 비교적 분명하게 드러난다. 만약 "아이브 빈 워킹 온 더 트으-랙tra-ack"이라고 부르면 소리가 우스

꽝스러워진다. 두 음으로 구성된 멜로디가 음절 하나를 늘어뜨린 소리와 어울리지 않기 때문이다. 그렇다고 '유니온 앤드 퍼시픽 레일라인Union and Pacific Rail Line'처럼 음절이 두 개가 넘는 단어를 쓰면 발음하기가 너무 바빠진다.

'레일로드'라는 단어가 나오는 동안에 리듬이 멜로디, 강세구조와 상호작용한다. 높은음은 리듬에서의 위치 덕분에 강세가 실린 것처럼 들린다. 높은음은 강한 비트(4박자 음악에서 첫째 박)에 떨어지는 반면, 낮은음은 그보다 약한 비트(셋째 박)에 떨어지기 때문이다. 이렇게 해서 리듬 구조는 여기에 들어갈 단어가 'rail-road'처럼 첫음절에 강세가 있는 단어임을 암시한다. 여기에 두 번째 음절에 강세가 있는 'gui-tar' 같은 단어가 들어가면 어색해진다.

흔한 상투적 표현도 가사를 기억하는 데 도움을 준다. "이 세상 끝까지 당신을 사랑하겠소I'll love you until the end of time"나 '무심코 비밀을 누설하다'라는 의미의 표현인 "letting the cat out of the bag" 등은 너무 흔히 사용되는 표현이라서 단어 몇 개만 들어도 나머지는 저절로 뒤따라 나온다. 예를 들어 다음과 같은 가사에서 빈 칸에 들어갈 말이 기억이 안 난다고 생각해보자. "우리는 고양이와 ____처럼 싸우곤 했지" 어린아이라도 여기서 빠진 가사가 무엇인지 알 수 있을 것이다. 평상시 하는 말에서도 이 구절이 워낙 많이 등장하기 때문이다. 사실 "고양이와 개처럼 싸우다fight like cats and dogs"라는 구절이 그 표현 그대로 수십 편의 팝송 가사에 등장한다. 예를 들면 돌리 파튼Dolly Parton('파이트 앤드 스크래치Fight and Scratch'), 폴 매카트니('볼룸 댄싱Ballroom Dancing'), 해리 차핀Harry Chapin('스트레인저 위드 더 멜로디스Stranger with the Melodies'), 톰 웨이츠Tom Waits, 낸시 그리피스Nanci Griffith, 인디고 걸스Indigo Girls('플리즈 콜 미, 베이비Please Call Me, Baby'), 필 바사르Phil Vassar('조 앤드 로잘리타Joe and Rosalita') 등의 노래다. 흔히 사용되는 또 다른 숙어인 '비밀을 무심코 말해 버리다spill

노래하는 뇌

the beans'라는 구절도 다양하기 이를 데 없는 여섯 명의 가수가 부른 노래에 등장한다. 예스Yes('홀드 온Hold On'), 라드Lard('파인애플 페이스Pineapple Face'), 디제이 재지 제프 앤드 더 프레시 프린스DJ Jazzy Jeff & the Fresh Prince('아임 올 댓I'm All That'), 붐타운 래츠Boomtown Rats('투나잇Tonight'), 칼리 사이먼Carly Simon('우리는 제일 친한 친구들We You Dearest Friends'), 스매시 마우스Smash Mouth('파드리노Padrino') 등이다. 이 모든 경우에서 작사가들은 일부만 보여주면 미리 저장되어 있던 정보를 끄집어낼 수 있는 뇌의 능력을 이용하고 있는 것이다.

가사에 사용되는 모음운이나 두운 같은 시적 특성도 기억에서 단어를 끄집어내는 데 도움을 준다. 노래가 이런 특성을 갖고 있음을 기억하고 있으면 이번에도 굳이 가사를 단어 하나하나 외우고 있을 필요가 없다. 기억이 뛰어난 점은 바로 검소함, 인지 경제성cognitive economy이다. 각각의 항목을 다 따로 외워서 떠올릴 필요 없이 그 자리에서 바로 수십 개, 수백 개의 정답을 만들어낼 수 있는 것이다.

어떤 작곡가들은 이런 관습적 규칙을 무시하는데 이것 자체가 기억의 보조 도구가 될 수 있다. 폴 매카트니가 "Hey Jude / Don't make it bad / Take a sad song …"이라고 노래 부를 때 보면 각각의 단어가 우리가 기대한 대로 멜로디 음과 완벽한 타이밍에 떨어진다. 하지만 1절 마지막 줄에 가서 그가 '실수'를 한다. 이상하게 들리는 부분이 하나 있다. "… and make it bet-ter-er-er." 'better'라는 단어의 두 번째 음절을 네 개의 음에 걸쳐 늘려놓은 것이다. 처음 들을 땐 이 부분이 귀에 거슬린다. 하지만 그 독특함 때문에 기억에 남는다. 당신이 'better'라는 단어를 잊는다 해도(혹은 부호화해서 저장하는 데 실패한다고 해도. 하지만 두 가지 모두 가능성은 낮다. 워낙 특이하게 작곡이 되어서 기억에 확실하게 부호화되어 저장되기 때문이다) 그 부분에서 음절 두 개짜리 단어가 네 개의 음절로 늘어나면서 아주 재미있게 진행됐다는 것만 기억해도 그 단어를 새로 만들어낼 수 있다. 그 앞에 나온 가사가 의미론적으로 제약을 가하고 있어서 그 마지막 칸에 들어갈 수 있는 단어가 그리 많지 않다(물론 폴은 곡의 후반부에도 같은 기법을 사용해서 'be-gi-in'을 세 음절로 늘려 부르고 있다).

각운, 리듬, 강세구조, 멜로디, 상투적 표현, 시적 장치의 개별 효과는 미묘할 수도 있다. 이런 제약 요소들이 서로를 강화한다는 말은 그 효과가 상가작용을 일으킨다는 것이다. 한 가지 효과만으로는 잊어버린 단어를 만들어내지 못할 수도 있지만, 이런 효과들이 한데 모이면 불완전한 기억을 거의 완벽에 가까운 기억으로 만들 수 있다는 것이다. 이처럼 서로 다른 단서들의 상호작용을 통해 민요나 다른 지식의 노래의 가사들은 몇백 년이 지나도 비교적 안정적으로 유지될 수 있다.

월리스와 루빈이 전문 민요 가수를 연구한 바에 따르면 가수가 단어를 틀리는 경우에도 노래의 구조, 즉 노래의 변하지 않는 특성을 기술하는 규칙을 잘못 기억하는 경우는 드물었다. 각운 소리, 줄당 비트의 수, 절당 줄의 수가 특정 민요 안에서는 비교적 일정하게 유지됐고, 연구에 참여한 가수 중에 이런 부분에서 실수하는 사람은 드물었다. 민요는 전반적으로 이들이 공유하는 공통 특징을 바탕으로 안정적으로 유지됐다. 유고슬라비아인이든, 골라족이든, 노스캐롤라이나 사람이든, 고대 그리스인이든 상관없이 주어진 전통 안에서 잘 알려진 형식적 규칙을 잘 따랐다. 이런 공통 특성은 표현 양식 속에 깊숙이 각인되어 있기 때문에 어떤 전통에 속하는 가수에게 새로운 사건의 내용을 담은 새로운 민요를 써보라고 하면 똑같은 도구를 동원해서 해당 양식의 구조적 특성을 똑같이 포함하는 경향이 있다.[17]

노래하는 뇌

월리스와 루빈이 집중적으로 연구한 노래인 '올드 97의 열차 사고The Wreck of the Old 97'에서는 민요의 양식이 확실하게 기억을 보조하는 역할을 하고 있다. 두 사람은 이렇게 적고 있다. "가사와 음악은 서로 뒤엉켜 있다. 가사는 운율을 가지고 있는데 이것이 반드시 리듬 패턴, 비트 구조, 음악의 박자표와 맞아떨어져야 한다. … 이 민요에서는 운율이 강세가 없는 음절 두 개와 그 뒤에 따라오는 강세가 실린 음절 하나로 구성되어 있다. 보통 강세가 없는 음절은 강세가 실린 음절보다 길이가 짧다. … 강세가 실린 음절의 수가 음악의 비트 수와 일치한다는 점에서 운율과 리듬은 긴밀하게 연결되어 있다. … 따라서 음악과 가사는 서로를 제약하고 있다."

만약 서로가 서로를 강화하는 여러 가지 구조적 제약이 노래 가사를 기억하는 데 그토록 중요한 요소라면 그런 구조적 제약이 별로 없는 노래는 가사를 기억할 때 오류가 더 많이 나올 거라는 추측이 가능하다. 월리스와 루빈은 기발한 실험을 통해 그런 상황을 만들어냈다. '올드 97의 열차 사고'에서 24단어를 바꿔서 모음운, 두운, 운을 없애 버린 것이다.[18] 구체적으로 보면 이들이 가사의 시적 특성에 영향을 미치는 변화를 주었음에 주목하자. 이것은 내가 위에 나열한 구조적 제약 중 가장 약한 부분이다. (각운은 바꾸지 않았고, 각각의 단어에 들어가는 음절 수도 바꾸지 않고, 강세 패턴은 그대로 유지했다.) 그리고 이 노래를 한 번도 들어본 적이 없는 사람에게 바꾸지 않은 버전과 새로 고친 버전의 노래를 가르쳤다. 변화를 주었던 단어들을 분석한 월리스와 루빈은 시적 요소를 갖고 있지 않은 경우(변화된 버전)보다 그런 요소를 갖고 있는 경우(원래 버전)가 단어를 정확하게 기억하는 비율이 2배 이상 높다는 것을 알아냈다. 이는 상대적으로 약한 시적 요소라도 상당히 큰 제약을 가한다는 (혹은 도움을 준다는) 사실을 보여준다.

이 글을 쓰고 있는 지금 미국의 한 인기 텔레비전 프로그램에서 가사를 잘못 외우는 불행한 참가자들이 방송에 나오고 있다. 언뜻 이것은 나의 논거를 약화하는 듯 보인다. 하지만 먼저 네트워크방송은 오락을 위한 것이기 때문에 제작자들은 분명 가사를 잘 암기하지 못하는 사람들을 미리 뽑아놓았을 것이다. 이런 사람은 전체 인구 중에서 소수에 불과하지만 이런 사람들이 나와줘야 쇼가 재미있기 때문이다. 둘째, 요즘 일반적인 사람들은 수만 곡의 노래를 접한다는 점을 명심하자. 라디오가 등장하기 이전의 구전 역사가들은 보통 서른 곡에서 마흔 곡 정도만 암기해서 불러주면 되었을 것이다. 마지막으로, 어디선가 들었던 노래를 알아듣고 그 일부 가사를 따라 부르는 능력을 정신을 바짝 차리고 집중해서 노래 가사를 외울 때의 잠재적 능력과 혼동해서는 안 될 것이다. 어디 쇼핑몰이나 자동차 라디오에서 흘러나와서 들었을 만한 노래를 불러보라고 하는 것은 사람들의 능력을 엄격하게 테스트해볼 수 있는 방법이 아니다. 이것은 과학적 실험이라 할 수 없다.

여기부터가 월리스와 루빈의 연구에서 정말 놀라운 부분이다. 그리고 그들이 나의 영웅인 이유도 이 부분 때문이다. 이 연구는 구성적 기억constructive memory의 원리에 입각하고 있다. 즉, 우리는 모든 세부 사항까지 다 기억한다고 생각하지만 실제로는 그렇지 않다는 것이다. 우리는 무의식적으로 기억의 상당 부분을 그럴듯하게 추론해서 끼워 넣는다. 월리스와 루빈은 변화를 준 버전의 노래를 배우라고 요청했던(그리고 그 버전밖에 들어보지 못한) 가수들이 저지른 실수를 살펴보았다. 그랬더니 그중 많은 사람이 들어본 적이 없었음에도 불구하고 실험자가 없애 버렸던 시적인 단어들을 저절로 복원시키고 있었다. 바꿔 말하면 실험 참가자들이 모음운과 두운의 양식적 표준, 즉 이런 종류의 서사곡과 민요에서 이런 양식이 두드러지게 나타나는 경향이 있다는 사

노래하는 뇌

실을 자신의 장기 기억 속에 새기고 있었다는 말이다. 단어를 재구성하는 과정을 통해 노래를 기억하려 했을 때 이들은 그 노래에 원래 들어 있었던 단어들을 '기억'해냈다. 예를 들어 원곡에는 'real rough road(정말 거친 도로)'라고 두운이 적용되어 있었는데 변화된 버전에서는 'real tough road(정말 힘든 도로)'로 고쳐 썼을 경우 일부 참가자는 이것을 다시 'real rough road'로 잘못(?) 부른 것이다.

가문과 부족의 역사, 중요한 전투 같은 것을 기념하는 민요 등에서 단어 몇 개쯤 틀리는 것은 아마 별로 의미가 없어서 굳이 언급할 가치도 없었을 것이다. 하지만 절대로 오류가 있어서는 안 되는 경우가 적어도 두 개 있었다. 하나는 방수 뗏목 만드는 법 혹은 정확히 만들지 않으면 독이 될 수도 있는 요리나 약을 만드는 방법 혹은 단계별 순서와 구체적인 절차가 모두 중요한 행위 등 무언가를 하는 방법에 관해 정확하고 실용적인 정보를 보존하기 위해 만든 지식의 노래다. 두 번째 경우는 종교적 정보를 전달하기 위해 만들어진 지식의 노래다. 이 경우에는 단어 하나하나가 신이 부여한 신성한 것으로 여겨졌기 때문에 글자 그대로 정확히 보존되어야 했다. 이런 자료는 정확히 기억하고 있어야 하고, 그러지 못할 바에는 차라리 아예 모르는 것이 낫다는 강력한 문화적 압력이 존재한다.[19] 이 경우 사람은 그 내용을 사실상 완벽하게 기억하는 놀라운 능력을 보여준다. 어떻게 이것이 가능할까?

사람들이 엄청난 길이의 글을 정확하게 기억할 때를 보면 보통 음악을 입힌 경우가 많다. 노래인 것이다. 음악이 없는 밋밋한 글에서 그런 엄청난 기억력이 발휘되는 경우는 훨씬 드물다. 그 이유는 서로 강화하는 다중의 제약 이론 때문인 것으로 보인다. 루빈의 또 다른 아주 기발한 실험에서 그 문제에 대한 통찰을 다시 한 번 얻을 수 있다.[20]

루빈은 50명의 사람에게 미국 헌법 서문^{Preamble to the United States} Constitution 21을 떠올려볼 것을 요청했다(미국 사람이라면 앞으로 나가기 전에 본인이 직접 해보기 바란다. 이 글은 이 책 뒤쪽 주석에 포함되어 있다). 여기에는 물론 음악이 함께 하지 않는다.[22] 하지만 그것이 핵심이다. 여기서 사람들이 하는 실수는 노래를 떠올리려고 하는 사람들이 하는 실수와 크게 달랐다. 한 집단의 사람들은 첫 세 단어를 기억하고는("We the people") … 그대로 멈췄다. 노래를 기억할 때는 이런 경우를 보기 힘들다. 노래를 부르다가 가사를 까먹었을 때는 보통 콧노래로 흥얼거리거나 랄랄라 혹은 다른 소리를 갖다 붙이며 머릿속에서 끊이지 않고 이어지는 멜로디를 따라 부른다. 그리고 그렇게 나가다 가사가 떠오른다. 어떤 경우는 그렇게 이어가다가 나중에 가서야 노래 전체를 기억할 때도 있다. 루빈의 실험참가자 중 또 다른 집단은 첫 일곱 단어까지 기억해내고는("We the people of the United States") 멈췄다. 50명의 참가자 거의 모두가 중간에서 어떤 단어든 떠올리는 데 실패하면 갑자기 막혀버렸다.

사람들이 진행하다가 마구잡이로 아무 데서나 막히는 것이 전혀 아니었다. 94퍼센트는 구절의 경계 부분에서 막히는 경향이 있었다. 이곳은 호흡을 위해 자연스럽게 잠시 쉬게 되는 지점이다. 루빈은 링컨의 게티즈버그 연설^{Gettysburg Address}을 사용했을 때도 비슷한 실험 결과를 얻었다. 노래는 율동적인 추진력을 갖고 있기 때문에 가사가 없어도 머릿속에서 계속 이어가기가 훨씬 쉽다. 그래서 뇌에게 단어나 단어의 조각이 다시 생각날 때 다시 올라탈 수 있는 기회를 준다. 그래서 노래를 부르면서 가사를 떠올리는 것이 노래 없이 가사를 떠올리는 것보다 더 쉽다. 이것이 일반적으로 사람들이 시보다 음악에 더 긴밀하고 감정적으로 연결되는 한 가지 이유일 것이다. 더 쉽게 더 많

　　　　　　　　　　　　　　　　　노래하는뇌

은 부분을 기억할 수 있기 때문이다.

가사의 기억을 돕는 일에 리듬이 어떤 역할을 하는지 상세히 들여다보는 것이 중요하다. 노래를 떠올릴 때 리듬은 시간 단위의 위계를 내적으로 일관되게 제공해준다. 음절이 모여 시적인 음보를 이루고, 음보가 행을 이루고, 행이 절과 연을 이룬다. 그리고 이런 리듬의 단위는 보통 구전 전통에 들어 있는 의미의 단위와 일치한다.[23] 이런 리듬의 단위는 자체적인 강세구조와 함께 음악에서 단어가 반드시 들어가야 하는 위치를 만들어낸다. 이것 때문에 리듬 단위의 일부를 함부로 누락할 수 없고, 그로 인해 행과 연이 완전한 형태로 보존될 수 있다. (누락이 일어날 경우에는 일반적으로 연과 같이 큰 규모로 반복되는 단위의 수준에서 일어나게 되고, 여기서는 다른 기억 과정이 작동해서 완전한 형태를 보존하는 역할을 하게 된다.)

1장에서 시가 가진 가장 효과적인 특징은 자체적인 리듬을 갖고 있는 점이라고 한 것을 떠올려 보자. 이런 시를 크게 소리 내어 읽을 때는 거기서 음악이 들린다. 시의 리듬이 1장에서 살펴보았던 다른 시적 장치와 결합하여 시를 기억하는 데 도움을 준다면 사람들이 그냥 밋밋한 글보다는 시를 훨씬 잘 기억할 것이고, 시를 기억할 때 생기는 실수가 음악을 떠올릴 때 생기는 실수와 더 비슷하리라 예상할 수 있다. 그리고 이 두 가지 예상 모두 사실로 확인되었다. 데이비드 루빈은 대학생들에게 시편 23편을 암기해서 낭송하도록 요청했다. 이 글은 많은 시적 요소를 품고 있지만 영어 버전에서는 각운이 없다. 이 경우 대부분의 대학생은 한 번 막혔다가 시편 뒤쪽에서 다시 이어갔다 (그리고 다시 시작하는 지점은 보통 새로운 구간이 시작되는 부분이었다). 마치 시편의 내적 리듬이 학생들의 머릿속에서 계속 이어지다가 단어가 떠오르는 곳에 가서 다시 시작하는 것처럼 보였다. (원래의 시편은 음악이 입혀져 있었음을 잊지 말자.)

　사람들이 머릿속에서 그런 기억을 재생해본다는 개념을 입증하는 추가적인 증거가 프린스턴대학교의 컴퓨터 과학자 페리 쿡Perry Cook과 함께한 나의 실험으로부터 나왔다. 우리는 대학생들이 자기가 좋아하는 노래를 암기해서 부를 때 거의 정확한 템포로 노래하는 경향이 있음을 발견했다. 가사를 잊어버린 경우에도 계속 템포를 이어가다가 뒤에서 다시 가사를 이어갔다. 이 경우에도 역시 가사를 잊지 않고 계속 불렀을 경우의 타이밍과 정확히 일치했다. 마치 밴드가 머릿속에서 계속 연주하고 있고, 학생들은 그저 그다음 적당한 순간에 다시 끼어든 것처럼 보였다. 학생들이 주관적으로 보고한 내용을 보아도 모두 머릿속에 음악이 생생하게 그려지고 있었다고 했다. 이것은 노래를 기억해서 재생하려고 애쓰는 것이 아니라 그냥 머릿속에서 흘러나오는 노래를 따라 부르는 것이라고 볼 수 있다.

　다시 글을 암기하는 문제로 돌아가 보자. 단어들이 아주 길게 나열된 경우 우리는 보통 유효성이 입증된 두 가지 암기 기법에 의존한다. 기계적 암기rote memorization와 덩어리 암기chunking다. 기계적 암기는 한마디로 머릿속에 완전히 들어올 때까지 문장을 여러 번 반복 암송하여(보통 조용히 머릿속으로) 외우는 방법이다. 학교에서 구구단, 국기에 대한 맹세, 게티즈버그 연설문, 미국 헌법 서문 등을 외울 때 대부분이 이런 방법을 이용한다. 하지만 여기서 흥미로운 점은 기계적 암기에서 모든 단어가 다 똑같지는 않다는 것이다. 표현의 강조를 위해 더 중요해지는 단어도 있고, 특별히 기분이 좋거나 생생한 이미지를 떠올려서 작가가 미리 계획해놓은 어떤 시적 성질을 담고 있어서 중요해지는 단어도 있다. 예를 들면 콜 포터의 노래 가사와 비슷한 성질의 내적 리듬, 모음운, 두운이 게티즈버그 연설문을 강화하는 데 도움을 준다(어쩌면 모음운이 마음에 더 큰 애정을 불어넣어 주기 때문인지도).

Four score and seven years ago
80년하고도 7년 전

Our fathers brought forth
우리 조상들이 세운

반복되는 'f'음이 여기서 기억법으로 작용하고 있음을 알 수 있다. 그리고 'four', 'score', 'ago', 'forth'의 'o' 장음의 반복도 그런 역할을 하고 있다.

암기하려는 문장이 열 개 이상의 단어로 이루어져 있는 경우 우리는 누가 가르쳐주지 않아도 자연스럽게 문장을 한 번에 외우기 편한 크기의 단위, 혹은 덩어리chunk로 쪼개서 외운 다음 나중에 이 덩어리들을 다시 이어 붙이는 경향이 있다. 음악인들이 자기가 연주하는 작품을 암기할 때도 이런 방식을 쓴다. 사진 같은 기억력을 가진 특수한 신경학적 사례를 제외하면(청각에서 이런 경우를 나는 축음기 같은 기억력phonographic memory라고 부른다) 나이와 상관없이 대부분의 음악인, 댄서, 배우, 그 외의 퍼포먼스 예술가들은 그냥 자리에 앉아서 새로운 작품을 처음부터 끝까지 한 번에 모두 배우지 않는다. 전체 중 어느 일부에 집중해서 배운 다음 다시 또 다른 부분을 배우는 방식으로 진행한다. 이런 과정으로 진행했다는 증거는 작품을 완전히 외워서 결함 없이 수행할 수 있게 된 이후에도 오래도록 남아 있게 된다. 장면을 촬영하다 중단돼서 다시 촬영해야 하는 경우를 보면 배우가 첫 줄, 첫 문단 혹은 첫 장면으로 돌아가서 다시 시작하자고 요청할 때가 많다. 음악가들은 악구의 처음으로 돌아간다. 음악가가 외우고 있는 작품의 악보를 꺼내서 아무거나 음표를 지적하며 여기부터 연주를 시작해달라고 하면 대부분의 음악가는 다른 위치에서 시작하겠다고 한다. 자기가 배웠던 덩어리의 시작 부분으로 가는 것이다. 음악가가 준비한 작품에서 실수하면 그것을 보고 이 음악가가 작품을 처음에 어떻게 덩어리로 나누어 연습했는지 추가적인 단서를 얻을 수 있다. 음악가가 한 구간 안에서 음 하나나, 짧은 구간 하나를 빠뜨리는 경우보다는 한 구간 전체를 빼먹는 경우가 더 흔하다(이것은 덩어리를 어떻게 이어 붙여야 하는지를 기억하지 못한 경우다). 구간 안에서 일어나는 실수보다는 구간 단위로 일어나는 실수가 훨씬 흔하다. 모든 음이나 단어의 중요성이 똑같지는 않은 것이다.

보통 게티즈버그 연설문은 순수하게 기계적으로 암기해야 하는 구구단보다 훨씬 쉽게 암기할 수 있다. 개인적으로 나는 중등학교에서 구구단을 외울 때 아주 힘들었던 기억이 있다. 나는 구구단을 적은 작은 카드를 만들어 갖고 다니면서 학교에 걸어갈 때나 시간이 남을 때 카드를 보면서 나의 기억력을 테스트했다. 숫자에 각운이나 멜로디가 없었기 때문에 순전히 반복 또 반복을 통해 외울 수밖에 없었다. 2 곱하기 2는 4, 2 곱하기 3은 6, 2 곱하기 4는 8…. 6단까지는 큰 어려움 없이 올라갔다. 하지만 고등학교에 가서는 12단을 외울 때 구구단표에서 내게 개인적으로 의미가 있는 부분에서 시작하지 않고는 12단을 외울 수 없었다. 내가 처음에 12단을 외우려고 했을 당시의 내 키를 인치로 나타낸 수였다. 12 곱하기 4는 48. 바로 이 부분이었다. 12 곱하기 8을 떠올리고 싶으면 나는 이 지점에서 시작해서 위로 올라가야 했다. 12 곱하기 4는 48, 12 곱하기 5는 60, 12 곱하기 6은 72. 12 곱하기 7은 84, 12 곱하기 8은 96. 3학년이라서 12 곱하기 12까지 구구단을 모두 외운 내 이웃 빌리 레이섬Billy Latham(당시에도 이미 뛰어난 드러머였다)이 끝없이 놀리는 바람에

나도 빌리가 툭하면 놀렸던 부분은 그냥 외우게 됐다. 12 곱하기 9였다.

이런 덩어리가 실제로 존재한다는 것은 심리학 실험실에서 여러 번 입증된 바 있다.[24] 사람들에게 아무 데나 찍어서 거기부터 노래를 외워 불러보라고 하면 아주 어려워한다. 알고 있는 가사에 대해 아주 간단한 질문에 답해달라고 해도 사람들은 가사의 위계 구조에 영향을 받는다. 사람의 기억에 어떤 조직적 특성이 있음을 말해주는 것이다. '호텔 캘리포니아Hotel California'라는 노래에서 'my'라는 단어가 등장하는 곳이 있는가? 'welcome'이라는 단어는 어떤가? 두 단어 모두 등장한다. 'my'는 이 곡에서 아홉 번째로 등장하는 단어다. 그리고 'welcome'은 96번째로 등장하는 단어다. 하지만 사람들은 'welcome'을 물었을 때보다는 'my'를 물었을 때 답하는 시간이 더 오래 걸린다. 심리학자들은 'welcome'이라는 단어는 후렴구의 첫 번째 단어이다 보니 작품에 대한 기억의 위계에서 유리한 위치를 차지하고 있어서 그렇다고 믿는다.

북미 지역의 대부분의 아동은 알파벳에 '반짝반짝 작은 별'의 멜로디를 입혀서 외운다. 이 노래는 그 리듬 구조 때문에 구절 간의 경계가 존재한다. g와 h, k와 l, p와 q, s와 t, v와 w 사이에 틈이 존재하기 때문에 자연스럽게 '덩어리'가 형성된다.

abcd efg hijk lmnop qrs tuv wxyz

사실 대부분의 아이는 한 자리에서 이것을 모두 외우지는 않는다. 그보다는 이런 작은 단위로 나누어 차근차근 외워간다. 각운 패턴도 도움이 된다. 세 번째와 다섯 번째 덩어리를 제외한 나머지 덩어리는 끝부분이 서로 각운이 맞는다. 어른들은 알파벳 글자들은 다 알고 있지만(혹은 알고 있다고 생각하지만) 어떤 글자의 구체적인 위치를 찾아야 할 때는 여전히 그 노래에 기대는 경우가 많다. 한 실험에서 대학생들에게 특정 알파벳 바로 앞에 오는 글자가 무엇이냐고 물어보았는데 g, k, p, v보다 h, l, q, w 바로 앞에 오는 글자를 대답할 때 시간이 더 오래 걸렸다.[25] 덩어리와 덩어리의 경계를 뛰어넘으려니 인지적 부담이 더 큰 것이다.

구절과 구절의 경계에서 일어나는 실수에 대해 말하기는 했지만 일부 전문음악인과 셰익스피어 희곡의 배우들은 암기한 가사나 대사를 완벽하게 외우고 있어서 아무 데서나 시작할 수 있다.[26] 아마도 이런 능력은 과잉학습 overlearning 과정으로부터 발달했을 것이다. 그리고 스트레스를 받을 때는 이런 능력이 사라질 수 있다. 작품을 처음부터 시작해야 하는 경우에는 세미프로나 아마추어 배우나 음악인에서도 그와 비슷한 능력이 생길 수 있다. 사실상하부요소들을 한데 이어 붙이는 기능이 너무 작동을 잘해서 한때는 작은 단위로 이루어졌던 전체 작품이 하나의 기억 단위로 뭉쳐지는 바람에 쉽게 분해할 수도 없고, 경우에 따라서는 아예 파괴할 수도 없게 된다. 그래서 자기 가족의 이름을 까먹은 이후까지도 평생 남아 있는 경우가 있다.

덩어리 암기법을 이용하는 경우와 과잉 학습된 긴 문장이 기억에서 지워지지 않는 경우가 현대의 서구사회에만 국한된 일도 아니다. 고대 그리스인들은 2천 년 전에 암기법을 공식적으로 체계화하면서 이런 개념들에 대해 이야기했다. 그리고 노르웨이 베르겐대학교의 인류학자 브루스 카페러 Bruce Kapferer는 스리랑카의 신화들을 연구하다가 이런 현상을 관찰했다. 자신이 연구 중이었던 문화집단에서 등장하는 서로 다른 악마와 그 특성들을 분류하기 위해 그는 그 지역의 구전 역사가에게 특정 악마에 대한 신화를 들려달라고

노래하는 뇌

부탁했다. 그럼 그 구전 역사가는 어떤 노래 속에 그 구체적인 묘사가 들어 있다고 대답했다. "내가 그 노래를 부를 테니까 당신이 원하는 악마의 이름이 어디서 등장하는지 말해주세요.[27] 그럼 테이프 레코더에 녹음할 수 있게 내가 거기부터는 노래를 천천히 부를게요." 신화에 대한 정보는 그 노래에 저장되어 있었고, 그 노래는 처음부터 순차적으로 불러야만 가사를 기억할 수 있었다.

그리스 이야기로 다시 돌아가면, 2,500년 된 《일리아드^{Iliad}》와 《오디세이^{Odyssey}》는 암기에 관한 한 위대한 업적이라 할 수 있다. 이 작품들은 음악은 없었지만 명확하게 시적이고 리드미컬한 제약들이 큰 몫을 해서 뇌의 부담을 줄여주고 있다. 이들의 운율은 아주 긴밀하게 제약되어 있다. 한 가지 예만 들자면 행당 음절의 수가 거의 항상 일정하게 유지되고 있고 한 행에서 마지막 다섯 음절은 거의 장음-단음-단음에 이어 장음-단음이 등장하고 있다. 장음과 단음의 순서, 그리고 단어 끊기의 위치가 정형화되어 있어 아무 단어나 이 규칙에 들어맞지는 않는다. 예를 들면 장음-단음-장음이나 단음-단음-단음 음절 구조는 호머의 서사시에서는 아예 사용이 불가능하다.[28] 분명 이런 형식적 규칙을 알고 나면 잘못된 단어를 끼워 넣을 가능성이 극히 낮아진다.

유대 전통에 따르면 모세는 토라 전체(구약성경의 첫 다섯 권)를 완전히 암기하고 있었고, 이것을 시나이 사막 히브리 민족의 장자와 지도자들에게 가르쳐주었다고 한다. 그리고 이어서 이 사람들이 그것을 기원전 1500년 즈음 출애굽^{Exodus}의 일부로 이집트를 떠난 백만 명 정도의 사람에게 가르쳐주었다. 우리는 히브리인들이 문자를 가지고 있었다는 것을 알고 있지만(십계명이 석판에 문자로 적혔다) 모세의 엄격한 지도에 따라 토라의 단어 하나도 글로 옮겨서는 안 됐고, 천 년이 넘는 세월 동안 지식, 종교적 풍습, 관습이 오직 구전만으로 전해졌다고 한다. 그리고 구전에 의한 전달의 모든 형태는 바로 노래였다고 한다.

유대교 신비주의자들은 말하는 자가 그 말의 의미를 이해하지 못해도 말소리 자체가 신의 호의를 불러올 것이라 믿었다. 그와 유사하게 조로아스터교의 전통에서도[29] 아베스타 만트라Avesta Manthras를 암송할 때 나오는 특유의 진동을 통해 영혼Urvaan에게 도달할 수 있다고 믿었다. 영혼과의 '조율attenment'을 위해서는 기도의 의미뿐만이 아니라 그 소리도 중요하다. 조로아스터교에서 스타오타 야스나Staota Yasna는 청각 진동의 이론이다. 기도하는 사람들이 여전히 사어死語인 아베스타 언어를 이용해 암송하는 이유도 그 때문이다.

코란Qur'an 역시 리듬과 멜로디가 입혀져 있고 비슷한 방식으로 학습이 이루어졌다. 하지만 코란은 음악으로 치지 않고, 오늘날의 아랍 음악과 비교해보면 구조적으로도 아주 다르다. 사실 코란을 노래로 부르는 것은 엄격히 금지되어 있다. 코란 자체에서 코란을 암송하는 방법을 4연에서 이렇게 설명하고 있다. "그리고 코란을 침착하고 율동적인 말투로 느리게 암송하라." 기억을 도와주는 노래의 힘은 노래를 금지하는 이슬람법에서도 잘 드러난다. 이슬람교 학자들은 이렇게 믿고 있다. "음악과 노래는 음란한 내용을 담고 있어서[30] 죄악과 색욕을 선동하고, 고귀한 뜻을 파괴하여 유혹과 용서 불가능한 범죄로 이끈다. … 음란한 어휘에 음악적 요소가 함께 수반되어 기억이 더 잘되고, 그리하여 음란한 효과가 더 강해진다면 더더욱 용서가 불가능해진다."

토라의 경우 멜로디 자체가 이야기 단어, 양식, 구조에 대한 단서뿐만 아니라 애매할 수도 있는 단어나 구절의 해석에 대한 단서도 함께 담고 있다. 즉 멜로디에 대한 단어의 배치(그리고 그 역도)가 자의적인 것이 아니라는 뜻이다. 이런 배치는 암기와 기억을 도울 뿐만 아니라 정확한 해석도 가능하게 해준다.

그 후로 3,500년이 지난 지금도 이런 종류의 상호작용을 어렵지 않게 찾아볼 수 있다. 리온 러셀Leon Russel이 쓰고 카펜터스Carpenters가 부른 노래 '슈퍼스타Superstar'에서 카렌 카펜터Karen Carpenter는 가사의 의미를 예술적으로 강화하는 발성 기법을 이용해서 "Long ago, and oh so far away"라는 노랫말을 부르고 있다. 그녀는 'far'라는 단어의 발음을 지연시켜 거리라는 개념을 강화한다. 'away'라는 가사를 부르는 동안에는 목소리에 서브톤subtone을 깔아서 깊은 상실과 이별의 느낌을 전달한다. 스티브 얼Steve Earle의 '발렌타인데이Valentine's Day'에서 가수는 그날이 찾아왔는데 여자 친구에게 줄 선물을 깜박했다는 것을 너무 늦게 알아차린다. 그래서 그 대신 여자 친구를 위한 곡을 쓴다. 이 곡은 사람을 놀라게 하는 표준에서 벗어난 코드가 등장하여 가사의 의미를 강조하며 가사에 긴장감과 더 깊은 의미를 부여하고 있다.

토라가 구전으로만 전달되어야 한다고 고집했던 이유는 추측할 수밖에 없다. 한 주장에서는 세계에서 가장 오랫동안 끊이지 않고 이어져 온 문명 중 하나인 유대인들의 성공이 부모와 자식 사이의 긴밀한 결속, 그리고 지식의 구전을 통해 생겨나는 유대감 때문이라 말한다. 이 경우 그 지식은 토라이고, 이것이 가문의 역사, 도덕적 교훈, 정치적 역사, 일상의 행실에 대한 규정, 질서 있고 공정한 사회의 유지를 위한 지도 사항 등을 긴밀하게 엮어준다. 만약 정보를 글로 적어 독서를 통해 학습했다면 지식의 전달이 책에서 학생으로 한쪽 방향으로만 흘렀을 것이다. 반면 구전에 의한 전달은 양쪽의 상호작용과 질문, 적극적인 참여를 가능하게 한다. 아니, 사실상 그런 부분을 필요로 한다. 물리학을 하다가 토라 학자가 된 아리에 카플란^{Aryeh Kaplan}은 이것을 살아 있는 교육이라고 부른다. 실제로 고대 히브리 학자들은 이렇게 적었다. "토라는 사람의 입을 통해 살아 있어야 한다." 1장에서 접했던 시와 마찬가지로 토라는 그것을 배워 학문을 할 때나 고난에 빠졌을 때, 신을 찬양할 때 등 맘만 먹으면 어느 때든 머릿속으로 토라의 노래를 암송할 수 있는 사람들이 귀와 마음 모두로 들어야 한다. 다소 비논리적인 주장이긴 하지만 토라를 글로 적는 것을 제한한 이유는 그것을 글로 옮길 경우 관습과 전통의 지식을 일부 잃어버릴 수 있기 때문이라는 주장도 있다. 사람들이 알고 있는 지식의 총합이 글로 적을 수 있는 지식보다 더 크다는 이유에서다. 랍비들이 기원전 150년에서 200년 사이에 모든 가르침을 글로 옮기기로 결정했을 때도 여러 구체적인 부분에 대해 실제로 많은 논란과 반대가 있었다. (그 모든 논란이 탈무드에 잘 담겨 있다. 사실 구전 교육의 내용이 정확히 무엇이고 그것을 어떻게 해석해야 하는지에 관한 사법 절차와 숙의를 기록하는 것이야말로 탈무드의 본질이다.[31])

기억이라는 관점에서 보면 캔틸레이션^{cantillation}(토라의 멜로디를 이렇게 부른다)은 다른 노래들과 똑같은 제약을 부여하여 방대한 양의 글을 쉽게 암기하고 보존하게 해준다. 하지만 기록해두지 않으면 토라나 코란 같이 성스러운 성전이 구전을 통해 얼마나 잘 보존되어왔는지 알기가 불가능하다. 우리는 멜로디, 리듬, 강조가 어느 정도나 변했는지 알지 못하고, 또 알 수도 없다. 하지만 현대의 유대인들이 집단에 따라 다른 멜로디로 노래하는 것을 보면 정보를 보존하는 단 하나의 마법 같은 공식은 없었던 것으로 보인다. 아이들의 말 전달하기 놀이^{telephone game}처럼 시간의 흐름 속에 소소한 변화들이 축적되었을 것이고 세대에서 세대로 이어지다 보면 이런 차이가 무시할 수 없을 정도로 쌓이고 증폭되었을 수 있다. 인간은 적응을 대단히 잘하는 종이다. 자체적인 음악적 문화와 전통을 갖춘 새로운 공동체로 이동한 경우 그 지역 노래의 영향을 받아 원래의 멜로디는 당연히 바뀌고 왜곡되었을 것이다. 심지어는 새로운 언어의 운율(그 언어의 '음악')도 그 언어 문화권의 노래에 영향을 미치는 것으로 밝혀졌다. 몽골인들이 말에 올라타고 남유럽으로 들어가고, 아르메니아인들이 파리로 흩어지고, 이탈리아계 미국인들이 미국 뉴저지주 호보켄에 살게 되면서 그 지역의 소리가 이민자들이 오랫동안 보존해온 멜로디와 리듬에 스며들어 가 새로운 혼종을 만들어냈고, 이 혼종은 원래의 정보 (멜로디와 내용) 중 일부를 상실하는 대가로 노래의 문화적 혁명을 이어가게 됐다.

오늘날 토라에 서로 다른 멜로디가 존재한다는 것은 구전으로 전달될 때 그 내용에도 오류가 끼어들었을지 모른다는 것을 말해준다. 멜로디가 변할 수 있다면 그 가사도 당연히 변할 수 있기 때문이다.[32] (사실 서기 1, 2세기에 탈무드를 편집하는 동안에 진행되었던 논의 중 상당수에서 그때 이미 몇몇 오류가 스며들었음을 인정했고, 그런 오류를 어떻게 해결할 것인지를 두고 고심했다.) 실제로 사해 문서Dead Sea Scrolls의 발견으로 성전이 여러 가지 버전으로 존재한다는 것이 밝혀졌다. 인지적 관점에서 보나 신학적 관점에서 보나 오류들은 로빈의 민요 연구에서 본 것과 같이 대부분 상대적으로 사소하고 덜 중요한 것들이다.

♯ ♯ ♯

이 모든 사례를 관통하는 공통의 맥락이 등장한다. 지식의 노래는 시련, 영웅의 전설, 특별히 중요한 사냥 등 영원성을 부여하고 싶은 무언가를 이야기로 담아 전달한다는 것이다. 인류는 기억법으로서 노래가 가진 막강한 힘을 오랜 세월 동안 잘 알고 있었다. 우리는 무언가를 스스로 떠올리기 위해(조니 캐시의 '바른길을 걸을게요') 혹은 다른 이들이 떠올릴 수 있도록 하기 위해(짐 크로스^{Jim Croce}의 '짐은 건드리지 마^{You Don't Mess Around with Jim}', 플리트우드 맥^{Fleetwood Mac}의 '멈추지 마^{Don't Stop}') 곡을 쓴다. 우리는 알파벳송이나 셈의 노래의 경우처럼 아이들에게 무언가를 가르치기 위해 곡을 쓴다. 우리는 자기가 배운 교훈을 잊지 않으려고 그런 교훈을 담은 곡을 쓰고, 종종 비유와 시적 장치를 사용해서 메시지를 예술과 과학이 만나는 경지까지 끌어올려 영감을 불어넣고, 다시 한 번 기억하기 좋게 만들어준다. 앤디 패트리지^{Andy Partridge}가 만들고 그의 밴드 XTC가 연주한 '디어 마담 바넘^{Dear Madam Barnum}'이 그런 경우다. 마담 바넘이라는 이름은 분명 가엾은 작곡가들을 가학적인 감정의 서커스로 내모는 서커스 우두머리로 이 여성을 묘사하기 위해 지어낸 이름이다(원래 바넘은 미국의 서커스 왕으로 불리는 인물이다 - 옮긴이). 그리고 이제 앤디 패트리지는 그 서커스에서 해방되기를 꿈꾼다.

나는 얼굴에 거짓 미소를 띠고
저녁 쇼를 시작하지
관중이 웃고 있어
지금쯤 그들도 알 거라 생각해
그러니 이제 거드름 그만 떨고
이 괴물 같은 쇼를 멈춰
친애하는 마담 바넘
나는 광대짓은 그만두겠어

노래하는 뇌

작곡가들은 새로운 곡의 맥락 속에 잘 알려진 이야기나 전설을 자주 집어넣는다. 다음 곡의 작곡가(오브리 개스^{Aubry Gass}, 노래는 행크 윌리엄스)는 다시 한번 경험을 노래에 담아내고 있다. 아마도 여자가 자신을 떠난 것이 자신의 잘못된 행동 때문이었음을 잊지 않으려는 노래로 보인다. 그는 메시지 속에 잘 알려진 구약성서 구절 두 개를 엮어 넣고 있다.[33]

오늘 아침에 일어나 보니
내 문에 쪽지가 하나 있네
"이제 커피 탈 필요 없어요.
다시는 돌아오지 않을 거니까"
이것이 그녀가 적은 전부였지
"존, 당신의 안장은 집으로 보냈어요."

이제 요나는 고래 배 속에서 잘 지내고
다니엘은 사자 굴에서 잘 지내지
하지만 잘 지내볼 생각도 안 했던 남자를 알아
그에게 두 번 다시 기회는 없겠지
이것이 그녀가 적은 전부였지
"존, 당신의 안장은 집으로 가져왔어요."

2절에서 흥미롭게 3인칭으로 전환되는 것에 주목하자("잘 지내볼 생각도 안 했던 남자를 알아"). 이것은 여자에게 버림받은 사람이 사실은 자기가 아니라고 생각하게 만드는 장치다. 이런 장치를 통해 그는 이 메시지가 다른 사람들

에게 보내는 경고임을 강조하고 있다. '나처럼 하지 말아요. 여자한테 잘 대해 주세요.'

폴 사이먼^{Paul Simon}의 '그렇게 몸을 혹사하면^{Run That Body Down}'에서 적절하게 제목을 붙인 아니 디프랑코^{Ani DiFranco}의 '미네르바^{Minerva}'(로마신화의 지식의 여신의 이름을 따서), 마그네틱 필즈^{Magnetic Fields}의 '너는 실패를 사랑하지^{You Love to Fail}'에 이르기까지 고생해서 얻은 교훈은 지식의 노래에서 빠지지 않는 단골 소재다. 오브리 개스의 경우와 마찬가지로 이 노래들은 일제히 작곡가로부터 그 자신에게, 그리고 우리 모두에게로 향한다. 내가 시대를 초월해서 가장 좋아하는 작곡가 중 한 명인 가이 클락은 어렵게 얻은 것으로 보이는 인생의 교훈을 자신의 노래 '너무 많으면^{Too Much}'에 담았다. 그가 스스로에게 부과한 양식 때문에 그렇지 않아도 재미있는 노래가 더 재미있고 기억하기도 쉬워졌다. 이 곡의 모든 행은 똑같이 두 단어('Too much')로 시작한다. 일상의 즐거움들을 장황하게 나열하면서 그 즐거움이 너무 지나칠 때 찾아오는 다양한 재앙을 그 행의 마지막에 구체적으로 표현하고 있다.

일이 너무 많으면 등이 아프고
골칫거리가 너무 많으면 마음이 아프고
고깃국물을 너무 먹으면 살이 찌고
비가 너무 많이 내리면 모자가 망가지고
커피를 너무 많이 마시면 가슴이 벌렁거리고
너무 먼 길을 가면 집이 그리워지고
돈이 너무 많으면 게을러지고
위스키를 너무 많이 마시면 사람이 미쳐버리지

(후렴)

　　너무 많은 정도로는 충분하지 않아

　　너무 많은 정도로는 턱도 없지

　　숨 쉬고 사는 이유가 따로 있나

　　나는 충분하지 않은 것을 너무 많이 해

리무진을 너무 많이 타면 돈 씀씀이가 늘고

너무 많이 먹으면 속이 안 좋아지고

허세를 너무 많이 부리면 창피를 보고

풍선에 바람을 너무 담으면 터지고

양파가 너무 많이 들어 있으면 눈물이 나고

설교가 너무 길면 잠이 오고

멕시코 음식을 너무 많이 먹으면 배가 터지고

싸구려 술집을 너무 다니면 사람이 죽지

(후렴)

　　자동차 개조를 너무 많이 하면 딱지를 떼고

　　개가 너무 많아지면 발로 차게 되고

　　너무 많이 숨으면 들켜버리고

　　시계가 너무 많으면 늘 서두르게 되고

　　너무 많이 기다리면 걱정하게 되고

　　담배를 너무 많이 피면 폐암에 걸리고

코카인을 너무 많이 하는 것이 답이 아니지

(후렴)

……

불만을 너무 많이 짊어지면 어깨가 멍들고
생일이 너무 잦으면 나이를 먹고
지도가 너무 많으면 나는 항상 길을 잃고
재미가 너무 많으면 항상 그 대가가 따르지

　노래를 기억하기 좋게 만드는 요소 중에는 분명 작곡가가 그 곡을 쓰면서 느꼈던 재미도 포함된다. 그리고 이런 재미는 연주자들이 그 곡의 연주에 담는 즐거움에도 반영된다. '불만을 품다carrying a chip on your shoulder'라는 익숙한 숙어를 해체해서 "불만을 너무 많이 짊어지면 어깨가 멍들고too much chip'll bruise your shoulder"라는 표현을 만들어냄으로써 기발하다는 느낌을 준다. "리무진을 너무 많이 타면 돈 씀씀이가 늘고too much limo'll stretch your budget"라는 가사는 '리무진limo'과 '스트레치 리무진stretch limo(길이를 늘여서 만든 고급 리무진 – 옮긴이)'의 상관관계를 활용해서 'stretch(늘이다)'라는 단어의 양쪽 의미를 모두 이용하고 있다. (가이 클락이 그의 지도를 받았던 로드니 크로웰을 비롯한 음악계 일류 작곡가들이 제일 좋아하는 작곡가로 꼽히는 것도 무리가 아니다.)
　'너무 많으면' 같은 노래는 기억 과정을 게임으로 바꾸어놓는다. 각 행의 첫째 부분이 둘째 부분에 대해, 둘째 부분이 첫째 부분에 대해 단서를 제공한다. 행을 까먹은 경우에도 '나는 파리를 삼킨 할머니를 알아요'의 경우처럼 논리를 따라가면 가사가 저절로 떠오를 수 있다. 이런 종류의 노래를 우리가 아는 모든 사회에서 찾아볼 수 있다는 점이 문화적으로 중요하다. 그리고 아이들은 이런 노래를 좋아한다는 사실로부터 우리 선조들이 이런 종류의 정신적 놀이에서 보상을 받고, 이것을 학습하고 정보를 전달하는 효율적인 방식으로 여겼다는 증거를 찾을 수 있다.

지금까지는 노래를 한 번에 한 사람이 기억하고 부르는 경우에 대해서만 생각해왔다. 하지만 휴런의 노란 스쿨버스 노래에서 토라 캔틸레이션에 이르기까지 지식의 노래들은 집단이 함께 부르는 경우가 일반적이다. 이런 맥락에서 보면 문화의 토대로서 지식의 노래가 차지하는 지위와 그 내구성이 훨씬 분명하게 드러난다. 이미 앞에서 동기화된 음악에서 오는 사회적 유대감과 노래의 신경화학적 영향에 대해 이야기한 바 있지만 사람들이 함께 노래를 부를 때 개인에게 찾아오는 이득 말고도 집단 전체에 부여되는 분명한 인지적 이득이 존재한다.[34] 집단적 노래 부르기는 한 개인이었다면 기억하지 못했을 정보를 떠올릴 수 있는 특별한 능력을 보여준다. 이것은 창발적 속성emergent property이다. 창발적 행동은 개체는 할 수 없는 일을 집단은 할 수 있을 때 생긴다. 개미와 꿀벌의 공동체는 창발적 속성의 사례다. 이런 집단에서는 동기부여가 없어 보이는 상대적으로 단순한 행동이 다수가 모여 집단 지능을 이룬다. 예를 들면 어느 개미도 개미언덕의 위치를 옮겨야 한다는 사실을 알지 못하지만 수만 마리 개미의 행위가 결국에는 언덕을 효율적, 효과적, 심지어 '지능적'으로 옮기는 결과를 만들어낸다.[35] 스탠퍼드대학교의 생물학자 데버라 고든Deborah Gordon은 이렇게 적고 있다. "개미 공동체의 미스터리는 관리자가 없다는 것이다." 무리 가장자리에 서서 교통정리를 담당하는 개미

따위는 없다. "이봐, 거기! 일개미들 하고 더듬이나 비비면서 한가하게 놀지 말고 어서 움직여! 이봐 싸우지 좀 마. 곰팡이 핀 땅콩이 충분히 많아서 모두 배불리 먹을 수 있다고! 이봐, 너는 뭐 하는 거야? 혼자서 편하게 쉬고 있어? 어서 가서 무거운 사마귀 시체 나르는 친구들이나 도와줘!" 이렇게 감독하는 개미도 없는데 도대체 개미 공동체는 어떻게 일을 해내는 것일까?

개미 공동체는 아주 많은 단위 혹은 요소로 구성된 다른 계^{system}와 아주 비슷한 행동을 나타낸다. 이런 요소들은 서로 상호작용을 하며, 이 상호작용의 결과는 시간의 흐름 속에서 달라진다. 물리학자들은 이것을 비선형 동역학계 $^{\text{nonlinear dynamical system}}$라고 부른다. (비선형이라고 부르는 이유는 이런 상호작용의 효과를 단순히 덧셈의 형태로 표현할 수 없어서 때로는 거듭제곱의 형태나 다른 고차원 수학 함수의 형태로 표현해야 할 경우도 생기기 때문이다. 그리고 동역학계라고 부르는 이유는 처음에 일어난 한 사건의 영향이 초기 효과가 펼쳐지는 과정에서 나중에 아주 심오한 영향을 미칠 수 있기 때문이다.) 열대우림, 항성의 통과$^{\text{stellar transit}}$, 주식 시장, 히트곡의 일시적 유행 등 이런 계에서는 겉으로 보기에는 서로 상관없이 없고 혼란스러워 보이는 작은 행동들이 시간의 흐름 속에서 서로 상호작용하고, 전파되고, 전개되면서 결국에 가서는 거대한 영향을 미치게 된다.[36] 바꿔 말하면 개미, 뉴런, 원자, 음표같이 단순하기 이를 데 없는 개별 단위가 복잡하고, 때로는 직관에 어긋나는 집단적 행동을 만들어낼 수 있다는 것이다.

언뜻 생각하면 집단이 지식의 노래를 더 잘 기억할 것 같다. 기억의 부담을 아주 많은 사람이 나눌 수 있으니까 말이다. 하지만 열 명의 가수가 각각 다른 행을 나눠서 기억하는 식을 말하는 것이 아니다. 여기서는 사전에 어떻게 외우고 기억하자는 합의나 조정 같은 것이 존재하지 않는다. 대신 개인마다 다양한 차이가 있기 때문에(그리고 이런 차이는 유전, 환경, IQ, 개인적 동기, 취향 혹은 무작위 요소에 의한 것일 수 있다) 어떤 사람은 노래에서 다른 부분보다 어떤 부분을 더 잘 기억한다. 이것은 전혀 체계적이지 않아서 기억하는 부분이 날마다, 주마다 달라질 수 있다.

하지만 집단이 함께 노래하기 시작하면 무언가 특별한 일이 일어난다. 인지적 관점(그리고 동역학적 복잡계의 관점)에서 봐도 대단히 특별한 일이고, 아마도 축구경기장, 교회, 캠프파이어, 정치집회 등 사람들이 함께 모여 노래하는 곳에서 당신도 직접 경험해보았을 일이다. 혼자 부를 때는 첫 줄을 부르다 막혀버릴 수 있다. 다른 친구 한 명과 같이 부르면 친구가 두 번째 줄의 첫 단어를 기억하고 있어서 당신도 몇 단어를 더 이어서 부를 수 있을지 모른다. 하지만 친구와 당신 모두 셋째 줄은 기억나지 않는다. 하지만 큰 집단에서는 누구도 노래 전체를 기억할 필요가 없다. 한 사람이 한 단어의 첫음절만 노래해도 다른 누군가가 그 소리를 듣고 그 단어의 두 번째 음절을 기억해낸다. 이것이 다른 사람들에게 단서를 주어 단어 전체를 기억하는 사람이 생기고, 이어서 뒤로 이어지는 단어 세 개를 기억하는 사람이 생긴다. 수십 명, 수백 명의 집단에서 노래의 모든 음절에 대해 이런 식으로 확산이 이루어진다고 상상해보자. 그럼 일종의 집단의식이 등장하면서 집단의 누구도 노래 전체를 알고 있다고는 못하지만, 그럼에도 집단 자체는 노래 전체를 알고 있게 된다.

비창발적계라고 해도 누군가가 잘못 기억해서 엉뚱한 음절, 음, 단어로 노래해도 그 부분을 정확히 기억하는 수많은 사람의 소리에 섞여 희미해져 버린다. (이것은 올리버 셀프리지 Oliver Selfridge가 주장한 인간 지각의 연결주의 대혼란 모형 connectionist pandemonium model의 한 버전이다.) 이렇게 되는 이유는 어느 순간이든 집단의 어느 구성원에 의해 노래의 어느 한 부분이 잘못 기억될 가능성이 크지만, 노래를 잘못 기억하는 사람들이 모두 똑같이 잘못 기억할 가능성은 적다(그리고 집단이 커질수록 많은 구성원이 똑같은 시간에 똑같은 방식으로 가사를 까먹을 가능성은 점점 줄어든다). 동역학계에서는 매 순간 새로운 정보가 드러나고 이것이 그 후로의 계의 전개에 영향을 미친다. 잘못 기억하는 사람 중에 적어도 일부는 적절한 단서가 주어지면 정확하게 기억할 것이다. 이것이 바로 어마어마하게 긴 문서 정보가 수백, 수천 년에 걸쳐 보존되고, 후대에 전달되고, 소통될 수 있었던 근본 메커니즘이다. 당연히 오류가 그 안에 끼어들게 되지만 노래의 시적, 음악적 양식이 치밀하게 제약되어 있을수록(호머의 서사시나 12마디 블루스의 경우처럼) 그 안에 담긴 메시지가 바뀜 없이 온전히 전달되고, 그 후로도 왜곡에 저항성을 갖게 된다.

따라서 비선형 동역학계의 특성은 다음과 같이 정리할 수 있다. (1) 개인들 간에 국소적인 정보 전파(이웃한 개인이 올바른 가사를 제공)가 일어나고, (2) 이 전파는 비선형 메커니즘(이 경우는 개별적, 집단적 기억과 인지)을 통해 일어나고, (3) 이 메커니즘에는 각기 개인의 변동성(즉, 개인마다 노래를 기억하는 부분이 다양함)이 수반된다. 이 세 가지 속성 덕분에, 그리고 이 세 가지 속성이 있어야만 개인에서는 오류가 발생할 가능성이 큼에도 불구하고 집단 전체에서는 오류의 동시 발생 가능성이 낮아지는 창발적 속성이 나타난다.

집단 기억과 집단 노래하기 자체도 진화에 의해 선택된 것인지 모른다. 이런 진화는 집단과 유대감을 형성해서 집단적 행동에 나설 수 있는 개체를 선호했을 것이다. 나는 이런 집단선택 과정과 대규모 집단 구성원에게 부여되는 생존과 번식상의 이점이 결국에 가서는 인간 사회 형성에 근본적인 역할을 했다고 믿는다. 동시에 노래 부르기는 개인의 심리상태에 긍정적인 영향을 미치는 반면, 노래를 부르면서 동시에 오류가 발생하는 것은 어떻게든 피해야 할 일이었다. 그래서 개인은 자기 노래를 자신 있게 밀어붙이는 것과 이웃한 친구들의 노래에 맞추어 따라 부르는 것 사이에서 균형을 잘 잡아야 했다. 이런 균형 잡기 자체가 노래를 부르는 동안에도 계속 변화하는 비선형적이고 동역학적인 과정이다(그리고 생태계 등 다른 많은 동역학계에서도 이런 과정이 발견된다).[37]

지식의 노래가 정보를 부호화해서 보존하는 힘, 그 노래를 기억하고 전달하는 데 어린아이들까지 참여시키는 힘을 갖고 있다는 것은 이것이 오랜 진화적 기반을 갖고 있다는 의미다. 더 큰 맥락에서 보면 지식의 노래는 예술, 그중에서도 정보를 추구하는 예술의 특별한 경우로 볼 수 있다. 많은 사람이 예술과 과학을 하나의 연속적 스펙트럼 양단에 위치하는 존재로 바라본다. 추상성에서 구체성까지, 낭만에서 논리까지 이어지는 스펙트럼 말이다. 나는 평생 양쪽 영역의 지식을 추구해왔고, 어느 한쪽 혹은 양쪽 영역의 지식을 추구하는 사람들에 둘러싸여 살았다. 내가 아는 많은 음악가는 체계적이고, 계획적이고, 학구적인 방식으로 음악에 접근한다. 이런 방식을 보면 과학적인 방식이라고밖에는 달리 표현할 방법이 없다. 프랭크 자파, 스팅, 마이클 브룩, 데이비드 번 같은 음악가들이 그 예다. 음악을 더 직관적으로 접근하는 사람들도 있다. 카를로스 산타나Carlos Santana, 제리 가르시아Jerry Garcia, 빌리 피어스Billy Pierce, 닐 영 같은 사람들이다. 이 네 사람이 음악을 성실하게 하지 않는다는 의미는 아니다. 하지만 이들이 음악에 접근하는 방식을 보면 체계적이라기보다는 느낌에 의존하는 것으로 보인다는 말이다. 내가 좋아하는 피아니스트 빌 에반스Bill Evans는 후자의 접근방식을 이렇게 요약한다.

"말은 이성의 지식이기 때문에 그것(음악)을 설명할 수 없습니다.[38] 말은 느낌을 번역할 수 없어요. 그 일부가 아니기 때문이죠. 그래서 저는 사람들이 재즈를 지적으로 분석하려는 것을 보면 짜증이 납니다. 재즈는 지적인 대상이 아니거든요. 재즈는 감嘆입니다."

나는 예술과 과학이 연속적 스펙트럼의 양단을 차지하고 있고, 이 스펙트럼은 다시 원처럼 둥글게 말려 있기 때문에 두 개가 한 공통 지점에서 만난다고 이해하게 됐다. 예술과 과학 모두 조망수용perspective-taking, 표상representation, 재배치rearrangement의 요소가 수반된다. 이것은 음악적인 뇌의 세 가지 근본 요소에 해당한다. 우리는 이 세 가지를 결합해서 비유(한 대상이나 개념으로 다른 대상이나 개념을 대신 상징하는 것)와 추상(위계상에서 더 큰 개념으로 그 하위 요소를 상징하게 하는 것)을 얻는다. 예술과 과학은 모두 비유와 추상에 의존한다. 감각적, 지각적 관찰을 가져다가 증류하여 본질을 뽑아내기 때문이다. 양쪽 모두 정보를 가공하지 않은 형태로 가져왔을 때보다 한 조각의 정보에서 더 많은 의미를 얻어낼 수 있다. 예술과 과학은 결국 더 이해하기 쉽고 기억하기 쉬운 형태로 세상의 지식을 추출하고 추상화하는 것이다. 이 둘의 공통점은 전체를 내려다보며, 주제를 하나로 통일하고, 세상의 여러 사실 중 어느 것이 중요하고, 어느 것이 중요하지 않은지에 대해 결정을 내리는 것이다. 예술과 과학이 세상 모든 것을 표상할 수는 없다. 대신 예술과 과학은 그중 어느 것이 가장 중요한지를 두고 어려운 선택을 해야 한다.

과학은 그냥 사실만 보고하고 끝이 아니다. 사실을 보고하는 것은 과학 연구에서 예비단계에 불과하다. 세상의 작동 방식을 깔끔하게 이해하고 예측하게 해주는 진짜 과학은 그런 사실들을 취합해서 그것을 설명할 일반화된 원리를 이끌어낸다. 이런 일을 하려면 추상화 능력뿐만 아니라 창의성, 합리성, 직관, 감수성 등이 필요하다. 오래도록 역사에 남는 예술 작품을 창조할 때 필요한 것과 별반 다르지 않다. 음악을 하려면 이런 것이 필요하다는 것은 자명해 보이는데 음악적인 뇌가 있어야 과학을 할 수 있다고 하면 고개를 갸웃할 것이다.

노을을 그린 그림 한 장은 해 질 녘의 느낌이 어떤지 말해주고 그런 느낌을 영원히 전달할 수 있다. 태양계의 움직임(그리고 태양의 물질 조성과 해당 지역의 환경 조건)을 수학으로 모형화하면 어떤 날의 노을이 장관일지, 그저 그럴지, 구름에 완전히 가려질지 예측할 수 있다. 양쪽 모두 행동하는 데 필요한 정보를 제공하고, 기억을 도와준다. 그리고 우리를 느낌과 생각, 감정과 해석, 뇌와 심장의 결합체 속에 붙잡아둘 수 있다.

지식은 감정이다. 어떤 사람은 과학은 그냥 과학일 뿐이라 말한다. 그저 감정과 보살핌의 영역 밖에 존재하는, 사실과 측정치의 집합체일 뿐이라고 말이다. 하지만 세상에는 기억하고, 기록해서 다른 사람에게 전달할 수 있는 사실이 수백만, 아니 무한히 많이 존재한다. 우리는 그중에 무엇을 중요하게 여겨 기록할지 선택해야 한다. 그리고 그런 판단에는 감정이 개입한다. 우리는 어떤 사람에 대해서는 보살펴야겠다는 동기가 생기지만, 어떤 사람에 대해서는 그렇지 않다. 그리고 앞에서 보았듯이 감정과 동기부여는 동일한 신경화학 동전의 양면이다. 2 + 2 = 4이고, 수소는 우리가 아는 가장 가벼운 원소라는 사실에는 감정이 들어 있지 않은 것이 사실이다. 하지만 우리가 이런 사실을 알고 있고, 이것을 배우기 위해 공을 들였다는 사실 속에는 우리가 무엇에 흥미를 느끼고, 무엇을 우선시하고, 무엇에 동기를 느낄 것인가 하는 측면들이 반영되어 있다. 한마디로 감정이 반영되어 있다는 말이다. 과학자들에게 동기를 부여하는 것은 강렬한 호기심, 그리고 더 높은 진리로 실재를 해석하고 표상하려는 열망, 관찰된 내용을 가지고 그것을 포괄하는 일관된 이론을 정립하려는 열망이다. 물론 예술가들도 똑같은 일을 한다. 그들도 자신이 관찰한 것을 가지고 그림, 교향곡, 노래, 조각, 발레 등의 일관된 전체를 만들어 내려 한다. 어쩌면 지식의 노래는 예술, 과학, 문화, 정신의 정점일지도 모르겠다. 인간 뇌의 구조와 기능에 안성맞춤인 예술 형태 속에 중요한 인생의 교훈을 담고 있으니까 말이다. 우리는 알아야 직성이 풀린다. 그리고 그것을 노래로 표현해야 직성이 풀린다.

> 과학도 자연처럼
> 잘 보존할 생각으로
> 길들여야 해
> 온전히 보존하면
> 분명 우리에게 큰 도움이 되지
>
> 예술은 마케팅이 아니라
> 표현 수단이라야
> 우리의 상상력을 붙잡을 수 있지
> 온전히 보존하면
> 분명 우리에게 큰 도움이 되지
>
> 가장 위기에 처한 종인
> 정직한 인간은
> 소멸하지 않고 살아남게 될 거야
> 온전히 보존된 세상을 만들어
> 세심하고, 열려 있고, 강인하다면

- 러쉬(Rush), '자연과학(Natural Science)'

지금 여기 우리는 과학을 여기저기 흘리고 다니지
레인지로버를 타고 도시를 여기저기 부딪치고 다니듯이
지평선을 넓히고, 한계를 넓히고
어리바리한 M.C. 아마추어들의 각운을 넓히지
……

이것이 과학의 소리

- 비스티 보이즈(Beastie Boys), '과학의 소리(Sounds of Science)'

태워줘서 고마워, 거대과학. 할렐루야
거대과학. 오를레이히후

- 로리 앤더슨(Laurie Anderson), '거대과학(Big Science)'

Religion

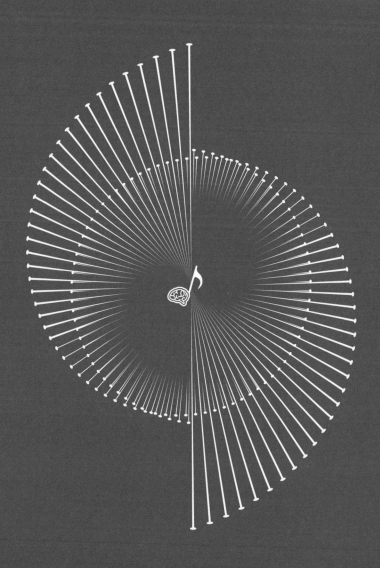

내가 네 살 적에 할아버지가 나를 샌프란시스코 차이나타운의 중심부 커니 스트리트에 데려가신 적이 있다. 내 사촌 핑^{Ping}과 매^{Mae}를 그곳에서 만났다. 두 사람은 방사선실에서 X선을 개발한 기술자들이었다. 핑은 늘 그랬듯이 나를 자기 어깨에 목말을 태우고 돌아다녔고, 나는 그의 이마를 붙잡고 있었다. 가끔 내 손이 이마에서 미끄러져 내려가 그의 눈을 가리기도 했다. 그곳은 볼거리가 정말 많았다! 분홍색과 보라색 의상을 입을 무용수들이 거리를 뛰어다니고 폭죽이 터지고, 생화와 조화로 장식한 꽃수레들이 손을 흔드는 그 지역 고위 관리들을 태우고 다니고, 우리가 가는 곳마다 전통 중국음악이 스피커, 휴대용 확성기, 악기, 그리고 사람들의 입에서 떠들썩하게 흘러나왔다. 군중 전체가 단일 생명체의 자유로운 일부인 것처럼 미소 짓고, 웃음을 터트리고, 뛰어다니며 축하하고 있었다. 그렇게 많은 사람이 한 번에 한 장소에서 행복에 겨워하는 모습을 한 번도 본 적이 없었다. 그리고 그 행복은 전염성이 있었다. 핑이 나를 땅에 내려주자 할아버지와 나는 춤을 추었다. 할아버지가 내 손을 잡고 빙글빙글 돌리자 원심력으로 내 발이 땅에서 떨어졌다. 매가 내게 호루라기와 티셔츠에 꽂을 핀을 하나 주었다. 우리도 금요일 밤이면 집과 유대교회당에서 노래를 불렀고, 유대력 신년을 두 달 앞두고도 노래를 불렀지만 이런 노래들은 근엄하고, 느리고, 지루했다. 반면 중국 노래들은 딴판이었다. 의례가 꼭 칙칙할 필요가 없었던 것이다!

전 세계에서 이루어지는 인간의 의례는 많은 공통 요소를 갖고 있다. 이는 이런 의례가 모두 공통의 기원을 갖고 있거나, 공통의 생물학적 유산에서 비롯되었음을 암시한다. 어떤 의례는 즐겁고, 어떤 것은 진지하고, 어떤 것은 엄격하게 규율이 잡혀 있고, 어떤 것은 자유로우면서도 짜임새 있게 이루어진다. 이런 활동들을 요소로 분해해보면 동물계에서 나타나는 활동과 놀라운 연속성이 있음을 알 수 있다. 이는 움직임과 소리를 통해 스스로를 표현하는 특별한 방식을 갖추도록 진화가 우리를 이끌었음을 강력하게 시사하고 있다. 흔히 인간은 인간만의 독특한 능력을 갖추고 있다고 생각하지만(언어가 인간의 가장 놀라운 성취로 종종 제시되고 종교와 음악이 그 뒤를 바짝 따르고 있다) 이런 개념은 신경생물학의 최근 연구결과와 크게 모순된다. 사실 동물들은 십 년 전만 해도 우리 종만의 유산이라 생각했던 많은 능력을 갖추고 있다. 이런 능력은 호모 사피엔스에 들어서 갑자기 나타난 것이 아니라 동물들의 능력과 같은 연장선상에 있다. 차이점이라면 우리 종은 이런 활동을 그에 대해 의식적으로 자각하면서 논의하고, 계획하며, 이런 활동을 시간과 공간 속에서 특정 신념과 결합할 수 있다는 것이다. 동물도 상당히 정교한 의례를 수행할 수 있지만 무언가를 기념하고 축하할 수 있는 것은 인간뿐이며 오직 인간만이 이런 것들을 신념체계와 결합할 수 있다. 에드윈 호킨스 싱어즈Edwin Hawkins Singers가 부른 '오 해피 데이Oh Happy Day'는 지금까지 녹음된 노래 중 가장 즐겁고 행복한 감정으로 예수의 탄생을 축하한다. 특정 날짜나 탄생을 축하하고, 승리에 결정적이었던 전투를 기념하는 동물은 없다. 그러는 데 필요한 뇌 구조를 동물들도 가지고 있을지는 모르지만 그것을 그런 식으로 활용하는 존재는 인간뿐이다.

동물에서 인간으로 이어지는 행동의 연속성은 철저하게 조사해볼 만한 가치가 있다. 개미와 코끼리는 동족의 죽은 시체를 땅에 묻는다. 인간은 동족의 죽음을 애도하면서 보통 정교한 의례 절차를 거친다. 이 의례는 때로는 엄숙하게, 때로는 즐겁게 진행되며 거의 항상 음악이 함께 한다. 네안데르탈인은 호모 사피엔스가 지상에 출현하기 오래전부터 동족의 시신을 땅에 묻었지만 고고학적 기록을 보면 이런 매장 풍습은 위생적인 이유로 우연히 채택된 행동으로 보인다.[1] 고양이가 대변을 흙으로 덮는 것과 비슷한 행동인 것이다. 네안데르탈인의 매장지를 보면 장신구, 보석, 다른 장비 같은 것이 보이지 않는다. 반면 인간의 묘에는 이런 것들이 거의 항상 함께 들어 있다. 인간은 기존의 물리적인 매장 행위를 바탕으로 거기에 문화적, 영적 요소를 불어넣었다. 인간만의 고유한 발명품인 기념의례ceremony는 중요한 사건을 기념한다. 이런 사건은 출생, 결혼, 사망 같은 인간의 생활사일 수도 있고, 계절, 비, 동 틀 녘, 해 질 녘 같은 환경의 생활사일 수도 있다. 의례는 우리를 사건 자체, 그리고 비슷한 사건이 과거에서 미래로 반복해서 이어지는 역사적 주기와 묶어준다. 이것은 외부화된 사회적 기억의 한 형태이고, 여기에 음악이 곁들여지면 개인과 집단의 기억 모두에 훨씬 확고하게 새겨진다. 매년 같은 시간, 같은 장소에서(계절의 노래나 기념일 노래) 혹은 비슷한 사건을 기념하는 모임에서(장례식, 결혼식, 생일) 부르는 노래들은 이런 사건들을 공통의 주제 아래, 인생의 본질에 관한 공통의 신념체계 아래 하나로 묶는다. 음악이 이런 기억들을 불러일으키는 강력한 단서로 작용하는 이유는 바로 음악이 이런 시간 및 장소와 긴밀하게 연관되어 있기 때문이다.

인간에게 음악적인 뇌를 제공해준 진화적 변화, 즉 앞이마겉질의 확장, 그리고 겉질영역cortical area과 겉질아래영역subcortical area에서 일어난 수많은 양측성 연결은 우리 종이 사회적 동물로 발달하는 데 결정적인 단계였다. 이런 진화적 변화와 함께 자의식self-consciousness(조망수용의 한 측면)이 등장했다. 그리고 자의식은 그와 함께 영적인 갈망과 자신의 목숨보다 더 중요한 것이 있을지도 모른다고 생각하는 능력을 가져왔다. 나는 종교, 의례, 신념과 관련된 노래 같이 특별한 종류의 음악이 인간의 초기 사회체계와 사회를 만들어내는 데 필수적인 기능을 담당했다고 믿는다. 음악은 의례 절차에 의미를 부여하고, 그런 절차를 쉽게 기억하고 친구, 가족, 생활 집단과 공유할 수 있게 만들어 사회질서의 형성을 도왔다. 인간을 인간답게 만든 밑바탕에는 바로 이런 의미에 대한 갈망이 자리 잡고 있다.

음악과 마찬가지로 종교두 모든 인간사회에서 발견된디(그리고 양쪽 모두 그것의 기반이 진화적인 것이냐 초자연적인 것이냐를 두고 사람들의 의견이 엇갈린다). 신념과 관습, 지리적 위치에서 큰 차이가 있기는 하지만 지금까지 알려진 인간의 문화 중에서 종교가 없는 경우는 없다.[2] 이것은 종교가 문화를 통해 사람에게 전달되는 정보인 밈meme 이상의 것이며[3] 진화적 기반을 갖고 있을지 모른다는 점을 강력하게 시사한다. 사회학의 창시자 중 한 명인 에밀 뒤르켐Émile Durkheim이 한 세기 전에 우리에게 가르치기를, 무엇이든 인간의 문화에 보편적으로 존재하는 것이 있다면 그것은 인류의 생존에 기여할 가능성이 크다고 했다.[4] 현대의 생물학자들은 이 개념을 동물의 행동으로 확장해서 뇌의 진화를 이해하기 위한 방편으로 여러 종에 걸친 보편적 연결고리를 찾아내려 하고 있다. 진정 인간만의 것이라 여기는 행동도 어느 날 하늘에서 뚝 떨어진 것이 아니라, 동물에서 보이는 것과 놀라울 정도로 비슷한(따라서 동물의 생존에도 기여할 것으로 추측되는) 행동들이 포함된 연속 스펙트럼 위에 분포하는 것이다. 의례를 종교로부터 명확하게 구분하기는 불가능할지도 모른다. 그리고 어쩌면 이런 구분보다는 의례와 종교가 서로 어떻게 연속적으로 이어져 있으며, 애초에 의례들이 어떻게 합쳐져 종교로 발전하게 되었는지를 이해하는 것이 더 중요할지도 모른다.

의례에는 반복적인 동작이 수반된다.[5] 많은 동물이 의례화된 행동을 보여준다. 예를 들면 개는 자리에 눕기 전에 몇 바퀴를 빙글빙글 돌고, 새는 이 다리에서 저 다리로 몸을 흔들고, 미국너구리는 밥을 먹고 나면 얼굴을 씻는다. 이런 행동을 인간의 의례와 구분하는 차이점은 인지적 요소, 인간의 자의식이다. 우리는 대부분의 경우 자신의 행동을 인식하고 있고, 거기에 목적의식과 의미를 부여한다. 우리는 세균을 닦아내기 위해 손을 씻는다. 그리고 사건을 기념하기 위해 촛불을 켠다. 그리고 우리는 의례에 대해 이야기하고, 의례에 대해 노래를 부른다. 종교의 차별점은 여러 가지 의례를 하나로 엮어 공통의 이야기나 세계관으로 만든 것이라는 점이다. 즉 의례는 종교에 대해 부분과 전체의 관계로 존재한다.

인류학자 로이 라파포트Roy Rappaport는 의례를 "한 명 이상의 참가자가 자신의 생리적, 심리적, 사회적 상태와 관련된 정보를 자기 자신 혹은 한 명 이상의 동료 참가자에게 전달하기 위해 하는 보여주기 행동"이라 정의했다.[6]

보여주기라는 측면이 대단히 중요하다. 의례는 소통의 한 형태로 역할한다. 그의 정의에서 나타나는 기념의례의 내포적 본성inclusive nature 역시 중요하다. 이런 정의는 보여주기 행동이 자아성찰적self-reflexive이고, 기념의례에 참가한 사람에게만 도움이 되는 것을 분명하게 허용하고 있다. 따라서 의례에 사용할 음식을 준비하기 전에 손을 씻는 사람, 제단에 지팡이들을 놓아두는 사람, 심지어는 콘서트 전에 워밍업으로 스케일 연습을 하는 음악가들까지 모두 이런 준비 의례를 통해 계획이나 실행의 다음 단계로 넘어갈 준비가 되어가고 있다는 신호를 행위자에게 보여주는 것이다.

라파포트는 종교를 "집단의 사람들이 공통으로 가진 일련의 신성한 신념 그리고 … 이런 신념과 관련해서 수행하는 표준의 행위(의례)들"이라고 정의했다. 그는 신성함을 일반적인 물리적 수단이나 오감으로는 증명할 수 없는 신념 혹은 형체를 가진 것이 아니지만 그럼에도 인생 행로에 영향을 미칠 수 있는 것이 존재한다는 신념이나 믿음이라 정의하고 있다.

종교적 의례나 관습에는 일곱 번 머리를 숙이거나, 십자가를 그리거나, 특정 방식으로 손을 접었다 펴는 등 거의 항상 의례행위ritual behavior, 반복적인 운동행위가 포함되어 있다. 인류학자들은 인간의 종교적 관습에서 문화, 시간, 장소를 초월하여 보편적으로 적용되는 것으로 여겨지는 어떤 특성들을 밝혀냈다.

1. 행위가 평소의 목적과 거리가 있다. 우리는 이미 깨끗한 상태인 신체 일부를 씻기도 하고, 분명 그 자리에 없는 다른 사람에게 말을 걸기도 하고, 둥글게 모여 손에서 손으로 과일을 전하기도 하고(이런 행동의 목적은 과일을 누군가에게 전달하는 것이 아니라 그냥 전달 행위에 참여하는 것이다), 돌 주위를 정확히 네 바퀴 돌기도 하고, 눈에 보이는 특별한 목표가 없는 행위를 수행하기도 한다.

2. 더 많은 비가 내리기를 바라고, 더 많이 수확하기를 바라고, 아픈 아이가 낫기를 바라고, 성난 신을 달래기를 바라는 등 일반적으로 무언가를 얻을 목적으로

행위가 이루어진다.

3. 보통 관습을 의무적인 것으로 여긴다. 공동체의 구성원들은 이런 관습을 이행하지 않는 것을 안전하지 않거나 어리석은 혹은 부적절한 일로 여긴다.

4. 행위의 형태에 관해서는 아무런 설명도 없을 때가 많다. 즉 의례의 목적은 모든 참가자가 이해하고 있더라도(즉 신에게 영향을 미치기 위함) 이런 특정 행위가 어떻게 바라는 결과로 이어질 수 있는지에 대해서는 아무런 설명이 없는 경우가 보통이다.

5. 참가자들이 일상생활에서보다 더 질서정연하고, 정기적이고, 획일적으로 행동에 참여한다. 사람들은 아무 데서나 내키는 대로 걷거나 서 있지 않고 줄을 지어 정렬하고, 그냥 이동하는 대신 춤을 추고, 특별한 신호, 몸짓, 말로 인사를 나누고, 서로 비슷하거나 특별한 의상을 입거나 화장을 한다.

6. 주변 환경으로부터 물체를 가져와 거기에 특별한 의미를 부여한다. 그 물체들을 포개놓거나, 가지런히 나열하거나, 쌓아 올리거나, 배열해놓을 때도 있다.

7. 환경을 재구성하거나 범위를 정한다. 성스러운 원을 그리거나, 가지 말아야 할 영역을 정하거나, 나이 든 사람이나 순수한 사람만 들어갈 수 있는 특별한 장소를 정한다.

8. 행위를 수행하려는 강력한 감정적 욕구가 존재하고 그것을 수행하지 않으면 (혹은 참가자가 자신이 제대로 수행하지 못했다고 느낄 때는) 불안을 경험하게 된다. 행위를 잘 마무리하고 나면 개인은 안도감을 느낀다.

9. 행위, 몸짓, 말을 세 번에서 열 번 혹은 그 이상 반복한다. 의식을 적절히 준수하기 위해서는 반복 횟수가 정확해야 한다. 횟수를 틀리면 그 행위를 처음부터 다시 시작한다.

10. 의식을 특정한 방식으로 수행하려는 강력한 감정적 욕구가 존재한다. 그리

고 그 행위는 엄격하게 해석되고, 정의된다. 공동체 안에 각각의 행위를 가장 잘 수행하는 것으로 알려진 사람이 존재하고(보통 연장자), 나머지 사람들은 그것을 본보기로 따라 하려고 한다.

11. 의식에는 거의 항상 음악 혹은 리드미컬하게 읊조리는 기도가 수반된다.

이런 특성들은 이슬람교, 힌두교, 기독교, 유대교, 시크교, 도교, 불교, 아메리카 인디언의 토착 종교뿐만 아니라 문자가 발명되고 산업화가 이루어지기 전 사회의 온갖 의례에서도 발견된다. 그리고 의례의 이야기는 음악과 긴밀하게 얽혀 있다. 종교 의례에는 거의 항상 음악이 동반된다. 이것은 인간의 본성이다. 종교가 인간이 발명한 것인지, 아니면 신으로부터 내려받은 것인지는 여기서 중요한 문제가 아니다. 여기서 그런 질문 때문에 옆길로 새고 싶지도 않다. 인간의 종교 의례는 서로 놀라울 정도로 비슷하고, 동물의 의례와도 어느 정도 비슷한데 양쪽 진영 모두 이것을 자신의 관점을 뒷받침하는 증거라 주장할 수 있다. 최근의 몇몇 연구에서는 '신 중추God centers'라 불릴만한 신경영역이 존재한다는 것이 밝혀졌다. 이 부분에 전기로 자극을 주면 사람들은 강렬한 영적인 느낌을 받고 신과 소통했다고 보고한다. 어떤 과학자는 이런 연구결과를 바탕으로 종교적 신념은 한낱 뇌의 산물일 뿐이며, 따라서 신은 인간의 발명품이 틀림없다고 자신 있게 주장한다.

나는 이 모든 내용을 내 친구 하임 카솔라Hayyim Kassorla에게 이야기기했다. 그는 배운 것도 많고 존경받는 정통 랍비다. 내 말을 듣고 그는 그 자리에서 바로 맞받아쳤다. "뇌에 사람들에게 신의 존재를 생각하게 만드는 중추가 있는 게 뭐가 어때서? 그게 왜 없겠어? 신이 사람들이 자기를 이해하고 자기와 소통할 수 있게 도우려고 만들어놨겠지." 열성 유대교도인 내 어머니는 이렇게 덧붙였다. "모든 문화에 걸쳐서 사람의 종교 관습이 다 비슷한 것은 신께서 이런 관습이 효과가 있음을 아시고 조금씩 변형시켜서 모든 사람에게 나누어주었기 때문이야." 여기서의 핵심은 의례행위에 대한 생물학적, 진화적, 신경학적 증거를 고찰한다고 해서 우주나 영성의 기원에 관한 다른 누군가의 신념을 침해하지는 않는다는 점이다. 꼭 물리적 의문이나 형이상학적 의문을 해결해야만 진화적 의문으로 넘어갈 수 있는 것은 아니다.

의례행위는 분명 인간에게 선천적으로 각인되어 있다. 대부분의 아동은 만 2세쯤부터 의례행위를 나타내는 발달 단계에 들어가 만 8세 정도에 정점에 도달한다. 이 기간에 나타나는 의례행위는 완벽주의, 수집, 좋아하는 물건에 대한 애착, 행동의 반복, 물건을 순서대로 정돈하는 것에 대한 집착 등이다.[7] 이는 '그건 이런 식으로 해야 해'의 단계로 이때가 되면 아이들은 장난감을 줄지어 정렬하거나 주변 환경을 특정 방식으로 정돈한다. 어린 여자아이들은 진짜 친구나 가상의 친구들을 위해 다과회를 연다. 그리고 탁자도 꼭 다과회처럼 세팅하고 손님들도 정해진 장소에 가서 앉아야 한다. 물건들이 어지럽혀져 있거나 의례가 자기가 속으로 생각하는 순서대로 진행되지 않으면 다과회를 연 주최자는 짜증이 날 수 있다. "넌 여기 앉아. 너는 여기 앉고. 안 돼. 차는 토끼가 제일 먼저 마셔야 해!"

누군가 지시한 것도 아니고 다른 사람한테 들은 것도 아닌 데도 많은 아이가 자기가 급조한 의례를 초자연적인 힘이나 마법과 자발적으로 연결 지어 생각한다.[8] 그리고 그 의례가 날씨에서 염력에 이르기까지 다양한 결과에 영향을 미칠 수도 있다고 상상한다.

물론 나는 남자였기 때문에 어릴 때 다과회 의례에는 참여하지 않았다. 나의 의례 단계는 자동차가 주인공이어서 좌석벨트와 좌석벨트의 노래가 등장했다. 내가 만 세 살이었던 1961년에 미국 광고협의회에서 텔레비전에서 자동차에 탈 때 좌석벨트를 매는 것이 안전에 얼마나 중요한지 강조하는 공공 캠페인 프로그램을 시작했다. 귀에 쏙쏙 들어오는 시엠송을 들으면 우리는 부모님에게 쪼르르 달려가 운전할 때 반드시 지켜야 할 올바른 순서가 있다고 말했다. 운전을 시작하기 전에 안전벨트를 반드시 착용해야 한다는 것이었다. 그 시엠송을 듣고 따라 부르며 집안을 돌아다녔던 것이 기억난다. 좌석벨트는 1961년에 새로 도입된 것이라 대부분의 자동차에는 장착되어 있지 않았다. 내 부모님은 좌석벨트 없이 운전하는 법을 배운 세대였다. 우리 집 자동차에는 좌석벨트가 장착되어 있었지만 부모님은 그것을 사용하는 데 익숙지 않았고, 아마도 그 효과에 대해서도 확신이 없었던 것 같다. (그때는 마네킹을 이용한 충돌실험도 없었던 시절이었다.) 어머니 말로는 엄마나 아빠가 자동차에 올라탈 때마다 내가 그 노래를 불렀고, 벨트를 하지 않고 몇 미터만 운전해도 몹시 화를 냈다고 한다. 나는 '올바른 순서' 단계에 단단히 빠져 있었다.

아동에서는 의례가 낯선 이에 대한 두려움, 미지의 상태, 낯선 이나 동물에 의한 공격, 오염 가능성 등 불안 상태와 연관된 경향이 있다. 이것이 잠자리에 들 때면 괴물이 살고 있지 않나 침대 밑을 확인하고, 침대맡에서 보호자가 책을 읽어주기 바라고, 자기만의 특별한 파란색 솜털 담요를 끌어안는 등의 취침 의례로 이어진다. 이런 의례는 질서, 일관성, 익숙함 등의 느낌을 보태준다.[9] 심리학자는 이런 느낌이 미지의 위험에 대한 불확실성과 두려움을 상쇄해준다고 믿는다. 오르가슴을 느끼거나 함께 노래를 부를 때 분비되어 신뢰를 유도하는 호르몬인 옥시토신은 의례 수행과 연관이 있는 것으로 밝혀졌다.[10] 이는 의례가 위로를 주는 이유에 신경화학적 메커니즘이 깔려 있음을 암시한다.

이런 행위는 굉장히 널리 퍼져 있고, 아동기에 빠지지 않고 등장하기 때문에 진화적·유전적 기원을 갖고 있음이 분명하다. 대칭을 만들고, 주변 환경을 정돈하려는 욕구는 새와 일부 포유류에도 존재한다. 적응이라는 관점에서 보면 이렇게 정리 정돈을 해놓은 경우 외부자의 침입을 바로 눈치챌 수 있다.[11] 우리 선조 중에서 손씻기와 야영지 주변에 보호용 경계를 대칭적으로 만들기 좋아했던 사람은 건강과 안전을 위협하는 미시와 거시의 위협들을 더 성공적으로 막아낼 수 있었고, 옥시토신 시스템을 통해 그런 욕구를 우리에게 전달할 수 있었다. 그런 면에서 보면 오늘날 살아 있는 사람 중에서 어릴 때 죽은 사람을 조상으로 둔 사람은 없다는 리처드 도킨스Richard Dawkins의 말이 참 설득력 있다. 우리의 조상들은 한 명도 빠짐없이 자신의 유전자를 우리에게 전해줄 수 있을 정도로 오래 살았다. 우리 조상들의 사소한 행동 하나하나가 모두 적응에 유리했다고 할 수는 없지만, 그런 행동 중에 조기 사망으로 이어지거나 이성에게 아무런 매력도 발산하지 못하게 될 만큼 적응에 크게 불리한 것은 없었다. 의례행위가 어디에나 퍼져 있다는 사실은 그것이 형태에 따라서는 생존에 중요한 기능이었음을 의미한다.

일부 의례행위는 통제할 수 없어지기도 한다. 요즘에는 그런 경우를 강박장애obsessive-compulsive disorder로 진단한다. 일부 연구자는 도파민과 GABA의 조절 장애, 그리고 그 결과로 바닥핵에 있는 '습관 회로' 통제가 비정상으로 이루어지면서 인간과 동물에서 강박장애가 나타나는 것으로 추측한다. 바닥핵은 운동행위의 덩어리나 개요를 저장한다.[12] 바닥핵이 적절히 조절되지 않을 경우에는 같은 행동을 쳇바퀴 돌듯 계속 반복할 수 있어야만 정서적 만족을 찾을 수 있게 된다.

동물과 성인의 의례는 순수, 오염, 안전 등 아동의 의례와 똑같은 관심사에서 생겨나는 경향이 있지만, 짝을 찾기 위한 관심에서도 생겨난다. 신성한 종교체계 안에 포함된 것일지언정 인간의 의례가 오로지 인간만의 것이라 주장한다면 이는 그와 비슷한 동물의 풍부한 의례 레퍼토리를 무시하는 것이다. 가능한 여러 가지 사례 중 딱 하나만 들자면 호주 바우어새^{bowerbird}(바우어새과)를 들 수 있다. 바우어새의 짝짓기 의례가 대단히 정교하고 복잡하게 비칠 수 있지만 사실 이것은 수백 가지 다른 종의 조류, 포유류, 양서류, 어류의 짝짓기 의례보다 더 정교하고 복잡할 것이 없다. 일 년에 한 번 수컷은 며칠에 걸쳐 깃털, 조개껍데기, 산딸기 같이 밝은 색의 물체를 모아 정교하게 장식된 그늘 구조물을 만든다. 보통 오솔길이나 오두막 혹은 작은 기둥처럼 생겼다. 수컷은 이런 그늘 구조물을 마무리한 후에 노래하고 춤추며, 짝지을 암컷을 고름으로써 의례를 성공적으로 마무리한다(암컷은 보통 그늘 구조물의 질, 그리고 노래와 춤 솜씨를 바탕으로 수컷을 고른다).

이것을 남태평양 바누아투 펜테코스트섬^{Pentecost Island} 마을 사람들의 연례 의례와 비교해보자. 매년 젊은 남성들은 나가홀^{nagahol} 의례에 참여한다. 특히 뿌리채소 참마의 수확을 늘려달라고 신에게 기원하는 의례다. 젊은 남성들은 높이가 20미터에 이르는 키 큰 장대를 정교하고 화려하게 장식해서 만든다. 그리고 모든 마을 사람이 노래하고 춤추는 가운데 남성들은 이 장대 위로 기어올라 얇은 덩굴에 몸을 맡긴 채 그 위에서 뛰어내린다. 이 다이빙을 성공적으로 한 남성은 성인이 되었다고 인정받아 구경하러 온 여성들 중에서 아내를 맞이할 수 있다. 우리가 아는 한 펜테코스트섬에는 바우어새가 없고, 있었던 적도 없다. 따라서 의례의 저변에 공통의 신경생물학적 밑바탕이 존재하거나 우연이거나 둘 중 하나다. 나가홀 의례는 종교의 일부일까, 단독 의례일까? 의례는 어느 지점부터 종교가 되는가? 술라웨시^{Sulawesi} 마을 사람들은 기우제의 춤판을 벌인다. 이 의례는 비를 내리게 하려고 빗소리를 흉내 낸다. 이들의 춤, 음악, 행위는 명확한 목표와 의도하는 효과가 있다. 나는 종교와 의례의 구분은 바라보는 사람의 판단에 맡겨둘까 한다(그리고 이런 신념이 신념체계를 이루느냐, 아니냐의 질문은 종교의 노래의 진화를 논의할 때 필수적인 부분이 아니다).

신이 내려준 것이든, 인간이 만든 것이든, 자연선택이 준 선물이든 종교는 포괄적합도inclusive fitness의 중요한 일부로 볼 수 있다. 모든 고등동물은 환경조건을 감시하고 위기가 닥쳤을 경우 감정 상태를 통해서 행위에 나서도록 동기를 부여하는 '보안-동기security-motivation' 시스템을 갖추고 있다.[13] 이 시스템은 바깥세상에서 일어나는 사건과 통증, 발열, 메스꺼움 같은 내부 상태를 모두 감시한다. 이것의 밑바탕에 깔린 뇌 메커니즘은 세 부분으로 나눌 수 있다. (1) 감시하고 있는 사건과 위험한 것으로 알려진 것들의 목록을 비교하는 판단 시스템(경험으로 아는 것이든 선천적으로 아는 것이든), (2) 위험의 규모를 판단하는 평가 시스템, (3) 인간이나 동물이 몸을 움직이든, 달아나든, 싸우든 선천적이거나 후천적인 어떤 전략을 사용해서 위험을 줄이는 반응을 실행하게 만드는 행동 시스템.

단일 의례 혹은 의례 집합의 보여주기 측면이[14] 종교적 행위와 하나로 묶이면 인간의 공통된 두려움과 관심사에 넓은 사회적 맥락이 부여된다. 그럼 그 안에서 그런 내용들을 공동체와 공유하고 더욱 잘 이해할 수 있게 된다. 더 나아가 종교는 두려움을 우리와 공동체가 걱정해야 할 것과 걱정하지 않아도 될 것으로 구분해서 전자에 대해서는 정식 허가된 방식으로 짜임새 있게 집단적 행동을 취하게 하고, 후자는 무시하게 한다. 어떤 신념체계를 갖고 있느냐에 따라 공동체는 사랑하는 이들의 건강을 위해서는 기도하지만, 죽은 가족이 되살아나기를 기도하지는 않기로 결정할 수도 있다. 현대의 기독교 의례는 제우스나 토르가 아닌 예수에게 초점을 맞춘다. 우리 사회는 전자의 두 신은 무시해도 좋다고 허용하고 있다.

우리가 죽어가는 사랑하는 이의 건강을 위해 기도할 때는 기도를 마무리하는 것이 큰 심리적 이점을 안겨준다. 그렇게 하면 걱정을 멈출 수 있다. 우리는 안도의 한숨을 내쉬며 이렇게 말한다. "이제 모든 것은 신의 뜻에 달렸군. 그의 운명은 결정되었어." 이것은 분명 적응에 도움이 된다. 우리가 바꿀 수 없는 것에 대한 쓸데없는 고민을 멈추고 우리가 바꿀 수 있는 것에 대해 걱정하며 자신의 일상을 이어갈 수 있게 해주기 때문이다. 하지만 흥미롭게도 공포-보안-동기 시스템은 수천 년 혹은 수만 년 전에 구축되었기 때문에[15] 현대에 우리를 가장 위협하는 위험에 대해서는 별로 반응하지 않는다. 요즘에는 사망자를 별로 만들지 않는 거미나 뱀은 그렇게 두려워하면서도 훨씬 많은 사망자를 양산하는 자동차나 담배에 대해서는 별로 두려워하지 않는 이유도 그 때문이다.

의례의 또 다른 기능은 세상의 상태state-of-the-world를 바꾸어 모호함을 줄이는 것이다. 대부분의 문화에서 찾아볼 수 있는 남성의 사춘기 통과의례puberty rites를 생각해보자. 여성의 경우는 생리가 개시되면서 소녀와 여성의 경계선이 확실하게 그어지지만, 남성의 경우는 그런 생물학적 표지가 존재하지 않는다. 여기서 남성의 사춘기 통과의례는 젊은 남성이 사회에서 맡아야 할 역할에 대한 모호함을 제거한다. 소년으로 행동해야 할지, 성인 남자로 행동해야 할지 기준을 정해주는 것이다. 통과의례를 거치기 전에는 소년이지만, 거친 후에는 남자가 된다.

결혼 의례는 남자와 여자를 남편과 아내로 바꾸어놓는다. 이것은 인간의 언어행위speech act(언어를 통해 이루어지는 행위 - 옮긴이)에 관한 심리언어학의 유명한 이론과 유사하다. 대부분 우리 입에서 나오는 발언은 그냥 의견을 표현하고, 무언가를 요청하고, 정보를 제공하고, 자신의 감정 상태를 공유하는 언어행위다. 하지만 세상의 상태를 변화시킬 수 있는 특별한 지위를 가진 부류의 발언이 존재한다. 이런 일은 정식으로 인정받은 관료가 법적인 결과나 무언가를 정의하는 결과를 낳는 선언을 할 때 일어난다. 목사가 "이제 나는 이 두 사람을 부부로 선언합니다."라고 말하는 경우가 그런 예에 해당한다. 이 목사가 교회나 정부에서 공식적으로 인정을 받은 사람이라면 이런 간단한 언명만으로 두 남녀의 상태가 바뀌게 된다. 이처럼 상태를 변화시키는 발언으로는 판사가 평결을 내리는 경우(유죄 선고나 무죄 선고는 피고의 법적 상태를 극적으로 바꾸어놓는다), 정부 관료가 법 집행관을 임명하는 경우, 수석재판관이 대통령 취임을 선포하는 경우, 검시관이 누군가가 사망하였다고 발표하는 경우(이 경우 피해자가 실제로는 죽지 않았더라도 정식으로 권한을 인정받은 검시관에 의해 사망이 선언되면 이것으로 피해자의 법적 상태가 변화되어 부검, 매장 등 살아 있다면 허용되지 않았을 다른 행위들도 허용된다는 점에 주목하자) 등이 있다.

사람들이 한데 모여 결혼이나 지도자의 취임 같은 사회적 지위의 변화를 축하하기를 원하는 경우에는 거의 항상 음악이 함께 한다. 추수를 축하하고, 생일, 기일 혹은 중요한 전투를 기념하는 자리에서도 음악은 빠지지 않는다. 무언가를 기념할 때는 음악이 꼭 필요한 듯 보인다. 시간과 장소가 구체적으로 정해져 있다는 점은 종교의 노래(그리고 내가 그 하위 집합에 포함한 의례의 노래들)가 갖는 흥미로운 면이다. 이것이 종교의 노래와 이 책에서 다루고 있는 나머지 다섯 범주와의 차별점이다. 의례의 노래는 적절한 시간, 적절한 장소에서만 불러야 한다는 것을 모두 알고 있다. 하지만 예를 들어 기쁨의 노래의 경우는 노래를 부를 수 있을 때는 언제라도 부를 수 있다. 예를 들어 도서관에서나 연극이 공연되고 있는 도중에는 노래를 불러선 안 되지만 노래를 부르는 것이 허용된 상황에서는 기쁨의 노래나 우정의 노래, 지식의 노래 등을 부르지 못할 이유가 없다. 반면 종교의 노래와 의례의 노래 그리고 그와 관련된 종교적, 의례적 사건은 허용되는 시간과 장소가 아주 엄격하게 제한된다.

일례로 엘가Elgar의 작품 '위풍당당 행진곡Pomp and Circumstance'을 보자. 이 곡은 북미에서 고등학교와 대학교 졸업식 때 학생들이 졸업장을 받으려고 줄을 서 있을 때 연주되는 곡이다. 이 곡은 흥미로운 음악적 속성이 있다. 가까이 붙어 있는 음들을 레가토로 부드럽게 이으며 시작하는 이 곡은 계단식으로 네 음정을 연주한 다음 완전4도를 내려와 다섯 번 더 계단식 음정을 연주하고, 또다시 완전4도를 내려와 네 번 더 계단식 움직임으로 음이 이어진다. 16번째 음에서는 완전4도를 큼지막하게 뛰어오른 후에 바로 이어서 완전5도를 내려온다. 이런 움직임이 우리의 관심을 사로잡는다. '위풍당당 행진곡'은 위엄 있는 속도로 연주되며 악기 편성이 위엄, 진지함, 행진의 느낌을 부여한다. 졸업식이 열리는 곳에서는 어디서나 연주되는 유명한 곡이다 보니 심지어 유치원 졸업식에서도 사용된다. 하지만 이 곡을 스포츠 경기나 저녁 식사 약속 자리 혹은 결혼식에서 연주하는 경우는 없다.

아무리 덜떨어진 바보라도 이 곡이 엉뚱한 장소나 시간에 잘못 사용되는 것을 눈치 못 채고 지나갈 일은 없을 것이다. 만약 고등학교에서 학업 성적이 좋지 않아 1년 유급을 당한 학생들을 모아놓고 조례를 열었는데 이 자리에서 교장이 '위풍당당 행진곡'을 튼다면 이것은 아주 잔인한 행동이 될 것이다. 아니면 박사학위 구두시험을 생각해보자. 일단 시험이 끝나고 평가위원회에서 합격을 통지한 상황에서 어느 학생이 '위풍당당 행진곡'이 녹음된 테이프를 튼다면 특이한 일이기는 해도 용납 못 할 일은 아닐 것이다. 하지만 시험을 보기도 전에 그 학생이 같은 노래를 틀었다면 평가위원회에서는 그 학생의 행동을 굉장히 무례하고 건방진 행동으로 바라보았을 것이다.

시간과 장소를 중요하게 여기는 것은 의례의 노래의 전형적인 특징이다. 이것은 굉장히 중요한 부분이기 때문에 이것을 어길 경우에는 직장을 잃거나 극단적인 경우에는 목숨을 잃을 수도 있다. 한 국가의 지도자가 등장할 때 따라 나오는 노래들을 생각해보자. '헤일 투 더 치프Hail to the Chief'와 '신이여, 여왕 폐하를 지켜주소서God Save the Queen'는 각각 미국의 대통령과 영국의 여왕이 방으로 들어올 때 연주하는 음악이다. 그런데 만약 간교한 그 아랫사람이 자기가 방으로 들어올 때마다 군악대에게 이 곡을 연주하도록 지시한다면 이것은 지도자의 권위에 직접적이고 공격적으로 도전하는 모습으로 비칠 것이다. 독재정권 아래서는 지도자의 곡을 엉뚱한 사람을 위해 연주했다가는 사형 선고를 받을 수도 있다. 의례의 노래와 종교의 노래에서는 시간과 장소가 이렇게나 중요하다.

따라서 내 사고방식에 따르면 의례의 노래와 종교의 노래는 특정 시간 및 사건과 결합되어 있고, 특정한 영적 활동에 함께하여 그 활동을 안내하고, 신성하게 만드는 목적을 띤다. 이런 정의에 따르면 '징글벨'이나 '집을 장식해요Deck The Halls'는 종교와 관련된 크리스마스를 기념하기 위해 나온 노래이기는 하지만 종교의 노래는 아니다. 나는 이런 노래는 비슷한 신념을 가진 친구 및 가족을 묶어주는 우정의 노래라 생각한다. 의례의 노래나 종교의 노래는 그 사용이 훨씬 제한적인 반면 크리스마스 캐럴은 크리스마스 시즌이 다가오면 다양한 상황에서 불릴 수 있다. 그와 유사하게 국가와 축구 응원가는 경기 개막 등의 의례에 사용되기는 하지만 사실 종교적 기능이나 영적 기능보다는 사회적 유대 강화 기능을 하고 있다. 반면 결혼행진곡, 장송행진곡, 미사곡, 속죄의 곡Song of Atonement 등은 종교의 노래이기 때문에 특정 시간과 장소에서만 연주해야 하고, 내키는 대로 아무 때나 연주할 수는 없다. 그랬다가는 부적절한 행동으로 보일 것이다. 나는 7월 한여름에도 '징글벨'이나 '강을 건너고 숲을 지나Over the River and Through the Woods'를 부를 수 있다. 이상하게 들릴 수는 있지만 부적절하거나, 무례하거나, 신성모독으로 들리지는 않을 것이다.

어떤 형태의 음악은 전 세계적으로 펜테코스트섬 남성들의 사춘기 통과의례에서 고대 이집트의 장례의식, 현대의 가톨릭 미사에 이르기까지 종교적 관습을 눈곱만큼이라도 닮은 행동에는 빠지지 않고 등장한다. 의례는 하나의 공동체로서 행동을 수행한다는 명확한 목표를 가진 경우가 매우 많다. 그래서 음악의 역할 중 하나는 신에게 먹을 것, 비, 건강 등을 내려달라고 비는 시간에 공동체의 구성원을 한자리에 모으는 사회적 유대 강화 기능을 발휘해서 신 앞에 나설 때 '머릿수에서 나오는 힘'을 느끼게 히는 것이다. 여기서 음악이 동원되는 이유 중 하나는 과거 신에게 무언가를 요청할 때 효과를 보았던 특정 공식을 효과적으로 담아낼 수 있기 때문이다(지식의 노래의 특성이 수반된다). 하지만 종교적 맥락에서 사용되는 노래들은 앞에서 이야기했던 우정의 노래와 지식의 노래가 가진 이런 요소들을 갖고는 있지만 신념체계와 연결되어 있고, 특정 시간과 장소에 제한되어 있기 때문에 근본적으로 다른 유형의 노래다. 음악이 의례의 세부 사항들을 담아낼 힘을 갖고 있다는 점도 중요하다. 정의에 따르면 의례에는 반복적인 동작이 함께 한다는 점을 기억하자. 여기서 음악은 음악에 맞추어 움직임을 적절하게 지휘할 힘을 발휘한다.

코타Kotas족의 고대 데브르Devr 의례[16]를 생각해보자. 코타족은 인도 남부 타밀나두주, 케랄라주, 카르나타카주와 접하고 있는 지역인 닐기리 구릉에 사는 2천 명 규모의 부족이다. 이 의례는 구체적인 부분에 있어서는 대단히 독특하지만 문화와 시대를 뛰어넘어 어디에나 존재하는 신념, 의례, 동작, 음악 사이의 공통 테마가 잘 드러나고 있다.

데브르는 겨울의 첫 초승달이 뜨고 처음 찾아오는 월요일에 시작한다. 마을 사람들은 땔감을 모으고, 의례에 입을 특별한 옷을 마련하고, 채식만 하고, 음주를 줄이고, 맨발로 걷는다. 이들은 특별한 식물(닥나무 가지도 사용한다. 이 나무에는 가시가 달린 줄기에서 자라는 보라색 타원형 산딸기도 들어 있다)을 이용해서 집을 청소하고 정화한다. 지목받은 사람들은 신을 불러오는 역할을 하는 특별한 불을 만들어서 옮긴다. 이 불 속에 존재한다고 하는 마을의 신들은 카쿠이kakuy라고 하는 문드카논mundkanon(신과 관련된 마을의 모든 의례를 주도하는 지도자)의 집 뒷방에 있는 나뭇가지 묶음 속에 살고 있다. 이 묶음을 불 속에 집어넣으면 신들이 자신의 뜻을 마을 공동체에 표현할 수 있게 된다.

플루트, 드럼과 함께 폭발하듯 터져나오는 코브kob라는 금관악기의 합주가 의례의 시작인 오마인omayn을 알린다. '오마인'은 '하나 같이 소리를 낸다'라는 의미인데 '그것은 사실이다' 혹은 '우리 모두 동의한다'라는 의미의 말인 유대교와 기독교의 '아멘', 산스크리트의 '아움aum'과 비슷한 뜻이다. 듣는 이의 주목을 끄는 이 강력한 소리를 들으면 신들은 이를 마을로 들어오라는 초대 신호로 알아듣는다. '위풍당당 행진곡'의 완전4도 도약에서 가톨릭 미사 키리에Kyrie(하느님의 자비를 구하는 기도 – 옮긴이)에서 5도 음정이[17] 갑자기 등장하는 것에 이르기까지 전 세계적으로 많은 의례용 음악이 이렇게 주목을 끄는 속성을 갖고 있다.

그 후로 10일에서 12일 동안 코타족 사람들은 악기를 연주하고, 춤추고, 노래를 부르며 자신의 기쁨, 통합, 신을 향한 존경을 표현하고, 신을 즐겁게 한다. 목욕 의례와 음식 바치기 의례 동안에는 특정 노래가 사용되고, 사람들은 음악에 맞추어 움직인다. 데브르 의례의 하이라이트는 마을 사람들이 한데 모여 사원의 지붕을 새로 덮는 행사다. 음악이 연주되는 동안 사람들은 정화된 재료들을 지붕 위로 던진다. 이 의례를 제대로 진행하려면 던지는 동작을 콜^{kol} 연주자들의 뿔피리 소리에 맞추어야 한다. 그래야 던지면서 팔을 위로 올리는 동작이 고음의 트레몰로 연주와 박자가 맞아떨어진다. 다른 음들은 수평과 수직으로 방향과 동작을 바꾸도록 강조하는 역할을 한다.

이것과 다른 의례에서 음악은 여러 요소를 통합하는 중요한 촉매 기능을 수행한다. 음악은 단일 멜로디의 시간 틀 아래서 운동행위의 개별 부분들을 하나로 통합한다. 음악은 긴장과 해소를 번갈아 가면서 행동을 촉진한다. 의례가 그 의례의 수행을 위해 특별히 설계된 음악에 맞추어 진행되면 행동이 정점을 찍을 때 음악도 감정의 정점에 도달하며, 행동이 마무리를 향해 갈 때 음악도 화음의 긴장이 해소된다. 음악을 사용하면 노래의 이 부분에서는 팔을 들어올려야 하고, 저 부분에서는 팔을 접어야 한다는 식으로 음악에 맞추어 운동행위의 순서를 학습할 수 있기 때문에 참가자들이 의례를 정확하고 엄격하게 수행할 수 있다.

아이들이 노래를 부르며 몸의 일부를 특정한 방식으로 움직이는 동요는 모든 문화권에서 찾아볼 수 있다. 이것은 음악과 동작을 조화시키는 연습이다. 나는 어린 시절에 '호키 포키^{Hokey Pokey}'를 좋아했다.

> 오른발을 안에 넣고
> 오른발을 밖에 빼고
> 오른발을 안에 넣고

힘껏 흔들어
다 같이 호키포키 하며 빙글 돌자
그게 핵심이야

뒤로 이어지는 절에서는 오른발에 이어 왼발, 팔, 머리, 결국에는 몸 전체까지 안에 넣었다 빼는 과정이 진행된다. (최근의 한 꿈에서 나는 가파른 산을 기어 올라 정상에서 선각자를 만났다. 그가 미풍에 하얗고 긴 수염과 머리카락을 흩날리며 동굴에서 나왔다. 내가 그에게 물었다. "삶의 의미는 무엇입니까? 삶에서 가장 중요한 것은 무엇입니까?" 그는 대답으로 위에 나온 노래를 읊었다. 그리고 마지막 줄 직전에서 잠시 뜸을 들이더니 활짝 웃으면서 말했다. "그게 핵심이야.")

신앙에 상관없이 많은 미국인이 교회학교에서 배우는 노아와 대홍수에 관한 노래도 이와 비슷하게 노래에 맞추어 몸을 움직인다.

주님께서 노아에게 말씀하셨지 "큰 홍수가 있으리라"
주님께서 노아에게 말씀하셨어 "큰 홍수가 있으리라"
진창에서 아이들을 데려오자
주님의 아이들을

(후렴)
어서 일어나 밝은 얼굴로 신께 영광을 바치자
어서 일어나 밝은 얼굴로 신께 영광을 바치자
어서 일어나 밝은 얼굴로 신께 영광을 바치자
주님의 아이들아

후렴구를 부르는 동안 아이들은 "일어나"라는 가사에 자리에서 일어나고, "밝은 얼굴로"라는 가사에 두 손바닥으로 얼굴을 받치며, "영광"이라는 단어에는 손바닥을 흔들며 반짝반짝 빛나는 모습을 흉내 낸다. 나는 같은 동작을 배운 이슬람교도 친구와 침례교도 친구를 알고 있다. '거미가 줄을 타고 올라갑니다Itsy-Bitsy Spider'를 비롯해서 손-눈-소리를 조화시키는 다양한 노래들은 아이들에게는 음악에 따라 몸을 움직이는 법을 훈련시키고, 우리에게는 의례의 진행을 훈련시킨다.

최근의 연구를 통해 음악이 운동 행위의 순서를 담아내는 막강한 방법임이 확인됐다. 즉 구체적인 운동이 어떤 특정한 방식으로 이루어져야 하는지 노래 속에 담아낼 수 있다는 것이다. 신발 끈을 묶지 못하던 다운증후군 아동도 그 동작을 노래에 맞춰서 하면 끈 매는 법을 익힐 수 있다. 군부대에서는 노래를 이용해 총기와 엔진의 조립과 해체 방법, 그리고 기타 과제를 학습한다. 음악을 이용하면 의례를 더욱 엄격하게 수행할 수 있다. 음과 단어가 정확한 순서, 정확한 시간에 펼쳐지기 때문에 거기에 맞춰 동작의 학습이 이루어진다. 음악은 감정적인 분위기를 설정하고, 절차를 기억하는 보조도구의 역할도 하고, 다양한 참가자들의 행동을 일치시키는 역할도 한다.

이런 이유로 대부분의 의례용 음악은 성부들 간 리듬을 일치시킨다unison rhythm(각각의 성부들이 음높이는 다르게 불러도 리듬은 똑같이 진행되는 것 - 옮긴이). 하지만 예외가 있다. 그리고 그중에서도 눈에 띄는 매력적인 사례가 있다. 피그미족의 음악이다. 개념적으로 볼 때 이 음악은 많은 종교 의례에서 등장하는 열정적인 노래 부르기의 선구자라 할 수 있다(내가 듣기에는 그렇다). 이런 열정적인 노래 부르기는 미국 흑인교회가 제일 유명하다. 나는 어릴 때 유대교 회당 예배에도 나가고 그 성가대에서 노래를 부르기도 했지만, 앞에

노래하는뇌

서도 말했듯이 그것은 엄숙하고 진중한 행사였다. 우리는 항상 일치된 리듬으로 노래했고, 가끔 3부 화음으로 부를 뿐이었다. 이것은 내가 일요일 아침 텔레비전 방송에서 보았던 코너스톤 침례교회 성가대Cornerstone Baptist Church Choir('Down By the Riverside'를 부름)와 세인트폴스 디사이플 성가대St. Paul's Disciple Choir('Jesus Paid It All'을 부름)의 합창과는 달라도 너무 달랐다. 이런 성가대에서는 코어 그룹이 사람을 계속 바꿔 가며 공식 멜로디를 부르고 그와 함께 다른 사람들은 따라 부르고, 즉흥 멜로디를 만들어 부르고, 구호를 외치다 내킬 때면 다시 공식 멜로디에 합류한다. 그 결과 가장 열렬한 무신론자의 마음도 뒤흔들 수 있을 정도로 황홀하고 신나는 음악이 만들어진다. 수천 개의 교회에서 불리는 가스펠 음악은 공동체와 개인을 모두 축복한다. 코어 멜로디의 동음과 화음 부분은 연대의식과 공동체의식, 공동의 목적의식(노래에 담긴)과 역사의식(모두가 아는 노래를 함께 부르고 있다는 것이 그 증거다)을 강화한다. 한편 미리 짜놓은 계획에 따라 혹은 즉흥적으로 끼워 넣는 감탄사들은 개인을 신의 형상을 따라 창조된 예술적이고 의미 있는 존재로 확인해준다. 그리고 이것이 자기수용self-acceptance과 자신감으로 이어진다. 인디아 아리India Arie는 '비디오Video'에서 힙합, 펑크, 가스펠, 팝을 섞어서 불렀다.

> 나는 비디오에 나오는 그런 여자가 아니야
> 슈퍼모델 같은 몸매도 아니지
> 하지만 나는 조건 없이 나를 사랑하는 법을 배웠어
> 나는 여왕이니까
>
> 거울을 들여다보면 거기 있는 사람은 나 하나야

내 얼굴의 주근깨들은 다 있어야 할 곳에 있어

내 창조자가 내게 실수를 하지 않았음을 알아

내 발, 내 허벅지, 내 입술, 내 눈 있는 그대로의 모습으로 마음에 들어

지금 내가 듣고 있는 아프리카 피그미족의 음악에서는 열정적인 고함, 울부짖음, 대위법 선율이 노래를 관통하고 있다. 리듬은 흔들어서 소리를 내는 셰이커 막대기shaker stick와 북소리로 유지되며 속도가 빨라졌다 느려졌다 한다. 음부티Mbuti족에 있어서 숲은 자애롭고 강력한 존재이기 때문에 이들에게 음악이란 음식, 평화, 건강을 요청하기 위해 숲의 정령과 소통하는 언어다.[18] 이 음악의 목적은 강렬한 기쁨을 숲에게 전하는 것이다. 그럼 숲도 그런 기쁨을 되돌려줄 것이기 때문이다. 좋은 사냥과 잔치가 그렇듯이 좋은 음악은 사회적 협동이 잘 이루어고 있음을 말해주는 전형으로 여겨진다. 나쁜 음악은 게으르고, 공격적이고, 논쟁을 좋아하는 것을 의미하며 언짢은 기분, 고함, 울음, 분노, 나쁜 사냥, 죽음 등과 관련된다. 피그미족이 노래를 부르는 궁극적인 목표는 죽음의 파괴적인 힘에 대항하는 것이다.

이 다성음악polyphony(독립적인 멜로디가 둘 이상의 라인에 동시에 구성되어 어우러지는 음악 – 옮긴이)의 흔적을 현대 가스펠 음악에서도 찾을 수 있지만 순수한 형태를 따진다면 피그미족 음악과 견주기 힘들다. 피그미족 음악은 워낙에 독특해서 《뉴 그로브 음악 및 음악인 사전The New Grove Dictionary of Music and Musicians》에도 다음과 같이 한 자리를 차지하고 있다.

이들의 음악에서 모든 집단에 공통된 것으로 보이는 가장 두드러지는 특징은 가

사 없이 이루어지는 독특한 요들이다. 이것이 분리된 멜로디를 만들어내는데 보통 하강하는 음조 곡선을 이룬다. 그리고 다양하고 밀도 있는 질감의 다성부 노래부르기가 특징적으로 나타난다. … 이 합창 음악은 짧은 기본 패턴을 연속적으로 다양하게 반복하면서 구축되며, 이 기본 패턴은 격식을 갖추지 않고 들어오는 서로 다른 목소리들을 통해 모양을 잡아나간다. … 합창에서는 전체의 주기적 패턴 안에서 리드 파트와 후렴 파트가 명확히 분리되는 것을 흔히 볼 수 있지만, 여기서는 이런 분리가 존재하지 않거나 잘 드러나지 않는다. 독창하는 부분이라 여길 수 있는 부분들이 계속 돌아가면서 나오기 때문이다. 일부 학자들은 이것이 피그미족의 사회적 단위에서 나타나는 본질적으로 민주적이고, 탈위계적인 구조가 반영된 것으로 생각한다.[19]

내가 여기서 다른 문화권의 음악, 의례, 관습에 대해 설명하는 이유는 정말로 다양한 종교 관습과 의례 관습, 그리고 갖가지 음악적 표현 방법을 보여주고 싶었기 때문이다. 그들이나 그 지지자들을 무례하게 대하려고 그들의 관습에 관심을 갖게 하려는 의도는 아니었다. 문자 사용 이전이나 산업 시대 이전의 사람들이 아이들처럼 유치했거나 우리보다 지능이 떨어지는 사람이 아니었음을 명심해야 한다. 그들은 단지 다른 생활양식을 따르고, 다른 신념을 갖고 있고, 다른 교육을 받았을 뿐이다. 피그미족은 부지불식간에 그 앞에서 거들먹거리던 몇몇 인류학자들이 그들을 '원시인' 취급하려던 것에 저항했던 것으로 유명하다.[20] (비극적이게도 한 피그미족 남성은 붙잡혀서 서커스에 동원되기도 했다.) 진짜 내막을 들여다보면 이들이 대단히 세련된 사람들이며 자신의 존엄성을 지키기 위해 얼마나 노력하는지 알 수 있다. 인류학자 콜린 턴불 Colin Turnbull이 열대우림의 한 피그미족 집단에게 테이프에 녹음하고 싶으니 알고 있는 것 중 가장 오래된 노래를 불러달라고 요청했더니 그들은 '오 나의 사랑, 클레멘타인Oh My Darling, Clementine'의 즉흥 버전을 그 자리에서 바로 불렀다. 이 노래는 폴리리듬polyrhythm의 북소리, 막대소리, 목소리 화음을 완벽하게 갖추고 있었다.

타이밍을 비동기화해서 노래하거나 기도문을 외우는 형태는 세파르디 유대인의 기도문에서 이슬람교, 불교, 힌두교의 경전 읽기에 이르기까지 전 세계의 종교 음악 곳곳에 존재한다. 어린아이들은 보통 비동기화 음악nonsynchronous music을 어려워하고, 다른 성부의 소리에 쉽게 정신이 산만해지기 때문에 자신의 의지로 주의 집중 메커니즘attentiona mechanism을 통제할 수 있는 발달 단계에 도달하고, 이마엽겉질에서 띠이랑cingulate gyrus이 고도로 발달하기 전에는 돌림노래를 부르기가 거의 불가능에 가깝다. 때로는 만 6세에서 8세 정도는 돼야 이런 발달이 이루어진다. 따라서 복잡한 비동기화 음악을 부를 수 있다는 것은 지적 성숙도를 가늠하는 표지 역할을 할 수 있다.

좀 더 짜임새 있는 음악 형태, 특히 종교 음악에서는 리더가 한 줄을 부르면 성가대나 그 자리에 모인 신자들이 그 부분을 따라 하거나 미리 준비해놓은 음악으로 화답한다. '오 해피 데이' 같은 노래에서 이것을 볼 수 있다. 이런 '부르고 화답하기' 음악에서 화답은 음악이나 가사를 그대로 따라 하는 방식(여기서는 첫 번째와 두 번째 화답) 혹은 멜로디를 변화시키는 방식(세 번째 화답)으로 이루어진다.

리더:　 오 해피 데이!
성가대: 오 해피 데이!
리더:　 오 해피 데이!

성가대: 오 해피 데이!

리더: 예수님이 씻겨주신 날

성가대: 예수님이 씻겨주신 날

　　미국 남부 시골의 아프리카계 미국인들의 노예 시절에 만들어진 포크 음악과 노동요들은 아프리카 음악과 가스펠 음악의 요소들을 그 안에 담고 있으면서 그중 많은 수가 부르고 화답하기 형태를 보여준다. 20세기 포크 음악, 그리고 결국에는 팝 음악의 기반을 형성한 것이 바로 이 노래들이다. 팝 음악의 경우 부르고 화답하기가 1960년대와 1970년대 록 음악의 주요 요소로 자리 잡았었다. 아이슬리 브라더스^{Isley Brothers}의 '트위스트 앤드 샤우트^{Twist and Shout}'가 그 예다.

리더: 자, 몸을 흔들어봐요

백보컬: 몸을 흔들어봐요

리더: 트위스트를 추면서 소리 질러요

백보컬: 트위스트를 추면서 소리 질러요

리더: 자, 어서 함께해봐요

백보컬: 어서 함께해봐요

리더: 어서 와서 함께 춤추어요

백보컬: 함께 춤추어요

　　팝송에서는 부르고 화답하기 기법이 너무 인기가 많아져서 반주로 이런 부분을 암시하기만 해도 가사로 응답하는 것과 동일하게 감정에 영향을 미칠 수 있었다. 이런 방식의 뿌리는 1940년대 점프 앤드 자이브$^{jump\,n\,jive}$ 음악에 있다. 그 예가 빅 조 터너$^{Big\,Joe\,Turner}$의 '플립 플롭 앤드 플라이$^{Flip\,Flop\,and\,Fly}$'이다. 이 음악에서는 노래를 한 줄 부를 때마다 색소폰이 화답한다. 리처드 카펜터$^{Richard\,Carpenter}$가 멋지게 편곡해서 카펜터스가 부른 리온 러셀의 '슈퍼스타'에서 카렌이 "오래전~$^{Long\,ago}$"를 부르면 관현악단이 그녀의 보컬 멜로디를 따라 하면서 노래 전체에서 보컬의 부르기와 반주의 화답하기가 계속 이어진다. 폴 매카트니도 '렛잇비$^{Let\,It\,Be}$'에서 똑같이 피아노 선율이 보컬에 응답하는 방식을 사용하고 있다.

비동기화 노래의 특수한 형태인 부르고 화답하기는 그다음 음악적 사건이 정확히 어떤 내용인지는 모르더라도 언제 일어날지는 알 수 있다는 점에서 부분적으로 예측가능하다. 이런 예측가능성과 예측불가능성 사이의 균형이 작곡된 작품과는 별개로 연주에 생생한 흥분을 부여해준다. 피그미족 음악 혹은 토착민이나 문자 사용 이전 사람들의 종교적, 영적 음악 같이 구조화기 덜 된 형태의 음악에서는 예측불가능성이 커지고 그와 함께 흥분도 함께 커진다. 이런 음악에서는 북, 레인스틱$^{rain\,stick}$(원기둥 모양의 관 속에 작은 돌이나 곡식을 넣어 소리를 내는 악기로 남미에서 비를 기원할 때 사용했다 – 옮긴이), 셰이커, 조개껍데기, 돌, 막대기, 박수 같은 리듬 요소가 보통 더 규칙적이고 최면적인 속성을 띠기 때문에 무아지경을 유도할 수 있다. 음악이 어떻게 무아지경을 유도하는지는 밝혀지지 않았지만 거침없는 리듬의 탄력과 예측가능한 견고한 박자의 결합이 연관 있어 보인다. 박자가 예측가능할 경우 바닥핵(습관 및 몸을 움직이는 의례의 회로), 그리고 바닥핵과 연결된 소뇌의 뇌 영역들이 음악에 동조하면서 뉴런들이 박자에 맞추어 흥분한다. 이어서 이것이 뇌파 패턴에 변화를 일으켜 변성의식상태$^{altered\,state\,of\,consciousness}$로 빠져들게 한다. 이 변성의식상태는 잠에 빠져드는 순간 혹은 수면과 각성 사이의 암흑세계 혹은 마약에 취해서 집중력은 고조되고 근육은 이완되며 시간과 공간에 대한 인식이 사라지는 상태와 비슷하다. 음악을 만들고 정교한 움직임을 창작하는 과정에 직접 참여하면 2장에서 언급한 '몰입flow' 상태에 도달한다. 이는 운동선수들이 말하는 '무아지경 상태in the zone'와 비슷하다. 우리가 몸을 확실하게 움직이지 않고 있을 때(혹은 그냥 박자에 맞춰 몸만 흔들리고 있을 때)는 그와 달리 최면에 더 가까운 상태가 된다. 그리고 이 두 상태 사이에서는 뇌파의 차이도 관찰된다.

많은 미국인처럼 나도 이런 유형의 음악은 아주 낯설었고, 내가 어린 시절에 경험했던 종교 음악(미국 개신교를 모방하고 거기에 동화하려 했던 개혁파 유대교 회당에 다녔다)을 통해서는 느리고, 진지하고, 재미없는 음악만 접할 수 있었다. 조니 미쳴이 내게 이렇게 말했다. "백인들은 자신의 감정, 특히 기쁨을 드러내기를 두려워해요. 그 이유는 성경에 나오는 원죄 이야기, 그리고 부끄러움을 알게 된 아담과 이브의 이야기로 거슬러 올라가는 것 같습니다. 이것이 오랜 세월 동안 백인의 사회적 상호작용에 부정적인 영향을 미쳤어요. 흑인 가수들은 노래를 통해 감정을 풍부하게 표출하는데 반해 대부분의 백인 가수는 그 근처에도 못 미쳐요. 빌리 홀리데이Billie Holiday, 베시 스미스Bessie Smith 같은 가수들을 보세요. 음 하나하나에 인간의 모든 감정이 생생히 담겨 있어요. 내가 젊었을 적에는 어린 백인 소녀의 전형적인 목소리를 갖고 있었죠. 나는 그 목소리에 감정을 불어넣는 법을 몰랐어요. 그리고 인생의 경험을 온전히 표현할 만큼 세상을 충분히 경험해보지도 못했죠. 흑인 문화는 훨씬 균형이 잡혀 있어요. 그들은 감정과 영성에 가치를 부여합니다. 백인 문화는 그런 것들을 모두 조용히 한 구석에 숨겨두려고 하죠."

조니가 말을 이었다. "우리의 가장 깊은 감정은 영혼을 통해 나옵니다. 종교가 영혼의 발현이라면 모든 범위의 느낌, 특히 기쁨을 제대로 반영할 수 있어야 해요. 제가 쓴 발레곡 '샤인Shine'은 영지주의Gnosticism예요. 어찌 보면 영지주의는 모든 영적인 생각의 끝에 올라서 있거든요. 영지주의는 거의 모든 종교를 흡수하고, 여신을 제자리에 되돌려놓고, 친구친화적이고, 여성친화적이죠. 지금 시대에 종교가 갖추지 못한 모든 것을 갖췄어요. 우드스톡 세대인 우리가 이 지구에 저질러놓은 일을 보면 저는 깊은 슬픔을 느낍니다. 그리고 귀 기울여 듣는 사람도 없어요! 우리는 계속해서 지구를 쓰레기로 채우고, 망가뜨리고 있죠. 앞으로 50년 후에는 아무도 남아 있지 않을 거예요. 우리를 이 지경으로 내몬 것은 순전히 바벨탑 같은 우리의 오만함이죠. 자신의 행성을 파괴할 정도로 어리석은 존재는 우리 인간밖에 없어요. 이 책《노래하는 뇌》에서는 '진화evolution'에 대한 이야기가 많이 나오지만 어쩌면 인간은 '퇴화devolution'의 산물이라고 하는 것이 더 정확할지도 모르겠네요. 완벽한 어리석음과 오만함을 가차 없이 추구해서 만들어진 산물이죠. 요즘에는 심지어 종교도 우리를 이끌 힘을 잃어버렸어요. 이제는 신들도 온통 싸움꾼뿐이에요.[21] 내 노래 '강하고 틀린Strong and Wrong'은 이렇게 전복되어 버린 종교에 대해 직접 공격하는 곡이에요. 반면 영지주의의 신은 당신 안에 있는 존재예요. 그 신을 통해 우리는 자의식을 잃고 초월하게 되죠. 그런 면에서는 불교와 더 비슷해요. 그래서 무용단을 보면 불교 신자들이 더 빛나요. 불교 신자들은 가톨릭 춤을 추기 두려워하지 않거든요. 하지만 맙소사! 가톨릭 신자들은 분명 불교 춤을 추기 두려워하죠."

조니 미첼이 안무하고, 제작하고, 음악을 쓴 발레의 하이라이트는 그녀가 좋아하는 시에 맞춰 춤추는 부분이다. 러디어드 키플링Rudyard Kipling의 '만약에If'라는 시다("모든 사람들이 이성을 잃고 너를 탓할 때 / 너 자신을 믿을 수 있다면…").

　나는 항상 키플링의 '만약에'를 종교적인 시라 생각해왔다. '남자'(혹은 여자 혹은 어른)가 된다는 것에 관한 것이 아니라 어떻게 하면 신을 더 닮고, 영적으로 깨어날 것인지에 관한 노래라고 말이다. 조니는 시를 살짝 고쳐놓았다. 예를 들면 'knaves(악한 자)'라는 단어를 바꿔놓았다. 그녀는 이렇게 설명한다. "그리고 끝부분도 고쳤어요. 발레가 경이로움과 기쁨을 강조하길 바랐거든요. 순수를 재충전할 수 있는 능력이 있어야 지구를 물려받을 수 있어요. 끝부분은 이렇게 고쳤어요. '당신의 60초 만이라도 경이로움과 기쁨을 느낄 수 있다면 지구는 당신의 것이에요.' 바꿔 말하면 깨어난 마음으로 세상을 바라보면 그것이 당신을 올바른 곳으로 인도하여 그것을 인지할 수 있다는 말이죠. 당신이 1분 혹은 1초라도 깨어나 그것을 움켜잡는다면 그 순간 당신을 그것을 소유하게 됩니다. 당신이 서 있는 땅이 누구의 것인지는 중요하지 않아요. 당신이 거대한 땅덩어리의 주인과 함께 걷고 있는데 당신은 그것을 보고, 그 주인은 보지 못한다면 그 땅을 제대로 인식하고 영적으로 소유한 사람이 누굴까요? 생각해볼 점이 많은 부분이죠."

　조니 미첼은 영적인 영감을 차기 위해 키플링에게로 시선을 돌린 반면 데이비드 번은 몬트리올에서 활동하는 밴드 아케이드 파이어Arcade Fire의 '내 몸은 새장이다My Body Is a Cage'를 언급했다.

　　　내 몸은 사랑하는 이와 춤추지 못하게 가두어놓는 새장이야
　　　하지만 그 열쇠를 쥐고 있는 것은 내 마음이지

데이비드는 이렇게 말한다. "제가 볼 때 이 곡은 종교적이면서 동시에 성가적anthemic입니다. 끝부분에 가면 정말 거창해지지만, 여전히 굉장히 개인적인 노래예요. 이 노래는 영적 혁명이나 정치적 혁명을 부르짖지 않아요. '앞으로 나가 싸우리라', '우리는 극복하리라' 이런 가사는 없죠. '내 몸은 사랑하는 이와 춤추지 못하게 가두어놓는 새장이야. 하지만 그 열쇠를 쥐고 있는 것은 내 마음이지.' 아름다운 가사죠. 하지만 제가 보기에 이것은 순서가 좀 뒤바뀐 이야기가 아닌가 싶어요. 보통은 그 반대잖아요. 보통 마음이 행동에 나서는 것을 막는 쪽은 정신이잖아요. 보통은 정신이 마음에게 이렇게 말하죠. '안 돼! 네가 열정에 빠지지 못하게 내가 막을 거야.' 그리고 이렇게 가사가 이어집니다. '나는 어둠을 빛이라 부르는 시대에 살고 있어. …' 이것은 성경에 나오는 말이지만 이것을 개인적이고 정치적인 부분에 적용하고 있죠. 이 노래는《노래하는 뇌》에 나오는 사회적 유대의 노래나 우정의 노래가 아니에요. '이봐, 우리 모두는 이 안에 함께 있잖아'라고 일깨우는 노래가 아니죠. 이것은 한 사람의 고뇌, 한 사람의 내적 경험에 관한 노래라고 봐야 해요. 그래서 나는 이 노래를 강력한 종교의 노래로 봅니다."

'내 몸은 새장이다'는 종교를 일반적인 경우처럼 부도덕성에 저항하는 싸움만이 아니라, 불멸에 저항하는 싸움으로 그리고 있다. 삶, 미래, 우리가 여기서 보고 알고 있는 물질적 존재를 뛰어넘는 무언가가 존재한다는 확신이다. 하지만 내 몸이 새장처럼 그것을 보지 못하게 막고 있다. 내 몸이, 나의 본질이 내가 사랑하는 사람이나 나의 창조자에게 손을 뻗어 하나가 되는 것을 가로막고 있다.

데이비드 번은 다른 문화권의 음악을 듣는 데 많은 시간을 할애한다. 그리고 이런 부분이 그의 작품에도 스며들어 있다. 폴 사이먼과 마이클 브룩이 그

노래하는 뇌

랬듯이 말이다. 데이비드가 좋아하는 종교의 노래는 아르헨티나의 그룹 로스 파불로소스 캐딜락스^{Los Fabulosos Cadillacs}가 부른 '로블레^{Roble}'다. 데이비드는 이렇게 설명한다. "이 노래는 국가에서 볼 수 있는 당당하고 힘찬 멜로디를 갖고 있어요. 멜로디가 느리게 시작해서 계속 올라갑니다. 정말 특이하게 멈추거나 지연되는 부분이 있는데 그 부분에서 음을 계속 늘리고 있어서 듣는 사람은 거기에 아마도 추가적인 마디나 무언가가 있을 거라는 것을 알 수 있죠. 이 부분에서 이렇게 감정이 크게 고조됩니다. 그러다가 내려와요. 가사를 보면 로블레^{roble}는 참나무를 의미하는 스페인어입니다. 그리고 이 노래의 가사는 기본적으로 참나무가 어떻게 낙엽을 떨구었다가 다시 싹을 피우는지에 관한 내용이죠."

이제 낙엽은 떨어지고
겨울 추위가 찾아오겠지
······
저항하지도, 잠들지도 못하는 참나무는
죽음이 무엇인지 알고 있겠지
그저 비를 맞고 부활할 날을 꿈꿀 뿐

당당한 멜로디와 길고 느린 리듬이 참나무에 관한 문학적 이야기에서 따온 가사를 하나의 비유로 바꾸어놓는다. 변화, 성장, 인내, 부활에 대한 영적인 교훈으로 바뀌는 것이다. "저항하지도, 잠들지도 못하는 참나무는 죽음이 무엇인지 알고 있겠지"

"저는 이 노래를 아르헨티나의 정치적 상황과 연관 지을 수밖에 없습니다.

이들은 사람들이 정치판에서 사라지는 모습을 지켜보며 자란 세대니까요. 스페인, 아르헨티나, 루마니아에서는 시민들이 어린 시절에 격동의 시기를 살았고, 이런 억압적인 상황을 기억하고 있죠. 그때는 세상이 그랬어요. 그러다가 세상이 열린 겁니다. 저는 이 노래가 그런 점도 조금은 반영하고 있다고 해석할 수밖에 없습니다."

대부분의 종교가 가진 큰 개념은 지금 상황이 좋지 않아도 언젠가는 좋아질 거라는 것이다. '우리는 극복하리라We Shall Overcome', 커티스 메이필드Curtis Mayfield의 '준비된 사람들People Get Ready' 같은 소위 미국 남부 흑인 영가에서 이런 부분이 강력하게 드러난다.

사람들이 준비되어 있어 기차가 들어오고 있네
짐은 필요 없어 그냥 올라타
그대에게 필요한 것은 기차의 엔진 소리를 들을 수 있는 믿음뿐
승차권은 필요 없어 그냥 주님께 감사하면 돼

심리학자와 인류학자는 물질적 풍요는 최소 수준에 도달한 후에는 사람을 더 행복하게 만들어주지 않는다는 것을 밝혀냈다. 자주 인용되는 속담이 이를 아주 정확하게 표현하고 있다. "행복의 비밀은 자기가 지금 가진 것에 만족하는 것이다." 소비를 바탕으로 세워진 서구 사회에서는 자기가 지금 가진 것에 만족해 멈추기보다는 점점 더 많은 것을 가지려 애쓴다. 반면 수렵채집인들이나 그날그날 근근이 생활을 이어가는 문화권의 사람들은 자기에게 필요한 것만을 얻기 위해 일하고, 실제로 많은 조사에서 더 행복한 것으로 나온다. 데이비드는 자신의 밴드 '토킹 헤즈Talking Heads'와 세계를 여행하며 이런

노래하는 뇌

점을 느꼈다. "우리는 라틴아메리카, 아프리카, 동유럽의 도시 외곽으로 찾아가 공연했습니다. 거기서 우리와 비교할 때 물질적으로 상당히 빈곤한 사람들을 만났죠. 그곳에는 와이파이도 없고, 에어컨도, 전기도, 냉장고도 없었습니다. 하지만 그들은 수천 년 이어져 온 삶의 방식을 따르며 행복하게 살고 있었습니다. 더 주목할 만한 점은 응집력이 있다는 것입니다. 우리 같은 서구 사람들이 보기에는 이들이 가진 것이 별로 없어 보이겠지만 그들은 아마도 내가 평생 갖지 못할 것을 갖고 있었습니다. 사회적 연결망, 가족, 중심과 뿌리 같은 것들이죠."

인류학자들은 모든 인간 사회가 신과 삶의 의미를 찾으려 하지만 그 구체적인 방법은 대단히 다양하다고 지적한다. 시대가 바뀌고, 문화가 바뀌어도 알아볼 수 있는 부분은 욕구다. 이 독특한 인간적 욕구가 어떻게 서로 다른 방식으로 흘러가는지 지켜보는 것도 흥미로울 수 있다. 동물 중에 영적인 생각을 하는 종이 있는지는 알려지지 않았다. 침팬지, 개, 아프리카 회색 앵무새 African gray parrot는 자기가 사랑하는 존재와 분리되면 분명 행동이 달라진다. 낙담 혹은 우울이라고 부를 만한 행동이다. 하지만 이들이 과연 자기가 이런 감정을 경험하는 이유에 대해 생각할 능력이 있다는 증거, "내 주인 아이린이 여기 함께 있었다면 분명 기분이 더 나아졌을 거야."라고 깨닫는 능력이 있다는 증거는 없다. 이들은 아마도 현재만 끝없이 펼쳐지는 세상에 살고 있을 것이다. 이들은 계획을 세우고, 미래나 과거에 대해 생각하고, 애도하고 앞날을 생각하는 능력이 없다. 몇 년 전 개의 심리에 관한 연구가 있었는데, 이 연구에서는 개 주인들의 공통적인 경험을 다루고 있다. 집에 온 나를 반기려고 개가 문 쪽에 나와 있는 경험이다. 개를 사랑하는 사람들은 아끼는 개가 자신이 집에 도착할 것을 기대하고 주인이 돌아오는 모습을 머릿속에 그리며 문 앞에서 기다리고 있는 것이라 여긴다. 그런데 관찰카메라를 이용한 통제된 실험 조건 아래서 보면 개들은 문 앞에서 기다린 것이 아니다. 그저 반 블록 떨어진 곳에서 오는 주인의 차 소리나 발소리를 듣고 문 쪽으로 간 것뿐이다. 이것은 단순히 파블로프의 조건반사 행동이었는지도 모른다(자동차 소리가 들린다→문 쪽으로 간다→주인이 들어와서 나를 보고 야단법석을 떤다).

다양한 동물이 다양한 경우에서 노래를 이용하지만 외로움, 사랑, 영적인 갈망 등의 노래를 만들고 노래하는 동물은 관찰된 적이 없다. 하지만 모든 인간 집단은 그런 일을 한다. 음악적인 뇌로 말미암아 뇌의 이성 중추와 감정 중추 사이에서 새로운 음악적 신경활동이 일어났고, 커진 앞이마곁질과도 수십억 개의 새로운 연결이 가능해졌다. 그리고 자의식과 조망수용이 등장했는데 우리가 아는 한 이것은 인간만의 것이다. 이것이 있으므로 해서 우리 대부분은 인생의 어느 시점에 가서는 이 세상에서 자신의 위치가 어디인지 생각하고, 생각의 본질에 대해 생각하고, 의문을 제기하고, 그 해답을 찾아 나선다.

종교는 세상을 이해하고자 하는 이런 욕망으로부터 생겨난다. 별다른 훈련이 없어도 대부분의 아이는 어느 시점에 가서는 이런 의문을 품는다. '나는 어디서 왔을까?', '나는 태어나기 전에 뭐였지?', '죽으면 어떻게 되는 거지?' 그리고 세상을 둘러보며 묻는다. '누가 이 모든 것을 만들었지?' 역사가와 인류학자가 찾아낸 모든 인간 사회는 어떤 형태로든 종교, 그리고 이런 의문들에 대해 답을 주는 신념체계를 갖고 있었다.[22] 어떤 사람은 과학도 하나의 종교라 주장하기도 한다. 과학 역시 자기만의 행동 규칙, 그리고 세상과 삶의 기원에 대한 설명을 갖고 있으며, 이런 설명 중 상당수는 관찰 불가능한 것을 바탕으로 나왔다는 것이다.

우리가 초기 인류의 생각과 신념에 대해 알고 있는 내용들은 대부분 추측

노래하는 뇌

이다. 이들은 문자가 없어서 자세한 설명을 남기지 않았기 때문이다. 하지만 인류학자들은 문자가 없고 수천 년 이상 나머지 세상과 단절되어 있던 사회에 사는 현대인류를 관찰하여 이런 추론을 이끌어낸다. 이런 문화권은 보통 농경사회 이전의 수렵채집인으로 구성된 소규모 사회로 이루어져 있다. 이들은 보통 세상이 예측가능하고 논리적인 원리에 따라 움직이는 것이 아니라 신의 변덕에 따라 사건이 벌어진다고 믿는다. 그래서 물과 식량을 구하고, 질병을 고치고, 여자가 아이를 갖기 위해서는 이런 신들을 위해 다양한 의례를 올리고 제물을 바쳐야 한다. 이런 믿음은 세대에서 세대로 전해지는 미신과 구전 지식의 결합에 바탕을 두고 있는 경우가 많다. 아기가 크게 아플 때 마을의 원로들이 야생 멧돼지를 제물로 바치면 아이가 낫는다. 다음에 또 어느 아기가 병이 들었는데 야생 멧돼지를 찾을 수 없었던 원로들이 주머니쥐possum를 제물로 바친다. 그랬더니 아이가 죽는다. 그럼 원로들은 신을 달랠 수 있는 것은 멧돼지뿐이라고 믿게 된다. 이런 수백 가지 우연이 모여 초기 종교의 밑바탕을 형성하는 의례가 만들어졌다. 이런 종교들은 보통 범신론, 제물 바치기, 신에게 간청하기, 기도하기, 신 달래기 등을 바탕으로 했다.

인류의 모든 역사에서 가장 중요한 사건 중 하나는 유일신교monotheism의 발명이었다고 주장할 사람도 있을 것이다. 유일신교의 탄생으로 사건들이 별 뚜렷한 이유 없이 신의 변덕으로 일어난다고 보는 세계관에서 하나밖에 없는 진정한 신의 계획에 따라 세상 만물에 논리와 질서가 존재한다고 보는 세계관으로 바뀌게 됐다. 그리하여 자연의 법칙과 자연 현상을 지능을 갖춘 이성적인 존재의 산물로 보게 됐다. 유일신교의 등장으로 아이를 제물로 바치는 일이 사라지고(이것은 유일신교의 등장 이전에는 공통으로 존재했던 관습이다) 논리의 시대가 열렸다. 그리고 이것이 신속하게 이성, 계몽, 과학의 시대로 이어졌다.

라파포트에 따르면 꼭 신념 그 자체는 아니어도 종교적, 영적 신념을 갖고 싶다는 욕망과 인지적 능력을 갖게 된 것이 사회 형성의 밑바탕이었다. 종교적 신념이 없었다면 인간의 조직된 사회는 존재할 수 없었을 것이다. 사회는 반드시 질서, 조직화, 협동 위에 세워진다. 곡물 저장고를 짓고, 침입자를 물리치고, 밭을 갈고, 물길을 만들고, 사회 위계 구조를 확립하는 등의 협력이 이루어지려면 사회 구성원들이 어떤 명제를 진리로 받아들여야 한다. 설사 그 명제가 직접 검증해볼 수 없는 것이라고 해도 말이다. 음식을 어떤 방식으로 요리하면 음식에 든 독을 피할 수 있다. 한 지도자가 이웃 부족이 공격을 준비하고 있으니 방어를 준비하거나 선제공격해야 한다고 단언한다. 앉아서 지켜보고 있다가는 재앙을 초래할 수 있으니 신념에 따라 행동해야 한다고 말이다.

종교는 사회를 구축하고, 사람들 간의 유대를 강화하는 명제들을 우리에게 가르치고 훈련시킨다. (과학의 시대에도 아직 종교가 필요하냐는 질문은 별개의 문제고 여기서는 괜히 그 문제까지 건드려 산만해지고 싶지 않다.) 음악이 동반된 의례는 그런 명제를 재확인해주고, 음악은 우리 머릿속에서 맴돌면서 자기가 무엇을 믿고 있고, 무엇에 동의했는지 다시 떠올리게 해준다. 대부분 의례에 동원되는 음악은 '종교적 경험'을 촉발하기 위해 디자인됐다. 이것은 격렬한 감정을 동반하는 신비로운 체험으로 그 효과가 평생 지속될 수도 있다. 이런 경험을 하는 동안에는 황홀경에 빠져 황홀한 기분과 세상에 연결된 느낌을 받을 수도 있다. 성스러운 신념이 황홀경의 상태와 연결되기 때문에 체험자는 그 신념을 마음속으로 재확인하게 되고, 음악이 연주될 때마다 무한정 그 신념을 새로 확인하게 된다. 이런 감정이 그 신념의 징표인 것이다. 종교적 황홀경과 특히 관련이 많은 감정이 세 가지 있다. 의존성, 복종심, 사랑이다.[23] 동물과 인간의 유아도 이 세 가지 감정을 선천적으로 타고나는 것으로 믿고 있다.[24] 종교가 자의식을 가진 성인에게 자기를 표현하고 기분이 좋아질 수 있는 시스템을 제공하기 전에도 이 세 가지 감정은 분명 존재했을 것이다.

현대 사회의 주춧돌은 신뢰, 그리고 당장에 드러나지 않는 것, 예를 들면 정의, 협동, 자원의 공유 같은 추상적 개념을 믿을 수 있는 능력이다. 사실 눈에 보이지 않는 수많은 것들을 신뢰하지 않는다면 현대 기술 문명은 성립할 수 없다. 항공기 정비사가 임무에 충실하게 볼트를 단단히 조였으리라 믿어야 하고, 운전할 때도 다른 운전자들이 안전거리와 차선을 지키리라 믿어야 하고, 식품가공 공장에서 건강과 위생 법규를 잘 준수하리라 믿을 수 있어야 한다. 종교가 신의 존재를 입증할 수 없는 것처럼 이 모든 부분을 스스로 일일이 검증할 수는 없다. 신뢰를 바탕으로 사회를 형성하고, 그렇게 함으로써 좋은 기분을 느낄 수 있는(옥시토신과 도파민의 분비를 통해) 인간의 근본적인 능력은 우리의 종교적 과거 및 영적인 현재와 긴밀하게 이어져 있다.

그리고 음악은 이런 생각들을 우리 기억 속에 각인해놓는다. 의례가 끝난 지 한참 후에도, 신의 출현과 계시가 지나간 지 한참 후에도 이렇게 각인된 기억은 남아 있다. 음악이 이런 일을 할 수 있는 이유는 내부구조 때문이다. 인간의 언어처럼 인간의 음악도 고도의 구조, 조직, 위계를 갖추고 있다. 음악적 구문론의 세부 사항은 아직 밝혀지지 않았지만[25] 잘 형성된 멜로디 속에 들어올 수 있는 음을 제약하는 음악에는 다양한 여분의 단서가 담겨 있다. 인간의 뇌는 변화를 대단히 민감하게 감지할 수 있다. 그리고 그러기 위해서는 물리적 환경 속의 미묘한 세부 사항들을 파악해서 동일성을 위반하는 것이 있는지, 일반적인 것에서 일탈한 것이 있는지 알아차릴 수 있어야 한다. 로체스

터대학교의 딕 애슬린$^{Dick\ Aslin}$과 엘리사 뉴포트$^{Elissa\ Newport}$, 그리고 매디슨 위스콘신대학교의 제니 새프란$^{Jenny\ Saffran}$으로부터 나온 최신의 증거를 보면 인간의 유아도 패턴과 구조에 민감해서 음악 시퀀스의 미묘한 차이를 감지하고, 코드 진행이나 시퀀스가 전형적이지 않으면 알아차릴 수 있다고 한다.

이 연구에서는 인간의 유아가 이것을 달성하는 방법에 대해 놀라운 결론을 내리고 있다. 유아의 뇌는 성인들의 뇌와 마찬가지로 어떤 음 뒤에 어떤 음이 나올 가능성이 제일 높은지에 대한 통계적 정보를 수집한다(이는 음악적인 뇌의 재배치 능력이나 계산 능력에 의해 가능해진 능력이다). 유아는 언어에서도 똑같은 과정을 거친다. 어떤 음이 어떤 음 뒤에 나올 가능성이 큰지 말해주는 확률론적 규칙성에 관한 복잡한 계산법을 배우는 것이다. 이런 식으로 유아들은 말과 음악에 대한 실용적 지식을 스스로 터득하고 자기가 접해온 언어와 음악에서 전형적인 것은 무엇이고, 비전형적인 것은 무엇인지에 대해 정교하게 인식하게 된다.

이 연구에서 흥미로운 점은 언어와 음악을 습득하는 방식을 아주 간결하게 설명할 수 있다는 점이다. 이 연구는 또한 음악이 왜 그리도 기억이 잘 되고, 열네 살 이후로는 한 번도 들어본 적이 없는 노래가 라디오에서 흘러나와도 여전히 따라 부를 수 있는 이유, 노래가 문명의 지식을 기억하고, 의례와 종교 관습의 절차를 기억해서 따르는 데 그토록 효과적인 기억장치인지도 설득력 있게 설명하고 있다. 그 이유는 형식과 양식에 의해 제약된 멜로디와 리듬 안에 여러 가지 단서가 담겨 있기 때문이다. 이런 단서들이 일련의 통계 지도 안에, 그리고 궁극에는 통계적 추론$^{statistical\ inferences}$ 안에 부호화되어 있는 것이다.

음악적인 뇌는 음과 화음 진행을 일일이 다 기억할 필요가 없다. 그보다는

노래하는뇌

음과 화음 진행이 만들어지는 규칙을 학습한다(보통 주어진 문화권 안에서의 규칙을 학습한다). 이런 규칙을 위반하는 것은 놀라운 사건으로 부호화되고, 따라서 도식schema을 파괴하는 예외로 기억된다. 우리는 친구가 전화번호를 알려줄 때마다 그 숫자는 일곱 자릿수에 지역번호가 덧붙여져 있으리라는 사실을 다시 배울 필요가 없다. 이 정보는 도식화되어 있기 때문이다. 우리는 특정 의례에서 촛불을 켤 때 부르는 노래가 어떤 패턴에서 어떤 음만 사용한다는 것을 배울 필요가 없다. 음의 선택이 우리 문화권 음악의 양식에 의해 제약되어 있기 때문이다. 우리는 음을 일일이 다 배우는 것이 아니라 예외와 규칙을 배운다.

따라서 음악은 기억과 정보를 전달하는 대단히 효율적인 시스템이다. 우리가 음악을 좋아하는 이유는 그 자체가 아름답기 때문이 아니다. 음악을 잘 활용했던 초기 인류가 살아남아 자손을 남기는 데 가장 성공적이었기 때문에 음악을 아름답다고 여기는 것이다. 우리는 음악과 춤, 이야기, 영성을 사랑했던 선조들의 후손이다. 요즘 우리가(아니면 적어도 나 같은 베이비붐 세대가) '결혼의 노래(The Wedding Song(There Is Love))', 카펜터스의 '당신과 가까이Close to You', 냇 킹 콜Nat King Cole의 '잊을 수 없는 사람Unforgettable', 빌리 조엘Billy Joel의 '지금의 모습 그대로Just the Way You Are' 등의 노래로 결혼식을 마무리하듯이 우리 선조 중에서 짝짓기 의례를 노래로 마무리한 사람들이 우리를 후손으로 남겼다. 관혼상제 동안에 나오는 이런 노래들은 선조들처럼 우리도 끊이지 않고 이어지는 의식과 의례의 사슬에 일부로 참여하고 있음을 상기시켜 우리의 집단적 과거와 개인적 미래를 하나로 묶어준다.

다윗 왕이 썼다고 전해지는 구약성경의 시편은 세계 최초의 유일신교를 기억하고, 지지하고, 기념하기 위한 노래로 쓴 것이다. 가톨릭 미사곡, 헨델의 메시아^{Messiah}, 코란에서 가져온 전례 음악, 그리고 수천, 수만 곡의 다른 노래들도 모두 같은 목적으로 만들어진 것들이다. (대니얼 데닛은 무신론자들도 과학을 열렬히 찬양하는 가스펠 비슷한 노래를 부르는 것이 좋을 거라고 제안했다.) 지금까지 쓰인 가장 아름다운 음악들 중에는 종교의 노래, 신을 찬양하는 노래도 있다. 종교적인 생각은 우리를 자기 자신으로부터 불러내어 우리를 더 높은 곳으로 이끌어 하루하루 이어지는 일상의 역할, 세상의 미래, 존재라는 본질마저도 초월하게 해준다. 음악은 앞이마겉질에 있는 예측 담당 중추를 자극하면서 그와 동시에 둘레계통에 있는 감정 중추를 자극하고, 바닥핵과 소뇌에서 운동계를 활성화하는 힘을 갖고 있다. 따라서 음악은 우리라는 존재가 가진 이 서로 다른 신경화학적 상태를 미학이라는 매듭으로 묶어 파충류의 뇌를 영장류의 뇌 및 인간의 뇌와 하나로 통합하고, 우리의 생각을 동작, 기억, 희망, 욕망과 결합하는 역할을 한다.

종교적인 음악이 인간 본성의 형성에서 담당해온 마지막 두 가지 중요한 역할은 반복적인 행동을 하려는 동기를 부여하는 것, 그리고 심리학자들이 말하는 '완결성^{closure}(보이지 않는 부분을 상상력으로 채워 넣어 하나의 완전한 형태로 만들려고 하는 심리현상 – 옮긴이)' 효과를 가져오는 것이다. 완결을 달성하면 무언가에 집착하고, 알 수 없는 것에 대해 스트레스를 받고, 당장 통제할 수도 없는 것에 자꾸만 매달리는 인간적인 경향이 완화된다. 우리는 아픈 아이를 위해 기도를 올린 후에는 다른 일을 할 수 있다. 통과의례를 거치고 나면 사회에서 성인으로 인정해준다. 의례, 종교, 음악은 기억, 동작, 감정, 주변 환경에 대한 통제, 그리고 궁극적으로는 개인적으로 안전하다는 느낌과 주체성을 통합해준다. 어떤 의례 형식은 모든 문화권에서 아이와 성인들의 일상생활에서 빠질 수 없는 부분을 차지하고 있다. 막대기들을 모아 특정 방식으로 묶어야 하는 사람에서부터 잠자리에 들기 전에 머리카락을 백 번 빗질해야 하는 사람, 아침에 일어나면 찬송가를 불러야 하는 사람, 잠자리에서 눈을 감기 전에 배우자에게 '사랑해'라고 속삭여야 하는 사람에 이르기까지 놀라운 다양성을 보여준다.

나의 외할머니는 80세 생신에 우리가 전자키보드를 사드린 이후로 자신이 만든 일상의 의례를 따르셨다. 매일 아침이면 할머니는 단호한 목적과 함께 눈을 뜨셨다. 바로 자신의 노래 '신이시여, 미국을 축복하소서'를 부르는 것이었다. 누가 늙은 할머니에게는 새로운 재주를 가르칠 수 없다고 했던가? 손가락을 움직이는 순서를 학습하면서 할머니는 정신활동이 활발해지고 도전의식을 느꼈다. 특히나 89세가 되셔서 화음을 같이 연주하기 시작했을 때는 더욱 그랬다. 이것은 할머니에게 성취감을 주었다. 그리고 할머니가 선택한 그 노래는 자유로운 사회에서 살고 있다는 자부심을 심어주었다. 할머니는 96세가 되실 때까지 매일 아침 기상 노래로 그 곡을 부르고 거기에 건강, 가족, 가정, 집에서 기르는 강아지를 위한 기도를 덧붙이셨다. 그러다 어느 날 세상을 떠나셨다.

나는 장례식에 참가하기 위해 로스앤젤레스로 날아갔다. 할머니는 도시 외곽 북쪽에 있는 맥스 외할아버지의 무덤 옆에 자리를 얻으셨다. 그날 아침은 날이 추워서 랍비가 고대의 기도문을 말하는 동안 우리 입김이 수증기가 되어 하늘로 오르는 것이 보였다. 이 고대 기도문의 억양은 우리 모두 어린 시절부터 익숙하게 알고 있던 것이었다. 히브리어와 아람어의 후두음 소리가 할머니의 목이 쉰 듯한 독일 억양을 떠올렸다. 나는 아버지, 삼촌, 그리고 사촌 스티븐과 함께 할머니의 관을 묏자리로 옮기는 것을 도왔다. 관이 너무 가벼워서 진짜로 그 안에 우리 할머니가 들어가 있는 것 같지 않았다. 자신의 의지만으로 나치의 손아귀에서 가족 전체를 구해낼 정도로 투지가 넘치고 강인한 분이 이렇게 가볍다는 게 너무 어색했다. 관을 바닥으로 내린 후에 우리는 유대교의 전통에 따라 각자 흙을 한 줌씩 집어서 무덤 위에 뿌렸다. 우리는 고대 아람 곡조에 맞추어 시편 131편에 나오는 노래를 불렀다. 유대인들이 2000년 동안 불러온 버전의 노래다. 이상하고 이국적인 음정이 섞여 들어간 중동풍의 단음계 비슷한 소리를 듣고 있으니 석조건물과 벽으로 둘러싸인 도시들이 떠올랐다.[26]

여호와여, 내 마음이 교만치 아니하고 내 눈이 오만하지 아니하오며
내가 큰일과 감당하지 못할 일에
힘쓰지 아니하나이다
실로 내가 내 영혼으로
고요하고 평온하게 하기를
젖 뗀 아이가 그 어미 품에
있는 것처럼 하였나니
내 영혼이 젖 뗀 아이와 같도다
이스라엘아 지금부터 영원까지 여호와를 바랄지어다

우리를 눈물 흘리게 한 것은 추도사도, 할머니의 관을 바닥에 내리는 것도 아니라 머릿속을 맴돌며 떠나지 않는 그 찬송가의 선율이었다. 그 선율은 우리가 강한 척 겉에 두르고 있던 허식을 뚫고 들어와 일상의 겉모습 아래로 깊숙한 곳에 억눌려 있던 그 감정을 두드렸다. 노래가 끝날 즈음 우리 중 뺨이 눈물로 젖지 않은 이가 없었다. 그 일은 우리가 할머니의 죽음을 받아들이고,

그 죽음을 제대로 애도하고, 결국에 가서는 할머니를 보내드릴 수 있게 도와주었다. 음악은 우리의 가장 은밀한 생각에, 그리고 어쩌면 자신의 유한한 운명에 대한 두려움에도 접근할 수 있는 트로이 목마다. 이런 음악이 없었다면 애도가 완전히 마무리되지 못해서 그 느낌이 계속 우리 안에 갇혀 있었을 것이다. 그리고 그 느낌이 우리 안에서 익을 대로 익다가 마침내 미래의 어느 순간에 가서는 뚜렷한 이유도 없이 폭발해 터져나왔을 것이다. 이제 할머니는 가시고 없었다. 우리는 그 깨달음을 함께 공유하고 우리 마음에 새긴 후에 노래로 봉인해놓았다.

'솔로몬의 노래Song of Solomon'에서 헨델의 '메시아', '나 같은 죄인 살리신 Amazing Grace'에 이르기까지 시대를 초월하는 위대한 음악 중에는 종교 음악이 많다. 과학자와 종교회의론자들은 이런 질문을 던지며 종교인들을 조롱할 때가 많다. '신이 우주 전체를 창조할 정도로 위대한 존재라면 우리가 그를 찬양하는지, 마는지 따위의 사소한 일에 왜 그리 신경을 쓰나? 그렇게 막강한 존재가 뭐가 그리 심리적으로 궁핍해서 우리가 자기를 위해 노래를 불러주기를 바라?' 하지만 신의 존재를 믿는 현대의 종교 사상가들은 여기에 반박 불가능한 주장을 제시한다. 노래를 부르는 가장 큰 이유는 신을 위한 것이 아니라 노래하는 사람을 위한 것이라고 말이다. 랍비 하임 카솔라는 이렇게 말한다. "신은 우리의 찬양이 필요하지 않아요. 신은 허영심이 없기 때문에 우리가 자기를 위대하다고 칭송해주기를 바라지 않죠. 하지만 신이 우리를 창조했기 때문에 우리에게 필요한 것이 무엇인지도 알고 있죠.[27] 그는 우리에게 종교의 노래와 신념의 노래를 부르도록 명령했습니다. 그것이 우리의 기억을 돕고, 우리에게 동기를 불어넣고, 우리를 신에게 더 가까이 이끈다는 것을 알기 때문이죠. 신은 그것이 우리에게 필요한 것임을 알고 있습니다."

Love

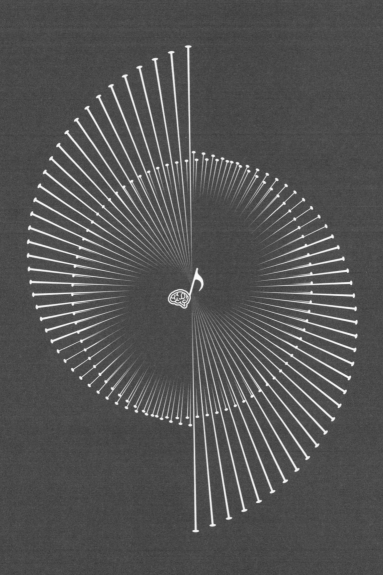

"낭만적인 사랑의 노래는 세상 물정 모르는 젊은이들에게 영원한 거짓말을 하는 사기꾼입니다.[1] 저는 미국 사람들의 정신 건강이 나빠진 이유 중 하나가 사람들이 사랑 타령하는 노래를 들으며 자랐기 때문이라 생각해요." 프랭크 자파의 말이다.

조니 미첼은 이렇게 말한다. "낭만적인 사랑이란 것은 존재하지 않아요. 그건 고대 수메르에서 발명되어 중세 시대에 들어 다시 인기를 얻은 미신에 불과하죠. 낭만적인 사랑은 분명 진실이 아니에요. 낭만적인 사랑에서는 '나'에 관한 이야기밖에 없어요. 하지만 진정한 사랑은 '타인'에 관한 것이죠."

"케니가 코딱지를 파서 창문에 묻혀놓고 갔어"라는 식의 비딱하고 냉소적인 가사를 쓰는 것으로 유명한 아방가르드 작곡가인 프랭크 자파와 우리 시대의 위대한 낭만주의 시인 중 한 명인 조니 미첼. 달라도 이렇게 다를까 싶은 두 사람이 낭만적 사랑이 궁극의 사기에 불과하다는 점에 대해서만큼은 의견이 일치한 것을 보면 분명 이런 주장에는 무언가 있을 것이다. 버지니아 울프 Virginia Woolf는 낭만적인 사랑을 이렇게 묘사했다. "어떤 사람이 또 다른 사람에 대해 머릿속으로 지어낸 환상의 이야기에 불과하다."

하지만 내가 열세 살 때 미치도록 좋아했던 뻔뻔할 정도로 낭만적인 그 사랑의 노래들은 다 뭐란 말인가? 그저 십 대들이나 좋아하는 시시한 노래에 불과하단 말인가?

> 나와 당신을 상상해봐요
> 나는 밤이고 낮이고 당신을 생각해요 그래야 하죠
> 당신이 사랑하는 소녀를 생각하고 힘껏 안아주세요
> 함께 행복할 수 있도록
>
> 내 평생
> 내가 당신 아닌 다른 사람을 사랑하는 것을 상상할 수 없어요
> 내 평생
> 당신이 나와 함께 해준다면 하늘은 계속 파랄 거예요
>
> – 터틀즈(The Turtles), '해피 투게더(Happy Together)'

엘비스 프레슬리의 '부드럽게 사랑해 주세요Love Me Tender'와 '테디 베어((Let Me Be Your) Teddy Bear)', 토미 로Tommy Roe의 '디지Dizzy'(현악 반주가 끝내준다!), 아치스Archies의 '슈거, 슈거Sugar, Sugar'(론 단테Ron Dante가 불렀다. 그는 몇 달 후에 커프 링크스Cuff Links의 '트레이시Tracy'로 다시 돌아왔다), 잭슨 파이브의 '돌아와줘요I Want You Back', 게리 퍼켓Gary Puckett과 유니언 갭Union Gap의 '오버 유Over You', 오하이오 익스프레스Ohio Express의 '여미 여미 여미Yummy Yummy Yummy' 등 이런 노래는 즐비하다. 엘라 피츠제럴드나 냇 킹 콜이 부른 '우리 사

랑은 여기 머물 거예요Our Love Is Here to Stay’ 같이 우리 부모님 세대가 즐기던 위대한 사랑 노래들도 빼놓을 수 없다.

우리의 사랑은
분명 여기 머물 거예요
일 년이 아니라
영원하고도 하루 더 머물 테죠

로키산맥이 무너지고
지브롤터가 꺼지고
흙더미만 남을지언정
우리의 사랑은 여기 머물 거예요

많은 사춘기 전 아이들처럼 나도 사랑을 이런 노래들, 동화, 디즈니 영화 등을 통해서 배웠다. 여기에 담긴 메시지는 ‘그’ 사람을 만나기만 하면(그리고 우리 각자에게는 ‘그’ 사람이 딱 한 명씩밖에 없다) 그것이 사랑임을 바로 알게 된다는 것이다. 그 사람과 항상 같이 있고 싶고, 그 사람과 같이 있으면 기분이 좋아지고, 행복해지고, 충만해지고, 절대 실망하는 일이 없을 테니까 말이다. 내가 컬럼비아 레코드에서 일하고 있던 1988년에 그 회사에 있던 한 친구가 파르테논 헉슬리Parthenon Huxley라는 대담한 이름을 가진 신인 싱어송라이터가 막 마무리한 앨범을 내게 틀어주었다. 앨범 두 번째 곡에서 처음 나오는 두 줄의 가사가 내 관심을 사로잡았다. “나는 스물한 살에 사랑에 빠졌지 / 그게 사랑인 줄 알았어 혼자 있는 것보다 더 재미있었거든” 나도 사랑은 그런 것이라 느껴졌다. 그리고 세상에는 내가 함께하고 싶은 사람이 아무도 없음을 알게 됐다. 내가 결혼하기 전날 밤 줄리아 포드햄Julia Fordham이 자기 콘서트에서 우리를 위해 노래를 불러주며 "한계가 없이 빛나는 새로움으로 충만한 사랑을 위한" 노래라고 말했다. 하지만 나는 그녀의 목소리에서 결국 그 사랑에 어떤 변화가 찾아올지 자기는 알고 있다는 듯한 인생에 지쳐버린 사람의 씁쓸함을 느낄 수 있었다. 하지만 나는 군이 그녀의 본심이 무엇일까 고민해보지 않았다.

나는 사랑에 대해 혹평한 작가들을 몇 명 알고 있었는데 그냥 웃기려고 그러는 줄 알았다. 커트 보니것Kurt Vonnegut은 이렇게 적었다.

나는 사랑을 몇 번 경험해본 적이 있다. 아니, 사랑이었다고 생각한다.[2] 하지만 내가 제일 좋아했던 사랑도 쉽게 말하자면 그저 '상식적인 예절'에 지나지 않았다. 내가 잠시 혹은 엄청나게 긴 시간 동안 누군가에게 잘해주면 그 사람도 그 보답으로 내게 잘해주는, 그런 식의 예절 말이다. 사랑이 그런 것이어야 할 필요는 없었다. 그리고 나는 사람에 대한 사랑과 개에 대한 사랑도 구분하지 못하겠다. 어렸을 때 코미디 영화를 보러 가거나 라디오에서 나오는 코미디 방송을 듣지 않았던 나는 무비판적으로 내게 애정을 주는 우리 집 개와 많은 시간을 카펫 위에서 뒹굴며 놀았다. 나는 아직도 그런 짓을 많이 한다. 그러다 보면 개들이 나보다 훨씬 먼저 지치고 혼란스러워하지만 나는 영원히 그렇게 개와 뒹굴며 놀 수 있다.

서머셋 모옴W. Somerset Maugham은 이렇게 거들었다. "사랑은 서로를 잘 알지 못하는 남자와 여자 사이에서 일어나는 것이다." 과학의 냉철한 관점에 따르면 자파, 미첼, 보니것의 말이 터틀즈, 엘라 피츠제럴드, 파르테논 헉슬리의

노래하는 뇌

말보다 훨씬 진리에 가까울지 모르고, 모옴의 말이 그중에서도 가장 가까울지도 모르겠다. 사랑은 정말로 영원히 여기 머무는 것일까, 아니면 우리가 느끼는 것들은 그저 유치한 장난에 불과한 것일까? "그리고 사람들은 그걸 풋사랑이라 불렀지(폴 앤카의 '풋사랑puppy love)" 사랑은 경이롭고, 강력하고, 젊은 에너지로 충만할지 모르지만 그리 성숙한 감정은 아니다.

연구자들은 관계가 시작되고 첫 몇 달 동안에 일어나는 신경화학적 변화를 확인했다. 옥시토신('신뢰' 호르몬)이 대량으로 분비되고, 도파민과 노르에피네프린같이 기분이 좋아지는 호르몬이 아주 높은 수준으로 분비되기 때문에 이 호르몬들이 임상적으로 입증할 수 있는 변성의식상태를 유도한다고 생각할 수 있다. 스타일리스틱스The Stylistics는 부드럽게 이렇게 노래했다. "나는 당신과의 사랑에 취했어요" B. J. 토마스Thomas는 "당신이 나와 사랑에 빠졌다는 믿음에 중독됐어요"라고 노래했다. 브라이언 페리Bryan Ferry는 "사랑은 마약이고 나는 치료가 필요하죠"라고 노래했고, 로버트 팔머Robert Palmer는 "의사 선생님, 알려주세요 당신과 사랑에 빠지는 지독한 병에 걸려버렸어요 그 어떤 약으로도 내 병은 못 고쳐요"라고 노래했다. 비틀스는 이렇게 노래했다. "그리고 당신을 만지면 나는 내면에 행복을 느껴요 정말 기분이 좋아지죠 황홀해요, 황홀해요" (이것은 밥 딜런이 가사를 잘못 알아들은 것으로 유명한 부분이다. '황홀해요, 황홀해요I get high, I get high'는 사실 '숨길 수 없어요, 숨길 수 없어요I can't hide, I can't hide였다.) 이런 신경화학적 황홀감에 빠지면 사랑하는 이를 생각할 때 심장박동이 빨라지고, 사랑을 얻기 위해 운동을 해서 살을 빼겠다는 마음을 먹게 되고, 이 사람과 함께하면 모든 일이 잘 풀릴 거라는 아찔한 낙관주의가 마음 가득 차오른다.

사랑의 마약 같은 성질이 불길하게 비치는 노래도 있다. 예를 들면 내가 좋아하는 작곡가 중 한 명인 마이클 펜Michael Penn(숀 펜Sean Penn의 형이자 에이미 만Aimee Mann의 남편)이 쓴 '큐피드가 새로운 총을 얻다Cupid 's Got a Brand New Gun' 가 있다.

> 이 효과 빠른 아편은
> 천사의 날개를 달고 있을지 몰라
> 그것을 깨달은 순간
> 당신은 이미 사랑이라는 총을 맞아
> 상처를 입고 죽어가겠지

펜은 사랑이란 일종의 죽음이라 암시하고 있다. 단일한 자아가 죽고, 어느 선까지는 우리의 자아, 그리고 우리가 자신의 가장 원초적인 생각과 느낌 주변으로 둘러놓은 경계가 죽는 것이다. 그의 가사에 담긴 함축적인 메시지는 모두가 경험해본 것이다. 즉 사랑은 우리로 하여금 사랑이 없었다면 하지 않았을 일을 하게 만든다.[3] 퍼시 슬레이지Percy Sledge는 이것을 '남자가 여자를 사랑할 때When a Man Loves a Woman'(1장에 그 가사가 나와 있다)에서 노래했다. 낭만적인 사랑에 빠졌다가 그 사랑을 잃는 것은 우리가 경험하는 가장 고통스러운 경험 중 하나다. 너무 고통스러워 전날 밤 과음해서 숙취가 안 풀린 사람처럼 두 번 다시는 사랑하지 않으리라 결심하기도 한다. "아니요, 다시는 사랑에 빠지지 않을 거예요(이 사랑은 마음을 아프게 할 뿐이죠)"(크리스 아이작Chris Isaak), "나는 사랑에 빠지고 싶지 않아요"(토냐 미첼Tonya Mitchell), "나는 사랑이라는 생각과 사랑에 빠지고 싶지 않아요"(샘 필립스Sam Phillips).

스팅은 이렇게 말한다. "이런 노래에서는 지식의 노래와 사랑의 노래가 결

노래하는 뇌

합되어 있습니다. 사랑에 대해 가르치며 경계하라 말하고 있죠. '아버지는 내게 말씀하셨지. 사랑을 믿지 마라, 얘야. 네가 사랑을 사랑스러운 레몬나무와 비슷하다 여길까 봐 두렵구나. 레몬나무는 예쁘고 꽃은 어여쁘지. 하지만 설익은 레몬은 먹을 수 없단다'." 낭만적인 사랑을 신경화학의 뚜렷한 변화로 환원 혹은 기술할 수 있다고 해서 사랑이 가짜라는 의미는 아니다. 발가락을 찧고 로또에 당첨됐을 때도 신경화학적 변화가 일어나지만, 그런 변화가 원래대로 돌아온다고 해서 발가락의 멍이 사라지거나 은행 계좌가 빈털터리가 되지는 않는다.

이렇듯 낭만적인 사랑을 추구하는 성향이 생겨난 역사적 밑바탕에는 다른 사람과 강력한 협력 관계를 형성할 수 있는 능력이 자리 잡고 있다. 이것은 분명한 진화적 이점이 있다. 사람의 아이는 성숙 기간이 길기 때문에 유대감을 느끼며 서로에게 헌신하는 남녀는 공동으로 육아에 참여해서 그 자식들은 육체적으로나 신체적으로 건강할 가능성이 커진다. 당신의 혈통을 몇 천 년씩 아무리 거슬러 올라가보아도 당신의 선조 중에 자식을 못 낳은 사람은 한 명도 찾을 수 없다. 그리고 아이마다, 가족 단위마다 보살핌의 수준이 꽤 다르기는 했겠지만 우리의 선조 중에는 적어도 성장해서 번식에 성공하는 데 필요한 보살핌을 받지 못한 사람은 없다. 어느 시대든 삶은 예측불가능하고 육아는 어려움투성이다. 낭만적 사랑을 통해 자신의 배우자에게 헌신을 느끼게 된다면 이것은 자손들에게는 분명 유리하게 작용한다.

안타깝게도 신경화학적 황홀감은 영원히 이어지지 않는다. 며칠 만에 사라질 때도 있고, 몇 주, 몇 달 만에 사라질 때도 있다. 경우에 따라서는 5년에서 7년까지 이어지기도 한다(이것이 결혼생활에서 소위 '7년차 권태기'로 이어진다). 어쩌면 팝 음악에서 낭만적인 사랑의 노래에 뒤이어 두 번째로 흔한 곡은 이

별의 노래 혹은 잃어버린 사랑의 노래가 아닐까 싶다. 푸 파이터스^{Foo Fighters}의 데이브 그롤^{Dave Grohl}은 이런 가사를 적었다.

> 심장은 차갑게 식고 손은 꼼짝하지 않아
> 꼭 그렇게 떠나가서 사랑을 죽여야 했니?

브루스 스프링스틴^{Bruce Springsteen}은 이렇게 노래했다.

> 그녀가 방금 말했지 "조, 난 이제 가야해
> 한때는 우리에게 사랑이 있었지만 더 이상은 없어"

로잔느 캐시는 상실의 아픔이 깊게 배어 나오는 목소리로 이렇게 노래했다.

> 수화기를 들었는데 너희 둘이 통화하는 소리가 들리더라
> 두 사람이 나누는 말에 나는 얼어붙고 말았어
> 우리 둘이 함께했던 일생이 방금 전화선 위에서 불타버렸어
> 발신음에 녹아내리고 너희들의 뜨거운 불꽃에 삼켜져 버렸지

알다가도 모를 이 덧없고 변덕스러운 사랑이란 것은 대체 무엇일까? 시대를 초월하는 위대한 문학과 음악이 고작 존재하지도 않는 환상에 관한 것이었단 말인가? 신을 믿지 않는 현대의 사상가와 과학자들 입장에서 생각하면 실재하지도 않는 신을 향한 위대한 글이나 그림도 숱하게 있었으니 전례가 없는 일도 아니다.

낭만적인 주제가 글, 대화, 영화, 노래의 주제로 하도 많이 다뤄지다 보니 우리는 사랑에는 여러 형태가 있다는 사실을 잠시 잊어버리기도 한다.[4] 부모와 자식 간의 사랑, 친구 간의 사랑, 신의 사랑, 삶의 방식에 대한 사랑, 조국에 대한 사랑 등. 이 모든 형태의 사랑이 가진 공통점은 치열한 관심이다(사랑의 반대말은 미움이 아니라 무관심이다). 자신보다 다른 사람 혹은 다른 무언가에게 더 관심을 쏟는다. 가브리엘 가르시아 마르케스Gabriel García Márquez는 《콜레라 시대의 사랑Love in the Time of Cholera》이라는 소설에서 자살하기 전에 마지막 체스 게임을 두는 사람의 이야기를 적었다. "이미 죽음의 안갯속에서 길을 잃어버린 제레미아 드 생타무르Jeremiah de Saint-Amour는[5] 아무 사랑도 없이 자기 말을 움직였다." 여기서 '사랑도 없이'는 '관심도 없이'와 같은 의미로 사용되었다. 파르테논 헉슬리는 '붓다 붓다Buddha Buddha'에서 이렇게 적고 있다.

> 내가 하는 모든 것을
> 붓다는 사랑으로 하였고, 그것이 내가 열망하는 것이지
> 내가 마주하는 사소한 문제들에 굴하지 않으려 하네
> 내가 하는 모든 일을 할 때 나는 사랑을 생각하지

사랑은 자기 자신이나 자신의 걱정과 존재보다 더 큰 무언가가 있다는 느낌이다. 그것이 다른 사람을 향한 사랑이든, 조국, 신, 이상에 대한 사랑이든 사랑은 근본적으로 자기보다 더 큰 무언가가 있다는 개념에 대한 치열한 헌신이다. 사랑은 궁극적으로 우정, 위로, 의례, 지식, 기쁨보다 크다.

모음이 지적한 대로 낭만적인 사랑은 보통 맹목적이다. 우리는 자기가 제대로 알지도 못하는 사람에게 그런 사랑을 느낀다. 그리고 낭만적 사랑은 대

단히 자기중심적인 경향이 있다. 그녀를 사랑하는 이유는 그녀와 함께할 때 기분이 좋아지기 때문이고, 그녀와 함께 있을 때 재미있기 때문이고, 그녀가 아름답고, 섹시하고, 똑똑하고, 재미있기 때문이다. 좀 더 성숙한 사랑은 우리가 자신의 행복보다 그 사람의 행복에 더 관심을 쏟을 때 찾아온다. 부모가 자식을 향해 보이는 이타적인 사랑이 그렇고, 자식이나 자신의 배우자에게 필요한 것을 위해 자신의 것을 희생하는 마음이 그렇다. 낭만적인 사랑은 우리로 하여금 어떤 대가를 치르더라도 그 사람과 함께하고 싶게 만든다. 반면 성숙한 사랑은 우리로 하여금 그 사람의 행복한 모습을 보고 싶게 만든다. 비록 그것이 자신은 그 사람과 함께 할 수 없음을 의미하더라도 말이다. "누군가를 사랑한다면, 그 사람을 자유롭게 놓아주세요." 스팅의 유명한 노랫말이다.

진화적 관점에서 보면 자신보다 남을 우선하는 것은 말이 안 된다. 결국 진화의 게임이란 것은 자신의 유전자를 제일 중시하는 게임이기 때문이다. 어떻게 자신의 유전자를 우선하지 않는 것이 그 유전자를 더 널리 피뜨리는 방법이 될 수 있겠는가? 이런 이타주의는 언뜻 모순으로 보이지만 진화의 과학은 그에 대해 설명하고 있다. 우리는 형제들과 절반의 DNA를 공유하기 때문에 형제를 위해 혹은 형제의 자식을 위해 희생해도 여전의 자신의 DNA 일부가 살아남게 돕는 효과가 있다. 동성애에 대해서도 똑같은 주장이 가능하다. 언뜻 보기에 동성애는 적응에 불리해 보인다. 하지만 동성애자인 사람이 자기 형제자매의 아이를 보살핀다면 여전히 자기 가족의 유전자를 돕는 것이다. 이타주의는 치명적으로 작용할 수도 있는 충돌을 분산시키는 역할도 한다. 예를 들어 남서부 아메리카 인디언들은 추수감사절 동안에 식량을 이웃 부족들끼리 공평하게 나눔으로써 식량을 두고 치명적인 싸움이 벌어질 가능성을 미리 제거한다.[6]

이타주의는 인간에게만 국한된 현상이 아니다. 동물도 이타주의를 보여준다. 다른 버빗원숭이들을 위해 경고의 울음소리를 울리는 버빗원숭이는 동족을 보호하기 위해 자신의 위험을 무릅쓰는 것이다(포식자의 관심을 끌기 때문에). 돌고래는 부상당한 다른 종의 동물이 수면으로 올라가거나 물가로 갈 수 있게 도와준다는 것이 밝혀졌다.

어떤 진화생물학자들은 인간의 자손이 필요한 보살핌을 받을 수 있게 하기 위한 적응으로 사랑이 발달해 나온 것이라 주장한다. 인간은 어떤 동물보다도 성숙 기간이 길다. 생쥐는 생후 3주면 부모로부터 완전히 독립해서 생존할 수 있다. 개는 생후 12주 정도면 스스로 살아갈 수 있다. 하지만 생후 9개월 된 인간의 유아를 혼자 내버려 둔다면 그 아기가 해를 입지 않았어도 아기를 위험에 방치한 혐의로 체포될 수 있다. 인간의 아이는 최소 10년 정도의 보살핌과 가르침이 필요하다. 태어날 때부터 거미줄, 벌집, 둥지 등을 만드는 데 필요한 지시 사항을 뇌 속에 저장하고 나온 거미, 꿀벌, 새들과 달리 인간의 아기는 교육을 통해 그런 능력을 학습한다. 인류학자 테런스 디컨^{Terrence Deacon}은 다른 영장류나 포유류와 비교하면 인간의 뇌에는 태어날 때 미리 프로그래밍된 지시 사항이 점점 줄어든다는 것을 빗대어 이것을 조니 미첼의 표현대로 '퇴화'라 불렀다. 그리고 그 결과 문화와 경험이 교육과 행동을 빚어내는 데 더 큰 역할을 맡게 됐다. 이것은 인간이 적응 능력이 뛰어나서 이질적인 환경에서도 유인원이나 원숭이보다 훨씬 잘 살아남는 것과 관련이 있어 보인다. 밴드 디보^{Devo}(de-evolution(퇴화)의 원리에서 이름을 따왔다)는 '조코 호모^{Jocko Homo}(원숭이 인간, 침팬지 인간이라는 의미 – 옮긴이)'라는 곡에서 풍자적으로 이렇게 노래했다. "신은 인간을 만들었지만 인간을 만들 때 원숭이를 이용했지" 혹은 XTC는 이렇게 노래했다. "우리는 그저 제일 똑똑한 원숭이라네"

　모든 종에서 어린 개체의 뇌는 나이 든 개체의 뇌에 비해 환경의 입력에 더 민감하고 뇌 손상으로부터의 회복력도 뛰어나다. 이것은 절약을 좋아하는 진화의 속성을 반영하고 있다. 환경에서 쉽게 구해서 이용할 수 있는 정보들을 굳이 유전자와 뇌에 모두 담아놓기보다는 노출을 통해 학습하면서 환경에서 규칙적으로 나타나는 것만을 받아들이도록 뇌를 구성한 것이다.[7] 이 과정은 처음에는 뉴런을 과잉 생산한 다음 나중에 일종의 다윈식 선택과정을 통해 선별적으로 가지치기하는 방식으로 이루어진다. 따라서 이 시스템은 자기가 자신을 구성하도록 설계되어 있는 것이다. 그럴 필요가 있다. 자라면서 우리의 뇌도 변화에 적응해야 하기 때문이다. 예를 들면 우리의 키가 커지고 몸무게도 무거워짐에 따라 걷는 데 필요한 힘도 거기에 맞춰 조정해야 한다. 그리고 머리가 커지면서 눈과 눈 사이의 거리도 멀어지기 때문에 눈으로 보면서 손을 뻗어 무언가를 잡을 수 있으려면 뇌가 양쪽 눈의 서치에서 생기는 변화를 고려해야 한다. 뇌를 효율적으로 설계할 경우에는 규칙을 학습할 수 있고, 스스로에 대한 지도를 작성할 수 있고, 환경에서 들어오는 입력 중 특별한 것에 반응할 수 있는 시스템을 만들어내게 된다. 이런 효율적인 절약 덕분에 특이한 상황이 벌어진 경우에도 유연하게 대처할 수 있게 된다. 예를 들어 태어날 때부터 눈이 두 개가 아니라 하나만 기능하는 경우 그 개체는 한쪽 눈에서 오는 입력을 시각겉질 전체에 투사한다. 정상적이었다면 반대쪽 눈을 위해 할당되었을 영역까지 모두 한쪽 눈에서 사용하는 것이다. 이런 식으로 하면 기능하지 않는 눈의 겉질에 할당된 영역도 놀려두지 않고 모두 사용할 수 있다.

　뇌가 음악과 언어를 배우는 이유는 음악적 요소와 언어적 요소가 결합되는 방식에 대한 규칙을 습득하도록 구성됐기 때문이다. 앞이마겉질에 있는 뇌의 계산 회로는 위계적 조직에 대한 규칙을 알고 있고 초기 발달 기간에 음악적 입력과 언어적 입력을 받아들이도록 길들어 있다. 특정 연령(만 8세와 12세 사이 어디쯤으로 믿고 있다)까지 음악이나 언어에 전혀 노출되지 않았던 아동이 정상적인 음악 능력이나 언어 능력을 습득하지 못하는 이유도 이 때문이다. 가지치기 과정이 이미 시작되어 음악이나 언어에 의해 활성화되기를 기다리고 있던 신경회로들이 모두 제거되어버리는 것이다. 음악에 보편성이 존재한다는 것은 뇌의 선천적 구조 자체에 음악의 표상 방식에 대한 느슨한 제약이 포함되어 있음을 암시한다. 이런 제약에 해당하는 것으로는 옥타브가 존재한다는 사실(모든 음악이 불연속적인 음들의 집합으로 구성되어 있다), 그리고 보편적으로 리듬의 비율이 단순하다는 사실(음악의 스타일과 문화권은 이질적이어도 음표의 길이는 17:11 같은 복잡한 비율이 아니라 2:1, 3:1, 4:1 같은 단순한 비율로 나타나는 경향이 있다) 등을 꼽을 수 있다.

인간의 아동에서 교육의 역할이 확대되었다는 것은 다른 그 어떤 종과도 확연히 대비되는 부분이다. 역사 전반에서 노래는 인생의 교훈을 가르치는 주된 방법 중 하나였다. 우리 선조는 노래를 잘 만들기만 하면 음악과 리듬을 가사에 담긴 메시지와 결합해 중요한 정보를 담아 전달하기 좋다는 것을 알아냈다. 이것이 바로 지식의 노래다. 하지만 우리가 아이를 키우는 사회적 구조를 만들어낸 것은 사랑의 노래와 사랑이라는 감정이었다. 남자와 여자는 사랑 노래의 리듬을 따라 짝을 이루고, 아이를 보살피고 양육하는 책임을 서로에게 부가한다.

동물계에서는 사람같이 짝을 이루고 일부일처제를 지키는 경우가 드물다. 전 세계 4,300종의 포유류 중 대다수는 수컷과 암컷 성체들이 혼자 생활하다가 교미할 때만 함께 모인다. 수컷들은 자기 자식들의 엄마와 짝을 이루어 살지 않고 아빠로서 새끼를 돌보지도 않는다.[8] 유인원, 사자, 늑대, 개 등 사회성이 가장 발달한 포유류에서도 수컷이 자기 자식을 알아본다는 증거는 없다.[9]

인간은 수천 년에 걸쳐 드물게 일부다처제(한 남성과 두 명 이상의 여성 사이에서 장기간에 걸쳐 동시에 성적 관계가 유지되는 경우)가 존재하기는 했지만 일부일처제가 주였고,[10] 못해도 연속적 일부일처제serial monogamy(한 사람이 평생 시기를 달리하여 두 명 이상의 배우자와 관계를 맺는 방식의 일부일처제 – 옮긴이)가 지켜졌다. 이것이 가능하려면 유대감과 강한 애착이 필요하다. 사랑, 그리고 사랑의 신경화학적 상관물neurochemical correlate은 이런 장기적인 유대를 가능하게 한 진화적 적응으로 볼 수 있다. 일단 성인 남녀의 사랑 메커니즘이 갖추어지고 나면 이것을 수정해서 부모와 자식 사이의 사랑을 만들기는 어렵지 않다. 사실 이안 크로스는 거기서 사랑이 아주 중요한 기능을 한다며 농담했다. 인간의 아기는 시끄럽고, 정신없고, 골칫거리만 만들어내니까 어쩌면 부모가 어린 자식을 죽이지 않게 막을 방법은 자식에 대한 사랑을 진화시키는 것밖에 없었을 것이라고 말이다.

사람에서는 다른 많은 행동과 마찬가지로 사랑과 이타심도 동물과 다른 성질을 보여준다. 우리는 그것을 인식하고 있고, 자의식도 갖고 있기 때문이다. 우리는 자신의 사랑을 어떻게 보여줄지 계획을 세울 수 있고, 사랑을 약속할 수도 있다. 우리는 조망수용 능력이 있기 때문에 상대방이 회의적인 태도를 가진 것을 파악해서 사랑을 설득할 수도 있다.

독자 중에는 종의 생존과 진화적 적응에 대해 생각할 때 이 책에서 지금까지 보아왔던 다른 속성들과 비교하면 사랑은 그리 중요하지 않아 보인다고 반대하는 사람도 있을 것이다. 예를 들면 지식에 대한 욕구는 분명 필수적인

노래하는뇌

것으로 보인다. 배우기를 좋아하는 사람들은 환경 변화와 사회 변화에 더 잘 적응할 수 있었을 것이다. (그리고 그 결과 자연선택되었을 것이다.) 지식의 노래는 정보를 담아서 보존하고 전달하는 효율적인 방법으로 발달했다. 초기 인류 혹은 원인原人이 나무 위 보금자리를 떠나 포식자에게 노출될 위험을 무릅쓰고 탁 트인 사바나로 나갔을 때는 우정에 대한 욕구가 복잡한 사회적 상호작용과 대인간 상호작용을 이끌어주었을 것이다. 그리고 위로의 노래는 유아나 물리적으로 떨어져 있는 사람에게 우리가 가까이 있다고 안심시켜주는 역할을 했고, 다른 사람들도 슬픔을 느꼈지만 극복할 수 있었음을 상기시켜 우리도 슬픔의 시간을 이겨낼 수 있게 도왔다.

기쁨의 노래는 자신의 감정 상태에 대한 표현으로 시작되어 주변 사람들에게 자신이 긍정적인 관점을 갖고 있고 음식과 보금자리 자원을 확보하고 있음을 알리는 역할을 했다. 기쁨의 노래를 불러 신경화학적으로 기분이 고취되는 것은 기쁨을 강화하여 짝을 선택할 때가 되었다는 신호를 보내는 데 도움이 됐다. 종교와 종교적인 노래들은 동물의 의례를 신념체계로 묶는 역할을 해서 궁극적으로는 희망과 믿음의 느낌을 체계화, 사회화하는 데 도움을 주었다.

요즘 사람들은 사랑을 격렬하게 느끼고, 대중문화, 예술, 일상적 대화에서도 사랑은 참 많은 관심을 받지만 다른 것들과 비교하면 중요성이 제일 떨어지는 것처럼 보인다. 기분 좋은 자극을 주기는 하지만 거기서 얻는 신경화학적 황홀감은 코카인, 마리화나 혹은 질 좋은 와인이나 에스프레소 커피를 마실 때 얻는 것과 마찬가지로 적응에 별 도움이 안 될 것 같다. 사랑을 협소하게 낭만적인 사랑으로만 좁혀서 생각한다면 사랑이 인간의 본성을 창조하는 데 주춧돌 역할을 했다고 보기 어려울 것이다. 하지만 다른 사람, 집단, 이상을 향한 사심 없는 포괄적 헌신이라는 넓은 의미에서 생각하면 사랑은 문명 사회에서 가장 중요한 주춧돌이다. 우리가 수렵채집인이나 유목민으로서 살아남는 데는 중요하지 않았을지 모르나 우리가 인간의 본성이라 여기는 오늘날의 사회를 확립하는 데는 필수적이었을 것이다. 타인과 이상에 대한 사랑이 있었기에 경제적 지위나 인종에 상관없이 모든 사회 구성원에게 공평하게 적용되는 사법 체계, 가난한 자들을 위한 복지와 교육 등이 탄생할 수 있었다. 현대 사회의 붙박이 시스템이라 할 수 있는 이런 것들은 시간과 자원의 투자라는 면에서 볼 때 비용이 많이 들어간다. 그럼에도 이런 시스템이 작동할 수 있는 것은 우리가 그 가치를 믿고, 그것을 지지하기 위해 개인의 이익을 어느 정도 포기할 의지를 갖고 있기 때문이다.

내가 '바른길을 걸을게요 I Walk the Line'를 지식의 노래의 사례로 언급한 이유는 그 가수가 바른길을 걷고, 진실을 지킬 것을 자신에게 상기하고 있기 때문이다. 이것은 또한 강력한 사랑의 노래이기도 하다. 잠깐 스치고 지나가는 성욕보다 더 큰 무언가에 헌신할 수 있음을 축복하는 노래인 것이다.

다른 사람, 특별한 누군가를 향한 사랑은 우리로 하여금 자기 자신을 벗어나 훨씬 더 큰 생각을 할 수 있게 해준다. 어떻게 하면 이 사람을 위해 더 나은 세상을 만들 수 있을까? 내가 이십 대였을 때 경험한 사랑은 '그녀와 함께 있으면 기분이 좋아지니까 나는 그녀를 사랑해. 나는 그녀를 행복하게 만들고 싶어. 그래야 그녀가 나와 함께 있을 테니까'라는 성숙하지 못하고 이기적인 사랑이었다. 이제 오십이 된 나는 내가 사랑하는 여인에 대해 생각할 때 그녀가 원하는 것이 무엇일까 생각하게 된다. 내가 그녀를 행복하게 만들고 싶은 이유는 그녀가 불행하면 내가 행복해질 수 없기 때문이다. 우리는 사랑의 포옹을 받는 것보다 사랑을 주는 행위가 더 강력하다는 것을 알아냈다. 사랑에 대한 갈망을 극복할 수 있다면 순수한 사랑의 상태에 도달하게 된다. 자기 개인의 삶보다 더 큰 이상과 이어지는 것이다.

다른 모든 예술과 마찬가지로 사랑의 노래는 자신의 감정을 정확히 표현할 수 있게 도와준다. 사랑의 노래는 비유적 언어를 자주 사용해서("내 마음이 불타올라요", "나는 가장 높은 산을 오르겠어요") 자신의 감정을 다른 관점에서 바라볼 수 있게 도와준다. 이런 노래는 머릿속에 새겨져 감정이 들쭉날쭉할 때마다 우리가 한때 느꼈던 감정이 어땠는지 상기시키는 역할을 한다. 그리고 사랑의 노래는 무엇보다 느낌을 예술적 표현의 수준으로 끌어 올려준다. 느낌에 우아하고 세련된 아름다움을 불어넣어 살기 어려워졌을 때도 그런 느낌을 예술로 승화시키려 애쓰게 만드는 것이다.

사랑의 노래가 어디서 왔는지 이해하려면 진화의 역사를 거슬러 올라가 두 가지 질문을 던져보아야 한다. 첫째, 이런 일을 할 수 있는 모든 감각 중에서 왜 하필 소리가 우리의 감정에 그토록 중요한 역할을 담당하게 됐을까(혹은 바꿔 말하면 듣기와 음악의 진화적 기원은 무엇인가)? 둘째, 우리에게 음악적인 뇌를 가져다준 진화적 변화가 어떻게 다시 우리에게 노래를 작곡하고, 예술과 과학을 창조하고, 사회를 구축하는 데 필요한 의식을 가져다주었는가?

우리 귀에 있는 유모세포hair cell는 어류를 비롯해 모든 척추동물에게 있고, 많은 곤충의 다리와 몸통에서 발견되는 것(곤충의 것은 감각센털sensilla이라고 한다)과 구조나 기능 면에서 유사하다. 메뚜기가 다리를 움직이면 그 안에 든 유모세포가 늘어나면서 다리의 자세와 위치를 파악하는 데 도움을 준다. 이 세포는 공기나 물 혹은 다른 성분의 흐름에도 민감해서 다른 무언가가 다가오는 것을 감지하는 것도 도와준다. 이는 유모세포가 계통발생적으로 이른 시기부터 사용된 것이 압력 변화 감지(이것이 포유류와 어류의 청각으로 이어

짐)만을 위한 것이 아니라 자세의 변화(이것이 우리의 균형감각을 담당하는 전정계로 이어짐)도 감지하기 위함이었음을 말해준다. 유모세포는 엄청나게 민감해서 100피코미터만 늘어나거나 움직여도 흥분한다. 100피코미터면 1/100,000,000밀리미터 혹은 염색체의 1/100,000, 수소 원자 반지름의 1/10보다 작은 길이다.

고막은 귀 내부에 팽팽하게 펼쳐져 있는 얇은 막이다. 공기든, 물이든, 다른 매질이든 압력이 변하면 이 고막이 안팎으로 떨린다. 이런 떨림 패턴이 결국 속귀inner ear의 달팽이관cochlea이라는 기관으로 신호를 보낸다. 달팽이관의 내면은 곤충의 감각센털처럼 유모세포로 덮여 있다. 인간의 달팽이관은 극도로 민감해서 원자의 직경(0.3나노미터)만큼 작은 진동도 감지할 수 있고, 10마이크로초의 시간 간격도 감지할 수 있다.[11] 그래서 만약 당신과 3미터 떨어진 음원이 한쪽으로 2.5인치(6.35센티미터)만 움직여도 양쪽 귀에 도착하는 소리의 시간 차로 그 움직임을 감지할 수 있다. 귀는 광자 하나의 에너지보다 백배 작은 에너지 수준도 감지할 수 있다. 청각은 정말로 민감해서 어떤 종은 자기가 잡아먹으려 하는 곤충의 발자국 소리도 들을 수 있다.

2장에서도 말했지만 청각이 시각 같은 다른 감각보다 유리한 점은 소리는 어둠 속에서도 전달되고, 모퉁이를 돌아갈 수도 있고, 듣고 싶은 음원과 자신 사이에 시각적 장애물이 있어도 전달된다는 점이다. 소리는 무언가 자신을 향해 접근할 때 효과적인 조기 경보 시스템 역할을 한다. 바위가 걷잡을 수 없이 언덕 아래로 굴러 내리거나, 우리가 사는 동굴 밖에서 포식자가 잔가지를 밟았을 때도 우리는 소리로 알아차릴 수 있다. 조기 경보 시스템의 일부로 작동하는 청각은 놀람반응startle response과도 신경학적으로 긴밀하게 연결되어 있고 환경에서 들리는 배경 잡음에 아주 미묘한 변화만 있어도 감지한다.

노래하는 뇌

진화가 우리가 아는 감각 말고도 환경에 대한 정보를 수집할 수 있는 다른 방법을 찾아낸 것은 당연한 일이었다. 사실 일부 동물은 우리의 감각과 비교하면 대단히 생소한 감각체계를 채용하고 있다.[12] 상어는 전기감각electrical sense을 갖고 있다. 이 감각체계는 먹잇감의 뇌 활동에서 나오는 전기장을 감지한다. 꿀벌, 개미, 거북이, 연어, 상어, 고래는 자기감각magnetic sense으로 방향을 찾아낸다. 인디고 번팅indigo bunting이라는 새는 천체 나침반을 가지고 있어서 한밤중에도 북극을 찾아갈 수 있다. 이 새는 진화를 통해 하늘 전체가 북극성을 중심으로 회전한다는 사실을 내면화했고, 그래서 밤하늘에서 위치가 바뀌지 않는 이 별 하나를 바탕으로 길을 찾을 수 있다. 흥미롭게도 인디고 번팅의 유전자는 어느 별이 북극성인지 특정하지 않는다. 다만 위치가 변하지 않는 별을 북쪽으로 취급해야 한다는 것을 알고 있을 뿐이다(덕분에 북극성은 북반구에서만 보이지만 인디고 번팅은 별개의 메커니즘을 발전시키지 않고도 남반구에서도 길을 찾을 수 있다). 스티븐 엠렌Stephen Emlen이 천체투영관planetarium에서 인디고 번팅으로 실험해보니 이 새는 움직이지 않는 별이면 어떤 별이든 가리지 않고 기준점으로 삼았다.

모든 척추동물이 청각을 진화시켰음을 감안하면 과연 이것이 음악 같은 복잡한 것으로 발달하게 될지가 분명하지 않지만 진화는 속도가 느리다. 복잡성은 작은 적응을 통해 유전적으로 한 계단, 한 계단 쌓여나간다. 이 각각의 계단은 자체로는 감지할 수 없을 정도로 작을지라도 결국에는 거대한 클라이맥스를 향해 나간다. 청각이 개선되어 환경에서 일어나는 사건에 반응할 수 있게 되자 자연선택의 압력이 작용해서 어떤 척추동물의 뇌는 음높이, 공간적 위치, 소리의 크기, 음색, 리듬 등 소리를 통해 사물과 사물을 구분할 수 있는 차이에 민감해지도록 진화했다. 이것은 그리 놀랄 일이 아니다. 뉴런과 시냅스의 기본 구조와 신경전달물질은 모든 척추동물에게 공통으로 존재하기 때문이다.

유전자의 기본 기능과 구조도 모든 동물에게 공통이다.[13] 유전자는 유기체가 적절히 발달하여 기본적 기능을 수행할 수 있도록 세포의 운명을 결정하고, 제약하고, 안내하는 역할을 한다. 유전자에는 청사진 같은 지시 사항이 들어 있으며 뉴런과 다른 세포들은 이 지시를 따른다. 태아와 유아의 뇌가 발달함에 따라 네트린netrin 유전자나 호메오틱homeotic 유전자 등의 DNA에 암호화되어 있는 공통 단백질이 작용해서 뉴런들이 특정 경로를 따라 다른 뉴런과 연결되도록 지시한다. 이런 경로는 회충, 곤충, 새, 포유류처럼 아주 다른 동물들 사이에서도 모두 유사하다. 신경 발달을 이끄는 유전자의 지시는 아주 강력하고도 유연해서 뇌의 일부를 다른 부위에 이식해도 올바른 신경 연결을 안내할 수 있다. 에반 발라반Evan Balaban은 일본메추라기 배아의 청각겉질을 제거해서 병아리 배아의 뇌에 이식해 보았다.[14] 그러자 이 이식 조직이 새로운 숙주의 뇌와 해부학적으로 연결되었을 뿐만 아니라 숙주 새가 공여 새의 타고난 속성을 함께 받은 것처럼 행동했다. 구체적으로 말하면 병아리가 다른 병아리들과 함께 자랐음에도 닭이 아니라 메추라기 같은 소리를 낸 것이다.

파충류와 조류에도 우리의 것과 견줄만한 청각 신경로가 존재한다. 청각계 구조에서 흥미로운 유사점 한 가지는 음계지도tonotopy다. 청각겉질이 고유의 진동수에 선택적으로 반응하는 뉴런들로 구성되어 있어 한쪽 뉴런은 낮은음에 활성화되고, 반대쪽 뉴런은 높은음에 활성화된다. 겉질이 말 그대로 피아노 건반처럼 배열되어 있다! 음계지도는 기니피그, 다람쥐, 주머니쥐, 흰담비, 나무두더지, 마모셋원숭이, 올빼미원숭이, 짧은꼬리원숭이, 토끼, 고양이, 갈라고원숭이^{bush baby}, 그리고 많은 파충류와 조류에서도 관찰됐다. 이런 동물들과 인간 모두 음계지도 체계를 갖고 있지만 서로 다른 음높이를 구분하는 동물의 능력에 관해서는 연구자들 사이에 의견이 엇갈리고 있다. 이들이 낮은음과 높은음을 구분할 수 있다는 점은 분명하다. 하지만 음높이 해상 능력이 인간에 못 미치는 동물이 많다. 우리 음계에서 연이어 나오는 세 개의 음이 마모셋원숭이, 개구리, 잉어에게는 모두 같은 음으로 들릴지도 모른다.

하지만 공간 속에서 소리의 위치를 파악하는 능력은 이 모든 종에서 고도로 진화되어 있다. 뉴런들은 양쪽 귀에서 투사되는 신호를 통해 소리가 어디서 오는지 알아낸다. 대부분의 사람이 모노 음향보다는 스테레오 음향을 훨씬 좋아하는 이유는 단순히 한 장소 대신 두 장소로부터 서로 다른 소리가 들려오기 때문이 아니라 스테레오 음향을 소리 위치 파악에 사용하는 법을 발달시킨 종을 진화가 선호했기 때문이다. 우리가 스테레오를 좋아하는 이유는 우리가 이런 형태의 공간 처리 능력을 통해 포식자의 위치를 파악해 달아날 수 있었던 선조의 후손이기 때문이다.

몇몇 뇌 영역(특히 시상과 청각겉질)에서 나타나는 종간 차이 때문에 소리와 그 위치를 기억하는 능력에도 차이가 생긴다. 쥐의 경우에는 고양이에 비해 훨씬 여러 번 시도해보아야 소리와 사건(먹이원이나 위험) 사이의 상관관계를 학습할 수 있다. 영장류는 학습 속도가 훨씬 빠르다. 또 한 가지 차이점은 계통발생의 사다리에서 위로 올라갈수록 뉴런 발화의 잠복기^{latency}가 길어지고 청각뉴런으로부터의 자발적 방전^{spontaneous discharge}은 줄어든다는 점이다. 바꿔 말하면 고등 종일수록 깜짝 놀라는 일이 줄어든다는 것이다. 말이 되는 이야기다. 하등 동물에 비해 인간은 소리 자체에만 의지해서 세상을 파악하는 경우가 적기 때문이다. 우리는 음향 정보에 다른 감각에서 취합한 정보와 기억을 결합하고, 거기에 무슨 일이 일어나리라는 예상까지도 덧붙인다. 예상처리expectational processing 능력은 인간에서 정점에 다다랐다. 우리는 바늘이 풍선에 가까워지는 것을 보고 큰 소리에 대한 마음의 준비를 할 수 있다. 반면 빈투롱(아시아산의 사향고양이 - 옮긴이)과 개코원숭이는 바늘에 풍선이 터지는 것을 아무리 많이 보아도 여전히 풍선 터지는 소리에 깜짝 놀랄 가능성이 크다.

앞에서 나는 앞이마겉질에서 일어난 발달과 돌연변이가 음악적인 뇌를 뒷받침하는 뇌 구조물을 창조해냈고, 이것이 다시 사회를 발전시키는 데 필요한 정신적 구조물의 발달을 가능케 했다 믿는다고 말했다. 모든 척추동물이 청각을 공유하는 것은 사실이지만 많은 종이 뇌 구조에서 일어난 개별적인 변화를 통해 청각을 상호 소통의 용도로 사용할 수 있게 됐다. 개구리의 울음소리든, 새들의 지저귐이든, 침팬지의 울음소리든 발성은 자신의 신체적·감정적 상태를 같은 종의 구성원들에게 신호로 보내는 역할을 한다. 이런 종들은 그런 신호를 만들고 해석할 수 있는 뇌 메커니즘을 발달시켰다. 물론 소리를 내는 데는 위험이 따른다. 포식자가 그 소리가 나는 곳을 쉽게 파악할 수 있기 때문이다. 따라서 소리를 통한 소통 능력에서 오는 진화적 이점이 포식자의 관심을 끄는 단점보다 더 커야 했다.

발성은 정보 공유 과정을 용이하게 했고, 이것은 다시 생존에 유리하게 작용했다. 한 종에서 발성의 양과 사회적 관계의 친밀도 사이에는 아주 높은 상관관계가 존재한다. 특이 짝을 이루어 사는 종의 경우에는 짝을 유혹하고, 짝과의 유대감을 강화하고, 가족의 영토와 자원을 방어하고, 서로의 위치를 파악하기 위해(특히 어둠 속이나 장애물에 가려 보이지 않을 때) 발성을 더 많이 사용하는 성향이 있다. 새의 경우에는 90퍼센트 이상의 종이 짝을 이루어 살고,

당연한 이야기지만 새는 발성 행동으로 유명하다. 큰긴팔원숭이, 올빼미원숭이, 티티원숭이처럼 짝을 이루어 사는 영장류에서는 발성이 두드러지는 특성이다.

우리의 가장 가까운 친척인 침팬지는 사람처럼 평소에 다양한 개체들과 다양한 규모로 일시적 무리를 이루어 어울린다.[15] 그 과정에서 친구나 가족과 떨어질 수 있는데, 이 경우 나중에 그들을 다시 만나 협력할 수 있다고 안심시켜줄 것이 필요하다. 소리를 통한 소통이 이런 안심을 준다. 영장류 연구가들이 울음소리만 듣고도 개별 침팬지를 알아볼 수 있는 것을 보면 다른 침팬지들도 그럴 수 있을 것이다. 따라서 초보적인 수준이었던 발성소통 능력이 영장류들의 사회생활이 점점 복잡해지면서 그와 함께 발달했을지도 모른다.

원인原人들은 나무에서 내려와 사바나 초원으로 진출함에 따라 포식자로부터의 위험이 더 커지게 됐다. 이런 포식자들보다 한 발 더 앞서 가고, 유랑 생활에서 마주치는 다양한 환경에 대처하기 위해서는 더 뛰어난 지능이 필요했다. 뇌 크기와 관련된 이야기에서는 식생활이 아주 놀라운 역할을 한다. 생물학자들은 뇌 크기와 소화관 크기 사이에서 반비례 관계를 발견했다(소화관 크기는 다시 음식의 복잡성과 반비례 관계에 있다).[16] 나뭇잎을 먹는 영장류는 과일을 먹는 영장류에 비해 뇌 크기는 작고 소화관은 커지는 경향이 있다. 그 이유는 나뭇잎이 과일보다 소화가 어려워 더 많은 처리 단계를 거쳐야 하고, 복합당질complex carbohydrates을 가용한 당분으로 분해하는 데 더 많은 에너지가 필요하기 때문이다.

반면 과일을 먹는 데는 더 높은 인지 능력이 필요하다. 구체적으로는 과일이 열리는 나무의 위치를 기억하고, 과일이 어느 계절에 열리는지 예상하고, 익은 과일을 덜 익은 것이나 썩은 것과 구분하는 능력이 필요하다. 익은 과일을 구분하는 능력은 색각이 발달하면 더 유리하다. 과일 껍질의 색깔은 그 과일이 얼마나 잘 익었는지에 관한 정보를 담고 있다. 따라서 그 과일이 얼마나 영양분이 많고 소화가 잘되는지에 관한 정보도 함께 담고 있다. 이 모든 것이 뒤통수엽겉질의 크기가 커져야 가능하다. 한 생명체에게 가용한 에너지의 총량은 제한되어 있다. 그래서 뇌 크기와 소화관 크기 사이에 진화적으로 절충이 일어난다.[17] 유전학자들이 발견한 바에 따르면 대부분의 포유류는 비타민 C를 몸속에서 만들어내는 능력이 있지만 인간은 그런 능력을 잃어버렸다.[18] 인간과 다른 영장류에서는 8번 염색체에 있는 GULO[L-gulonolactone oxidase] 유전자에 결함이 있어서 기능을 하지 않는다. 이것은 4천만 년 전에 우리가 과일을 먹는 종이 되면서 생긴 결과로 여겨진다. 과일을 먹으면 비타민C를 외부에서 섭취할 수 있었기 때문에 우리와 영장류들은 더 이상 비타민C를 만들어낼 필요가 없었고, 유전자 부동[genetic drift](한 세대에서 다음 세대로 대립유전자가 유전되는 빈도에서 생기는 무작위적 변화　옮긴이)을 통해 그 능력을 상실하게 되었다. 이것은 테런스 디컨의 '절약' 개념에 해당하는 또 다른 사례다. 진화는 게놈이 보관하고 있던 지시 사항이나 생존 계획을 환경으로 떠넘길 때가 많다.

　우리처럼 큰 뇌를 가진 종은 별로 없다. 뇌가 커지면 그만큼 생물학적 비용도 함께 상승하기 때문이다.[19] 뇌에 산소를 공급하고, 온도를 낮추고, 보호하는 데 필요한 에너지 측면에서 보면 대사적으로 비용이 높다. 복잡한 뇌는 성숙하고 훈련하는 데 더 오랜 시간이 걸리고 뇌가 큰 동물은 그에 따라 부모나 보호자에게 더 오래 의존해야 한다. 이는 부모가 더 많은 에너지를 투자해야 한다는 의미고, 이는 다시 자손을 많이 낳을 수 없고, 부모가 자신의 유전자를 후대에 성공적으로 전달할 기회가 그만큼 줄어든다는 의미다. 따라서 그에

노래하는 뇌

따르는 이점이 이런 높은 비용을 상쇄해야 한다(아니면 진화가 이런 특성을 선택하지 않을 것이다). 하지만 비용 편익 비율이 모든 종에서 똑같이 나올 가능성은 적다.

우리 뇌는 몸 크기에 비해 클 뿐만 아니라 음악적인 뇌가 자리 잡고 있는 앞이마겉질도 뇌의 나머지 부분과 비교해서 크다. 이마 바로 뒤에 있는 이 뇌 영역은 인간에서 가장 고도로 발달되어 있고, 침팬지, 보노보, 개코원숭이 등 사회성이 발달한 종에서 더 커지는 경향이 있다. 연줄이 든든한 암컷 개코원숭이는 새끼를 더 많이 낳고, 이 새끼들은 더 많은 보살핌을 받을 수 있다.[20] 공동체 전체가 나서서 사회적 지위가 높고 연줄도 든든한 암컷을 도우려 하기 때문이다. 앞이마겉질에 표상되는 개코원숭이의 사회질서는 진화적 기원을 갖고 있다.

사람이 다른 사람에 대해 생각할 때는 앞이마겉질이 활성화된다. 겉질이 생물학적 분류에서 완전히 다른 목目인 식육목에서 독립적으로 발달했다는 사실이 사회적 행동, 소통, 앞이마겉질 사이의 관계를 강력하게 뒷받침해준다. 동물학자 케이 홀캠프Kay Holekamp가 최근에 발견한 바에 따르면 대단히 사회적인 포유류인 점박이하이에나도 앞이마겉질이 커져 있다. "점박이하이에나는 개코원숭이만큼이나 크고 복잡한 사회를 형성해서 삽니다."[21] 그녀의 말이다. 하이에나와 영장류가 마지막 공동선조로부터 갈라져 나온 것이 1억 년 전이었기 때문에 비슷한 진화적 힘이 독립적으로 작용하여 서로 비슷한 적응이 이루어진 것이라 추론할 수 있다.[22] 앞이마겉질이 사회성이 깃드는 자리인 것이다. 사람에서는 이것이 더욱 진화하여 음악, 언어, 과학, 예술, 그리고 궁극에 가서는 사회가 깃드는 자리가 되었다.

사람의 뇌처럼 고도로 발달되고, 정교하게 연결된 큰 앞이마겉질은 분명

이점이 있다. 그럼 이런 질문을 던질 수 있다. 만약 큰 앞이마겉질이 그렇게 유용하다면 모든 동물이 그런 앞이마겉질을 하나씩 갖고 있으면 좋지 않을까? 하지만 진화는 그런 식으로 작동하지 않는다. 그와 비슷하게 어째서 인간도 기린처럼 긴 목이나, 물고기 같은 아가미나, 올빼미 같은 야간 시력을 갖고 있지 않은지 물어볼 수도 있다. 진화는 특정 문제를 해결해주는 적응을 선택한다(그리고 이런 적응은 기존에 존재하는 구조물을 바탕으로 이루어진다). 각각의 적응에는 대사 비용이 따라오고, 그에 따르는 이점이 비용을 넘어설 때만 개체군 전체로 퍼질 수 있다. 목이 길어 사다리를 이용하지 않아도 되고, 물고기처럼 물속에서 숨을 쉴 수 있다면 편리하긴 하겠지만 생물학적으로 필수적인 요소는 아니다. 이런 편리함이 자연선택의 동기로는 부적절하다. 우리가 큰 뇌를 갖게 된 이유는 그것이 특정 문제를 해결해주었기 때문이다. 보통 먹이 공급원을 차지하기 위한 경쟁이 있을 때나 환경적 위험이나 포식자의 위험을 피할 필요가 있을 때 그런 해결책이 필요해진다.

이런 이점 중 가장 큰 것은 환경에 적응하고, 또 자신의 필요에 맞추어 환경의 일부를 개조할 수 있는 능력이었다. 도구 사용은 인지 능력 진화의 중요한 이정표다. 고고학자, 특히 정신의 진화에 관심을 두고 인지 능력에 초점을 맞추어 연구하는 고고학자들은 석기에 대해 많이 이야기한다. 초기 인류의 유적지에서 발견되는 이 석기들은 큰 돌을 얇게 쪼개서 만든 날카로운 돌조각이다. 오래된 돌멩이 가지고 왜 이리 호들갑이냐고? 단순한 도구 사용(도구 사용은 까마귀나 원숭이에서도 볼 수 있다)과 달리 도구 제작은 인지 능력의 비약적 상승 없이는 불가능하기 때문이다.[23] 도구 제작은 그 전의 어떤 종에서도 볼 수 없었던 유형의 사고 능력을 필요로 한다. 이 석기들은 '정신적 형틀mental template'을 따라 제작된 최초의 기구였다. 정신적 형틀이란 도구를 완성하기 전에 그 사람의 머릿속에 이미 존재하고 있던 그 도구에 대한 아이디어를 말한다. 따라서 석기는 추상적 사고의 탄생을 말해주는 최초의 증거다.[24] 이것은 질적으로 변화된 능력으로서 인류를 다른 종들과 구분해주고, 예술과 음악을 가능하게 해준 능력이다.

고고학자 니콜라스 코나르드Nicholas Conard는 독일 남부의 한 발굴지에서 약 37,000년 전 빙하기의 매머드 상아를 발견했다. 이것의 존재는 인간이 아프리카를 떠나 유럽으로 향했을 때 분명 악기를 함께 가지고 갔음을 암시한다.[25] 이 상아는 가운데를 따라 둘로 쪼갠 다음 속을 비운 후에 구멍을 내어 피리로 만들어졌다. 이 모든 것은 상당한 손재주와 시간, 노력, 그리고 가장 중요한 부분으로, 이 물건을 완성했을 때 어떤 모양으로 보일지에 대한 정신적 형틀이 있어야 가능한 일이었다. 이안 크로스는 이렇게 지적한다. "당시에 기술적으로 가장 진보한 도구 중 하나는 바로 악기였습니다!"

유럽에서 나온 지금까지 알려진 가장 오래된 호모 사피엔스의 화석은 약 40,000년 전의 것이다. 이 유럽 선조들은 아프리카에서 이주해왔고, 석기를 제작할 능력뿐만 아니라 인류학자 이안 태터샐Ian Tattersall이 말한 "이 재료들의 특성에 관한 섬세한 감수성"을 보여주는 기술[26]도 갖고 있었다. 이들은 조각, 새김, 동굴벽화를 함께 가져왔고, 자신의 역사를 뼈와 석판에 남겼으며, 나무와 동물의 뼈로 만든 피리로 음악을 만들었다. 간단히 말하자면 40,000년 전 선사시대 인류도 예술과 예술적 감수성을 가지고 있었다는 것이다. 태터샐은 이렇게 적고 있다. "이 사람들은 분명 우리와 같은 인류였습니다."[27] 조각, 그림 등 그들이 남긴 예술의 흔적이 대단히 정교하고 힘이 있는 것을 보면 이것이 우리 선조들이 처음 시도한 예술은 아니었을 것이다. 이런 유물은 운이 좋아 지금까지 살아남았을 뿐 이런 예술품이 나오기까지 수많은 개선을 거쳤을 것이 분명하다. 바꿔 말하면 우리가 찾아낸 최초의 유물 이전에도 예술품은 분명 수만 년 동안 존재했다는 것이다.

음악적인 뇌의 세 가지 인지 요소는 '조망수용', '표상', '재배치'이다. 조망수용은 자신의 생각에 대해 생각할 수 있는 능력(메타인지나 자의식이라고도 한다)도 함께 아우른다. 즉 자기가 생각하는 내용물을 조사해서 한낮의 햇빛에도 비춰보고, 이성과 객관성이라는 불빛에도 비춰볼 수 있는 능력을 말한다. 여기에는 다른 사람이 자기와는 아주 다른 신념, 의도, 욕망, 지식, 느낌이 들 수 있음을 깨닫는 능력도 포함된다. 나는 지금 당장 아주 행복하지만, 그렇다고 당신도 행복하다는 의미는 아니다. 나는 음식이 어디 숨겨져 있는지 알지만 당신은 모를 수도 있다. 나는 이렇게 서로 분리된 정신들을 잇기 위해 내 경험을 노래에 담아 부른다. 지금 당신의 경험과 나의 경험이 반드시 일치하는 것은 아님을 알기 때문이다.

표상은 시간과 공간을 치환할 수 있게 하는 인지 작업이다. 지금 여기에 있지 않은 것에 대해 생각할 수 있다는 의미다. 나는 지금 당장 두려움에 빠지지 않고도 두려움에 대해 이야기할 수 있다. 나는 지금 당장 슬프지 않아도 슬픔에 대한 노래를 부를 수 있다. 나는 사랑을 하트 기호(♥)나 'luv', 'amoor', 'aijou' 등 임의의 문자열로 표상할 수 있다. 이런 기호를 통한 표상은 추상에 해당하며, 시각 예술이나 기타 예술 창조의 토대가 된다.

재배치는 대상들을 서로 다른 방식으로 결합 혹은 재결합하는 능력, 이론에 따라 위계와 범주로 조직화하는 능력, 내용물에 대한 변화된 개념을 바탕으로 대상에 구조를 부과하는 능력이다. 예를 들어 바나나banana, 야구baseball, 포도grape, 골프golf라는 단어 목록이 주어졌다고 해보자. 당신은 이것을 과일 대 스포츠라는 두 집단으로 나눌 수도 있고, b로 시작하는 단어와 g로 시작하는 단어라는 두 집단으로 나눌 수도 있으며, 각각의 영단어에 들어 있는 음절의 숫자를 바탕으로 세 집단으로 나눌 수도 있다. 재배치가 가능하려면 앞이마겉질에 들어 있는 계산 구조가 필요하다. 다른 동물도 이 구조를 갖고 있을지 모르지만 그것을 최대로 활용하는 법은 인간만 배웠다. 이 세 가지 요소(조망수용, 표상, 재배치)가 독립적으로 진화했을 수도 있지만 결국은 함께 모여 음악적, 예술적 뇌의 토대가 됐다.

예술 창조를 위해서는 몇 가지 별개의 인지 작업이 필수적이다. 구체적으로 들어가면 (1) 창조하고자 하는 대상에 대한 심상mental image을 형성할 수 있어야 하고, (2) 심상을 머릿속에 유지할 수 있어야 하며, (3) 심상을 따라 실제 세상에서 대상을 조작하려면 어떻게 해야 하는지 이해하고 있어야 하고, (4) 실제 세상에서 모양을 갖추어 가는 대상과 심상을 실시간으로 비교할 수 있어야 하며, (5) 물리적 대상을 조작하는 과정에서 예상치 못하게 발생하는 어려움이나 오류를 해결하기 위해 필요할 때마다 계획을 갱신할 수 있어야 한다. 옛말에도 이르듯이 곰을 조각하려면 바윗덩어리에서 시작해서 곰처럼 보이지 않는 것은 모두 깎아내야 한다.

하지만 당연히 이것들은 하찮은 능력이 아니다. 우리 혈거인 선조는 숯 조각을 가지고 동굴 벽에 곰을 그려보려 했을지도 모른다. 그림 우선 그는 그림이 그 그림이 표상하고자 하는 것과 결코 똑같을 수 없음을 이해해야 한다. 그림은 실제 대상을 추상화한 버전이고, 심상에 대한 불완전한 근사치이기 때문이다. 이런 식으로 생각하려면 객관적인 조망수용이 필요하다. 즉 자신의 생각 과정, 자신의 한계, 자신이 세상과 맺고 있는 관계에 대해 생각하는 능력이 필요하다. 이 예술가는 어떻게 하면 대상을 알아볼 수 있는 본질적인 세부 사항을 보존하면서 그림을 그릴 수 있을지 판단해야 했다. 이런 선택 과정에는 추상적 혹은 상징적 사고 능력이 필요하다. 줄을 몇 개 그린 다음에는 그 창작품을 객관적으로 평가해보아야 했을 것이다. 이 그림이 내가 이 그림을 처음 시작했을 때 생각했던 것하고 비슷하게 생겼나? 이렇게 하려면 심상에 맞추어 물리적 그림의 일부 측면을 변화시키는 반복적인 과정이 필요하다. 마지막으로 그는 자신에게 이런 질문을 던져야 했다. 만약 다른 사람이 봐도 이것이 곰이란 것을 알 수 있을까? 이것 역시 객관적인 조망수용 능력이 필요하다. 더 구체적으로 말하면 다른 사람이 나와 다른 지식, 생각, 신념을 갖고 있을지도 모른다는 것을 깨닫는 능력이 필요하다.

이번에는 피리를 만들어 연주하는 데 무엇이 필요할지 상상해보자. 적어도 뼈에 구멍을 뚫으면 음높이가 변한다는 직관적이고 실용적인(과학적 추론에 의한 것은 아니어도) 이해가 필요하다. 피리를 불어보기 전에 염두에 두었던 음높이가 있을 텐데 피리에서 생각했던 것과 다른 소리가 난다면 이것저것 반복적으로 실험하면서 연주해 심상과 물리적 대상을 어느 정도 수렴해나갈 것이다. 물론 작곡가들도 자신의 아이디어를 악기로 옮길 때 이런 과정을 거친다. 최고의 작곡가들도 마찬가지다. 모차르트와 베토벤은 머릿속에서 작곡을 완전히 마무리했다는 이야기도 있지만, 대다수의 작곡가가 쓰는 대다수의 작품은 실제 세상에서 시범 삼아 연주해보는 단계를 거친다. 이런 반복적 과정을 통해 실제의 소리와 심상 속 소리가 점점 더 가까워지는 것이다.

실제로 다른 예술가들처럼 많은 작곡가도 심상으로 생각한 음악을 따라잡기 위해 많은 시간을 투자한다. 이 과정에서 새롭게 나오는 각각의 작품들은 심상에 더 가깝게 다가가기 위한 실험인 셈이다. 이 작품이 성공적이지 못하거나 결과가 불만족스러우면 작곡가는 계속해서 시도해본다. 반 고흐가 그린 일련의 해바라기 그림을 생각해보자. 해바라기의 표상에서 무언가를 완벽하게 담아내려고 노력하는 것이 아니라면 해바라기를 그리고, 또 그려볼 이유가 무엇인가? 사이먼 앤 가펑클의 폴 사이먼Paul Simon은 음악에서 이루어지는 이런 과정을 도구상자를 이용해 심미적 목표에 다가가는 것이라고 표현했다. 이 도구는 머릿속에서 들리는 음악에 더 가까이 다가가기 위해 사용하는 음악적 아이디어와 기법의 팔레트다.

폴은 이렇게 말한다. "녹음할 때 제일 먼저 결정해야 할 부분은 그 녹음에 어떤 소리를 담을 것인가 하는 부분입니다. 자기가 좋아하는 소리가 어떤 것인지 알아차릴 수 있는 능력이 있어야 한다는 것이죠. 우리는 소리를 모아놓은 자기만의 도구상자에 접근할 수 있습니다. 평생 들어서 기억하는 음악들이 그 도구상자의 밑바탕을 이루죠. … 당신이 좋아하는 소리들을 마음속에 모아두고 항상 그것을 찾게 됩니다. 때로는 소리가 마음에 들지 않지만 어쩔 수 없이 함께해야 할 경우도 있어요. 제 목소리가 그렇죠. 가끔은 저 노래를 부르는 목소리가 저 목소리가 아니었으면 좋았겠다 싶지만 어쩔 수 없이 그건 제 목소리예요. 그 목소리를 숨길 순 없죠. 이 목소리가 제 노래와 잘 맞을 때도 있고, 그렇지 않을 때도 있어요. 그럼 다른 사람의 목소리였으면 좋겠다 싶죠. '험한 세상의 다리가 되어Bridge Over Troubled Water'는 제 목소리가 제가 원하는 소리가 아니었던 경우예요. 그래서 그 노래는 아트 가펑클Art Garfunkel한테 시켰죠. 하지만 만약 내가 다른 목소리를 가질 수 있다면 오티스 레딩Otis Redding처럼 더 강하고 힘 있는 목소리를 원했을 겁니다."

특정 목표를 향한 이런 실험과 반복은 폴리리듬과 토착 음악에 대한 폴의 오랜 관심에서도 나타난다. 그가 이것들을 처음으로 탐사한 것은 1970년에 나온 '엘 콘도르 파사El Condor pasa'와 '세실리아Cecilia'였고, '미 앤드 줄리오 다운 바이 더 스쿨야드Me and Julio Down By the Schoolyard'에서 이것을 더욱 발전시켜

삼부작 앨범 "그레이스랜드Graceland", "리듬 오브 더 세인츠The Rhythm of the Saints" 그리고 뮤지컬 〈케이프맨〉에 나오는 음악에서 예술의 정점을 찍었다. 그와 비슷하게 폴 매카트니도 '내 나이 예순네 살에When I'm Sixty-Four'(1958년 작곡 1967년 녹음)로 시작해서 '네 어머니는 아실 거야Your Mother Should Know'(1967년), '허니파이Honey Pie'(1968년)로 이어지는 일련의 1940년대 댄스홀 음악에서 소리의 심미적 본질을 모두 잡아내려 노력했던 것으로 보인다. 노래가 하나씩 나올 때마다 그는 목표에 조금 더 가까워졌고 1976년에는 '너는 내게 답을 주었어You Gave Me the Answer'를 발표했는데 이 곡은 프레드 아스테어Fred Astaire의 음반과 거의 비슷한 오케스트라 사운드를 선보였다. 이 곡 이후로는 매카트니가 한 번도 댄스홀 스타일의 노래를 시도하지 않은 것을 보면 그가 마침내 자신의 예술적 목표를 충족시키고 다른 실험이나 도전으로 넘어간 것이 아닌가 싶다.

흥미롭게도 예술을 가져다준 이 인지적 도약이 갑작스러운 뇌 크기 변화에 뒤이어 나타난 것이 아니다. 조망수용, 표상, 재배치, 음악적인 뇌의 이 세 가지 특징 모두 다른 동물과 놀라울 정도로 유사한 사고 모드에서 등장했다. 그리고 뇌의 해부학적 차이도 양적인 차이는 있지만 특별히 극적이지는 않다. 그 이유는 인간의 정신적 능력이 다른 동물에서도 보이고 특성도 비슷한 기존 구조물들을 바탕으로 만들어졌기 때문이다. 바꿔 말하면 동물계의 정신적 능력은 하나의 연속 스펙트럼으로 존재하고, 사실상 어느 부분의 능력이든 간에 인간이 완전히 다른, 즉 종류 자체가 다른 능력이 있는 것은 아니다. 즉 본질적인 차이가 아니라 정도의 차이다. 다윈도 이런 점을 지적했다.

조망수용, 표상, 재배치 등의 속성이 어떻게, 왜 인간의 뇌에 깃들게 되었는지는 아직도 모르지만 이런 차이가 생겨난 이유도 아마 별난 것은 아닐 것이다. 즉 앞이마겉질에서 화석 기록으로는 감지할 수 없는 아주 작은 적응이 생겨나면서 신경회로의 복잡성이 어떤 역치를 넘어서게 되었고, 결국 운이 좋은 우리의 선조들이 이런 거대한 인지적 도약이 가능한 뇌를 갖게 된 것이다. 하지만 생물학적 변화가 예외적이지 않다는 점은(그로 인한 인지 능력의 변화는 예외적이지만) 우리가 할 수 있는 것을 다른 종들이 얼마나 할 수 있는지 알아야 이해할 수 있을 것이다.

언어 소통을 예로 들어보자. 여러 해 동안 많은 종이 일종의 소통을 할 수 있다는 주장이 제기되어 왔지만 언어를 가진 것은 인간뿐이다. 과학자들은 언어에 해당하는 것과 해당하지 않는 것에 대한 조건을 아주 구체적으로 명시하고 있고, 겉으로 보아서는 인간끼리 서로 소통하는 방식에서 동물과 다른 몇 가지 핵심 특성들이 실제로 나타나고 있다. 그런 특성 중에서도 특히나 동물이 자발적으로 사물에 이름을 붙이는 사례는 보고된 바가 없다. 일부 침팬지와 유인원은 수화를 배우는 데 성공했고, 개는 사물들을 서로 다른 이름으로 구별하는 법을 학습할 수 있지만(우리 집 개 섀도는 '퍼지맨'을 '모자 속 고양이'와 구분하는 등 이름으로 몇몇 장난감을 구별할 수 있다[28]), 이것은 시각적 자극이나 청각적 자극을 대상과 연결할 수 있는 능력을 입증할 뿐이다. 이 동물들이 이름이 사물을 지칭한다는 것을(즉 이름에 의도성이 있음을) 이해하고 있다는 증거는 없다. 이들은 다만 일종의 조건반사적이고 무의식적 연결을 통해 신호나 소리를 대상과 연관 짓고 있을 뿐이다.[29] 더군다나 이들은 사물에 이름을 붙이는 법을 학습하고도 다른 동물들에게 이름 붙이는 법을 가르치지 않는다.

인간의 언어가 가진 또 하나의 특성은 재귀적으로 사용할 수 있다는 점이다. 우리는 우리의 언어에 대해 이야기하고, 단어를 적절하게 사용하고 있는

지에 대해 논의하며, 대화의 요점을 전달하고 있는 것인지, 누군가의 말을 있는 그대로 인용하고 있는 것인지 구분한다. 영어권에서는 구절을 그대로 옮기거나 반어적으로 말하고 있음을 표현하기 위해 손가락으로 공중에 따옴표를 그리기도 한다. 그리고 말을 그대로 옮기는 것을 반어적 표현과 구분할 수 있게 언어의 음악, 즉 운율을 이용한다.

인간의 언어가 가진 세 번째 중요한 특성은 무한한 확장이 가능하다는 점이다. 매일매일 사람들은 그 전에 누구도 한 적 없는 말을 만들어내고, 또 듣지만 그럼에도 우리는 그런 말들을 이해한다.[30] 인간의 언어는 두 가지 방식으로 확장할 수 있다. 첫째, 영어를 비롯해 우리가 알고 있는 어떤 언어에서도 세상에서 가장 긴 문장이라는 것은 존재하지 않는다. 당신이 가장 긴 문장이라고 선언하는 순간 내가 그 앞에 "데이비드 보위의 생각에 따르면…"이라는 말을 덧붙이면 언제든 더 긴 문장을 만들 수 있기 때문이다. 그럼 "우리 집 개는 벼룩이 있어요."라는 문장이 "데이비드 보위의 생각에 따르면 우리 집 개는 벼룩이 있어요."가 된다. 아니면 좀 길다 싶은 "마크 노플러와 다이어 스트레이트의 앨범 '브라더스 인 암스'는 훌륭한 작곡과 연주를 선보이고 있을 뿐만 아니라 음반 녹음 역사상 가장 완벽하게 엔지니어링과 믹싱이 이루어진 앨범이라 할 수 있다."라는 문장도 "데이비드 보위의 생각에 따르면 마크 노플러와 다이어 스트레이트의 앨범 '브라더스 인 암스'는…"이라는 문장이 된다. 이런 면에서 보면 인간의 언어는 자연수와 비슷하다. 자연수에는 나머지 모든 수보다 큰 수라는 것이 존재하지 않는다. 거기에 1이나 다른 임의의 양수를 더하면 더 큰 수를 만들 수 있기 때문이다. (사실 수학자들은 ∞과 ∞+1의 차이에 대해 이야기하는 것이 쓸모 있다는 것을 알아냈다.)

인간의 언어를 확장할 수 있는 또 다른 방법은 단어를 서로 다른 방식으로 결합하는 것이다. 아이들은 자기가 앞으로 말하게 될 문장을 모두 목록으로 나열해서 배우는 것이 아니라 단어를 익히고, 그다음에는 새로운 단어를 만드는 규칙과 이 단어들을 결합하는 규칙을 배운다. 이것은 음악적인 뇌의 추상 능력에 포함되는 부분이다. 우리는 단어가 특정 대상을 상징하는 말의 요소에 불과하다는 것을 알고, 단어들을 새로 결합하거나 다른 단어로 대체해서 말의 의미를 바꿀 수 있다는 것을 안다. "고양이가 개를 쫓아갔다."는 "개가 고양이를 쫓아갔다."와 단어의 순서가 다르기 때문에 의미가 다르다. (영문법에서는 문장의 요소가 어느 위치에 등장하는가에 따라서 행동의 주체가 누구이고, 그 대상이 누구인지를 가린다.) 우리는 비슷한 형식과 구조를 사용하지만 다른 단어를 사용해서 "나는 공원에 갈 거야." 혹은 "나는 동물원에 갈 거야."라고 말할 수도 있다.

동물은 더 이상 분해할 수 없는 고정된 표현을 사용한다. 북미 대륙의 검은 모자 진박새^{black-capped chickadee}는 서로 구분되는 13가지 발성을 갖고 있지만 이 발성을 결합하거나 한 발성의 일부를 대체하거나 다른 발성에 삽입할 수 있다는 증거는 없다. "치-카-디디-디"라는 발성은 통째로 하나의 메시지다. 이 진박새의 언어에서 '치-카-디-디-두'나 '처-키-디-디-디' 같은 메시지는 가능하지 않다.

스티븐 미던^{Steven Mithen}은《노래하는 네안데르탈인^{The Singing Neanderthals}》이라는 책에서 네안데르탈인들이 음높이, 리듬, 음색, 소리 크기의 변화 등을 갖춘 일종의 원시음악을 이용해서 소통했을지도 모른다고 주장한다. 더 나아가 미던은 그들이 까마귀나 버빗원숭이가 사용하는 것보다 살짝 더 세련된 고정 표현으로 이루어진 레퍼토리를 사용했다고 믿는다. 이런 고정 표현은 예를 들면 '조심해! 뱀이 있어', '와서 음식 좀 먹어' 같은 한 덩어리의 생각을 소통한다. 문장 안에서 단어들을 대체해서 의미를 바꿀 수 있는 인간의 언어와 달리('와서 물 좀 먹어') 네안데르탈인의 한 덩어리 표현은 원숭이나 새의 울음소리에 더 가까웠을 것이다. 표현 자체가 하나로 고정되어 있어 확장하거나 바꿀 수 없었다. 이것은 우리가 오늘날 생각하는 언어나 음악과는 다르다. 다윈은 우리가 알고 있는 음악은 일종의 화석이라 믿었다. 초기의 소통 체계나 '음악적인 원시언어'가 남긴 잔해라는 것이다.

언어학의 헌터 톰슨Hunter S. Tompson이라 할 수 있는 노암 촘스키Noam Chomsky는 언어를 전달conveyance과 연산computation이라는 두 가지 요소로 분해할 수 있을지 모른다고 제안했다. 이는 역사에서 순차적으로 등장한 두 가지 서로 다른 형태의 언어를 구분하는 것이다. 처음 등장한 것은 개념, 의미, 감정을 전달하는 구조화되지 않은 원시언어였다. 이는 미던이 말한 네안데르탈인의 언어나 현대의 침팬지, 원숭이, 긴팔원숭이의 소통방식과 비슷한 것이다(그리고 추측하건대 오스트랄로피데쿠스속의 언어와도 비슷할 것이다). 이런 형태의 언어는 소통하는 사람의 감정 상태, 포식자나 먹을 것의 존재 등 바로 지금의 상황을 소통하는 역할을 했다. 두 번째 형태는 나중에 인간의 뇌가 요소들을 미리 구상해놓은 계획에 따라 재배치하고, 언어적 대상을 비롯한 여러 대상에 복잡한 위계를 부과할 수 있는(언어의 경우 이런 위계는 구문론이라는 구조와 질서에 해당한다) 연산 모듈을 진화시킨 후에야 등장했다. (나는 촘스키의 '연산'이라는 표현보다는 '재배치'라는 용어를 더 좋아하기 때문에 여기서는 그 용어를 사용하겠다.) 위계를 이해하고, 형성하고, 분석하는 능력은 음악과 언어 모두를 가능하게 한 핵심적인 발전이다. 촘스키가 그렇게 분명하게 말하고 있지는 않지만 이런 위계처리 능력과 함께 바로 지금을 넘어 과거에 일어났거나 미래에 일어날지도 모를 일들에 대해 소통할 수 있는 능력이 함께 생겨

노래하는뇌

난 것으로 보인다.

나는 촘스키의 전달과 연산(재배치) 체계가 종교, 사랑, 음악과 유사점을 갖고 있다고 믿는다. 6장에서 보았듯이 거의 모든 종교적 행위에는 반복적이고, 전형적이고, 순차적인 운동행위, 즉 의례가 동반된다. 여기서 구별해야 할 점은 모든 영장류가 의례에 참여한다는 것이다. 이것은 감정 상태를 보여주는 (촘스키의 용어를 빌리면 '전달하는') 방법이다. 의례는 전달 체계다. 종교는 의례에 연산적 요소(의례를 새로 결합하고, 개념화하고, 새로운 맥락을 부여하는 능력)를 덧붙여 거기에 의미와 질서를 부여한다. 인간의 사랑은 단순히 애착을 보여주는 능력 이상의 것이다. 인간의 사랑에는 중요성을 순서대로 생각하고, 미래에 사랑하기 위한 계획을 수립하고, 이런 계획을 타인에게 소통하는 능력이 함께 수반된다.

다윈은《인간의 유래 The Descent of Man》에서 동물의 사랑에 관해 이야기했다. 이것을 보면 그가 인간의 연산적 요소보다는 전달과 애착에 관해 말하고 있음을 분명하게 알 수 있다.

사회를 구성하는 동물종이 많다.[31] 별개의 종들이 함께 살아가기도 한다. 예를 들면 아메리카 대륙의 일부 원숭이들이 그렇고, 연합해서 무리를 이루는 떼까마귀, 갈까마귀, 찌르레기들이 그렇다. 인간도 개를 사랑하는 모습에서 그와 똑같은 느낌을 보여준다. 그럼 그 보답으로 개는 인간에게 관심을 보인다. 말, 개, 양 등을 동료들과 떨어뜨려 놓으면 이들이 얼마나 비참해지는지, 그리고 적어도 말과 개의 경우 동료들을 다시 만났을 때 서로에게 얼마나 강한 애착을 보여주는지 모두 잘 알고 있을 것이다. 개의 느낌에 대해 추측해보는 것도 신기하다. 개는 주인이나 가족 구성원과 한 방에 있을 때는 몇 시간이고 평화롭게 지낼 수 있지만 잠시

라도 혼자만 놔두면 구슬프게 짖거나 울어댄다.

나중에 다윈은 우리가 생각하는 인간의 사랑으로 이어진 애착의 진화적 기원에 대해 이야기했다.

원시인 혹은 유인원과 비슷한 인간의 조상이 사회성을 갖추기 위해서는 다른 동물들을 한 몸처럼 모여 살게 만들었던 것과 똑같은 본능적 감정을 습득해야 했다. 그리고 분명 그들은 동일한 보편적 성향을 나타냈을 것이다. 동료들과 떨어지면 불편한 감정을 느끼고, 동료들에게 어느 정도의 사랑을 느꼈을 것이다. 이들은 서로에게 위험을 경고하고, 공격하거나 방어할 때 서로 도왔다. 이 모든 것은 그들에게 어느 정도의 공감, 신의, 용기가 있었음을 암시한다. … 그칠 줄 모르는 야만인들의 전쟁에서 신의와 용기가 얼마나 중요한 역할을 하는지 염두에 두어야 한다. … 이기적이고 경쟁적인 사람들은 응집하지 못하고, 응집력 없이는 어떤 결과도 낳을 수 없다. 위에서 말한 자질을 풍부하게 가진 부족은 널리 퍼져나가 다른 부족에게 승리를 거두었을 것이다. 하지만 과거의 모든 역사에 비추어 볼 때 시간이 지나면서 때가 되면 그런 자질을 더 풍부하게 갖춘 다른 부족이 나타나 그들을 꺾었을 것이다. 그래서 사회적 자질과 도덕적 자질이 천천히 자라나 세상 곳곳으로 퍼져나갔을 것이다.[32]

그리고 자연선택이 작용해서 이타주의, 신의, 유대감, 그리고 성숙한 사랑에서 정말로 중요한 자질들을 선택했다. 농업, 관수, 건설 프로젝트(곡물 저장고 등), 전쟁, 법 체계 같은 대규모 협력 사업이 가능한 사회를 형성하는 데 이런 것들이 중요한 자질로 작용했을 것이다. 자손을 키우고, 보살피고, 교육하는 데 점점 더 많은 시간이 들어가자 진화는 아빠도 육아를 돕는 일에 관심을 두게 할 방법을 찾아내야 했다.

심리학자 마티 해즐턴Martie Haselton은 사랑이 '헌신의 장치'로 발달한 것이라 주장한다. 한 실험에서 그녀는 사람들에게 자신의 배우자를 얼마나 사랑하는지에 생각해보게 한 다음 그들이 성적으로 매력이 있다 느끼는 다른 사람들에 대한 생각을 억누르게 해보았다.[33] 그리고 이어서 똑같은 참가자들에게 배우자를 성적으로 얼마나 욕망하는지에 대해 생각하게 한 다음 다른 사람들에 대한 생각을 억누르게 해보았다. 그 결과 사랑하는 사람에 대해 생각하는 것이 성욕을 느끼는 사람에 대해 생각하는 것보다 다른 사람에 대한 생각을 억누르는 데 훨씬 효과적인 것이 드러났다. 그 둘이 같은 사람이라도 말이다. 해즐턴은 이것이 장기적인 헌신을 만들어내는 신경화학적 적응에서 기대할 수 있는 부분이라 주장한다. 섹스도 헌신을 강화하는 데 역할을 한다. 대부분의 포유류 종은 섹스하는 기간이 제한되어 있어서 주로 암컷이 가임 기간에 드는 번식기에 이루어진다. 하지만 인간과 보노보는 예외적이다. 우리는 번식으로 이어지지 않을 때도 섹스를 한다. 생리 주기 중 임신이 되지 않는 시기에도, 여성이 이미 임신을 하고 있는 경우에도, 폐경기 이후에도 섹스를 한다. 데즈먼드 모리스Desmond Morris는 그 이유가 남성에게 한 명의 여성 곁에 머물러야 할 이유를 주기 위함이었다고 주장한다. 거기에 더해서 오르가슴을 느낄 때는 옥시토신이 분비된다. 인간은 남성과 여성이 함께 머물고 싶게 만드는 신경화학 레시피를 갖추고 있는 셈이다.

물론 섹스는 대단히 강력한 욕구다. 해즐턴과 다윈의 주장을 봐도 섹스가 사실상 사랑이라는 가면을 쓰고 온다고 암시되어 있다. 사랑을 문화적 발명품으로 보든, 심리적·영적·신경화학적 발명품으로 보든 간에 사랑의 진화적 기능은 유성생식의 산물인 자손이 잘 보살핌을 받게 하는 것이다. 사회 수준에서 보면 사랑은 단순히 누군가가 자기 자식을 돌보는 것을 뛰어넘어 사회 자체가 모든 사람의 자식을 돌보는 것으로 바뀌었다. 그래서 학교, 축구교실, 복리후생, 의료보험, 법정 같은 것이 생겨난 것이다. 바꿔 말하면 자신의 배우자와 자식에 대한 사랑이 문화적으로, 그리고 어쩌면 생물학적으로도 진화해서 생명을 사랑하고, 공정, 선, 평등, 그리고 사회와 관련된 모든 이상을 사랑하는 능력으로 발전한 것이다.

종교와 사랑처럼 음악 자체도 그와 비슷하게 촘스키의 2부 체계로 분해할 수 있을지 모르겠다. 많은 동물이 우리 귀에는 음악처럼 들리는 청각 신호를 만들어낸다. 새와 고래를 생각해보라. 하지만 이런 동물들의 '노래'는 위계에 따라 요소들을 무한히 새로 결합할 수 있는 능력이 거의 다 결여되어 있고, 인간 음악의 특징인 재귀 반복도 보이지 않는다. 흥미롭게도 최신의 연구에서는 인간의 음악과 긴밀하게 연관된 이런 속성들을 동물의 음악에서는 찾아볼 수 없지만, 동물들은 소리를 이런 식으로 처리할 수 있다는 것이 밝혀졌다. 바꿔 말하면 인간이 아닌 동물종도 수십 년 동안 인간 고유의 것이라 여겼던 아주 기본적인 능력은 갖추고 있다는 것이다. 다만 이들은 그 능력을 스스로 이용하는 법을 (아직은) 학습하지 못했을 뿐이다. 한 기념비적인 논문에서 대니얼 마르골리아쉬Daniel Margoliash, 하워드 너스바움Howard Nusbaum, 그리고 그 동료들은 유럽 찌르레기가 구문론적 재귀syntactic recursion를 학습할 수 있음을 입증해 보였다.[34] 그에 앞서 게리 로즈Gary Rose는 흰왕관참새whitecrowned sparrow가 노래를 조각으로만 들려주어도 노래 전체를 올바른 순서로 조합할 수 있음을 발견했다.[35] 이는 참새의 노래를 구축하는 방식에 대한 구문론적 규칙을 이 참새가 선천적으로 이해하고 있음을 암시한다. 이 책에서는 진화의 산물은 연속적인 스펙트럼상에 놓이는 경향이 있다는 진화의 테마가 계속 등장하고 있는데, 그 점을 감안하면 이것이 그리 놀라운 일은 아니다.

동물의 음악은 순수하게 전달만 한다. 이 음악의 목적은 한정된 숫자의 상태를 알리는 것이다. 반면 인간의 음악은 전달과 재배치 모두로 이루어져 있다. 거기에 담긴 연산적인 측면 덕분에 우리는 음악을 어떻게 사용할 것인지 생각하고 계획을 세울 수 있다. 우리는 지금 꼭 느끼고 있지 않은 것이어도 느낌과 개념을 음악을 통해 전달할 수 있다. 우리는 특정 목표를 달성할 목적으로 음악을 사용하겠다고 결심할 수도 있다. 나는 이 노래에서 요소를 하나 가져다가 저 노래에서 가져온 것과 결합해서 사용할 수도 있다. 내가 좋아하는 로드니 크로웰의 노래 한 곡은 그가 좋아하는 노래에 관한 노래다. '바른길을 걸을게요(다시 부르기)'에서 그는 조니 캐시가 부른 유명한 노래를 처음 들었던 순간에 대해 노래한다.

> 1956년에 나는 49년형 포드에 다시 올라탔지
> 해가 시골 위로 솟아오르기 한참 전이었어
> 헤드라이트가 소나무밭으로
> 바퀴 자국이 두 줄 파인 도로를 비췄어
> 그리고 그때 처음으로 나는 조니 캐시의
> '바른길을 걸을게요'를 들었지

노래 중간에 조니가 직접 카메오로 출연해서 그 유명한 노래의 유명한 후렴 부분을 노래한다. 그의 중저음의 목소리가 인간이 들을 수 있는 음역을 바닥부터 긁어내려 가는 것처럼 들린다. 한 구절 안에 또 다른 구절을 이렇게 끼워 넣는 것은 인간의 언어가 갖는 대표적 특징이지만 다른 종의 발성에도 여기에 대응하는 것이 있음이 밝혀졌다. 까치와 흉내지빠귀mockingbird는 다른 새들이 내는 소리의 일부를 자기 노래에 끼워 넣는다. 여기서 핵심은 우리에게 이 모든 것을 할 수 있는 능력을 부여해준 뇌 속의 연산 모듈이 종들을 가로지르며 놓여 있는 연속 스펙트럼상에 있지만 인간에서 정점을 찍었다는 것이다. 재즈 연주자들은 항상 다른 음악들을 중간에 끼워 넣는다. 이것은 이들이 하이든이나 모차르트 같은 위대한 작곡가들로부터 빌려온 방법이다. 이런 작곡가들도 다른 음악을 자기 작품 속에 끼워 넣었다. 그리고 내 귀로 듣기에는 이 노래에 나오는 로드니의 음악과 말장난처럼 달콤한 소리는 없는 것 같다. 이는 기억, 음악, 그리고 인간의 창의성에 바치는 감동적이고 사랑스러운 헌사다.

인간의 음악은 위계 구조와 복잡한 구문을 갖고 있고 우리는 이런 제약 안에서 작곡한다. 음악은 언어나 종교와 마찬가지로 다른 종과 공유하는 요소와 인간만의 요소를 두루 갖고 있다. 인간만이 특정 목적을 가진 노래, 다른 노래에 들어 있는 요소로 이루어진 노래를 작곡할 수 있다. 인간만이 거대한 레퍼토리의 노래가 있다(일반적인 미국인은 천 개가 넘는 곡을 손쉽게 구분할 수 있다). 인간만이 여섯 가지 형태에 해당하는 노래들의 문화적 역사가 있다.

동물의 음악을 고려할 때는 음악적 표현과 음악적 경험을 구분하는 것이 중요하다.[36] 바꿔 말하면, 동물들이 자신을 표현하는 방식을 보면 우리 귀에는 음악으로 들리지만 실제로는 자신들 사이에서 메시지를 전달하는 기능만 담당하고 있다는 것이다. 이들이 음악을 우리처럼 심미적 혹은 창조적인 예술 형태로 경험한다는 증거는 없다.

또한 음악 자체가 진화한 것이 아님을 고려하는 것이 좋다. 음악을 구성하는 각각의 요소는 별개의 궤적을 따라 진화한 것이다. 음높이, 리듬, 음색은 뇌의 서로 다른 부분에서 처리된다. 이들이 처리 과정에서 뒤늦게 하나로 모여, 낮은 차원의 특성에서 일어나는 변화에 영향을 받으며 그로부터 멜로디와 더 높은 차원의 개념이 구성되어 나온다. 우리가 알고 있는 음악은 이런 요소들이 이미 자리를 잡은 이후에 진화의 무대에 등장한 것이다.

진화는 음악적인 뇌에게 대부분의 포유류가 갖고 있지 못한 지각-생산의 연결고리perception-production link를 부여해주었다. 이 운동-행위-모방 시스템 motor-action-imitation 덕분에 우리는 한 감각 영역에서 무언가를 취해 다른 감각 영역에서 그것을 다시 창조하는 법을 생각해낼 능력을 얻게 됐다. 우리는 음악을 들으면 그것을 노래로 부른다.[37] 당신이 부를 줄 아는 모든 노래, 말할 줄 아는 모든 말은 원래 귀로 처음 들었던 무언가를 바탕으로 자신의 목소리로 재생산한 것이다. 무언가를 듣고 그것을 발성을 통해 재생할 수 있는 동물은 인간, 그리고 앵무새 같은 소수의 종밖에 없다. 포유류는 높은 지능을 갖고 있음에도 대부분 자기가 들은 소리를 모방하는 능력이 없다(혹등고래, 바다코끼리, 바다사자 등은 예외다).[38] 이런 발성 학습 능력은 바닥핵에 생긴 진화적 변화가 청각 입력과 운동 출력 사이로 직접 이어지는 경로를 만들어서 생긴 것으로 믿고 있다.[39]

44번 브로드만 영역BA 44의 발달도 핵심적인 역할을 했다. 이것은 앞이마겉질 바로 뒤에 있는 이마엽겉질 영역으로 거기 있는 거울뉴런mirror neuron을 통해 청각 운동 모방에 관여하는 것으로 여겨지는 곳이다.[40] 화석 증거를 보면 BA 44가 2백만 년 전에 자리 잡고 있었던 것으로 보인다. 이는 호모 사피엔스가 나타나기 한참 전이다(호모 사피엔스는 20만 년 전에야 등장했다). 인간의 언어와 밀접한 관련이 있는 FOXP$_2$유전자는 네안데르탈인에도 존재했다.[41] 그리고 이 유전자의 한 형태가 명금류의 새에서도 발견된다. 이 유전자가 어쩌면 44번 브로드만 영역을 이런 발성 모방 기능을 담당하도록 발달시키는 데 역할을 했을지도 모른다.

모방/운동 행위 이야기의 또 다른 열쇠는 지연 모방 능력, 즉 따라 할 모형이 없는 상태에서 모방하는 능력이다. 이 능력이 언어, 음악, 종교, 그림, 그리고 기타 예술을 뒷받침하고 있다. 오직 인간만이 그 자리에 없는 대상을 표상하고, 상징하고, 표현할 수 있다. (구문론적 재귀와 마찬가지로 일부 동물은 훈련을 통해 이를 학습할 수 있다. 이는 거기에 필요한 신경 구조가 이미 자리 잡고 있지만 아직 이용하지 않고 있음을 의미한다.) 여기까지 오면 필연적으로 다음과 같은 의문이 뒤따른다. 내가 여행을 떠난 사랑하는 사람이나, 내 친구를 공격했던 그 호랑이처럼 지금 여기 없는 것에 대해 생각할 수 있다면 여기 없는 것 중에 내가 생각해보지 않았던 것도 있지 않을까? 내 경험 밖에 존재하는 다른 세상, 다른 존재가 있지 않을까? 6장에서 보았듯이 이런 질문이 영적 지식에 대한 갈망으로 이어졌다. 이것은 또한 사랑하는 사람과 장기적인 유대를 이루고 싶은 갈망, 그 사람이 나와 함께 머물고, 다시 내게 돌아오리라고 보장받고 싶은 갈망으로도 이어졌다.

표상의 산물이며 따라서 음악적인 뇌의 또 다른 특성이기도 한 인간의 의식도 동물의 의식과는 다른 것으로 보인다. 6장에서 보았듯이 동물은 현재만 끝없이 이어지는 세상 속에서 살아가고 있고, 우리가 아는 한 과거를 되돌아보거나 미래를 계획하는 능력이 없다. 어떤 사람은 인간이 하는 모든 행동은 무의식적으로 이루어지며, 의식의 한 가지 역할은 그런 행동이 일어난 후에야 자신이 한 일이 무엇이고, 왜 하였는지에 관한 이야기를 꾸며내는 것이라 주장하기도 한다. 불치성 간질의 치료를 위해 양쪽 대뇌반구를 외과적으로

노래하는뇌

분리한 환자들은 이렇게 사후에 합리화하는 성향을 자주 보여주는데 이것은 이런 주장을 뒷받침한다. 그리고 합리화는 보통 무언가를 하게 만든 것은 우뇌반구인데 그것을 설명할 책임은 좌뇌반구(언어를 담당하는 반구)가 뒤집어썼을 때 일어난다.

지금까지 많은 신경과학자가 뇌 속에서 의식이 깃드는 자리를 찾으려 했다. 나는 그것을 결코 찾지 못할 것이라 믿는다. 의식이 존재하지 않기 때문이 아니라 어느 한곳에 국소적으로 자리 잡고 있는 것이 아니기 때문이다. 중력을 지구의 어느 특정 장소에서 발견하리라 기대할 수 없듯이 의식을 머리의 특정 장소에서 발견하리라 기대해서도 안 된다. 나는 맥길대학교의 물리학자이자 철학자인 내 동료 마리오 번지Mario Bunge와 폴 처치랜드Paul Churchland와 패트리샤 처치랜드Patricia Churchland 부부, 대니얼 데닛 같은 현대 철학자들이 표명한 관점을 기본 가정으로 받아들이고 있다. 우리가 의식이라 부르는 경험을 창조하는 데 비물질적, 생기론적, 초자연적 과정은 개입하지 않는다는 관점이다.[42] 의식은 인간의 뇌에서 뉴런들이 정상적으로 기능할 때 생겨나는 과정이다.

작은 단계를 통해 간단한 형태로부터 생물학적 복잡성이 등장할 때는 '진화evolution'라 부른다. 그리고 인간의 의식처럼 전혀 예기치 못했던 속성이 복잡한 계로부터 등장할 때는 '창발emergence'이라고 부른다. 개미 군집은 먹이를 찾을 때, 폐기물을 버릴 때, 여왕개미에게 먹이를 먹일 때 창발적 지능을 보여준다. 하지만 어느 개미도 자기가 무슨 일을 하고 있고, 군집이 무슨 일을 하고 있는지 의미 있게 알고 있다고 말할 수 없다. 이런 관점에서 보면 개미들은 사람 뇌의 뉴런과 유사하다고 생각할 수 있다. 당신 머릿속 뉴런 중에 당신의 이름을 아는 뉴런은 없다. 그리고 그런 사실을 불편해하는 뉴런도 없다. 당신이 몇 살인지, 어디서 태어났는지, 좋아하는 아이스크림은 무엇인지, 지금 당신이 더워하는지 추워하는지 아는 뉴런도 없다. 뉴런은 그런 식으로 작동하지 않는다. 수십만 혹은 수백만의 뉴런이 함께 작동해야만 정보를 요약하고, 저장하고, 제공할 수 있다.

각각의 뉴런처럼 각각의 개미도 멍청하다. 하지만 그들을 충분히 한데 연결해놓으면, 짜잔! 시스템이 하나의 전체로서 자연발생적인 지능을[43] 선보인다. 수십억 뉴런의 발화와 상호연결을 통해 우리는 생명을 바라보고, 그 안에서 우리의 위치를 이해할 수 있다. 심지어 자기 생각의 본질에 대해서도 생각할 수 있다. 생각은 뇌로부터 창발적으로 등장하지만 그 과정은 미스터리로 남아 있다. 창발은 생명 그 자체의 근원으로도 언급되어 왔다. 아주 먼 옛날의 소위 원시수프primordial soup라는 것을 생각해보자. 이것은 탄소, 질소, 산소, 수소, 단백질, 핵산이 거품을 내며 부글부글 끓는 혼합물이었다. 여기서 최초의 단세포 생명체가 생겨났고 이제 생물학자들은 생명이 복잡한 그 첫 분자화합물에서 창발적 속성으로 등장한 것이라 믿고 있다.

우리가 음악을 감상할 때 그 감상의 일부는 의식적으로 이루어지지 않고 세상에 대한 무의식적 자각을 형성한다. 예를 들면 데이비드 휴런과 이안 크로스가 주장한 것처럼 인간의 음악은 정직한 신호로 기능한다.[44] 이 부분은 5장에서 확인한 바 있다. 이것은 한 생명체에서 또 다른 생명체로 전달되는 소통 신호가 어느 정도까지 거짓일 수 있는지 다루는 생물학적인 개념이다. 생명체가 거짓 정보를 전달하는 데는 이유가 있을 수 있다. 카멜레온이 포식자를 피하기 위해 배경 색에 맞추어 몸 색깔을 바꾸는 것이나 주머니쥐가 죽은 척 연기를 하는 것도 본질적으로 이 경우에 해당한다. 영장류는 먹이를 비축하려 하거나 복잡한 사회적 위계의 사다리를 오르려 할 때 등 몇몇 이유로

노래하는뇌

서로를 속이려 든다. 음악이 정직한 신호라면 노래를 부르는 사람은 감정을 거짓으로 꾸미기가 힘들어진다. 달리 표현하면 우리는 말을 통해 전달된 메시지보다 노래를 통해 전달된 메시지를 더 믿는다는 것이다. 그 이유는 아직 정확히 모르지만 우리는 노래 부르는 이의 감정 상태에 대단히 예민한 것으로 보인다. 이것은 어쩌면 노래를 부르는 사람이 거짓으로 노래하고 있을 때는 성대를 통해 무의식적으로 스트레스의 단서가 전달되기 때문일지도 모르겠다. 하지만 이 주제는 더 많은 연구가 필요하다.

정직한 신호 가설은 사랑과 특히나 관련이 깊다. 사랑의 노래가 우리의 마음을 그렇게 뒤흔드는 이유도 이것으로 설명할 수 있을지 모른다. 누군가가 우리에게 사랑한다고 말할 때 그 말이 의심스러울 수 있다. 그런데 그 사랑을 노래로 표현하면 모든 의심이 녹아 사라지고 만다. 이것은 어쩌면 진화적, 생물학적 유산인지도 모르겠다. 우리의 이성적 통제나 의식적 영향력을 벗어나 있을지도 모를 일이다. 그래서 노래가 중요하다. 가수가 립싱크를 하는 것을 알고 사람들이 화내는 이유를 이것으로 설명할 수도 있을 것이다. 우리가 록밴드 보컬의 사생활에 관심이 많은 이유도 이것으로 설명할 수 있을지 모르겠다(록밴드의 다른 멤버들보다 보컬에게 훨씬 관심이 많다). 만약 그 가수가 노래로 고백하는 것과 다른 삶을 살고 있으면 우리의 진실 감지기가 격노하고 만다.

진실과 사랑 사이의 관계는 명확하다. 사랑에 빠지면 우리는 취약한 상태에 빠진다(이런 벌거벗은 감정 상태에 대해 이야기하는 노래들도 많다). 진정한 사랑은 상대방에 대한 거의 비이성적일 정도의 신뢰와 믿음을 요구한다. 자기 애인이 바람을 피우지 않았는지, 내 돈을 훔치지는 않았는지, 아니면 다른 생각이 있는 것은 아닌지 우리는 결코 알 수 없다. 영화 〈히치Hitch〉에서 윌 스미스가 맡았던 등장인물의 말처럼, 사랑이란 벼랑에서 뛰어내리는 것과 비슷하다.[45] 이런 염려를 달래는 데는 시간이 걸리고, 몇 년이 필요할 때도 있다. 그리고 우리가 잠시 의심을 거두고 상대방을 자신의 삶과 마음속으로 받아들이는 위험을 감수하지 않는다면 두 사람의 관계는 절대 그렇게 오래 지속될 수 없다. 사람마다 의지하는 메커니즘도 제각각이다. 이 신뢰의 간극을 다리로 잇기 위해 어떤 사람은 심리적 메커니즘을, 어떤 사람은 실용적 메커니즘을 이용한다. 어떤 사람은 상대방에게 완전히 마음을 내주어 취약해지는 것을 거부한다. 친밀함을 어느 정도 포기하는 대신 안전을 취하는 것이다. 사업이나 우정 등 다른 면에서는 아주 잘 보호된 사람들은 걱정을 과감하게 떨쳐버리고 몇 번이고 사랑에 푹 빠져든다. 새로 사랑에 빠질 때마다 새로운 시작이 찾아온다. 우리는 자신에게 이렇게 말한다. "진정 가치 있는 사랑은 모든 것을 내어주는 완벽한 사랑밖에 없어." 반면 어떤 사람은 혼전합의서를 고집한다. 한 번호사한테 이런 말을 들은 적이 있다. "내가 변호사로 나서서 깨지 못한 혼전합의서는 한 번도 없었어요. 그런데 애초에 그런 것을 뭐 하러 작성합니까?"

사랑하는 사이에서는 의심스러운 것도 좋게 좋게 해석해야 한다. 옷깃에 립스틱이 묻었거나 콘돔이 사라진 것은 분명한 경고 신호다. 하지만 대부분의 신호는 그보다 더 애매모호하다. 남편이 야근이 잦거나 출장 가서 한밤중에 호텔 방 전화를 받지 않는 등의 경우다. (호텔에서 엉뚱한 방을 연결해 줬나? 그이가 전화를 꺼두었나? 샤워 중인가? 딴 여자하고 같이 있는 거 아냐?) 애인이 정직하지 못하거나 바람을 피웠다는 신호 혹은 자신의 진짜 수입이나 진정한 감정을 드러내지 않는 등 연인 사이에서 지켜야 할 부분을 위반했다는 신호가 한 달에도 수십 개씩 접수된다. 그래서 옛말에도 이르듯이 사랑은 어느 정

노래하는 뇌

도의 자기기만이 필요하다. 동물한테는 이런 문제가 없다. 동물의 뇌는 이런 것을 깊이 고민하며 형사처럼 정보의 조각들을 꿰맞추려 하거나 그 사람이 내가 찾던 그 사람인지 확인하려 들지 않기 때문이다. 동물의 뇌는 본능과 페로몬의 결합을 바탕으로 유대관계를 맺는다. 사람도 짝을 정할 때 본능과 페로몬이 아주 강력한 작용을 하지만 이성, 아니면 적어도 이성의 가면을 쓴 자기기만 혹은 자기정당화와 불편하고 아슬아슬한 균형을 이루고 있는 듯 보인다. 이것은 줄리아나 레이^{Juliana Raye}의 '당신을 되찾겠어요^{I'll Get You Back}'(ELO의 전 리더 제프 린^{Jeff Lynne}이 멋지게 프로듀싱했다)라는 노래가 신랄하게 반어적이고 재미있는 이유 중 하나다.

> 당신은 내게서 달아날 때 절대 뒤돌아보지 않더군요
> 나는 당신 바로 뒤에서 바짝 따라가고 있었어요
> 속도를 늦춰요 어디 가는 건지 말해줄래요?
> 저녁 식사 시간에 맞춰 돌아올지 알고 싶어요
> 당신이 좋아하는 요리를 했단 말이에요

노래는 순진한 망상에 빠진 듯 경쾌한 목소리로 불린다. 그녀의 남자 친구가 집 밖으로 달아나고 있다. 걷는 것도 아니고 뛰어나간다. 그런데 그녀는 남자 친구를 뒤쫓으며 그가 저녁 먹으러 집에 올 것인지 물어보고 있다. 그리고는 남자의 뒤에 대고 이렇게 소리친다. "당신이 좋아하는 요리를 했단 말이에요!"

2절에서 그녀는 남자 친구가 그동안 저질렀던 온갖 불륜에 대해 알게 됐다고 노래한다. 하지만 남자 친구가 콘돔으로 안전한 섹스를 하기만 하면 상관없다고 한다. 그녀는 동요 같은 단조로운 후렴을 시작하면서 이렇게 노래한다.

> 당신을 되찾겠어, 당신을 되찾겠어, 당신을 되찾겠어요
> 당신을 되찾겠어, 당신을 되찾겠어, 당신을 되찾겠어요
> 당신을 되찾을 거예요!(I'll get you 'back'!)

'back'이 나오는 마지막 음에서는 이 곡에서 가장 높은 음이 나온다. 그녀의 목소리에서 들리는 독기 어린 떨림이 이 후렴구에 나타나는 애매모호함을 다시 생각하게 만든다. 그를 다시 차지하고 말겠다는 의미일까, 아니면 그를 찾아가 앙갚음하겠다는 의미일까? 마지막 절에서 남자가 가슴이 멎을 만큼 신뢰를 저버린 사실을 알고 나면 후자의 의미가 더 강하게 전달된다.

> 메리는 항상 친절한 말만 골라서 하죠
> 그녀가 당신을 바라볼 때면 의심이 눈 녹듯 사라진다고 했어요
> 맹세코 메리의 아기는 정말 당신을 빼닮았어요
> 오, 그게 아니라고 말해줘요!

> 당신을 되찾겠어, 당신을 되찾겠어, 당신을 되찾겠어요
> 당신을 되찾겠어, 당신을 되찾겠어, 당신을 되찾겠어요
> 당신을 되찾을 거예요!

하지만 노래 속 무언가는 그녀가 아직 그를 원하고 있고, 그녀를 그렇게 막

대한 이 남자를 다시 차지하고 싶은 희망이 있음을 말해주고 있다. 사랑이란 이름 아래 모든 것을 용서하리라고 말이다. 그녀는 사랑에 완전히 빠져버렸고, 이것은 좋지 않은 일이다. 사랑은 보통 이런 자기기만까지는 아니지만 이런 종류의 헌신, 심지어는 맹목적인 헌신을 요구한다. 호주 밴드 '멘털 애즈 애니싱Mental as Anything'은 다음과 같은 가사에서 똑같은 주제에 대해 노래했다. "당신이 나를 떠날 거면, 나도 같이 따라가도 될까요?"

사랑의 3단계를 반영하는 사랑의 노래가 있다. '당신을 원해요', '당신이 그리워요', '사랑은 끝났고 나는 상심에 빠졌어요' 이렇게 3단계다. 사랑의 노래가 서로 다른 사랑의 종류를 반영하기도 한다. 로미오와 줄리엣식 사랑(이 사람을 위해서는 내 목숨을 끊을 수도 있어),[46] 수십 년을 함께 하며 과거를 뒤돌아보는 더 성숙한 사랑, 조국 등 자신의 이상을 향한 사랑 등. 대중음악에서 지난 50년 동안 주를 이루었던 주제를 보면 이런 형태의 사랑이 모두 등장하는 것 같다. 콜 포터, 어빙 벌린, 존 레논과 폴 매카트니, 밥 딜런, 미첼, 코헨, 웨인라이트 등이 쓴 곡이 그렇다. 그리고 다이애나 로스Diana Ross, 템프테이션스Temptations, 포 탑스Four Tops, 프랭크 시나트라Frank Sinatra, 엘라 피츠제럴드, 머라이어 캐리 등이 부른 곡들도 그렇다. 어떤 노래는 낭만적 사랑의 초기 단계를 찬양하며 공기보다 가벼워진 듯 들뜬 홀딱 반한 첫사랑의 기분을 노래한다.

> 나는 사랑이 그저 동화 속 이야기인 줄 알았어요
> 남들은 몰라도 나는 아닐 거로 생각했죠
> 그런데 내게도 사랑이 찾아왔어요 당연히 그런 거라는 듯
> 하지만 내 꿈에는 항상 실망이 따라다녔죠

그러다 그녀를 보았어요 이제 나는 믿어요

내 마음에는 털끝만 한 의심도 없어요

나는 사랑에 빠졌어요 나는 사랑을 믿어요 그녀를 떠나려야 떠날

수 없어요

- 닐 다이아몬드(Neil Diamond), '나는 믿어요(I'm a Believer)'

노래에는 우리가 다른 사람 앞에, 그리고 변덕스러운 사랑 앞에 취약해진 것에 대한 두려움이 담겨 있다. 이는 지금의 경이로운 느낌이 경고도 없이 어느 때든 끝장날 수 있음을 암묵적으로 인정하는 것이다. 어떤 노래는 사랑에 대한 순수한 부정을 표현한다.

난 사랑에 빠지지 않았어요 그러니 잊지 말아요

나는 그저 어리석음의 단계를 거치고 있을 뿐이에요

내가 당신한테 전화를 걸었다고 해서

드디어 넘어왔구나 오해하지는 말아요

난 사랑에 빠지지 않았어요 그렇지 않아요

벽에다 당신의 사진을 걸어놓았죠

벽에 묻은 얼룩을 그 사진으로 가려놨거든요

그러니 그 사진 돌려달라고 하지 말아요

그게 내게 큰 의미 없다는 거 당신도 알고 있죠 나도 알아요

난 사랑에 빠지지 않았어요 아니고말고요

-10cc, '난 사랑에 빠지지 않았어요(I'm Not In Love)'

노래하는 뇌

반대로 이런 취약성을 의도적으로 키우기도 한다고 데이비드 번은 지적한다. 우리는 자신의 느낌과 취약성을 부정하지 않고 이렇게 말하기도 한다. '나는 네 거야'(스티븐 스틸스Stephen Stills, '스위트: 주디 블루 아이스Suite: Judy Blue Eyes'), '내 모든 걸 가져가 … 너 없이 난 아무것도 아니야'(마크스 앤 사이먼스Marks and Simons) 혹은 어빙 벌린은 이렇게 썼다.

> 조심해, 그거 내 마음이야
> 네가 들고 있는 그거 내 시계가 아니라 내 마음이라고
> 네가 재빨리 태워버린 그건 내가 보낸 쪽지가 아니고
> 네가 돌려주지 않은 그건 책이 아니야
>
> 조심해, 그거 내 마음이야
> 내가 언제라도 기꺼이 내어줄 수 있는 마음이지
> 이제 네 거니까 간직하든 깨뜨리든 마음대로 해
> 하지만 그 전에 한 가지만 말할게
> 조심해, 그거 내 마음이야

데이비드는 이렇게 말한다. "하지만 그 노래를 정말로 매력적으로 만들어내는 것은 화음이에요. 사랑의 노래 가사들은 정말 진부하기 짝이 없을 때가 있죠. 화음이 만들어내는 긴장감이 가사가 너무 진부해 보이지 않게 해주죠. 사랑의 노래 가사는 멜로디와 화음을 빼고 보면 정말 못 봐주겠다 싶을 때가 많아요. 위대한 사랑의 노래를 하나 더 들자면 조지 미셸의 '당신 한 상자A Case of You'가 있죠. 그 노래 가사는 정말 좋아요. 작은 이야기 하나를 통째로

들려줘요. 3분짜리 노래 속에 들어 있는 작은 소설이라 할 수 있죠."

스탠퍼드의 작곡가 조너선 버거는 이렇게 말한다. "나는 20세기에 나온 가장 위대한 사랑의 노래는 후고 볼프^{Hugo Wolf}의 곡이라고 생각해." 볼프는 20세기로 접어들 무렵에 수백 곡의 노래를 썼다. 이 곡들은 화음이 너무 복잡해서 노래로 부르는 것이 사실상 불가능하지만 멜로디, 화음, 가사의 상호작용을 아주 높은 수준으로 끌어올렸다.

버거는 이렇게 이어서 말한다. "그가 곡을 쓰던 당시는 조성^{tonality}이 사라지려 할 때였고, 그가 쓰는 모든 곡은 조성의 마지막 정점에 있었어. 하지만 그는 '어서 제5음으로 가서 해치워버리자'라는 식으로 조성을 이용하지 않지. 대신 그는 조성을 아주 상징적인 방식으로 사용해. 예를 들면 '버림받은 처녀^{The Forsaken Maiden}'라는 노래가 있는데, 그 여성은 아침에 일어나면 그 노래 안에서 이 사랑의 노래를 부르기 시작해. 그리고 노래를 부르다가 자기가 잊히고, 버림받아 홀로 남았음을 깨닫지. 따라서 이것은 꿈을 꾸다가 깨어나는 과정, 사랑에 빠졌다가 사랑을 잃는 과정인 것이지. 그리고 멜로디와 화음은 계속해서 이것을 연주하고 있어. '난 꿈을 꾸는 것일까, 깨어 있는 것일까? 내가 얼마나 깨어 있는 거지?' 음악이 가사에 들어 있는 모든 것을 정의하고 있어. 바꿔 말하면 노래 자체, 노래가 작곡된 방식 자체가 사랑 그 자체를 표상하고 있는 셈이야."

대중음악에서 가장 기억에 남고 감정적인 노래 중 상당수는 사랑의 성적인 측면을 다룬다. 로드니 크로웰은 이렇게 말한다. "음악이 혈거인한테서 처음 등장해서 리듬을 갖게 된 순간 그 안에는 성적인 느낌이 담겼습니다. 인간의 활동 중에서 리듬적인 요소가 제일 분명하게 드러나는 것이 뭐겠어요? 최초의 노래 중에는 분명 섹스에 관한 노래가 있었을 겁니다." 우리가 알고 있는 가장 오래된 노래 중 하나에는 실제로 성적인 느낌이 가득 들어 있었다. 6천 년 전으로 거슬러 올라가는 이 노래는 수메르의 여왕 이안나Inanna가 자신이 사랑한 두무지Dumuzi에 대해 쓴 대단히 묘사적인 시와 노래의 일부다.

1940~1950년대에는 예술가들이 불 무스 잭슨Bull Moose Jackson의 '마이 빅 텐 인치My Big Ten Inch'(블루스를 연주하는 한 밴드의 축음기판에 대한 곡)와 다이나 워싱턴Dinah Washington이 부른 '빅 롱 슬라이딩 싱Big Long Slidin' Thing'(표면적으로는 트롬본 연주자에 대한 노래) 같은 외설적인 알앤비 음반을 녹음했다. '엄청나게 많은 사랑Whole Lotta Love', '레몬송The Lemon Song'(레드 제플린Led Zeppelin), '뜨거운 피Hot Blooded'(포리너Foreigner), '사랑을 나누고 싶어Feel Like Makin' Love'(배드 컴퍼니Bad Company) 등 초기 헤비메탈 곡들은 영악하고 교묘하게 풍자하려는 시도 따위는 하지 않았다. 스트랭글러즈The Stranglers는 "해변beach을 따라 걸으며 / 이쁜이들peaches을 바라보았지"라는 노래를 불렀다. 그리고 조니 미첼은 연인이 "코로는 손가락에 묻은 내 향기를 맡으며 눈으로는 여종업원의 다리를 바라보는" 상황에 대해 노래했다. 좀 더 최근에는 마그네틱 필즈Magnetic Fields가 '69 러브송69 Love Songs'이라는 야심차고 별난 앨범을 발표했다. 이 앨범에 수록된 곡 중 상당수는 차라리 '속옷Underwear' 같은 성욕의 노래라고 표현해야 옳을 것 같다. "예쁜 사내아이가 속옷을 입고 있네 / 재미있는 일에 달려들 더 나은 이유가 있다면 / 누가 상관하겠어?" 파키스탄의 가수 나디아 알리 무즈라Nadia Ali Mujra의 '나는 망고를 빨고 싶어'에서 광둥 지역의 톱40에 들어간 몇몇 노래에 이르기까지 성욕의 노래는 미국의 문화나 서구의 문화에만 국한된 것도 아니다.

로드니는 이렇게 말한다. "저는 우리 시대에 가장 외설적인 노래는 척 베리Chuck Berry의 '스위트 리틀 식스틴Sweet Little Sixteen'이라고 생각합니다. 어른

이 열여섯 살짜리 아이에게 성욕을 느끼는 노래입니다. 거의 포식자 수준이죠. 이 노래는 '록 어라운드 더 클록Rock Around the Clock' 같은 순수한 로큰롤과 성도착적인 음란한 노래의 중간 지점에 있는 곡이죠. 물론 가사 자체는 순수합니다. 하지만 18세 소년이나 16, 17세의 소녀들이 들으면 이 더러운 늙은이가 대체 무슨 말을 하고 있는지 모두 알죠. '고양이들은 모두 귀여운 열여섯 살짜리와 춤을 추고 싶어 하지'라는 가사는 물론 비유입니다. 이제 우리는 척 베리라는 남자에 대해 알 만큼 압니다. 나중에 자기 욕실에 몰래카메라를 설치한 사람이 바로 '스위트 리틀 식스틴'을 쓴 사람이란 말이죠. 그리고 당연히 모든 코드는 플랫 세븐스flat seventh를 갖고 있어요. 이 코드는 아주 악마 같은 소리가 나죠."

음악이 오래도록 묻혀 있었던 기억을 끄집어낸다고 말하는 사람이 많다. 대중적인 사랑의 노래의 경우 특히 그런 것 같다. 이것은 현대에 일어난 현상인지도 모른다. 그리고 기억의 신경생물학에 대해 현재 알고 있는 바에 따르면 이것은 인간의 기억 작동 방식이 만들어낸 결과다. 기억 이론가들 사이에 넓게 퍼져 있는 관점은 우리가 겪은 거의 모든 경험이 기억에 새겨진다는 것이다. 그런데 그 기억을 어떻게 끄집어낼 것이냐가 어려운 부분이다. 이 경우 그 시간이나 장소 혹은 사건과 독특하게 관련된 무언가가 있으면 인출단서retrieval cue(뇌에서 기억을 끄집어낼 수 있게 도와주는 것을 의미하는 전문용어)가 되어줄 수 있다.

팝송은 단기간 라디오에서 주야장천 흘러나오는 경우가 많기 때문에 냄새와 마찬가지로 이런 단서로 사용하기에 안성맞춤이다. 국가나 '해피 버스데이' 같은 노래도 어떤 기억을 떠올려줄 수 있지만 그보다는 열네 살 이후로 한 번도 들어보지 못한 노래가 깊이 묻혀 있던 기억을 떠올려줄 가능성이 더 크다.

조녀선 버거는 이렇게 말한다. "성적으로 끌리거나 낭만적으로 끌리거나 혹은 양쪽 모두 끌리는 첫 순간에 그 배경에 깔려 있던 노래는 절대적으로 중요한 의미를 갖게 되고, 그 의미는 절대로 사라지거나 희미해지지 않아. 나는 프레다 페인Freda Payne의 '밴드 오브 골드Band of Gold'와 엮인 이런 강력한 기억이 있지. 고등학교 시절이었는데 그해 여름에 일을 하고 있었어. 내 제일 친한 친구와 나는 물건을 건축 현장으로 나르는 일을 했지. 나는 빗자루와 전지가위들을 벽장 뒤에 숨겨놓고 그 친구와 차를 몰고 다니며 여자아이들을 구경하며 놀았어. 그리고 그때 함께한 음악이 있었어. 그 음악에는 십 대의 절대적으로 순수한 정서적 애착이 담겨 있고, 그 애착은 절대 사라지지 않아. 노래에 에너지가 흘러넘치지. 여가수가 마이크를 디스토션하는데 아름다울 정도로 따듯한 아날로그 디스토션이야. 디스토션이 너무 심해서 그게 다 무슨 악기인지 분간도 안 돼. 마치 아폴로 우주선 같은 거에 타고 있는 것처럼 느껴지지. 정말 짜릿한 노래야. 그리고 그 노래 가사는 잃어버린 사랑과 깨져버린 사랑의 약속에 관한 이야기지. 그녀에게 남은 것은 그 남자가 가져다준 반지밖에 없어. 그게 바로 '밴드 오브 골드'야."

나는 앞서서 진화가 어째서 우리로 하여금 소리, 그리고 특히나 음악을 통해 사랑 같은 깊은 감정을 소통하게 만들 생각을 했을까 질문을 던진 바 있다. 그 답은 음악이 정직한 신호로 역할하고, 기억을 유지하고, 신경화학적으로 우리의 마음을 움직이는 능력이 있기 때문이다. 이 질문을 다른 각도에서 살펴보자. 만약 당신이 곁에 없을 때도 당신이 사랑하는 이가 항상 당신만을 생각하도록 만들 방법을 진화가 찾아냈다면 어떨까? 당신이 없는 동안에도 안락, 충실, 신뢰의 느낌을 촉진하는 신경화학물질을 준비하고 사랑하는 이를 항상 기분 좋게 만들어 강력한 정서적 유대를 만들어낼 방법을 찾아냈다면? 진화는 기존의 구조물을 이용해서 일련의 작은 적응을 통해 이런 변화를 이 끌어내야 했을 것이다. 그리고 가능하다면 원시적인 동기부여 시스템을 이용하고 싶었을 것이다. 진화는 버려짐에 대한 두려움과 함께하는 데서 찾아오는 안락함 사이에서, 사랑과 성욕 사이에서 균형을 잡아야 했을 것이다. 그리고 유희 등의 감정으로 고등 인지 시스템을 자극해야 했을 것이다. 음악은 이모든 것을 해준다. 그리고 사랑의 노래는 그 무엇보다도 우리 뇌에 강하게 각인된다. 사랑의 노래는 인간의 가장 큰 열망과 가장 고귀한 특성에 대해 이야기한다. 그리고 자신보다 더 위대한 무언가를 위해 자신의 에고^{ego}와 열망을 내려놓는 것에 대해 이야기한다. 이런 생각을 품을 수 있는 선천적인 능력이 없었다면 사회는 생기지 못했을 것이다.

우리 각자는 어느 유전자가 살아남을지 결정하는 장구한 유전자 군비경쟁이 만들어낸 최종 산물이다. 유전자 자산은 아주 값비싸다. 어떤 식으로든 우리에게 도움이 되는 유전자만 염색체에서 자기 자리를 유지할 수 있고, 그렇지 못한 것들은 걸러진다.

우리 각자는 아기를 귀엽게 여겨서, 짝을 유혹하고 포식자를 피할 능력이 있어서, 신선한 과일이 맛있다고 느껴서, 세상에 대한 예술적 표상을 감상할 줄 알아서 등의 이유로 선택되었다. 섹스는 그 자체가 내재적으로 기분이 좋은 것이 아니다. 섹스라는 행동을 즐거워했던 선조들이 자손을 남기는 데 성공적이었기 때문에 섹스를 기분 좋게 여기는 자손들이 남게 된 것이다. 우리는 또한 추상적으로 생각하고 상상하기를 매력적으로 느껴서 선택되기도 했다. 리처드 도킨스의 명언을 생각해보자. 오늘날 살아 있는 사람 중에 유아기에 일찍 죽은 선조를 둔 사람은 단 한 명도 없다. 우리는 챔피언인 것이다!

사랑은 온갖 다양한 형태로 존재하지만 궁극적으로는 아끼는 마음이다. 다른 사람, 집단, 개념, 장소 등을 너무 아끼다 보니 그것을 위해서라면 자신의 건강, 편안, 심지어 목숨까지도 기꺼이 희생하는 것이 사랑이다. 위대한 예술의 한 가지 중요한 특징은 그것을 보면 예술가가 그 작품을 얼마나 아끼고 노력을 들였는지 느껴진다는 것이다. 사람들이 현대미술을 보면서 비웃는 이유를 들어보면 제일 흔히 듣는 이야기가 마치 화가가 아무 생각 없이 캔버스 위에 물감을 뿌려놓은 것처럼 보이기 때문이라고 한다. 우리는 화가가 그 그림에 대해 엄청나게 고민을 많이 하고, 작품의 완성을 위해 분투했다는, 즉 작가가 아낀다고 느껴지는 그림에 끌린다. 시각예술에서 이런 현상이 일어나는 이유는 인상주의 그림이나 극사실주의 그림을 그리는 데는 분명 많은 시간이 들어가기 때문일지도 모른다. 내가 보았던 것 중 가장 매력적인 설치미술은 마이클 맥밀런Michael C. McMillen의 작품이었다. 그는 로스앤젤레스 카운티 미술관Los Angeles County Museum of Art에 수만 가지 소품 조각을 이용해서 1950년대 교외의 차고 겸 작업실을 완벽하게 구현해냈다. 공들인 그 세부 표현을 보며 나를 비롯해 그 자리를 찾았던 관람객들은 강렬한 인상을 받았다.

음악의 경우 많은 사람이 핑크플로이드나 비틀스의 구조 중첩이나 키스 자렛Keith Jarrett과 캐논볼 애덜리Cannonball Adderley 같은 연주자들의 어마어마한 연주 테크닉 등 음악인이 음악 매체에 얼마나 신경을 썼는가에 강력하게 반응한다. 이 책에서 나는 전 세계의 음악을 사례로 포함하려고 노력했다. 나의 주된 논거는 인간 문명의 역사를 빚어낸 여섯 종류의 노래가 있다는 것이지만, 나는 이 여섯 가지가 전부라고 말할 정도로 환원주의 신봉자는 아니다. 오히려 음악과 인간의 음악적 표현이 정말 폭넓다는 것이 가장 인상적인 부분이었다. 음악의 중요한 기능을 이 여섯 가지 분류로 나눌 수는 있겠지만 서로 다른 문화권의 사람들이 음악을 만들기 위해 찾아낸 구체적인 방법은 다양하기 그지없다.

나는 1991년에 스탠퍼드대학교에서 '기술과 음악적 미학Technology and Musical Aesthetics'이라는 과목을 기계공학자인 친구 밥 애덤스Bob Adams와 함께 가르쳤다. 이 과목은 고대 그리스의 물파이프 오르간에서 최신 디지털 신시사이저에 이르기까지 악기 디자인의 역사에 대해 살펴보았다. 음악에 가장 큰 영향을 미친 그 기술적 발전들을 생각하며 밥과 나는 그중 가장 강력한 영향을 미친 두 가지 발전이 무엇인가에 대해 생각이 하나로 모였다. 그것은 평균율equal temperament(옥타브를 등분하여 그 단위를 음정 구성의 기초로 삼는 음률 체계 - 옮긴이)도, 앰프의 발견도, 키보드 제작 기술도 아니었다. 첫 번째는 기보법이다. 기보법 덕분에 음악 작품을 보존하고, 공유하고, 기억할 수 있게 됐다. 우리가 알고 있는 가장 오래된 기보법 체계는 고대 그리스인들의 것이다. 그리고 더 정확하고 깔끔한 현대식 기보법은 500~800년 전에 발달하기 시작한 것으로 보인다.

두 번째는 녹음, 즉 레코딩 기술의 발명이었다. 첫 번째 레코딩은 왁스실린더wax cylinder(에디슨 축음기)에 이루어졌고, 그다음에는 아세트산염과 비닐, 나중에는 테이프, 그리고 지금은 시디와 디지털파일로 레코딩이 이루어지고 있다. 하지만 어떤 포맷을 사용했든 간에 나는 레코딩이야말로 음악의 전체 역사에서 가장 영향력 있는 발전 중 하나였다고 믿는다. 그 이유는 레코딩 행위가 공연에 대한 사람들의 사고방식을 근본적으로 바꾸어놓았기 때문이다. 노래는 한 번 연주되면 끝이지만, 그것을 레코딩해두면 전 세계 어디서든 이론적으로 무한히 여러 번 반복해서 연주를 재생할 수 있기 때문이다. 레코딩된 음악을 연주자가 없는 장소에서, 심지어 연주자가 죽은 다음에도 재생할 수

노래하는 뇌

있다. 더 중요한 점은 레코딩이 시작되면서 '원반master performance'이라는 개념이 도입됐다는 것이다. 원반은 해당 곡에서 하나밖에 없는 표준이 되는 상징적인 버전이다. 피시Phish, 데이브 매튜스 밴드Dave Matthews Band, 그레이트풀 데드Grateful Dead 같은 밴드들은 공연을 할 때마다 한 곡을 서로 다르게 연주하면서 경력을 쌓았지만(재즈의 경우는 이런 방식이 필수적이다), 지난 50년에서 100년 사이에 대중음악에 대해 생각할 때는 해당 곡에 대해 단 하나의 '공식' 버전이 존재한다는 것이 표준의 사고방식으로 자리 잡았다. 이것은 전체 공동체가 배우는 버전이기 때문에 전례 없는 범지구적인 수준에서 음악을 집단으로 공유하는 결과를 낳았다. 그리고 레코딩이 자기만의 소리와 청각적 관능미를 갖춘 별개의 심미적 대상으로 자리 잡게 됐다. 나는 평생 레코딩 작업을 사랑하며 살았기 때문에 레코딩을 그 자체로 하나의 예술 형태라 이해하고 있다.

세상을 여섯 가지 노래로 설명하는 동안 산만해지는 것을 피하려고 의도적으로 멀리했던 질문들이 있다. 예를 들면 '시대를 통틀어 제일 위대하고 인기 있는 노래는 무엇일까?' 혹은 음악인으로서 나에게도 더욱 흥미로운 질문인 '시대를 통틀어 가장 영향력 있는 노래는 무엇일까?' 등이다.[47] (물론 이 둘은 동일한 질문이 아니다.) 내 생각에 정의상 시대를 통틀어 가장 영향력 있는 노래는 우리 선조 중 한 명이 다른 사람이 노래하거나 연주하는 것을 듣고, 그 노래가 머릿속에서 떠나지 않아 진화가 부여해준 지각-생산 시스템을 통해 다시 부르고 싶어졌던 최초의 노래였다고 생각한다. 우리 시대에는 1900년대 초반의 블루스(최초의 블루스 곡이 무엇이었든 그것은 역사 속으로 사라져 버렸지만)가 그런 대접을 받을 만하다. 그 블루스가 재즈, 알앤비, 가스펠, 록, 헤비메탈, 블루그래스, 컨트리 음악을 낳거나 적어도 영향을 미쳤으니까 말이다. 최초의 무조음악^{atonal music} 작품 중 하나로 여겨지는 쇤베르크^{Schoenberg}의 '달에 홀린 피에로^{Pierrot Lunaire}'(1912)는 클래식 음악에 큰 영향을 미쳤고, 이것은 다시 20세기 후반의 재즈, 록, 실험 음악에 영향을 미쳤다. 하지만 지금 나는 지난 세기의 작품들보다는 수만 년을 거슬러 올라가 음악의 역사를 폭넓게 살펴보는 일에 더 관심을 두고 있다. 그렇지만 우리가 함께 공감할 수 있는 지점을 만들기 위해 핵심을 잘 보여주는 지난 세기의 작품이 있다면 그때마다 사례로 선택하려고 했다.

내 음악적 취향은 1960년대에 북부 캘리포니아에서 보낸 아동기에 자리 잡았다. 나의 색다른 관점에서 보면 현대의 음악가 중 사랑의 노래에서 최정상을 차지하고 있는 세 사람은 알렉스 드 그라시^{Alex de Grassi}, 가이 클락, 마이크 스콧^{Mike Scott}이다.

나의 음악 듣는 방식을 평생 바꾸어놓은 음악적 사건들이 있다. 비틀스의 음악을 처음 들었을 때, 캐논볼 애덜리의 솔로를 처음 들었을 때, 그리고 어쿠스틱기타 연주자 알렉스 드 그라시의 연주를 처음 들었을 때다. 톰 휠러^{Tom Wheeler}는 진지한 기타리스트들에게는 성경이나 다름없는 《기타플레이어^{Guitar Player}》라는 잡지에서 이렇게 적었다. "알렉스의 연주 기법은 동료 기타리스트들을 막다른 결정의 순간으로 떠민다. 나도 미친놈처럼 기타만 죽어라 연습해야 하나? 아니면 다 때려치워?"

알렉스의 작곡 능력과 연주 능력은 기술적인 관점에서 보아도 놀랍지만 더 중요한 점은 그의 연주에 내 눈에서 기쁨과 슬픔의 눈물을 흘러나온다는 것이다. 가끔은 이것이 기쁨의 눈물인지 슬픔의 눈물인지 분간이 안 될 때도 있다. "워터 가든^{The Water Garden}" 앨범에 들어 있는 '또 다른 물가^{Another Shore}'가 흘러나올 때면 행복, 우울, 평화, 희열, 경외심, 감탄의 감정이 한꺼번에 나를 채운다. 그의 작품을 듣다 보면 토리 에이모스^{Tori Amos}의 말처럼 음악이 우주의 목소리라고 다시금 확신하게 된다. 그리고 내가 이 목소리를 이해할 수는 있지만 낼 수는 없다는 사실에 초라한 기분이 들기도 한다.

종종 알렉스의 음반을 듣다 보면 나는 내가 음악에 대해 하나도 모른다는 생각에 짓눌린다. 내가 음악에 취해 있다가 어떻게든 그 몽상에서 빠져나와 어느 정도 정신을 차려 보면 내 안의 무언가가 나는 절대로 이런 훌륭한 음악은 못 만들 거라 외치는 소리가 들린다! 알렉스의 작곡과 내 작곡 사이, 그리고 그의 연주와 나의 연주 사이, 그리고 그의 음악적 역량과 나의 전반적인 음악적 역량 사이의 거대한 간극을 뛰어넘으려면 대체 무엇이 필요한지 상상도 가지 않는다. 이것은 참 이상한 기분이다. 예를 들어 톰 페티^{Tom Petty} 혹은 닐 영과 나 사이의 간극은 어떻게 뛰어넘을 수 있을지 상상은 가능할 것 같기 때문이다. 물론 내가 절대 그들만큼 뛰어날 수는 없다는 것을 알고 있지만 그래도 적어도 적절한 과정만 밟는다면 그 간극은 뛰어넘는 것이 아예 불가능해 보이지는 않는다. 폴 사이먼이 내게 말하기를 어느 분야든 진정 위대한 예술가들의 경우에는 그 영향력과 개념을 일반 청중이 이해하기 힘들고, 나머지 우리와는 완전히 다른 것을 이용하는 것처럼 보인다고 했다. 알렉스가 바로 그런 사람이다. 알렉스는 음악과 기타를 진심으로 아낀다. 그리고 작곡과 연주에 수천 시간을 들였다. 사랑하면 그만큼의 결과가 나타나는 법이다.

나는 가이 클락은 장인이라 생각한다. 그가 멜로디와 가사를 다루는 것을 보면 정말 경이롭다. 이렇게 경제적일 수 있을까 싶다. 가구는 아름답게 조각되어 있어야만 아름다운 것이 아니다. 그 가구의 선 때문에, 그 절제된 아름다움 때문에 우아해 보일 때도 있다. 그의 '랜들 나이프^{The Randall knife}'를 들을 때의 느낌이 그렇다. 사실 그의 노래가 전반적으로 그렇다. 뛰어난 목공처럼 가

이는 대단히 섬세하게 곡을 구축한다. 그리고 이제 됐다 싶을 때까지 다듬는 과정을 멈추지 않는다. 음악을 들어보면 그가 그런 과정을 좋아하고, 곡을 사랑한다는 것이 느껴진다. 그가 작곡, 연주, 심지어 레코딩까지 노래의 모든 측면에 공을 들이는 것만 봐도 알 수 있다.

'랜들 나이프'는 아버지와 아들에 관한 이야기다. 아버지는 돌아가셨고 아들이 아버지의 죽음에 대해 이야기하고 있다. 어떤 면에서 보면 이 노래는 관계의 죽음과 탄생을 모두 상징하고 있다. 아버지가 더 이상 세상에 존재하지 않게 되면서 분명 부자 관계는 물리적인 죽음을 맞이한다. 하지만 이 노래를 듣다 보면 화자의 관점에 진정한 변화가 찾아오고 아버지와 화자의 관계가 이제 막 시작했을 뿐이라는 생각이 든다.

> 아버지에게는 랜들 나이프가 있었지
> 아버지가 우리를 파멸로부터 구하기 위해
> 제2차 세계대전에 가실 때
> 어머니가 주신 칼이야
> 랜들 나이프를 손에 쥐어보면
> 우리 아버지를 이해할 수 있지
> 지옥에서 만들지 않고서야
> 이보다 좋은 칼은 나올 수 없을 거야
>
> 아버지는 좋은 분이셨지
> 변호사셨어
> 아버지가 그 칼로 실수하는 건

노래하는 뇌

딱 한 번밖에 못봤어
도구로 쓰시다가
엄지가 잘릴 뻔하셨지
그 칼은 원래 더 어두운 용도로 만들어진 거지
그 본질을 바꿀 수는 없어

내가 보이스카우트 대회 캠핑을 갈 때
아버지가 그 칼을 빌려주신 적이 있어
그런데 그 칼로 나무를 찍다가
끝을 부러뜨렸지
나는 한동안 아버지 몰래 칼을 숨겨두었어
하지만 그 칼과 아버지는 한 몸이었지
아버지는 혼내는 말 한마디 없이
그 칼을 서랍에 넣어두셨어

칼은 그곳에서 오래도록 잠들어 있었어
20년 넘는 세월을
엑스칼리버처럼 잠들어 있었지
한 방울의 눈물을 기다리면서

아버지는 내가 마흔 살에 돌아가셨어
근데 나는 어떻게 울어야 할지 몰랐지
아버지를 사랑하지 않아서가 아니야

아버지가 나를 사랑하지 않아서가 아니야
나는 그보다 사소한 일에도 눈물을 흘렸어
술에 취해서, 아파서, 아름다워서 울었지
하지만 아버지는 더 나은 눈물을 받을 자격이 있어
나는 그런 준비가 안 되어 있었지

우리는 아버지의 유해를 가지고 바다로 갔어
그리고 바다에 뿌렸지
그리고 우리의 모든 기억 뒤로
장미꽃을 바다에 던졌어
집으로 돌아오자 가족들이 묻더군
무엇을 갖고 싶으냐고
법률서적도 아니고, 시계도 아니었어
아버지 곁을 떠나지 않았던 그것이 필요했어

내 손은 서랍에 들어 있던 랜들 나이프를 향했고
나는 드디어 아버지의 삶을 위해
그리고 그 삶이 지켜온 모든 것을 위해
흘릴 한 방울의 눈물을 찾아냈지

몇 단어만으로도 등장인물들이 어떤 사람인지 감이 온다. 나는 이 노래를 정말 여러 번 들었지만 아직도 들을 때마다 눈물이 난다. 아버지를 향한 그의 사랑, 노래라는 매체를 향한 사랑, 그리고 삶을 어려우면서도 그토록 소중하게 만드는 그 모든 것을 향한 사랑.

내게 마이크 스콧(아일랜드 밴드 '워터보이스Waterboys'의 리드 송라이터 겸 보컬)의 '모두 안으로 들여Bring 'Em All In'는 내가 듣기에는 지금까지 만들어진 가장 완벽한 사랑의 노래 중 하나다. 이 곡은 한 인간이 세상과 하나 되는 기분을 느끼고, 그 안에 든 모든 것을 끌어안고 싶은 갈망에 관한 노래다. 이것은 좋은 존재와 나쁜 존재, 위대한 존재와 평범한 존재를 가리지 않고 우리 모두에게 보내는 사랑의 노래다. 그리고 손을 뻗어 모두와 연결되고 싶어 하는 한 외로운 사람의 노래다. 그는 자신의 외로움과 절망 속에서 지순한 사랑을 발견한다. 그는 산다는 생각에 대한 사랑, 사랑 그 자체에 대한 사랑, 모든 곳에 마음을 열고자 하는 의지, 그리고 자신이 알고 있는 고통조차 끌어안는다.

이 곡은 거의 스페인 기타 스트록(기술적으로 아주 어려운 연주다) 같은 속주와 함께 시작한다. 손가락이 기타 줄을 두드리는 순간의 섬세하고 부드러운 소리를 위해 피크가 아닌 손가락을 이용해 연주한다.

(후렴)
　　모두 안으로 들여, 모두 안으로 들여, 모두 안으로 들여
　　모두 안으로 들여, 모두 내 마음속으로 들여(×2)

작은 물고기들도 들여, 상어들도 들여
밝음에서 온 것들도 들여, 어둠에서 온 것들도 들여

(후렴)

'모두 안으로 들여'라는 가사가 하나의 주문처럼 작동한다. 멜로디가 마치 바닥에서 혹은 바다 심연에서 물건을 들어 올리듯 '마음^{heart}'이라는 단어를 퍼 올리는 것 같다. 속삭이는 듯한 목소리가 자기 자신에게, 자신의 창조자에게 보내는 노래나 기도처럼 들린다.

> 동굴에서 온 것도 들여, 높은 곳에서 온 것도 들여
> 그늘에서 온 것도 들여, 그들을 빛 속에 세워
>
> (후렴)
>
> 숨겨져 있는 그들을 데려와, 그들을 창고에서 데려와
> 숨겨져 있는 그들을 데려와, 그들을 내 문 앞에 데려와
>
> (후렴)

가운데 이중 후렴에서는 가수의 목소리가 한층 부드러워져서 거의 우는 것처럼 들린다. 이제 마지막 절에 들어가면서 노래는 한탄하는 소리, 영적으로 죽어가는 한 사내가 마지막 희망의 순간을 위해 마음을 열며 애원하는 소리로 들린다.

> 용서받지 못한 자들을 데려와, 구원받지 못한 자들을 데려와
> 길 잃고 이름 없는 자들을 데려와, 모두가 볼 수 있게
> 추방당한 그들을 추방에서 데려와, 그들을 깊은 잠에서 데려와

노래하는뇌

그들을 문으로 데려와. 그들을 내 발 옆에 눕게 해

이것은 사랑 중에서도 가장 고귀한 사랑인 우리의 존재에 대한 사랑, 결함투성이 인류에 대한 사랑, 우리의 모든 파괴성, 우리의 사소한 두려움, 가십, 경쟁마저도 모두 끌어안는 사랑이다. 그리고 우리가 가장 어려운 상황에서도 가끔 보여주는 선에 대한 사랑이며, 아무도 봐주는 이 없어도 해야 할 일을 하는 영웅적 행동에 대한 사랑이며, 솔직해도 얻을 것이 없는 상황에서 정직할 수 있는 용기에 대한 사랑이며, 다른 이의 사랑을 받지 못하는 이를 사랑하는 데 대한 사랑이다. 그리고 이 모든 것을 사랑하고 그에 대한 노래를 만들어 찬양할 수 있는 능력이야말로 인간을 비로소 인간답게 만드는 것이다.

주

1장 인류와 노래

1) Huron, D. (2001). Is music an evolutionary adaptation? *Annals of the New York Academy of Sciences* 930: 51.

2) 미국인들은 평균적으로 하루에 다섯 시간 텔레비전을 시청하는데 그것만으로도 상당한 음악 듣기에 해당한다. 코미디, 드라마, 광고, 심지어 뉴스도 끊임없이 음악을 내보내고 있기 때문이다. 여기에 전철역, 식당, 사무실, 공원 같은 공공장소나 이웃집 등에서 들려오는 음악까지 보태면 우리는 엄청나게 많은 음악을 듣고 산다. 통계는 acnielsen.com를 참고하라.

3) Lennon, J., and McCartney, P. (1969). Maxwell's silver hammer [Recorded by the Beatles]. On *Abbey Road* [LP]. London: Apple Records.

4) Prosen, S. (1952). Till I waltz again with you [Recorded by Theresa Brewer]. On *Till I Waltz Again With You* [45rpm record]. Coral Records.

5) Crowell, R. (2001). I know love is all I need. On *The Houston Kid* [CD]. Sugar Hill Records.

6) MacCready, P. (2004). The case for battery electric vehicles. In *The Hydrogen Energy Transition: Cutting Carbon from Transportation*, edited by D. Sperling and J. Cannon. San Diego, CA: Academic Press, pp. 227–233.
나는 이 이야기를 2006년에 대니얼 데닛이 맥길대학교에서 강연할 때 처음 들었다.

7) 심지어 현대의 미국 사회에도 흙을 먹는 사람, 얼굴이 있는 것은 무엇이든 먹지 않는 사람, 종교 지도자가 의례를 통해 축복을 내린 음식만 먹는 사람 등 다양한 하위문화의 사람들이 존재한다. 미국인들이 사용하는 언어는 300가지가 넘는다. 어떤 언어는 오른쪽에서 왼쪽 방향으로 읽고, 어떤 언어는 왼쪽에서 오른쪽, 어떤 언어는 위에서 아래로 읽는다. 그리고 어떤 언어는 아예 글을 읽지 않는다. 그럼 음악은? 내가 지난해에 천 명의 캐나다 대학생을 대상으로 조사한 바에 따르면 이들은 전체적으로 60개의 개별 장르의 음악을 듣고 있었다. 그리고 이 장르는 고대 수피교도의 음악에서 스웨디시 데스 메탈(Swedish death metal), 우랄산맥의 토착민요에서 나인 인치 네일스(Nine Inch Nails)의 가공된 보컬 스타일에 이르기까지 다양했다. 캐나다 대학생들만 조사해봐도 음악이 이렇게 다양한데 전 세계, 모든 연령층을 대상으로 조사한다고 상상해보라.

8) 이 책의 원제목은 '여섯 음악 작품에 담긴 세상(The World in Six Musical Works)'이 아니라 '여섯 노래에 담긴 세상(The World in Six Songs)'이다. 음악학자는 일반적으로 '노래'와 그보다 긴 음악 양식을 구분한다. 그리고 보통 '노래'는 가사가 있는 음악 양식으로 이해된다. 이런 구분을 두는 의도는 노래가 음악의 부분 집단임을 암시하려는 것이고, 이것은 직관을 따르고 있는 것으로 보인다. 우리 대부분은 바그너의 반지 사이클(Ring Cycle)이나 베토벤의 5번 교향곡을 노래라 생각하지 않는다. 하지만 당신이 베토벤의 5번 교향곡을 한 번도 들어본 적이 없는데 어느 날 할아버지가 '빰-빰-빰-빠, 빰-빰-빰-빠'라고 흥얼거리면서 마당을 돌아다니는 것을 들었다고 상상해보자. 그럼 할아버지 한테 그 빰빰빰 거리는 '노래'가 뭐냐고 물어봐도 아무런 문제가 생기지 않을 것이다. 그 곡을 '노래' 로 부른다고 해서 사회질서를 유지하는 데 반드시 필요한 소통 규칙을 위반했다며 언어 담당 경찰관에게 잡혀갈 일도 없다. 알류트족이 눈에 해당하는 단어를 스무 개나 갖고 있어서 유명한 것처럼, 우리도 시엠송, 소곡, 곡조, 선율, 성가, 아리아, 송가, 발라드, 찬가, 캐럴, 코랄, 찬송가, 자장가, 오페라, 랩소디, 절, 합창곡 등 음악의 서로 다른 형태를 지칭하는 수많은 단어를 갖고 있다(소나타, 칸타타, 교향곡, 사중주, 오푸스 등 특화된 음악 형태를 지칭하는 단어들은 말할 것도 없다). 이런 음악들 사이의 구분이 흥미로울 수도 있다. 음악은 형태에 따라 다른 종류의 메시지를 전달한다. 우리는 아이를 재우려고 국가를 부르거나, 트럭 박치기 대회 입장권을 팔 때 찬송가를 부르지는 않는다. 하지만 이렇게 노래와 음악을 구분하는 것이 무슨 소용이란 말인가? 사실 알류트족의 언어에서 눈을 지칭하는 단어는 영어보다 많지 않다. 이에 관한 흥미롭고 재미있는 에세이가 있다. Pullam, G. (1991). The great Eskimo vocabulary hoax. In *The Great Eskimo Vocabulary Hoax and Other Irreverent Essays on the Study of Language*, edited by G. Pullam. Chicago: University of Chicago Press, pp. 159 – 174.

9) '애니의 노래(Annie's Song)' 중 존 덴버가 "당신은 나의 감각을 충만하게 합니다(You fill up my senses)"라고 부르는 부분의 멜로디는 차이콥스키의 교향곡 5번 안단테 칸타빌레 악장의 메인 테마와 아주 비슷하다. 그다음 줄 "숲속의 빛처럼(like a light in the forest)"에서 덴버는 차이콥스키의 원래 하모니에 잘 머무르면서 그 테마를 변주하고 있다.

Denver, J. (1974). Annie's song. On *Annie's Song* [CD]. Delta Records. (1997).

Tchaikovsky, P. I. (1888). Symphony no. 5 in E minor, op. 64 [Recorded by M. Jansons (Conductor) and the Oslo Philharmonic Orchestra]. On Tchaikovsky: Symphony No. 5[CD]. Chandos Records. (1992).

10) 발음은 다음의 안내를 참고하라. http://www.kli.org/tlh/sounds.html.

11) 나도 아주 기발한 생각이라 스스로 감탄하면서 로잔느 캐시를 처음 만났을 때 그녀에게 정말로 '수(Sue)'라는 이름의 남자 형제가 있는지 물어보았다. 셀 실버스타인(Shel Silverstein)이 작곡하고 로잔느 캐시의 아버지 조니 캐시가 불러서 유명해진 곡, '수라는 이름의 소년(A Boy Named Sue)'을 염두에 두고 던진 질문이었다. 로잔느가 행여 내가 자신의 몸짓을 이해하지 못할까 봐 눈을 굴리며

말했다. 이 시점에서 그녀는 분명 나를 둔한 사람이라 생각했을 것이다. "그 질문이 왜 안 나오나 했어요." 내가 생각해도 나는 참 둔하다. 그렇게 아름답고 매력적인 여성 앞에서 더 지적인 말을 했으면 얼마나 좋았을까 생각하면서 그녀와의 만남을 몇 달 동안 머릿속으로 곰곰이 생각해본 후에야 그 농담이 얼마나 썰렁한 것인지 깨달았기 때문이다. 이 노래 속의 영웅은 아버지에게 수라는 이름을 받은 남자다. 사실 이 노래 끝에서 화자는 이렇게 노래한다. "만약 내게 아들이 있었다면 그 이름을 빌이나 조지로 불렀을 거야. 수만 아니면 돼!" 따라서 이 농담을 제대로 하려면 로잔느에게 수라는 남자 형제가 아니라 아버지의 이름이 정말 수였느냐고 물어봤어야 했다. 다음에 그녀를 다시 만났을 때(다행히도 그녀는 모든 것을 용서하는 넓은 아량을 갖고 있거나 나와 전에 만났던 것을 잊어버린 상태였다) 나는 이 부분을 지적했고, 그녀가 말하기를 자기는 이미 이 어지러운 논리의 사슬을 다 밟아보았다고 했다. 그리고 여전히 자기를 괴롭히는 사람들이 거의 모두 가상의 가족관계를 제대로 파악하지 못하고 남자 형제에 대해 물어보는 것을 보면 놀랍다고 했다.

Silverstein, S. (1969). A boy named Sue [Recorded by Johnny Cash]. On *This Is Johnny Cash* [LP]. Harmony Records.

12) Lewis, C., and Wright, A. (1966). When a man loves a woman [Recorded by Percy Sledge]. On *When a Man Loves a Woman* [LP]. Muscle Shoals, AL: Atlantic.

13) 물론 '베트남화(vientnamization)', '소리풍경(soundscape)' 같은 개개의 단어들과 마찬가지로 개개의 노래도 누군가에 의해 발명되는 것이다. 하지만 이것은 음악이나 언어 자체를 발명하는 것과는 다르다.

14) 심리학자들은 이것을 '마음의 이론(theory of mind)'이라 부른다. 이 용어는 1978년에 데이비드 프리맥(David Premack)과 가이 우드러프(Guy Woodruff)가 도입했고, 발달심리학 문헌에서 자주 사용되고 있다. 이것은 피아제(Piaget)가 말한 '객관성(objectivity)'과도 유사한 개념이다. 나는 '마음의 이론'은 너무 전문용어의 느낌이 나서 '조망수용(perspective taking)'이라는 용어를 사용하겠다. 이런 식으로 표현하면 아인슈타인이 관찰자의 조망(관점, perspective)의 중요성을 강조한 것과의 연관성이 분명해진다. 이것은 다른 관찰자들이 똑같은 사건을 서로 다르게 인식한다는 근본적으로 같은 개념이다.

Premack, D. G., and Woodruff , G. (1978). Does the chimpanzee have a theory of mind? *Behavioral and Brain Sciences* 1 (4): 515 – 526.

15) 옥타브는 한 음의 진동수가 다른 음의 절반 혹은 두 배일 때 그 두 음정 사이의 간격이라 생각할 수 있다. 평균적인 성인 남성의 목소리 진동수는 110Hz이고, 여성은 220Hz이다. (헤르츠(Hz)는 초당 진동수의 측정 단위다.)

16) 인간에서나 동물에서나 귀여움은 마음이 지각하고 해석해서 생기는 산물이지 어떤 대상이 내재적으로 갖고 있는 속성이 아니다.

17) 여기서는 코끼리 예술이나 다른 비슷한 시연 등 논란이 될 수 있는 질문은 제쳐두었다. 코끼리에게 붓, 물감을 주면 지시자의 지시를 따라 캔버스 위에 그림을 그린다. 여기서 나오는 그림은 아무래도 추상화로 분류해야 할 것이다. 몇몇 그림은 꽃을 닮기도 하지만 이 꽃 그림이 어디까지가 열성적인 인간 지시자의 작품이고, 어디까지가 코끼리의 작품인지 판단을 내리기가 어렵다. 적절한 악기만 주면 코끼리는 음악 비슷한 소리를 만들어낼 수도 있다. 내 동료 애니 파텔(Ani Patel)은 이 소리를 연구했는데 이 소리가 놀라울 정도로 안정적인 박자를 유지할 수 있다고 한다. 하지만 인간의 개입이 없이 코끼리나 다른 동물이 스스로 이런 활동에 참여한다는 증거는 없다. 따라서 이런 것들을 예술적 표현이라 부르는 것은 희망적 사고가 결합된 볼썽사나운 의인화라는 생각이 든다.

18) 2008년에 헬렌 벤들러(Helen Vendler)는 형식에 대해 더욱 유연한 태도를 받아들였다. 그녀는 형식을 스타일과 사실상 동일한 의미로 사용한다.
각각의 시는 기술적 전문성에 의해 기능을 갖추게 된 새로운 개인적 모험이다. 시를 쓰려는 시인의 도덕적 긴급성이 그의 기술만큼이나 실질적이란 것은 두말할 나위가 없지만 도덕적 긴급성만으로는 절대로 시가 나오지 않는다. 반면 기술적 전문성만으로도 충분하지 않은 것은 마찬가지다. 형식은 시인의 도덕적 긴급성과 자기현시(self-revelation) 방법론을 체화하는 필수적인 기술적 방법이다.
Vendler, H. (2008, January – February). Poems are not position papers. *Harvard Magazine* 25.

19) Barr, J. (2007). Is it poetry or is it verse? Poetry Foundation. Retrieved December 1, 2007, from http://www.poetryfoundation.org/journal/feature.html?id=178645, chap. 1.

20) Vendler, H. (2008, January – February). Poems are not position papers. *Harvard Magazine* 25.

21) Lakoff , G. (1987). *Women, Fire and Dangerous Things: What Categories Reveal About the Mind*. Chicago: University of Chicago Press.

22) Read, H. (1955). *Icon and Idea*. Cambridge, MA: Harvard University Press.

23) 이것은 다음의 자료에서 빌려왔다. Storr, A. (1992). *Music and the Mind*. New York: Ballantine Books, p. 2.

2장 우정의 노래

1) 모든 침략이 억누를 수 없는 공격성 때문에 일어났다는 의미는 아니다. 침략은 자원의 불평등한 분배 등 오늘날과 같은 종류의 갈등에서 비롯되는 경우가 많았다. 두 부족이 수백 년 동안 평화롭게 공존하다가도 한 부족의 개울이 마르거나 해서 물 자원이 사라지는 경우가 생길 수 있다. 이 부족은

물 없이는 죽을 수밖에 없는데 이웃 부족은 자신의 자원을 함께 쓸 생각이 없다. 그럼 물이 없는 부족은 죽을 것인지, 이기적인 이웃을 공격할 것인지 사이에서 결정을 내릴 수밖에 없었을 것이다.

2) Condon, W. S. (1982). Cultural microrhythms. In *Interaction Rhythms*, edited by M. Davis. New York: Human Sciences Press, pp. 53 - 77.

3) Kosfeld, M., M. Heinrichs, P. Zak, U. Fischbacher, and E. Fehr (2005). Oxytocin increases trust in humans. *Nature* 435: 673 - 676.

4) McNeill, W. (1995). *Keeping Together in Time: Dance and Drill in Human History*. Cambridge, MA: Harvard University Press, p. 55.

5) McNeill, W. (1995). *Keeping Together in Time: Dance and Drill in Human History*. Cambridge, MA: Harvard University Press, p. 2.

6) 이런 관습을 토식증이라고 하는데 여기서 말하는 토식증의 이로움은 꾸며낸 것이다.

7) 사례와 그와 관련된 표현은 내 동료 짐 플라맨던(Jim Plamandon)에게서 가져온 것이다. 그에게 감사의 마음을 전한다.

8) 물론 대부분은 어쩔 수 없이 징집되어 행진 훈련을 할 수밖에 없었을 것이다. 하지만 이 사례는 여전히 유효하다. 이런 행진에서 재미를 못 느낀 사람들은 남는 시간에 이것을 따로 연습해보지 않아서 전문가가 되지 못했을 것이다. 반면 행진을 즐기는 사람은 그것을 더 잘하게 됐을 것이고 전장에서도 능숙한 실력과 열정을 보여주었을 것이다. 사실 자연선택이 장기적으로는 살인을 좋아하는 공격적인 사이코패스를 선호하는 경향이 있어서 이들이 평화를 사랑하는 수동적인 사람들을 쓸어버리는 지경에 이를 수도 있다고 한다.

9) Mithen, S. (2005). *The Singing Neanderthals: The Origins of Music, Language, Mind and Body*. Cambridge, MA: Harvard University Press, p. 126.

10) 이것은 미던이 비슷한 표현을 통해 지적한 부분이다.
Mithen, S. (2005). *The Singing Neanderthals: The Origins of Music, Language, Mind and Body*. Cambridge, MA: Harvard University Press, p. 128.

11) Rose, Tricia. (1994). Black Noise: Rap Music and Black Culture in Contemporary America. Hanover, NH: Wesleyan University Press, p. 146.

12) 이 이야기와 이반 비에르한슬의 인용문은 《뉴욕타임스》에 실린 톰 스토파드의 연극 '로큰롤 (Rock'n Roll)'의 리뷰 기사에서 가져왔다. Parales, J. Rock 'n Revolution. *The New York Times*, November 11, 2007.

13) 사람을 구분하는 법은 정말 간단해 보였다. 머리가 장발이면 이런 운동을 지지하는 사람이었다. 장발을 한 사람들은 단발을 보면 전쟁에 참여하지도 않은 나라(캄보디아)의 죄 없는 아기들에게 네이팜탄을 퍼붓는 것에 찬성하는 사람, 백인이 다른 인종보다 우월하다고 믿는 사람, 록 음악을 싫어하는 사람이라 가정했다.

14) 1장 참조

15) 콕번의 인용문은 《워싱턴포스트》에 실린 기사에서 가져왔다. Harrington, R. (1984). The Long March of Bruce Cockburn: From Folkie to Rocker, Singing About Injustice. *Washington Post*, October 19.

3장 기쁨의 노래

1) 렌과 스팀피의 또 다른 유명한 노래로는 '해피 해피 조이 조이 송(Happy Happy Joy Joy Song)'이 있다. 이것도 마찬가지로 씩씩한 노래지만 내가 '통나무' 노래를 선택한 이유는 노래가 더 유치하고, 몇 줄 아래 나오는 슬링키 노래와도 연결되기 때문이다.

2) Shapiro, A. (1969). A pi lot program in music therapy with residents of a home for the aged. *The Gerontologist* 9(2): 128 - 133.

3) Marcus, G. (2008). *Kluge: The Haphazard Construction of the Human Mind*. New York: Houghton-Miffl in.

4) Huron, D. (2005). The plural pleasures of music. In *Proceedings of the 2004 Music and Music Science Conference*, edited by J. Sundberg and W. Brunson. Stockholm: Kungliga Musikhogskolan & KTH, pp. 1 - 13.

터프츠대학교의 음악인지 교수이자 《음악 지각(Music Perception)》의 전직 편집자였던 잠셰드 바루차는 이렇게 덧붙인다. "역겨움, 분노, 좋아함, 상쾌함 등 기분이 좋거나 나쁜 여러 가지 경험들은 문화적 익숙함 혹은 그런 익숙함을 위반하는 데서 생기는 결과입니다. 어떤 문화권에서는 메뚜기와 개를 맛있는 음식으로 여깁니다. 어떤 문화권에서는 그런 것을 먹는다는 생각만 해도 역겨움을 느낍니다. 오페라식 목소리에 익숙한 사람은 그 소리를 좋아합니다. 그렇지 않은 사람은 싫어하죠. 저는 서구의 고전 음악 발성을 가르치는 교사 중에 인도 카르나티크 지역의 고전적 발성을 코맹맹이 소리라며 싫어하는 사람들을 만나본 적이 있습니다. 그 발성법은 자기네가 가르치는 것과 모든 면에서 반대거든요. 전문 고전 음악가 중에는 다른 문화권의 고전 음악을 받아들이기 어려워하는 사람이 많습니다. 제일 높은 반열에 오른 인도의 고전 음악가 중에서 어린 시절에 서구 음악에 노출되지 않았던 나이 든 세대의 사람들은 베토벤 음악을 별거 아니라 생각하는 사람들이 있습니다. 그 반대도 마찬가지죠. 수준 높은 음악가들이 다른 형태의 음악에 어쩜 이렇게 무관심할 수 있을까 싶어 항상 놀랍니다. 모든 음악가는 아니지만 분명 여러 음악가에게 해당하는 말입니다."

5) 1장 참고

6) James, M. (1956). Suspicious minds [Recorded by Elvis Presley]. On *Suspicious Minds* [45rpm record]. RCA. (1969).
'의심하는 마음'은 파인 영 카니벌스(Fine Young Cannibals), 드와이트 요아캄(Dwight Yoakam), 로비 윌리엄스(Robbie Williams), 펑크 밴드 어베일(Avail) 등 여러 가수에 의해 녹음되었다.

7) Huron, D. (2005). The plural pleasures of music. *Proceedings of the 2004 Music and Music Science Conference*, edited by J. Sundberg and W. Brunson. Stockholm: Kungliga Musikhogskolan & KTH, p. 2.

8) 이 두 문장은 다음의 자료를 거의 직접 인용한 것이다.
Huron, D. (2005). The plural pleasures of music. *Proceedings of the 2004 Music and Music Science Conference*, edited by J. Sundberg and W. Brunson. Stockholm: Kungliga Musikhogskolan & KTH, p. 2.

9) Jeong, S. and M. T. Kim. (2007). Effects of a theory-driven music and movement program for stroke survivors in a community setting. *Applied Nursing Research* 20(3): 125-31.

10) 그 이유는 주어진 임의의 '시도(즉 친구가 카드 모양 알아맞히기를 시도할 때)'에서 하트, 클로버, 다이아몬드, 스페이드라는 네 가지 가능성이 존재하기 때문이다. 첫 번째 시도에서 당신은 스페이드 카드를 쥐고 있는데 친구는 하트라고 추측할 수 있다. 두 번째 시도에서 당신은 하트를 쥐고 있는데 친구는 다이아몬드라고 추측할 수 있다. 하지만 평균적으로 친구는 네 번에 한 번꼴로 정답을 맞힐 것이다. 친구가 진짜 무작위로 추측을 하고 있다면, 즉 카드의 모양에 대해 전혀 알지 못하고 있는 경우라면 말이다. 카드가 모두 하트일 리는 없지만 친구가 모든 시도에서 곧 죽어도 '하트'를 고집한다고 해도 여전히 25퍼센트의 확률로 정답을 맞히게 된다.

11) $C_{43}H_{66}N_{12}O_{12}S_2$. 시상하부에서 만들어진다.

12) Grape, C., M. Sandgren, L. O. Hansson, M. Ericson, and T. Theorell. (2003). Does singing promote well-being? *Integrative Physiological & Behavioral Science* 38(1): 65-74.

13) Kosfeld M., M. Heinrichs, P. Zak, U. Fischbacher, and E. Fehr. (2005). Oxytocin increases trust in humans. *Nature* 435: 673-676.

14) Freeman, W. J. (1995). *Societies of Brains: A Study in the Neuroscience of Love and Hate*. Hillsdale, NJ: Erlbaum.

15) Charnetski, C. J., G. C. Strand, M. L. Olexa, L. J. Turoczi, and J. M. Rinehart. (1989). The effect of music modality on immunoglobulin A (IgA). *Journal of the Pennsylvania Academy of Science* 63: 73 –76.

Kuhn, D. (2002). The effects of active and passive participation in musical activity on the immune system as mea sured by salivary immunoglobulin A (SIgA). *Journal of Music Therapy* 39(1): 30 –39.

McCraty, R., M. Atkinson, G. Rein, and A. D. Watkins. (1996). Music enhances the effect of positive emotional states on salivary IgA. *Stress Medicine* 12(3): 167 –175.

McKinney, C. H., M. H. Antoni, M. Kumar, F. C. Tims, and P. Mc-Cabe. (1997). Effects of guided imagery and music (GIM) therapy on mood and cortisol in healthy adults. *Health Psychology* 16(4): 390 –400.

McKinney, C. H., F. C. Tims, A. M. Kumar, M. Kumar. (1997). The effect of selected classical music and spontaneous imagery on plasma beta- endorphin. *Journal of Behavioral Medicine* 20(1): 85 –99.

Rider, M. S., and J. Achterberg. (1989). Effect of music- assisted imagery on neutrophils and lymphocytes. *Applied Psychophysiology and Biofeedback* 14(3): 247 –257.

Tsao, J., T. F. Gordon, C. Dileo, and C. Lerman. (1999). The effects of music and biological imagery on immune response. *Frontier Perspectives* 8: 26 –37.

16) $C_{13}H_{16}N_2O_2$

17) Kumar, A. M., F. Tims, D. G. Cruess, M. J. Mintzer, G. Ironson, D. Loewenstein, et al. (1999). Music therapy increases serum melatonin levels in patients with Alzheimer's disease. *Alternative Therapies in Health and Medicine* 5(6): 49 –57.

18) Carrillo- Vico, A., R. J. Reiter, P. J. Lardone, J. L. Herrera. R. Fernandez- Montesinos, J. M. Guerrero, et al. (2006). The modulatory role of melatonin on immune responsiveness. *Current Opinion in Investigating Drugs* 7(5): 423 –431.

19) Evers, S., and B. Suhr. (2000). Changes of the neurotransmitter serotonin but not of hormones during short time music perception. *European Archives of Psychiatry and Clinical Neuroscience* 250(3): 144 –147.

20) Gerra, G., A. Zaimovic, D. Franchini, M. Palladino, G. Giucastro, N. Reali, et al. (1998). Neuroendocrine responses of healthy volunteers to "techno- music": Relationships with personality traits and emotional state. *International Journal of Psychophysiology* 28(1): 99 –111.

21) Möckel, M., L. Röcker, T. Stork, J. Vollert, O. Danne, H. Eichstädt, et al. (1994). Immediate physiological responses of healthy volunteers to different types of music: Cardiovascular, hormonal and mental changes. *European Journal of Applied Physiology* 68(6): 451 – 459.

22) Huron, D. (2006). *Sweet Anticipation: Music and the Psychology of Expectation*. Cambridge, MA: MIT Press.
이 책에 대한 훌륭한 리뷰가 있으니 참고하길 바란다.
Stevens, C., and T. Byron. (2007). Sweet anticipation: Music and the psychology of expectation. [Review of the book *Sweet Anticipation: Music and the Psychology of Expectation*]. *Music Perception* 24(5): 511 – 514.

23) Vines, B. W., R. L. Nuzzo, and D. J. Levitin. (2005). Analyzing temporal dynamics in music: Differential calculus, physics, and functional data analysis techniques. *Music Perception* 23(2): 137 – 152.

24) 사실 작곡가들은 이런 전통을 어기고 긴장이 아예 없는 작품이나 해소가 아닌 긴장으로 마무리되는 작품 등을 쓰기도 한다. 하지만 일반적인 경우와 비교하면 이런 경우는 상대적으로 드물다. 사실 이런 상대적 희소성 때문에 이런 곡들은 사람을 놀라게 하는 힘을 갖게 된다.

25) 이 대목은 잠셰드 바루차의 말에서 가져왔다.

26) Arlen, H., and E. Y. Harburg. (1939). Over the rainbow [Recorded by Judy Garland]. On *Over the Rainbow* [LP]. Pickwick Records.

27) Lennon, J., and P. McCartney. (1963). She Loves You [Recorded by The Beatles]. On *She Loves You* [45rpm record]. London: Parlophone Records.

28) *Oprah Winfrey*. (n.d.). Retrieved March 7, 2008, from http://en.wikiquote.org/wiki/Oprah Winfrey, accessed March 7, 2008.

4장 위로의 노래

1) 1970년대에(내가 삼보 레스토랑에서 주방장을 하기 몇 년 전) 나는 캘리포니아 소살리토에 있는 해산물 레스토랑 스코마(Scoma)에서 설거지 담당으로 일했다. 거기서 우리는 존 핸디(John Handy)의 '하드 워크(Hard Work)'라는 곡을 자주 들었다. 매일 저녁 교대 근무가 시작되는 시간이면 매니저가 이 곡을 틀었고, 그럼 우리는 몰려들 손님을 받을 채비를 하느라 분주해졌다. 음식을 준비하고, 냄비와 프라이팬을 깨끗이 닦고, 탁자를 세팅하고, 메뉴를 출력하는 등의 고된 노동에는 스트레스가 따라왔지만 매니저가 틀어놓은 음악 덕분에 그런 스트레스가 적잖이 해소될 수 있었다. 이 음악이 흘러나올 때면 잔뜩 긴장해 있던 어깨에 힘이 빠지면서 발걸음도 가벼워지고, 동작도 더 부드럽고 우아해졌다. 이 곡은 무거운 비트와 I-bVII 뱀프(vamp, 특정의 멜로디 라인이 표시할 수 없는 심플

한 리듬 패턴 위주로 구성된 부분 - 옮긴이) 때문에 중력처럼 무거운 느낌이 들었지만 연주를 아주 쾌활하고 힘차게 하기 때문에 거의 헬륨처럼 가벼운 느낌이 든다. 그 덕에 힘들고 단조로운 일에 활력이 느껴지고, 목적의식에서 나오는 긴장감, 그리고 모든 일이 잘 진행되리라는 자신감이 생긴다. 뱀프가 있는 곡들은 그루브가 생기는 경우가 많은데 이것이 시간을 초월하는 느낌을 준다. 그래서 시간의 흐름을 잊어버리고 무언가 잘못되어도 그냥 다시 하면 되지 싶고, 아무 문제 없을 것 같은 기분이 든다. 시간이 촉박하다는 생각은 이 노래의 평행우주 속에서는 사라져 버린다. 이 평행우주 안에서는 비트가 규칙적이고 리드미컬한 간격으로 펼쳐지며 노래가 거침없이 앞으로 나가지만 일상의 시간은 정지한 듯 여겨진다.

2) 시베리아 출신의 유대인 이민자 어빙 벌린은 이 곡을 1918년에 썼다. 1938년에 그는 이 곡을 개작했고, 그 해 제1차 세계대전 평화기념일에 케이트 스미스(Kate Smith)의 노래로 다시 소개됐다. 여러 해 동안 이 곡을 미국의 공식 국가로 제정하자는 움직임이 있었다. 전하는 바에 따르면 우디 거스리(Woody Guthrie)가 '신이시여, 미국을 축복하소서'에 대한 음악적 화답으로 '이 땅은 너의 땅(The Land Is Your Land)'을 작곡했다고 한다. 작곡가 권리를 대변하는 단체인 ASCAP에서 보고한 바에 따르면 '신이시여, 미국을 축복하소서'가 9·11테러 다음 달에 방송을 압도적으로 많이 탔었다고 한다.

3) Brean, J. (December 8, 2007). Chemicals play key role in a person's appreciation of sad music, expert says. [Electronic version]. *National Post*. Retrieved March 5, 2008, from http://www.nationalpost.com/ Story.html ?id = 154661.

5장 지식의 노래

1) Tuttle, M. D., and M. J. Ryan, (1982). The role of synchronized calling, ambient light, and ambient noise, in anti-bat-predator behavior of a treefrog. *Behavioral Ecology and Sociobiology* 11: 125 - 131.

2) 4장 참조

3) Saffran, J. R., M. M. Loman, and R. R. Robertson. (2000). Infant memory for musical experiences. *Cognition* 77(1): B15 - B23.

4) Trehub, S. (2003). The developmental origins of musicality. *Nature Neuroscience* 6(7): 669 - 673. 다음에 요약되어 있다.
Cross, I. (in press). The evolutionary nature of musical meaning. *Musicae Scientiae*.

연관된 다음의 아이디어도 참조하라.

Cross, I. (2007). Music and cognitive evolution. In *Handbook of Evolutionary Psychology*, edited by R. I. Dunbar and L. Barrett. Oxford, UK: Oxford University Press, pp. 649 – 667.

Cross, I. (in press). Music as a communicative medium. In *The Prehistory of Language* (Vol. 1), edited by C. Knight and C. Henshilwood. Oxford, UK: Oxford University Press.

Cross, I. (in press). Musicality and the human capacity for culture. *Musicae Scientiae*.

5) Dissanayake, E. (2000). Antecedents of the temporal arts in early mother – infant interactions. In *The Origins of Music*, edited by N. Wallin, B. Merker, and S. Brown. Cambridge, MA: M.I.T. Press, pp. 389 – 407.

Gratier, M. (1999). Expressions of belonging: The effect of acculturation on the rhythm and harmony of mother – infant interaction. *Musicae Scientiae* Special Issue: 93 – 112.

6) Owings and Morton call this "expressive size symbolism." Owings, D. H., and E. S. Morton. (1998). *Animal Vocal Communication: A New Approach*. Cambridge, UK: Cambridge University Press.
다음의 자료도 참고하라.

Cross, I. (in press). The evolutionary nature of musical meaning. *Musicae Scientiae*.

7) Robison, P. (n.d) *Blackwalnut Interiors*. Unpublished manuscript. 미발표 원고. 이 자료를 제공해준 폴라 로비슨의 손자 토비 로비슨(Toby Robison)에게 감사드린다.

8) Lord, A. B. (1960). *The Singer of Tales*. Cambridge, MA: Harvard University Press.

9) Lord, A. B. (1960). *The Singer of Tales*. Cambridge, MA: Harvard University Press.

10) D'Azevedo, W. L. (1962). Uses of the past in Gola discourse. *Journal of African History* 3: 11 – 34.

11) Sacks, O. (2007). *Musicophilia: Tales of Music and the Brain*. New York: Knopf, p. 280.

12) Banks, T., P. Collins, and M. Rutherford. (1986). In too deep [Recorded by Genesis]. On *Invisible Touch* [CD]. Virgin Records.

13) Adams, B., and R. Lange. (1993). Please forgive me [Recorded by Bryan Adams]. On *So Far So Good* [CD]. A&M Records.

14) Wallace, W. T., and D. C. Rubin. (1988). "The wreck of the old 97"
노래에서 기억하는 실제 사건: In *Remembering Reconsidered: Ecological and Traditional Approaches to the Study of Memory*, edited by U. Neisser and E. Winograd. Cambridge, UK: Cambridge University Press, pp. 283 – 310.

15) Bartlett, F. C. (1932). *Remembering: A Study in Experimental and Social Psychology*. London: Cambridge University Press.

16) Kintsch, W. (1988). The role of knowledge in discourse comprehension: A construction-integration model. *Psychological Review* 95(2): 163 – 182.
Schwanenflugel, P. J., and K. L. LaCount. (1988). Semantic relatedness and the scope of facilitation for upcoming words in sentences. *Journal of Experimental Psychology: Learning, Memory, and Cognition*, 14: 344 – 354.

17) Wallace, W. T, and D. C. Rubin. (1991). Characteristics and constraints in ballads and their effects on memory. *Discourse Processes* 14: 181 – 202.

18) Wallace, W. T., and D. C. Rubin. (1988). "The wreck of the old 97"
노래에서 기억하는 실제 사건: In *Remembering Reconsidered: Ecological and Traditional Approaches to the Study of Memory*, edited by U. Neisser and E. Winograd. Cambridge, UK: Cambridge University Press, pp. 283 – 310.

19) Rubin, D. C. (1995). *Memory in Oral Traditions: The Cognitive Psychology of Epic, Ballads, and Counting-out Rhymes*. New York: Oxford University Press, p 179.

20) Rubin D. C. (1977). Very long- term memory for prose and verse. *Journal of Verbal Learning and Verbal Behavior* 16(5): 611 – 621.

21) "우리 미국 국민은 보다 완전한 연합을 형성하고, 정의를 확립하며, 국내의 평안을 보장하고, 공동 방위를 제공하며, 국민 복지를 증진하고, 우리와 우리의 후손들에게 자유의 축복을 보장하기 위하여 이 미국 헌법을 제정한다."

22) 내 대학원 학생이자 캐나다에서 최고의 재즈 기타리스트 중 한 명으로 인정받는 마이크 루드(Mike Rud)는 내게 이렇게 말했다. "내가 캐나다인으로서 아주 어렸을 때 미국 헌법 전문을 처음 접한 것은 ABC의 토요일 모닝카툰에 나온 교육용 애니메이션 '스쿨하우스 록(Schoolhouse Rock)' 버전이었습니다. 요즘에 스쿨하우스 록에 대한 관심이 되살아나면서 DVD가 재발매되기도 했죠. 이 헌법 전문 구절을 외우는 데는 아름답지만 다소 복잡한 원문보다는 이 평키한 멜로디가 더 도움이 됐습니다. 이 문장은 주어가 나오고 30단어 후에야 동사가 등장합니다! 하지만 이 곡의 멜로디에는 독특한 제약이 들어 있어서 아이들이 외우기 어려운 산문을 기억하는 데 도움이 되죠."

23) Rubin, D. C. (1995). *Memory in Oral Traditions: The Cognitive Psychology of Epic, Ballads, and Counting-out Rhymes*. New York: Oxford University Press, p. 179.
루빈은 다음의 자료도 인용하고 있다.

Bakker, E. J. (1990). Homeric discourse and enjambement: A cognitive approach. *Transactions of the American Philological Association* 120: 1–21.

Lord, A. B. (1960). *The Singer of Tales*. Cambridge, MA: Harvard University Press.

Parry, M. (1971a). Homeric formulae and Homeric metre. In *The making of Homeric Verse: The Collected Papers of Milman Parry*, edited and translated by A. Parry. Oxford, UK: Oxford University Press. (Original work published 1928), pp. 191–239.

Parry, M. (1971b). The traditional epithet in Homer. In *The making of Homeric verse: The Collected papers of Milman Parry*, edited and translated by A. Parry. Oxford, UK: Oxford University Press, pp. 1–190. (Original work published 1928).

24) 시작법(poetics)을 이용해서 기억하는 또 다른 훌륭한 사례를 잠셰드 바루차가 내게 알려주었다. 인도 사람 라만 마하데반(Rajan Mahadevan)은 한때 원주율 값을 소수점 아래 3천 자리 넘게 암기해서 기네스북에 올랐던 적이 있다. 그가 바루차에게 자신이 덩어리 만들기, 운율, 각운을 어떻게 이용하는지 보여주었다. 그의 숫자 기억 능력(digit span)과 공간 기억 능력은 일반인과 크게 다르지 않았다. 하지만 덩어리 만들기, 시작법, 그리고 엄청난 훈련을 통해 그는 이렇게 긴 숫자를 외울 수 있었다.

25) Klahr, D., W. G. Chase, and E. A. Lovelace. (1983). Structure and process in alphabetic retrieval. *Journal of Experimental Psychology: Learning, Memory, and Cognition* 9(3): 462–477.

26) Oliver, W. L., and K. A. Ericsson. (1986). Repertory actors' memory for their parts. In *Proceedings of the Eighth Annual Conference of the Cognitive Science Society*. Hillsdale, NJ: Erlbaum, pp. 399–406.

27) 이 이야기는 1991년 11월에 카페러가 데이비드 루빈에게 개인적으로 전해준 이야기다.
Rubin, D. C. (1995). Memory in *Oral Traditions*. New York: Oxford University Press, p. 190.

28) Rubin, D. C. (1995). Memory in *Oral Traditions*. New York: Oxford University Press, p. 198.

29) 조로아스터교 기도의 해당 구절을 알려준 잠셰드 바루차에게 감사드린다.

30) *On the Correspondence of Music, Musical Instruments and Singing to the Norms of Islam*. (2005). Retrieved March 6, 2008, from http://umma .ws/ Fatwa/ music/.

31) 나는 여기서 이야기를 어느 정도 단순화하고 있다. 토라와 그 전달에 관한 구체적인 사항은 이 책의 주된 관심사가 아니기 때문이다. 그보다는 토라는 음악이 입혀져 있기 때문에 지식의 노래의 훌륭한 사례라는 점에 초점을 맞추고 있다. 하지만 이 주석에서는 조금 범위를 넓혀서 설명해볼까 한다. 전통적인 랍비의 출처에 따르면 신이 모세에게 토라 전체를 하사했고, 이것은 두 부분으로 이루어져 있었다. 토라 본문(Torah proper, 글로 적을 수 있는 부분), 그리고 해설과 교정을 위한 시스템

인 구전 토라(Oral Torah)다. 랍비들에 따르면 구전 토라는 천 년 동안 글로 옮기지 않은 부분이고, 그에 관해 많은 논란이 있었다고 한다. 하지만 우리가 모세 5경(구약성서의 첫 5장인 창세기, 출애굽기, 민수기, 역대기, 신명기)이라고 부르는 소위 '성문 토라(Written Torah)'도 실제로는 수백 년 동안 글로 옮겨지지 않았을 가능성이 있다. 이 부분에 대해서는 랍비의 가르침에 기대는 수밖에 없다. 지금까지 알려지고 보존된 최초의 문헌인 사해문서도 탄소연대측정을 해보면 빨라야 기원전 2세기경이다. 따라서 성문 토라가 구전 토라보다 먼저 글로 옮겨졌다고 확인할 수 있는 독립적인 증거가 없다. 양쪽으로 나뉘어 논쟁이 이루어지고 있지만 현시점에서는 논쟁을 해소할 물리적 증거가 나와 있지 않다.

32) 이런 추론을 하게 된 한 가지 근거는 1980년대에 에티오피아에서 발견된 유대인들 때문이다. 이들은 2천 년 정도 다른 유대인들과의 접촉 없이 단절되어 있었고, 시바 여왕과 솔로몬 왕 사이에서 이어져 내려온 후손으로 여겨지고 있다. DNA 연구로는 이들의 유전적 혈통을 밝히는 데 실패했다. 현대의 에티오피아 유대인들은 지역 개종자들의 후손이라는 것이 현재 학계의 지배적인 관점이다. 그럼에도 발견될 당시 이들은 자기네가 세상에서 유일한 유대인이라 믿고 있었다. 이들은 현대 유대인과 비슷한 토라 문서와 규율을 갖고 있었지만 부림절과 하누카 등 성서 이후에 생긴 휴일을 기념하지 않았다. 이런 휴일이 자리 잡은 이후로 나머지 유대인들과 단절되어 살아왔기 때문이다. 이들이 종교적 노래, 시편, 토라를 위해 부르는 많은 멜로디는 현재 불리는 것과는 차이가 있다. 어떤 사람은 이 멜로디가 솔로몬 왕이 불렀던 원래의 멜로디에 더 가까울 것이고, 따라서 다윗 왕, 모세, 성서 시대 유대인들이 부르던 멜로디에 더 가까울지도 모른다고 믿는다. 여기서의 요점은 2천 년 동안 분리되어 있었던 이 두 집단 사이에서 멜로디가 표류하며 변화했음을 반박하기 어렵고, 이는 멜로디가 시간의 흐름 속에서 변할 수 있고, 또 실제로 변하고 있으며, 멜로디가 변한다면 가사도 변할 수 있음을 말해주는 증거라는 것이다.

33) 이 노래는 행크 윌리엄스, 오브리 개스, 텍스 리터(Tex Ritter) 등이 불렀다.

Gass, A. (1949). Dear John [Recorded by Hank Williams]. On *Dear John* [45rpm record]. MGM Records. (1951).

34) 앞에서 인용했던 참고문헌에 더하여 컴퓨터 과학/인공지능 관점에 대한 내용은 다음의 자료를 참고하라.

Gill, S. P. (2007). Entrainment and musicality in the human system interface. *AI & Society* 21(4): 567 – 605.

35) 다음의 사례를 참고하라.

Gordon, D. M. (1999). *Ants at Work: How an Insect Society Is Organized*. New York: The Free Press.

Johnson, S. (2001). *Emergence: The Connected Lives of Ants, Brains, Cities, and Software*. New York: Scribner.

Strogatz, S. H. (1994). *Nonlinear Dynamics and Chaos: With Applications to Physics*, Biology, *Chemistry and*

Engineering. Cambridge, MA: Perseus Books.

Strogatz, S. H. (2003). *Sync: How Order Emerges from Chaos in the Universe, Nature, and Daily Life*. New York: Hyperion.

Wiggins, S. (2003). *Introduction to Applied Nonlinear Dynamical Systems and Chaos*. New York: Springer-Verlag.

36) 프로듀서 겸 음악전문가 샌디 펄먼에 따르면 대중음악을 믹싱하는 예술 속에는 비선형적인 요소가 들어 있다. 악기 연주 부분들이 서로 상호작용을 일으키고, 신호처리장치들과도 상호작용하면서 쉽게 예측하거나 특징지을 수 없는 결과물을 만들어내기 때문이다.

단일 상호작용을 계산하는 데 필요한 수학은 뉴턴 시절의 수학 정도면 충분하다. 하지만 이 모든 상호작용을 모형화하는 데는 그보다 훨씬 큰 계산 용량이 필요하다. 우리는 그런 용량을 갖추었지만 뉴턴은 그렇지 못했다. (컴퓨터가 없었던 뉴턴은 5만 마리 개미는 고사하고 행성 세 개의 특징을 규명하는 데 필요한 계산도 불가능했다. 계산할 것이 너무 많고, 구성 요소의 수가 늘어날수록 그에 필요한 계산의 양은 기하급수적으로 많아지기 때문이다.)

37) 이 내용에 대해서는 동료 프레더릭 귀샤르(Frederic Guichard)에게 감사드린다.

38) *Bill Evans Quotes*. (n.d.). Retrieved March 7, 2008, from http://thinkexist.com/quotes/bill evans/.

6장 종교의 노래

1) 초기에는 네안데르탈인이 곰을 숭배하고 매장 의식이 있었다는 등의 잘못된 보고가 있었지만 사실 그들이 상징적인 행동을 하거나 상징적인 물건을 생산했다는 실질적인 증거는 없다. 매장은 그저 하이에나가 거주지로 침입해 들어오는 것을 막기 위한 방법이었을지도 모른다. 실제 자료는 내가 여기서 제안하는 것보다 살짝 더 모호하다. 이 부분에 관심이 있는 독자는 다음의 자료를 참고하기 바란다.

Mithen, S. (2001). The evolution of imagination: An archaeological perspective. *SubStance* 30(1&2): 28–54.

2) 현대 사회를 보면 모든 사람이 종교를 갖고 있는 것은 아니지만, 이것은 민주 사회에서 생각의 자유가 커지면서 비교적 최근에 일어난 상황이다. 옛날에는 국가나 공동체에서 승인한 종교를 믿지 않으면 보통 죽음을 맞이했다.

3) 다음을 참조하라. Dawkins, R. (1976). *The Selfish Gene*. Oxford, UK: Oxford University Press.

노래하는 뇌

4) Durkheim, É. (1965). *The Elementary Forms of the Religious Life*, translated by J. W. Swain. New York: The Free Press, p. 87. (Original work published 1912).

5) 내가 지금 찻잔에 담가놓은 비글로우티(Bigelow Tea Company)의 티백 바깥 면에는 "녹차를 마시는 고대의 의례에 빠져보세요."라고 적혀 있지만, 차를 마시는 것이 습관이고, 의례의 일부분에 해당할 수는 있어도 엄밀한 의미에서 그 자체로 의례라 할 수는 없다.

6) Rappaport, R. A. (1971). The sacred in human evolution. *Annual Review of Ecology and Systematics*, 2, p. 25.

7) Boyer, P. and P. Liénard. (2006). Why ritualized behavior? Precaution Systems and action parsing in developmental, pathological and cultural rituals. *Behavioral and Brain Sciences* 29(6): 1 – 56.

8) Evans, D. W., M. E. Milanak, B. Medeiros, and J. L. Ross. (2002). Magical beliefs and rituals in young children. *Child Psychiatry and Human Development* 33(1): 43 – 58.

9) Dulaney, S., and A. P. Fiske. (1994). Cultural rituals and obsessive- compulsive disorder: Is there a common psychological mechanism? *Ethos* 22(3): 243 – 283.
Zohar, A. H., and L. Felz. (2001). Ritualistic behavior in young children. *Journal of Abnormal Child Psychology* 29(2): 121 – 128.

10) Leckman, J. F., R. Feldman, J. E. Swain, V. Eicher, N. Thompson, and L. C. Mayes. (2004) Primary parental preoccupation: Circuits, genes, and the crucial role of the environment. *Journal of Neural Transmission* 111(7): 753 – 771.

11) Boyer, P., and P. Lienard. (2006). Why ritualized behavior? Precaution Systems and action parsing in developmental, pathological and cultural rituals. *Behavioral and Brain Sciences* 29(6): 10.

12) Canales, J. J., and A. M. Graybiel. (2000). A mea sure of striatal function predicts motor stereotypy. *Nature Neuroscience* 3(4): 377 – 383.
Graybiel, A. M. (1998). The basal ganglia and chunking of action repertoires. *Neurobiology of Learning and Memory* 70(1 – 2): 119 – 136.
Rauch, S. L., P. J. Whalen, C. R. Savage, T. Curran, A. Kendrick, H. D. Brown, et al. (1997). Striatal recruitment during an implicit sequence learning task as mea sured by functional magnetic resonance imaging. *Human Brain Mapping* 5(2): 124 – 132.
Saxena, S., A. L. Brody, K. M. Maidment, E. C. Smith, N. Zohrabi, E. Katz, et al. (2004). Cerebral glucose metabolism in obsessive-compulsive hoarding. *American Journal of Psychiatry* 161(6): 1038 – 1048.

Saxena, S., A. L. Brody, J. M. Schwartz, and L. R. Baxter. (1998). Neuroimaging and frontal-subcortical circuitry in obsessive-compulsive disorder. *British Journal of Psychiatry* (Suppl. 35): 26 - 37.

13) Szechtman, H., and E. Woody. (2004). Obsessive- compulsive disorder as a disturbance of security motivation. *Psychological Review* 111(1): 111 - 127.

14) Fiske, A. P., and N. Haslam. (1997). Is obsessive- compulsive disorder a pathology of the human disposition to perform socially meaningful rituals? Evidence of similar content. *Journal of Nervous and Mental Disease* 185(4): 211 - 222.

15) Boyer, P., and P. Lienard. (2006). Why ritualized behavior? Precaution systems and action parsing in developmental, pathological and cultural rituals. *Behavioral and Brain Sciences* 29(6): 1 - 56. 다음도 참조하라. Sapolsky, R. (1994). *Why Zebras Don't Get Ulcers*. New York: Henry Holt.

16) Wolf, R. K. (2006). *The Black Cow's Footprint: Time, Space, and Music in the Lives of the Kotas of South India*. Urbana, IL: University of Illinois Press. 이 의례를 찾아서 요약해준 비안카에게 감사드린다.

17) *Missa Jubilate Deo*. (XI -XIII cent.) Kyrie from Mass XVI, 200. Audio and score available at http:// www.adoremus.org/Kyrie.html.

18) Feld, S. (1996). Pygmy POP: A genealogy of schizophonic mimesis. *Yearbook for Traditional Music* 28: 1 -35. Turnbull, C. (1961). *The Forest People*. New York: Simon and Shuster. Turnbull, C. (1965). *Wayward Servants: The Two Worlds of the African Pygmies*. Garden City, NY: Natural History Press.

19) Cooke, P. (1980). Pygmy music. In *The New Grove Dictionary of Music and Musicians*, 15th edition p. 483.

20) Feld, S. (1996). Pygmy POP: A genealogy of schizophonic mimesis. *Yearbook for Traditional Music* 28: 1 -35.

21) 조니는 이렇게 덧붙였다. "천지창조는 원래 어머니 대지에 관한 이야기였어요. 모든 원시인이 이 이야기를 믿죠. 나도 마음속은 원시인이에요. 원래의 이야기는 더 똑똑한 신화예요. 모든 게 다 신화죠. 하지만 모든 신화 중에서도 그것이 이 지구 위에 살아가는 데 필요한 가장 똑똑한 신화입니다. '어머니 대지가 아비 없이 창조를 낳았다.' 그리고 이것이 '어머니 대지가 아비와 함께 지구를 낳았다'로 진화했죠. 그리고 이것은 다시 '어머니 대지가 죽임을 당했다'로 퇴화하게 됩니다. 그리고 결국에는 마지막 신화로 귀결되죠. 바로 '아비가 어미 없이 지구를 낳았다'라는 신화입니다. 그리하여 우

리는 이렇게 여신이 존재하지 않는 세상에 살게 된 것입니다. 균형은 깨져버렸고, 더는 어머니 대지도, 아버지 하늘도 존재하지 않아요. 어머니 대지는 죽임을 당했고, 결국 우리에게는 자기도취에 빠져 전쟁을 사랑하고, 여성을 혐오하는 종교만 남았죠. 그것이 바로 기독교, 이슬람교, 유대교입니다. 그들은 그게 아니라 가르치려 들지만 사실이 그래요. 이런 종교들은 근본적으로 여성의 원리(feminine principal)를 증오하고 그 원리가 세상을 지배하는 것을 증오해요."

22) Rappaport, R. A. (1971). The sacred in human evolution. *Annual Review of Ecology and Systematics*: 23–44.

23) Otto, R. (1923). *The Idea of the Holy*, translated by J. W. Harvey. London: Oxford University Press. (Original work published 1917).

24) Erikson, E. (1968). The development of ritualization. In *The Religious Situation*, edited by D. Cutler. Boston: Beacon, pp. 711–733.
Rappaport, R. A. (1971). The sacred in human evolution. *Annual Review of Ecology and Systematics*, 23–44.

25) 이 부분을 밝히기 위한 야심찬 계획이 다음의 기념비적인 저작에서 시작됐다.
Lerdahl, F., and R. Jackendoff . (1983). *A Generative Theory of Tonal Grammar*. Cambridge, MA: MIT Press.

26) 원래의 멜로디는 사라졌지만 이스라엘의 작고 외딴 한 마을 벧세메스(Bet Shemesh)의 유대교 회당 예배에서 나는 여러 세기 동안 긴밀한 공동체로 살아온 모로코 유대인들이 부르는 노래를 들은 적이 있다. 그 멜로디는 노래 자체만큼이나 오래된 듯했고, 정교하게 장식된 아름다운 단조의 화음으로 이루어져 있었다. 이것이 다윗 왕이 작곡했던 것에 꽤 가까운 음악인지도 모르겠다.

27) 그럼 과학자나 무신론자는 이렇게 물을 것이다. "신이 정말로 자기중심주의자(egotist)가 아니라면 어째서 우리를 신을 필요로 하는 존재로 만들었는가?" 이런 논란은 이 책의 범위를 넘지만 관심 있는 독자라면 대니얼 데닛의 《주문을 깨다(Breaking the Spell)》를 읽어보기 바란다. Dennett, D. C. (2006). *Breaking the Spell: Religion as a Natural Phenomenon*. New York: Viking.

7장 사랑의 노래

1) 이 인용문의 첫 부분은 내가 1980년에 프랭크와 진행한 전화 인터뷰에서 따왔다. 두 번째 부분은 다음의 그의 자서전에서 가져왔다. Zappa, F., and P. Occhiogrosso. (1999). *The Real Frank Zappa Book*.

New York: Touchstone, p. 89.

2) Vonnegut, K. (1976). *Slapstick: Or Lonesome No More!* New York: Delta Books, pp. 2 - 3.

3) 가브리엘 가르시아 마르케스는 《콜레라 시대의 사랑》에서 이렇게 적었다. "그의 아내 페르미나 다시는 열대의 꽃과 가축에 정신을 못 차릴 정도로 빠져 있었고, 결혼 초기에는 시작한 지 얼마 안 된 사랑의 신선함을 기회 삼아 이런 꽃과 가축을 상식을 벗어날 정도로 많이 집안에 들여놓았다." Garcia Marquez, G. (1989). *Love in the Time of Cholera*, translated by E. Grossman. London: Penguin, p. 21. (Original work published 1985).

4) 고대 그리스인들은 이미 사랑을 분류하여 열 가지 서로 다른 형태로 구별했다. 그리고 심리학자 존 앨런(John Alan)은 이것을 여섯 가지로 구분해놓았다. 다음의 자료를 참고하라. Lee, J. A. (1976). *The Colours of Love*. Englewood Cliff s, NJ: Prentice - Hall.
이 두 가지 분류 모두 사람들이 행동하는 방식(유쾌함, 너그러움)을 사람들이 느끼는 방식(질투, 열정), 그리고 그 밑에 자리 잡은 통합 원리(애착, 그리움, 성욕)와 혼동하고 있다. 《우리가 사랑하는 이유(Why We Love)》라는 책에서 헬렌 피셔(Helen Fisher)는 이것을 낭만적 사랑, 애착, 성욕 이렇게 세 가지 형태로 줄일 수 있다고 주장한다. Fisher, H. (2004). *Why We Love: The Nature and Chemistry of Romantic Love*. New York: Henry Holt.
나는 성욕을 애착적 사랑(attachment love)의 한 요소로 포함하지 않고 그 자체로 사랑의 한 형태로 포함하는 것이 좀 이상하게 느껴진다. 그런 점에서 나는 로버트 스턴버그(Robert Sternberg)의 사랑의 삼각 이론(triangular theory of love)이 더 매력적으로 느껴진다. 이 이론에서는 사랑의 다양한 형태가 모두 열정(passion), 친밀함(intimacy), 헌신(commitment)이라는 세 가지 기본 요소의 조합으로 만들어진다고 주장한다. Sternberg, R. J. (1986). A triangular theory of love. *Psychological Review* 93 (2): 119 - 135. / Sternberg, R. J. (1988). *The Triangle of Love: Intimacy, Passion, Commitment*. New York: Basic Books.
하지만 스턴버그의 시스템으로는 정의 같은 이상에 대한 사랑, 조국에 대한 사랑 등을 설명하기가 쉽지 않다. 그였다면 이 두 가지 모두 '헌신과 열정'의 조합으로 설명하겠지만 내가 보기에 이런 설명은 우리가 조국을 사랑할 때와 낭만적인 파트너를 사랑할 때 느끼는 서로 다른 감정을 담아내지 못하고 있다. 이 둘은 분명 다른 현상이다. 그리고 내가 생각하기에 그보다 더 중요한 점은 이것들이 모두 사랑은 곧 아끼는 마음이라는 근본적 공통점을 놓치고 있다는 것이다.

5) Garcia Marquez, G. (1989). *Love in the Time of Cholera*, translated by E. Grossman. London: Penguin, p. 14 (Original work published 1985).

6) Ford, R. I. (1971). An ecological perspective of the eastern pueblos. In *New Perspectives on the Eastern Pueblos*, edited by A. Ortiz Albuquerque, NM: University of New Mexico Press.

노래하는 뇌

7) Deacon, T. W. (1997). What makes the human brain different? *Annual Review of Anthropology* 26: 337 – 357.

8) Diamond, J. (1997). *Why Is Sex Fun?* New York: Basic Books. 수컷 얼룩말과 고릴라, 수컷 긴팔원숭이, 갈색망토타마린 원숭이 등의 예외는 있다.

9) Diamond, J. (1997). *Why Is Sex Fun?* New York: Basic Books.

10) Diamond, J. (1997). *Why Is Sex Fun?* New York: Basic Books.

11) Hudspeth, A. J. (1997). How hearing happens. *Neuron* 19: 947 – 950.

12) Hughes, H. C. (1999). *Sensory Exotica: A World Beyond Human Experience.* Cambridge: MA: MIT Press.

13) Colamarino, S., and M. Tessier- Lavigne. (1995). The role of the floorplate in axon guidance. *Annual Review of Neuroscience* 18, 497 – 529.

Deacon, T. W. (1997). What makes the human brain different? *Annual Review of Anthropology* 26: 337 – 357.

Friedman, G., and D. D. O'Leary. (1996). Retroviral misexpression of engrailed genes in the chick optic tectum perturbs the topographic targeting of retinal axons. *Journal of Neuroscience* 16(17): 5498 – 5509.

Kennedy, T. E., T. Serafi ni, J. R. de la Torre, and M. Tessier- Lavigne. (1994). Netrins are diffusible chemotropic factors for commissural axons in the embryonic spinal chord. *Cell* 78: 425 – 435.

14) Balaban, E., M. A. Teillet, N. Le Douarin. (1988). Application of the quail- chick chimera system to the study of brain development and behavior. *Science* 241(4871): 1339 – 1342.

15) Ujhelyi, M. (1996). Is there any intermediate stage between animal communication and language? *Journal of Theoretical Biology* 180(1): 71 – 76.

16) Allman, J. M. (1999). *Evolving Brains.* New York: Scientific American Library/W.H. Freeman.

17) Aiello, L, and P. Wheeler. (1995). The expensive tissue hypothesis: The brain and the digestive system in human and primate evolution. *Current Anthropology* 36: 199 – 221.

18) Ha, M.N., F. L. Graham, C. K. D'Souza, W. J. Muller, S. A. Igdoura, and H. E. Schellhorn. (2004). Functional rescue of vitamin C synthesis deficiency in human cells using adenoviral- based expression of murine l-gulono- gamma- lactone oxidase. *Genomics* 83(3): 482 – 492.

Stone, I. (1979). Homo sapiens ascorbicus, a biochemically corrected robust human mutant. *Medical Hypotheses* 5(6): 711 – 721.

19) 이 구절은 다음의 자료에서 빌려왔다. Allman, J. M. (1999). *Evolving Brains*. New York: Scientific American Library/W.H. Freeman, p. 160.

20) Zimmer, C. (March 4, 2008). Sociable, and smart. *New York Times*, pp. D1, D4.

21) Zimmer, C. (March 4, 2008). Sociable, and smart. *New York Times*, p. D1.

22) Holekamp, K. (2006). Spotted hyenas. *Current Biology* 16: R944 – R945.

23) Tattersall, I. (January 2000). Once we were not alone. *Scientific American* 282(1): 57 – 62.

24) Tattersall, I. (January 2000). Once we were not alone. *Scientific American* 282(1): 57 – 62.

25) Cross, I. (2006). The origins of music: Some stipulations on theory. *Music Perception* 24(1): 79 – 82.

26) Tattersall, I. (January 2000). Once we were not alone. *Scientific American* 282(1): 61.

27) Tattersall, I. (January 2000). Once we were not alone. *Scientific American* 282(1): 61.

28) 섀도보다 먼저 키웠던 이사벨라는 신문, 공, 프리스비, 침대, 뼈 등의 이름으로 열 가지 서로 다른 항목을 구별할 수 있었다. 다음의 자료도 참고하라. Kaminski, J., J. Call, and J. Fisher. (2004). Word-learning in a domestic dog: Evidence for fast mapping. *Science* 304: 1682 – 1683.

29) 유명한 사례가 있다. 이반 파블로프(Ivan Pavlov)는 개가 종소리와 먹이 주는 것 사이의 연관을 학습할 수 있음을 입증해 보였다. 우리 집 개는 '쿠키'라는 단어를 내가 식료품 저장소에 보관 중인 간식과 연관 짓는다. 하지만 연관과 이름 붙이기에는 중요한 차이가 있다. 이름과 그 이름이 지칭하는 대상이 서로 별개의 것이라는 인식이다. 나는 쿠키에 대해 이야기하면서도 당신이 쿠키를 하나 가져다주겠지 하는 기대는 하지 않을 수 있다. 하지만 우리 집 개는 똑똑하기는 해도 그러기가 불가능하다. 이것이 '이름'과 '연관' 사이의 차이점 중 하나다.

30) 여기서 나는 언어의 확장성과 관련된 중요한 세부 사항들을 그냥 얼버무리며 지나가고 있다. 이 부분은 스티븐 핑커(Steven Pinker)의 《언어 본능(The Language Instinct)》과 하우저, 촘스키, 피치의 논문에서 다루고 있다. (참고문헌은 아래를 참조)

이러한 논의에서 한 가지 중요한 개념은 재귀 능력(capacity for recursion)이다. 이는 많은 사람이 인간 고유의 것이며 언어에서 핵심이라고 믿고 있는 인지적 작동이다. 간단히 설명하자면 재귀란 표현을 무한히 확장할 수 있는 형식적 방법을 말한다. 이것은 처음으로 되돌아갈 수 있는 명령 집합이라 생각할 수 있다. 컴퓨터 전문용어로 표현하면 '자기 자신을 호출할 수 있는 루틴'이다. 더러워진 수프 냄비를 씻는 법에 관한 다음의 명령 집합을 예로 들어보자.

• 더러운 수프 냄비를 씻는 루틴
1. 냄비를 물로 헹군다.

노래하는 뇌

2. 세제를 추가한다.

3. 깨끗하게 보일 때까지 솔이나 수세미로 문질러 닦는다.

4. 물로 헹군다.

5. 깨끗해졌는지 확인한다. 깨끗해졌다면 6번 단계로 넘어간다. 깨끗하지 않다면 '더러운 수프 냄비를 씻는 루틴'을 실행한다.

6. 물기를 닦는다.

7. 멈춘다(끝났다).

5단계에 들어 있는 '분기 루프(branching loop)' 때문에 이것은 재귀 루틴이다. 이것은 무한히 확장 가능한 루틴이다. 본문에 나와 있듯이 인간의 언어도 이와 똑같은 일을 할 수 있다.

대니얼 에버렛(Daniel Everett)은 재귀가 인간의 언어에서 핵심이라는 개념에 의문을 제기한다. 촘스키 학파와 에버렛 사이에 논쟁이 존재한다는 사실 자체가 인간의 언어 사용을 가능하게 해준 인간만의 단일 요소가 존재하지 않는다는 나의 주장을 뒷받침하고 있다. 그보다는 동물과 인간의 소통은 연속적인 스펙트럼 위에 자리 잡고 있으며, 그 연속체를 따라 여러 가지 작동 요소들이 등장하고 있는 것이다. 적어도 하나의 인간 집단에서 이런 작동 요소(재귀)가 결여되어 있다는 사실만으로도 재귀가 인간 고유의 것이며 인간의 언어에 필수적이라는 주장은 성립하지 않게 된다.

언어의 구성 요소에 대한 표준의 관점에 대해서는 다음의 자료를 참고하라. Pinker, S. (1994). *The Language Instinct*. New York: Morrow.

혹은 다음의 자료를 참고하라. Hauser, M. D., N. Chomsky, and W. T. Fitch. (2002). The faculty of language: What is it, who has it and how did it evolve? *Science* 298: 1569 – 1579.

반대 의견은 다음의 자료를 참고하라. Everett, D. L. (2005). Cultural constraints on grammar and cognition in Piraha. *Current Anthropology* 46(4): 621 – 646.

31) Darwin, C. (1981). *The Descent of Man and Selection in Relation to Sex*. Princeton, NJ: Princeton University Press, pp. 161 – 163. (Original work published 1871).

32) Darwin, C. (1981). *The Descent of Man and Selection in Relation to Sex*. Princeton, NJ: Princeton University Press, pp. 161 – 163. (Original work published 1871).

33) 이 부분은 다음의 자료에서 가져왔다. Zimmer, C. (January 17, 2008). Romance is an illusion [Electronic version]. *Time*. Retrieved March 10, 2008, from http://www.time.com/time/magazine/article/0,9171,1704665,00.html .

34) Gentner, T. Q., K. M. Fenn, D. Margoliash, and H. C. Nusbaum. (2006). Recursive syntactic pattern learning by songbirds. *Nature* 440: 1204 – 1207.

35) Rose, G. J., F. Goller, H. J. Gritton, S. L. Plamondon, A. T. Baugh, and B. G. Cooper. (2004). Species- typical songs in white- crowned sparrows tutored with only phrase pairs. *Nature* 432: 753 - 758.

36) Jerison, H. (1999). Paleoneurology and the biology of music. In *The Origins of Music*, edited by N. L. Wallin, B. Merker, and S. Brown. Cambridge, MA: MIT Press, pp. 177 - 196.

37) Merker, B. (2006). The uneven interface between culture and biology in human music. *Music Perception* 24(1): 95 - 98.

38) Merker, B. (2006). The uneven interface between culture and biology in human music. *Music Perception* 24(1): 95 - 98.

39) Patel, A. D. (2006). Musical rhythm, linguistic rhythm, and human evolution. *Music Perception* 24(1): 99 - 104.

40) Iacoboni, M., I. Molnar- Szakacs, V. Gallese, G. Buccino, J. C. Mazziotta, and G. Rizzolatti. (2005). Grasping the intentions of others with one's own mirror neuron system. *Public Library of Science Biology* 3(1): e79.

41) Wade, N. (October 18, 2007). Neanderthals may have had gene for speech [Electronic version]. *New York Times*. Retrieved March 10, 2008, from http://www.nytimes.com/2007/10/18/science/19speech.html ?partner=rssnyt&emc=rss .

42) Bunge, M. (1980). *The Mind-Body Problem: A Psychological Approach*. New York: Pergamon.

43) Johnson, S. (2001). *Emergence: The Connected Lives of Ants, Brains, Cities, and Software*. New York: Scribner.

44) 이 점에 대해서는 논란이 존재한다. 인지심리학자 잠셰드 바루차는 솜씨 있는 음악인은 자신이 느끼지 않은 감정이라도 효과적으로 불러일으킬 수 있다고 지적한다. 음악인이 슬픈 곡을 연주한다고 해서 꼭 그 사람이 자신의 슬픈 감정을 소통하고 싶어 하는 것은 아니다. 그냥 그날 밤 연주 목록에 그 작품이 올라와 있었고, 음악인은 어떻게 연주하면 슬픈 감정을 이끌어낼 수 있는지 알고 있었을 뿐이다. 데이비드 번도 나와의 인터뷰에서 이 점을 입증해주었다. 그는 슬픈 노래를 부를 때 항상 슬픈 감정을 느끼는 것은 아니라고 한다. 다만 슬픔 등 노래에 담긴 감정을 전달하는 데 필요한 일련의 기술이나 장치를 배웠다고 했다.

바루차는 진화적 맥락에 대해 생각해볼 것을 요구한다. 한 남성이 자신의 사랑을 표현하며 여성의 환심을 사려 한다고 해보자. 그 남성은 언어를 이용해서 여성을 속일 수 있다. 즉 여성을 사랑하지도 않으면서 그저 섹스하려고 그 여성으로 하여금 사랑받고 있다는 생각을 하게 만드는 것이다. 음악도 이와 마찬가지다. 솜씨 있는 음악인이라면 미칠 것 같은 사랑을 느끼지도 않으면서 단지 섹스하기 위해 그 여성에게 자신의 마음을 온통 빼앗긴 것처럼 흉내 낼 수 있다. 이런 점에서 언어와 음악이 다르다고 할 수 있을까? 음악이 과연 정직한 신호일까?

음악은 거짓으로 속이기 힘든 정직한 신호로 시작했을지도 모른다. 하지만 일종의 군비경쟁이 일어났을 것이다. 어떤 사람은 음악에서 감정을 거짓으로 흉내 내는 법을 배웠다. 예를 들면 집중적인 연습을 통해 실제로는 그렇지 않은 경우에도 슬프거나, 사랑에 빠지거나, 행복한 것처럼 보이는 법을 배웠을 수도 있다. 배우는 본질적으로 거짓말로 먹고 사는 사람들이다. 배우가 성공하려면 관객으로 하여금 자신을 배우가 아닌 등장인물이라 생각하게 만들고, 배우의 입에서 나오는 말들이 누군가 미리 대본으로 써놓은 것이 아니라 그 등장인물의 입에서 자발적으로 흘러나오는 것이라 믿게 만들어야 한다.

우리가 정직한 신호 가설을 받아들인다 해도 그것이 꼭 음악이 여전히 실패의 걱정이 없는 정직한 신호라는 의미는 아니다. 그저 음악이 한때는 언어보다 더 정직한 신호였고, 어쩌면 지금도 그럴지 모른다는 의미일 뿐이다. 음악이 정직한 신호로서 더 나은 이유를 추측해볼 수 있다. 일반적으로 음악은 그 구조와 내적 복잡성 때문에 한 구절 안에 언어보다 훨씬 많은 정보를 집어넣게 된다. 이 때문에 정직함을 꾸며내기가 더 어려워질지도 모른다. 단순히 단어와 운율체계만으로 이루어진 언어에 비해 음악의 경우는 훨씬 여러 차원에 걸쳐 표현을 조작해야 하기 때문이다.

일단 전문 가수가 일반 청자를 속이는 법을 배우고 나면 청자 측에서도 거짓 감정과 진짜 감정을 감별하는 능력을 키우는 진화압이 증가한다는 점을 명심하자. 그럼 다시 이 때문에 가수 측에서도 감정을 꾸며내는 능력을 키워야 할 진화압이 증가한다. 만약 사람 뇌의 적절한 감정 중추와 동기 중추들이 모두 연결된 상태에서 음악이 정직한 신호로 출발했다면, 좀 더 최근의 이런 진화적 발달은 신경회로에 아직 그에 상응하는 변화를 이끌어내지 못했거나, 그런 변화가 아직 마무리되지 못한 것인지도 모른다. 솜씨 좋은 음악인이 우리를 울리기도 하고, 웃기기도 하는 이유를 이것으로 설명할 수 있다. 우리의 인지적 평가 시스템은 그 음악인이 전하는 감정이 거짓임을 알고 있지만 그 모든 감정의 버튼들이 계속 눌리고 있는 것이다. 그 결과 심미적, 인지적 감상과 얽혀서 깊은 감정적 반응이 튀어나오게 된다.

45) Tennant, A. (Director), J. Lassiter, W. Smith, T. Zee (Producers), and K. Bisch, and (Writer). (2005). *Hitch* [Motion picture]. United States: Columbia Pictures.

46) Blue Öyster Cult's "(Don't Fear) the Reaper" is perhaps the first teenage suicide pact song in rock music.
Roeser, D. (1976). (Don't fear) the reaper [Recorded by Blue Öyster Cult]. On *Agents of Fortune* [45rpm record]. Columbia Records.

47) 미국예술진흥재단과 함께 레코딩산업 로비 집단으로 활동하는 RIAA에서는 2001년에 20세기 가장 위대한 노래 프로젝트를 진행해서 '무지개 너머로(Over the Rainbow)'를 최고의 노래로 선정

하였다. 그 뒤는 '화이트 크리스마스(White Christmas)'가 따랐다. 이 순위는 그저 주관적인 데서 그치지 않고 아주 이상한 결과를 낳기도 한다. 어떻게 비스티 보이즈(Beastie Boys)의 'Fight for Your Right(To Party)'(191위)가 콜 포터(Cole Porter)의 'Night and Day'(195위)보다 네 순위나 앞에 있을 수 있을까? 대체 어떤 순위발표에서 'Take Me Out to the Ball Game'(8위)을 'You've Lost That Lovin' Feelin''(9위)보다 앞에 놓을 수 있단 말인가? 그리고 어떻게 'Achy Breaky Heart'(258위)가 'All Along the Watchtower'(365위)와 'How High the Moon'(317위)보다 앞에 나올 수가 있지?

Arlen, H., and Harburg. E. Y. (1939). Over the rainbow [Recorded by Judy Garland]. On *Over the Rainbow* [LP]. Pickwick Records.

Berlin, I. (1940). White Christmas [Recorded by Bing Crosby and Marjorie Reynolds]. On *Holiday Inn* [LP]. (1942).

Beastie Boys. (1986). (You gotta) Fight for your right (to party!). On *Licensed to Ill* [CD]. Def Jam Records.

Dylan, B. (1967). All along the watchtower. On *John Wesley Harding* [LP]. Nashville, TN: Columbia Records.

Hamilton, N., and Lewis. M. and (1940). How high the moon [Recorded by Benny Goodman and His Orchestra]. On *How High the Moon* [45rpm record]. Columbia Records.

Porter, C. (1932). Night and day [Recorded by Fred Astaire]. On *Night and Day*: Fred Astaire: Complete recordings Vol. 2 1931–1933 [CD]. Naxos Nostalgia. (2001).

Norworth, J. (1908). Take me out to the ball game [Recorded by Harry MacDonough]. On *Take Me Out to the Ball Game* [Wax cylinder]. Victor Records.

Spector, P., B. Mann, and C. Weil. (1965). You've lost that lovin' feelin' [Recorded by the Righteous Brothers]. On *You've Lost That Lovin' Feelin'* [45rpm record]. Philles Records.

Von Tress, D. (1992). Achy breaky heart [Recorded by Billy Ray Cyrus]. On *Some Gave All* [CD]. Mercury Records.

감사의 말

조너선 버거, 마이클 브룩, 데이비드 번, 이안 크로스, 로드니 크로웰, 돈 드비토, 짐 퍼거슨, 데이비드 휴런, 조니 미첼, 샌디 펄먼, 올리버 색스, 피트 시거, 스팅 등 이 책을 위해 너그럽게 인터뷰를 허락해준 음악인과 학자 여러분께 감사드린다. 그리고 나의 연구를 자극하고 뒷받침하는 환경을 제공해준 맥길대학교에도 감사드린다. 내 편집자 스티븐 모로Stephen Morrow가 없었다면 이 책은 나올 수 없었을 것이다. 그와 함께하는 작업은 즐겁고도 편안했고, 《노래하는 뇌》를 처음 구상해서 글을 쓰고 편집하는 모든 단계에서 그가 기여한 바가 정말 크다. 그리고 내 훌륭한 에이전트 세라 챌펀트Sarah Chalfant와 에드워드 올로프Edward Orloff, 그리고 내내 나를 인도하고 지지해준 와일리 에이전시의 다른 모든 분께 감사드린다.

바네사 파크-톰슨, 마이크 루드, 안나 티로볼라스 등 내 학생들이 이 책의 원고를 읽고 도움이 되는 조언을 해주었다. 비안카 레비는 과학적인 측면과 음악적인 측면 모두에서 지치지도 않고 꼼꼼하게 배경 조사를 수행해주었고, 너그럽게도 시간을 내어 내 원고들을 듣고 통찰력 있고 유용한 제안을 해주었다. 그녀가 없었다면 이 책은 지금과 달랐을 것이다. 그리고 원고를 꼼꼼하게 읽고 도움 되는 조언을 준 다음의 사람들에게도 감사드린다. 잠셰드 바루차(터프츠대학교 교무처장 겸 심리학 교수), 데니스 드레이너(미국국립보건원), 찰스 게일(맥길대학교 물리학 교수), 프레데릭 귀샤르(맥길대학교 생물학 교수), 제프 모길(맥길대학교 심리학 교수), 모니크 모건(맥길대학교 영문학 교수), 바버라 셔윈(맥길대학교 심리학 교수), 윌프레드 스톤(스탠퍼드대학교 영문학 교수), 그리고 내 친구 제프 킴볼과 파르테논 헉슬리에게도 감사드린다. 내가 지난 15년 동안 했던 모든 일에서 내 친구이자 동료 류 골드버그(오리건연구소)에게 큰 영감을 받았다. 그리고 대니얼 데닛, 로저 셰퍼드, 마이클 포스터, 데이비드 휴런, 이안 크로스의 글과 대화에서도 많은 영감을 받았다.

노래하는뇌

THE WORLD IN SIX SONGS

노래하는 뇌

초판 1쇄 인쇄 2022년 12월 26일 | 초판 1쇄 발행 2023년 1월 10일

지은이 대니얼 J. 레비틴 | 옮긴이 김성훈

펴낸이 신광수
CS본부장 강윤구 | 출판개발실장 위귀영 | 출판영업실장 백주현 | 디자인실장 손현지
단행본개발팀 권병규, 조문채, 정혜리
출판디자인팀 최진아, 당승근 | 저작권 김마이, 이아람
채널영업팀 이용복, 우광일, 김선영, 이채빈, 이강원, 강신구, 박세화, 김종민, 정재욱, 이태영, 전지현
출판영업팀 민현기, 최재용, 신지애, 정슬기, 허성배, 설유상, 정유
영업관리파트 홍주희, 이은비, 정은정
CS지원팀 강승훈, 봉대중, 이주연, 이형배, 이우성, 전효정, 장현우, 정보길

펴낸곳 (주)미래엔 | 등록 1950년 11월 1일(제16-67호)
주소 06532 서울시 서초구 신반포로 321
미래엔 고객센터 1800-8890
팩스 (02)541-8249 | 이메일 bookfolio@mirae-n.com
홈페이지 www.mirae-n.com

ISBN 979-11-6841-198-2 (03400)

* 와이즈베리는 ㈜미래엔의 성인단행본 브랜드입니다.

* 책값은 뒤표지에 있습니다.

* 파본은 구입처에서 교환해 드리며, 관련 법령에 따라 환불해 드립니다.
  다만, 제품 훼손 시 환불이 불가능합니다.

와이즈베리는 참신한 시각, 독창적인 아이디어를 환영합니다.
기획 취지와 개요, 연락처를 bookfolio@mirae-n.com으로 보내주십시오.
와이즈베리와 함께 새로운 문화를 창조할 여러분의 많은 투고를 기다립니다.